大数据技术丛书

Python数据挖掘

入门、进阶与实用案例分析

DATA MINING WITH PYTHON

卢滔 张良均 戴浩 李曼 陈四德 著

机械工业出版社
CHINA MACHINE PRESS

图书在版编目（CIP）数据

Python 数据挖掘：入门、进阶与实用案例分析 / 卢滔等著 . —北京：机械工业出版社，2023.6

（大数据技术丛书）

ISBN 978-7-111-73010-1

I. ① P… II. ①卢… III. ①软件工具 – 程序设计 IV. ① TP311.561

中国国家版本馆 CIP 数据核字（2023）第 066670 号

机械工业出版社（北京市百万庄大街 22 号 邮政编码：100037）

策划编辑：杨福川　　责任编辑：杨福川

责任校对：郑　婕　彭　箫　　责任印制：刘　媛

涿州市京南印刷厂印刷

2023 年 7 月第 1 版第 1 次印刷

186mm × 240mm · 21 印张 · 450 千字

标准书号：ISBN 978-7-111-73010-1

定价：99.00 元

电话服务　　网络服务

客服电话：010-88361066　机　工　官　网：www.cmpbook.com

010-88379833　机　工　官　博：weibo.com/cmp1952

010-68326294　金　书　网：www.golden-book.com

　机工教育服务网：www.cmpedu.com

Preface 前　言

为什么要写这本书

大数据竞赛是企业和数据人才之间一座新的桥梁，将数据、技术、人才和各领域应用有机融合，进而促进技术创新、人才价值提升、数字经济与各领域发展。“泰迪杯”数据分析技能赛和“泰迪杯”数据挖掘挑战赛（统称“泰迪杯”竞赛）面向全国高等院校在校生及相关爱好者，是基于数据挖掘技术解决各行业的实际问题的群众性科技活动。“泰迪杯”竞赛迄今已成功举办 15 届，累计参赛高校 1500 余所，累计参赛人数近 10 万。举办“泰迪杯”竞赛的目的在于：以赛促学，提高学生学习数据挖掘的积极性及解决实际相关问题的综合能力；以赛促教，推动数据挖掘技术在高校的推广和应用；以赛促研，为高校相关智力资源转化为推进国家大数据战略的生产力提供合作平台。

本书基于“泰迪杯”竞赛中的经典赛题，由浅入深地讲解数据挖掘方法，带领读者了解各个领域的业务知识，进而将数据挖掘、Python 语言技术和行业知识三者有机融入，最大化提升读者对数据挖掘的理解和实践能力。

本书特色

本书从实践出发，结合“泰迪杯”竞赛官方推出的赛题，按照赛题的难易程度进行排序，由浅入深地介绍数据挖掘技术在商务、教育、交通、传媒、电力、旅游、制造业等行业的应用。因此，图书的编排以解决某个应用的挖掘目标为前提，紧密地贴合实际业务场景和需求；每一个实战案例的讲解都是从案例的背景和目标入手，从了解案例需求到一步步拆解任务，最终解决业务问题，让读者获得真实的数据挖掘学习与实践环境，更快、更好地掌握数据挖掘知识，积累经验。为方便读者轻松地获取一个真实的实验环境，本书使用大家熟知的

Python 语言对样本数据进行处理和挖掘建模。

本书提供配套原始数据文件、Python 程序代码等资源，读者可以从泰迪云教材网站（https://book.tipdm.org/）免费下载。

本书适用对象

- 对数据分析、数据挖掘、深度学习的实践及竞赛感兴趣的人员。
- 开设数据挖掘课程的高校的教师和学生。
- 数据挖掘开发人员。
- 进行数据挖掘应用研究的科研人员。
- 关注高级数据分析的人员。

如何阅读本书

本书共 14 章，分五篇：基础篇、入门篇、进阶篇、高阶篇和拓展篇。基础篇介绍了数据挖掘的基本原理，以及使用 Python 进行数据挖掘所需的编程基础。入门篇、进阶篇、高阶篇介绍了几个真实案例，通过对案例进行深入浅出的剖析，使读者在不知不觉中获得数据挖掘项目经验，同时快速领悟看似难懂的数据挖掘理论。拓展篇介绍了一个开源数据挖掘建模平台，通过平台去编程、拖曳式操作，向读者展示平台流程化等特点，使读者加深对数据挖掘流程的理解。

基础篇（第 1、2 章）：第 1 章的主要内容是数据挖掘概述，第 2 章对数据挖掘建模所需的 Python 语言基础知识进行了简明扼要的说明。

入门篇（第 3 ～ 5 章）：选取“泰迪杯”数据分析技能赛的 3 道赛题，运用简单的数据分析技术剖析数据信息，挖掘业务现象，解决业务问题。

进阶篇（第 6 ～ 9 章）：选取“泰迪杯”数据挖掘挑战赛的 4 道赛题，运用数据挖掘技术构建相关的分析模型，更理性、快捷地进行预测和分析。

高阶篇（第 10 ～ 13 章）：选取“泰迪杯”数据挖掘挑战赛的 4 道赛题，运用深度学习技术训练网络和构建模型，实现智能化、自动化的事物识别与检测。

拓展篇（第 14 章）：重点讲解了 TipDM 大数据挖掘建模平台的使用方法，先介绍了平台每个模块的功能，再以自动售货机销售数据分析为例，介绍如何使用平台快速搭建数据分析与挖掘工程，展示平台去编程、平台流程化的特点。

勘误和支持

我们已经尽最大努力避免在文本和代码中出现错误，但是由于水平有限，编写时间仓促，书中难免存在一些疏漏和不足的地方。如果你有更多的宝贵意见，欢迎在泰迪学社微信公众号（TipDataMining）上回复“图书反馈”进行反馈。本系列图书的更多信息可以在泰迪云教材网站（https://book.tipdm.org/）上查阅。

致谢

在图书编写过程中，我们得到了相关企事业单位多位专家的大力支持！在此谨向天津大学边馥萍、复旦大学蔡志杰、北京大学邓明华、中国科学院方海涛、中山大学冯国灿、信息工程大学韩中庚、汕头大学郝志峰、中山大学任传贤、佛山科技学院戎海武、中山大学王其如、汕头大学韦才敏、国防科技大学吴孟达、韩山师范学院肖刚、北京工业大学薛毅、华南师范大学薛云、重庆大学杨虎、华南师范大学杨坦、广东泰迪智能科技股份有限公司张尚佳、广州海数华据科技发展有限公司郑海兵等专家（按专家姓名拼音字母排列）致以深深的谢意。

张良均

2023 年 3 月于广州

Contents 目录

第四篇 高阶篇

第一篇

基础篇

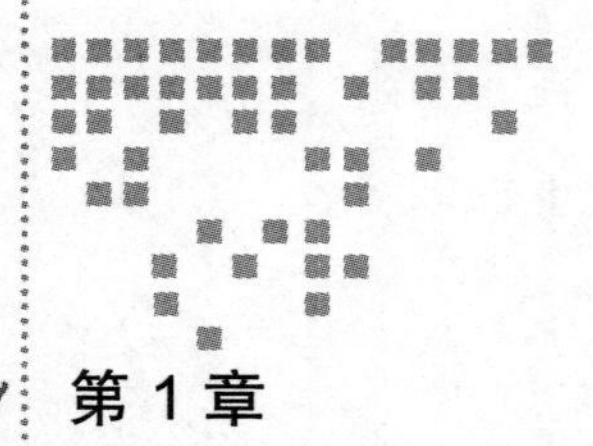

Chapter 1 第1章

数据挖掘概述

当今社会，网络和信息技术开始渗透到人类日常生活的方方面面，产生的数据量也呈现指数型增长的态势。现有数据的量级已经远远超越了目前人力所能处理的范畴。如何管理和使用这些数据，逐渐成为数据科学领域中一个全新的研究课题。本章主要介绍数据挖掘的发展情况、通用流程、常用工具，以及 Python 环境的配置方法。

学习目标

- 了解数据挖掘的定义、发展历程和行业应用。
- 了解深度学习的概念。
- 熟悉数据挖掘的通用流程。
- 了解数据挖掘的常用工具。
- 掌握 Python 数据挖掘环境的配置方法。

1.1 数据挖掘简介

数据挖掘始于 20 世纪 80 年代末，早期主要是指从数据库中发现知识（Knowledge Discovery in Database，KDD）。数据挖掘的概念源于 1995 年在加拿大召开的第一届国际知识发现与数据挖掘大会，随后数据挖掘迅速在世界范围内成为研究的热点，大量的学者和企业纷纷投入到数据挖掘理论研究和工具研发的行列中来。1997 年，第三届 KDD 国际学术大会上举行了数据挖掘工具的实测活动。从此，数据挖掘技术进入了快速发展时期。

数据挖掘（Data Mining）是 KDD 的核心部分，它是指从数据集合中自动抽取隐藏在数据中的那些有用信息的非平凡过程，这些信息的表现形式有规则、概念、规律和模式等。

进入21世纪后，数据挖掘成为一门比较成熟的交叉学科，数据挖掘技术也伴随着信息技术的发展日益成熟起来。

随着数据挖掘技术的发展，其应用领域也在不断地扩展和深化。常见的数据挖掘的行业应用如表1-1所示。

表1-1 常见的数据挖掘的行业应用

行业	应用
金融	异常检测和客户分析等，如通过挖掘大量的银行和金融客户数据集，对历史记录和客户活动的性质进行分析，从而跟踪可疑的活动、挽留既有的客户或者努力获取一组新的客户
商务	商务数据分析和产品智能推荐等，如在营销场景下，可以根据客户的历史行为、交易和市场整体购买趋势，推出更吸引人的报价，即差异化定价
医疗	智能诊断和流行病监测等，如利用数据挖掘技术分析医疗数据，从而有效地跟踪和监测患者的健康状况，并基于过去的疾病记录辅助医师进行有效的诊断
保险	欺诈检测和风险管理等，如通过分析索赔记录，帮助发现有风险的客户行为模式以及客户欺诈行为
教育	教学方法优化和智能课程推荐等，如通过分析用户的数据和历史记录，选择合适的课程进行推荐
交通	人流量预测和驾驶行为检测等，如通过分析驾驶人的行为监控数据，判断驾驶人是否在驾驶车辆的过程中出现过违规行为
传媒	新闻分类和节目推荐等，如通过分析用户的历史点播行为，分析用户的喜好，从而将符合用户喜好的新节目推荐给用户
旅游	景区关注度分析和景区画像分析等，如通过分析景区的各项数据和旅客的评论，构筑景区的画像，为旅客的出行旅游提供参考和指引
电力	电网安全巡检和用电分析等，如通过分析设备的各项参数和运行数据等，预测设备的运行状态，为巡检人员提供参考和指引
制造工业	安全监测和智能制造等，如通过岩石样本的图片分析岩石的含油量，从而辅助生产人员预测不同区域的石油储量

数据挖掘常常要利用机器学习提供的算法来分析海量数据，而深度学习作为一种机器学习算法，在很多领域的表现都优于传统机器学习算法，如在图像分类与识别、语音识别与合成、人脸识别、视频分类与行为识别等领域都有着不俗的表现。深度学习能够让机器模仿视听和思考等人类行为活动，解决很多复杂的模式识别难题，其最终目标是让机器能够像人一样具有分析学习能力，能够识别文字、图像和声音等数据。

2006年，杰弗里·辛顿首次提出深度学习的概念。后来，2015年第9期的《自然》杂志提到了与深度学习定义相关的内容：深度学习方法是具有多层次特征描述的特征学习，通过一些简单但非线性的模块将每一层特征描述（从未加工的数据开始）转化为更高一层的、更为抽象的特征描述。

深度学习特指基于深层神经网络实现的模型或算法，其关键在于这些层次的特征不是由人工设计的，而是使用一种通用的学习步骤从数据中学习并获取的。深度学习能够自动地将简单的特征组合成更加复杂的特征，并使用这些组合特征解决问题。

虽然深度学习在研发初期受到了很多大脑工作原理的启发，但现代深度学习技术的发展并不拘泥于模拟人脑神经元和人脑的工作机制，而是已经超越了神经科学的观点，可以更广泛地适用于各种并不是受神经网络启发而产生的机器学习框架。

1.2 数据挖掘的通用流程

目前，数据挖掘的通用流程主要包含目标分析、数据抽取、数据探索、数据预处理、分析与建模、模型评价。需要注意的是，这 6 个流程的顺序并非严格不变，可根据实际项目情况进行不同程度的调整。

1.2.1 目标分析

针对具体的数据挖掘应用需求，首先要明确本次的挖掘目标是什么，系统完成后能达到什么样的效果。也就是说，要想充分发挥数据挖掘的价值，必须要对目标有一个清晰明确的定义，即决定到底想干什么。因此必须分析应用领域，包括应用中的各种知识和应用目标，了解相关领域的有关情况，熟悉背景知识，弄清用户需求等。

1.2.2 数据抽取

在明确了需要进行数据挖掘的目标后，接下来就需要从业务系统中抽取一个与挖掘目标相关的样本数据子集。抽取数据的标准，一是相关性，二是可靠性，三是有效性，而不是动用全部企业数据。对数据样本进行精选，不仅能减少数据处理量，节省系统资源，而且能使与业务需求相关的数据规律性更加凸显出来。

在数据取样时，一定要严格把控质量。任何时候都不能忽视数据的质量，即使是从一个数据仓库中进行数据取样，也不要忘记检查其质量。因为数据挖掘是要探索企业运作的内在规律性，所以当原始数据有误时，我们就很难从中探索数据的规律性了。若从质量较差的数据中探索出数据的“规律性”，再依此去指导工作，很可能造成误导。若从正在运行的系统中进行数据取样，更要注重数据的完整性和有效性。

衡量取样数据质量的标准包括：资料完整无缺，各类指标项齐全；数据准确无误，反映的都是正常（而不是异常）状态下的水平。

获取相关数据后，可再从中做抽样操作。常见的抽样方式如下。

1）随机抽样。当采用随机抽样方式时，数据集中的每一组观测值都有相同的被抽样的概率。例如，若按 10% 的比例对一个数据集进行随机抽样，则每一组观测值都有 10% 的机会被取到。

2）等距抽样。在进行等距抽样操作时，首先将数据集按一定顺序排列，根据数据容量要求确定抽选间隔，然后根据间隔进行数据抽取。例如，有一个 100 组观测值的数据集，从 1 开始编号，若按 5% 的比例进行等距抽样，则抽样数据之间的间隔为 20，取 20、40、60、80 和 100 这 5 组观测值。

3）分层抽样。在进行分层抽样操作时，首先将样本总体分成若干层次（或分成若干个子集)。每个层次中的观测值都具有相同的被选用的概率，但对不同的层次可设定不同的概率。这样的抽样结果通常具有更好的代表性，进而使模型具有更好的拟合精度。

4）按起始顺序抽样。这种抽样方式是从输入数据集的起始处开始抽样。抽样的数量可以按给定的百分比抽取，也可以直接给定选取观测值的组数。

5）分类抽样。前述几种抽样方式并不考虑抽取样本的具体取值。分类抽样则依据某种属性的取值来选择数据子集，如按客户名称分类、按地址区域分类等。分类抽样的选取方式可以为随机抽样、等距抽样、分层抽样等，只是抽样以类为单位。

1.2.3　数据探索

1.2.2 节叙述的数据抽样，多少是带着人们对如何实现数据挖掘目的的先验认识进行操作的。在拿到一个样本数据集后，它是否满足原来设想的要求，其中有没有明显的规律和趋势，有没有出现从未设想过的数据状态，属性之间有什么相关性，可分为哪些类别等，这都是需要首先进行探索的内容。

对所抽取的样本数据进行探索、审核和必要的加工处理，是保证最终的挖掘模型的质量所必需的。可以说，挖掘模型的质量不会优于抽取样本的质量。数据探索的目的是了解样本数据的质量，从而为保证模型质量打下基础。

数据探索的方法主要包括数据校验、分布分析、对比分析、统计量分析、周期性分析、贡献度分析、相关分析等。

1.2.4　数据预处理

当采样数据的表达形式不一致时，如何进行数据变换、数据合并等都是数据预处理要解决的问题。

由于采样数据中常常包含许多噪声，甚至不一致、不完整的数据，所以需要对数据进行预处理，以改善数据质量，并最终达到完善数据挖掘结果的目的。

对于格式化的数据，数据预处理的方法主要包括重复值处理、缺失值处理、异常值处理、函数变换、数据标准化、数据离散化、独热编码、数据合并等。

对于非格式化的数据，如图片、文本等，在数据预处理前需要多经过一步转换操作，如将图片转化为矩阵、将文本向量化等。

1.2.5　分析与建模

抽取完样本并经过预处理后，需要考虑本次建模属于数据挖掘应用中的哪类问题（分类与回归、聚类、关联规则、智能推荐或时间序列)，还需要考虑选用哪种算法进行模型构建更为合适。

其中，分类与回归算法主要包括线性模型、决策树、KNN、SVM、神经网络、集成算法等，聚类算法主要包括 K-Means 聚类、密度聚类、层次聚类等，关联规则算法主要包括

Apriori、FP-Growth 等，智能推荐主要包括协同过滤推荐算法等，时间序列算法主要包括 AR、MA、ARMA、ARIMA 等。

对于深度学习算法，按网络类型可分为卷积神经网络、循环神经网络、生成对抗网络等算法。深度学习算法的建模过程与普通的数据挖掘算法不同，包括构建网络、编译网络和训练网络。首先需要构建网络的结构，即搭建一个完整的神经网络结构，包括输入层、隐藏层和输出层。然后需要编译网络，包括设置优化器、损失函数等。最后对网络进行训练，训练网络时还须设置批大小、迭代次数等。

1.2.6 模型评价

在 1.2.5 节的建模过程中我们会得到一系列分析结果，模型评价的目的之一就是依据这些分析结果从训练好的模型中寻找一个表现最佳的模型，同时结合业务场景对模型进行解释和应用。

适用于分类与回归模型、聚类分析模型、智能推荐模型的评价方法是不同的。对于深度学习的模型，还可以使用回调函数检查监控训练过程中的指标变化，查看模型的内部状态、统计信息和生成的日志等。

1.3 常用数据挖掘工具

数据挖掘是一个反复探索的过程，只有将数据挖掘工具提供的技术及实施经验与企业的业务逻辑及需求紧密结合，并在实施过程中不断地磨合，才能取得好的效果。常用的数据挖掘建模工具如下。

1. Python

Python 是一种面向对象的解释型计算机程序设计语言，它拥有高效的高级数据结构，并且能够用简单又高效的方式进行面向对象编程。但 Python 并不提供一个专门的数据挖掘环境，而是提供众多的扩展库。例如，NumPy、SciPy 和 Matplotlib 这 3 个十分经典的科学计算扩展库分别为 Python 提供了快速数组处理、数值运算和绘图功能，scikit-learn 库中包含很多分类器的实现以及聚类相关的算法。这些扩展库使 Python 成为数据挖掘的常用语言。

2. IBM SPSS Modeler

IBM SPSS Modeler 原名 Clementine，在 2009 年被 IBM 收购后对产品的性能和功能进行了大幅度改进和提升。它封装了最先进的统计学和数据挖掘技术，以获得预测知识并将相应的决策方案部署到现有的业务系统和业务过程中，从而提高企业的效益。IBM SPSS Modeler 拥有直观的操作界面、自动化的数据准备和成熟的预测分析模型，结合商业技术可以快速建立预测性模型。

3. KNIME

KNIME（Konstanz Information Miner）是基于 Java 开发的，可以扩展使用 WEKA 中的挖掘算法。KNIME 采用类似数据流（Data Flow）的方式来建立挖掘流程。挖掘流程由一系列功能节点组成，每个节点有输入和输出端口，用于接收数据、模型或导出结果。

4. RapidMiner

RapidMiner 也叫 YALE（Yet Another Learning Environment），它提供图形化界面，采用类似 Windows 资源管理器中的树状结构来组织分析组件，树上每个节点表示不同的运算符（operator）。YALE 提供了大量的运算符，涉及数据处理、变换、探索、建模、评估等各个环节。YALE 是用 Java 开发的，基于 WEKA 来构建，可以调用 WEKA 中的各种分析组件。RapidMiner 有拓展的套件 Radoop，可以与 Hadoop 集成，在 Hadoop 集群上运行任务。

5. TipDM 大数据挖掘建模平台

TipDM 大数据挖掘建模平台是基于 Python 引擎开发的，用于数据挖掘建模的开源平台，它采用 B/S 结构，用户无须下载客户端，可通过浏览器进行访问。平台支持数据挖掘流程所需的主要过程：数据探索（相关性分析、主成分分析、周期性分析等），数据预处理（特征构造、记录选择、缺失值处理等），模型构建（聚类模型、分类模型、回归模型等），模型评价（R-Squared、混淆矩阵、ROC 曲线等）。用户可在没有 Python 编程基础的情况下，通过拖曳的方式进行操作，将数据输入 / 输出、数据预处理、模型构建、模型评估等环节通过流程化的方式进行连接，以达到数据分析与挖掘的目的。

1.4 Python 数据挖掘环境配置

Python 是一种结合解释性、编译性、互动性，面向对象的高层次计算机编程语言，也是一种功能强大而完善的通用型语言，已具有二十多年的发展历史，成熟且稳定。相比其他的数据挖掘工具，Python 可以让开发者更好地实现想法。

Anaconda 是 Python 的一个集成开发环境，可以便捷地获取库，且提供对库的管理功能，可以对环境进行统一管理。它的安装过程也非常简单，以 Windows 系统为例，读者可以进入 Anaconda 发行版官方网站下载 Anaconda 安装包，建议选择 Python 3.8 版本。本书将使用 Anaconda 3 2020.11 版本。安装 Anaconda 的具体步骤如下。

1）单击已下载好的 Anaconda 安装包，并单击如图 1-1 所示的 Next 按钮，进入下一步。

2）单击如图 1-2 所示的 I Agree 按钮，同意上述协议并进入下一步。

3）选择如图 1-3 所示的 All Users（requires admin privileges）单选按钮，单击 Next 按钮进入下一步。

4）单击 Browse 按钮，选择在指定的路径安装 Anaconda，如图 1-4 所示。完成后单击 Next 按钮，进入下一步。

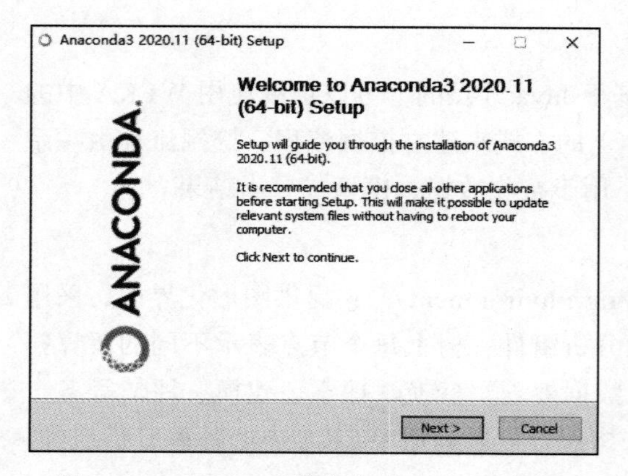

图 1-1 Windows 系统安装 Anaconda 步骤 1

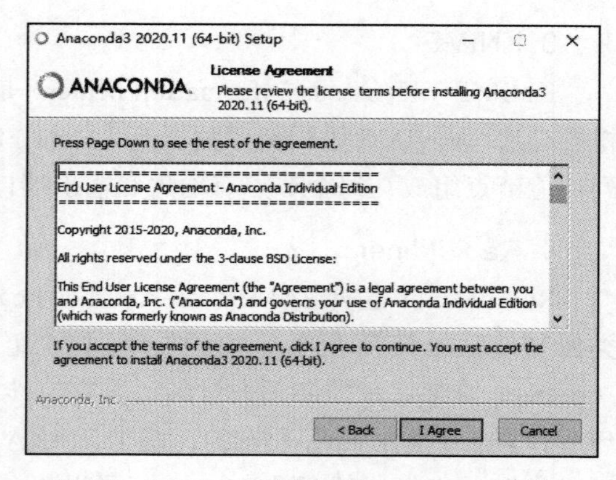

图 1-2 Windows 系统安装 Anaconda 步骤 2

图 1-3 Windows 系统安装 Anaconda 步骤 3

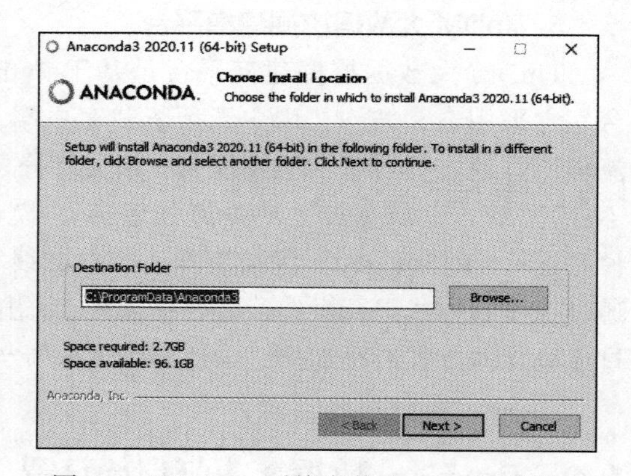

图 1-4 Windows 系统安装 Anaconda 步骤 4

5）图 1-5 中的两个复选框分别代表了允许将 Anaconda 添加到系统路径环境变量中、Anaconda 使用的 Python 版本为 3.8，全部勾选后，单击 Install 按钮，等待安装结束。

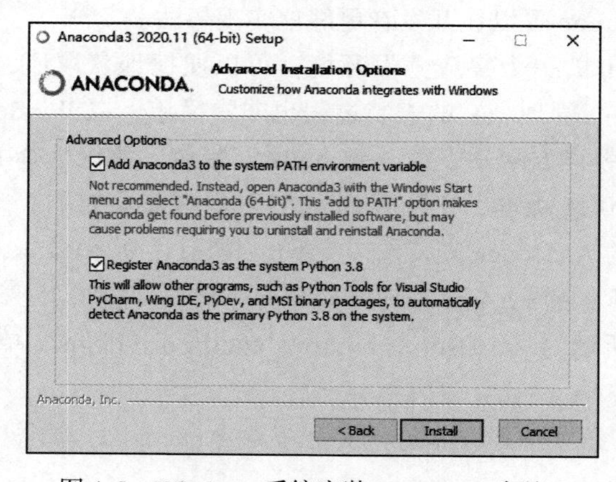

图 1-5 Windows 系统安装 Anaconda 步骤 5

6）单击如图 1-6 所示的 Finish 按钮，完成 Anaconda 安装。

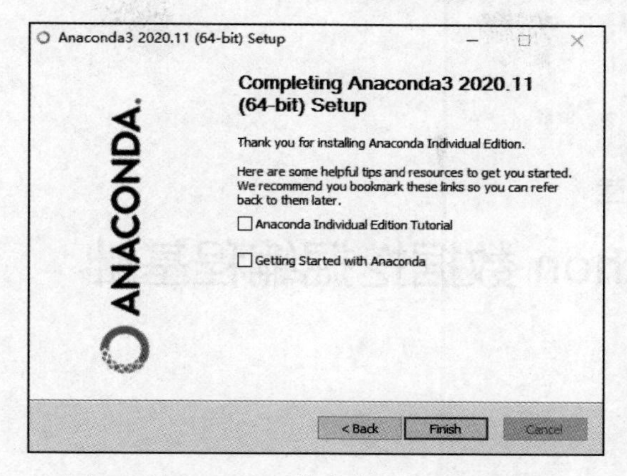

图 1-6　Windows 系统安装 Anaconda 步骤 6

1.5　小结

本章主要目的是了解数据挖掘的基本知识，为开展项目实战奠基。首先介绍了数据挖掘的定义、发展史、行业应用和深度学习的概念，然后介绍了数据挖掘的通用流程和常用工具，最后介绍了 Python 数据挖掘环境的配置方法。

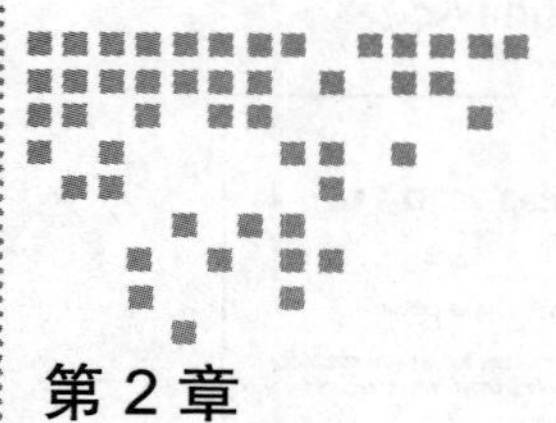

Chapter 2 第2章

Python 数据挖掘编程基础

在 Python 中，数据挖掘编程是进行数据分析和数据挖掘的重要组成部分，若要掌握数据挖掘编程，需要对其基础知识有一定的了解及使用能力。本章致力于讲述数据挖掘编程中的基础知识点，首先介绍了 Python 使用入门须掌握的基本命令、判断与循环、函数、库的导入与添加，然后针对数据分析预处理和数据挖掘建模的常用库进行了相应介绍，从而让读者对 Python 数据挖掘编程基础有一定的了解。

学习目标

- 掌握 Python 基本命令的使用方法。
- 掌握 Python 判断与循环的使用方法。
- 掌握 Python 函数的自定义和使用方法。
- 掌握库的导入与添加的使用方法。
- 了解 Python 数据分析及预处理的常用库。
- 了解 Python 数据挖掘建模的常用框架和库。

2.1 Python 使用入门

初步接触 Python 的读者可以通过熟悉基本命令、判断与循环、函数和库的导入与添加来了解 Python 语言。下面分别对这些内容展开详细讲解。

2.1.1 基本命令

Python 包含许多命令，用于实现各种各样的功能。通过掌握其基本命令的使用，如基本运算、数据结构等，初学者可以更快速地打开 Python 语言的大门。

1. 基本运算

在初次认识 Python 时，可以将其当作一个方便的计算器。读者可以打开 Python，试着输入如代码清单 2-1 所示的命令。

代码清单 2-1　Python 基本运算

```
a = 3
a * 3
a ** 3
```

代码清单 2-1 所示的命令是 Python 的几种基本运算，第一种是赋值运算，第二种是乘法运算，最后一种是幂运算（即 a^3）。这些命令几乎适用于所有编程语言。Python 也支持多重赋值运算，方法如下。

```
a, b, c = 1, 2, 3
```

这句多重赋值命令相当于完成了如下赋值命令。

```
a = 1
b = 2
c = 3
```

Python 支持对字符串的灵活操作，如代码清单 2-2 所示。

代码清单 2-2　Python 字符串操作

```
a = 'This is the Python world'
a + ' Welcome!'  # 将 a 与 ' Welcome!' 拼接，得到 'This is the Python world Welcome!'
a.split(' ')  # 将 a 以空格分割，得到列表 ['This', 'is', 'the', 'Python', 'world']
```

2. 数据结构

Python 有 4 个内置的数据结构——List（列表）、Tuple（元组）、Dictionary（字典）和 Set（集合），可以统称为容器（container），而这 4 个内置的数据结构实际上是一些“东西”组合而成的结构，这些“东西”可以是数字、字符、列表，也可以是它们的组合。简而言之，容器里的数据结构可以是任意的，且容器内部的元素类型不需要相同。

（1）列表或元组

列表和元组都是序列结构，两者很相似，但又有一些不同的地方。

从外形上看，列表与元组的区别是，列表使用方括号进行标记，如 m = [0, 2, 4]，而元组使用圆括号进行标记，如 n = (6, 8, 10)，但访问列表和元组中元素的方式都是一样的，如 m[0] 等于 0，n[2] 等于 10 等。因为容器的数据结构可以是任意类型，所以如下关于列表 p 的定义也是成立的。

```
# p是一个列表，列表的第 1 个元素是字符串 'efg'，第 2 个元素是列表 [5, 6, 7]，第 3 个元素是整型 10
p = ['efg', [5, 6, 7], 10]
```

从功能上看，列表与元组的区别是，列表可以被修改，而元组不可以。例如，如果列表 m = [0, 2, 4]，那么语句 m[0] = 1 会将列表 m 修改为 [1, 2, 4]，而对于元组 n = (6, 8, 10)，语句 n[0] = 1 将会报错。需要注意的是，如果已经有一个列表 m，需要将 m 复制为列表 n，那么使用 n = m 是无效的，这时 n 仅仅是 m 的别名（或引用），修改 n 的同时也会修改 m。正确的复制方法应该是 n = m[:]。

与列表有关的函数是 list，与元组有关的函数是 tuple，但 list 函数和 tuple 函数的用法和功能几乎一样，都是将某个对象转换为列表或元组，例如，list('cd') 的结果是 ['c', 'd']，tuple([0, 1, 2]) 的结果是 (0, 1, 2)。一些常见的与列表或元组相关的函数如表 2-1 所示。

表 2-1 与列表或元组相关的函数

函数	功能	函数	功能
cmp(m, n)	比较两个列表或元组的元素	min(m)	返回列表或元组元素最小值
len(m)	返回列表或元组元素个数	sum(m)	将列表或元组中的元素求和
max(m)	返回列表或元组元素最大值	sorted(m)	对列表或元组的元素进行升序排序

此外，列表作为对象，自带了很多实用的方法（元组不允许修改，因此方法很少），如表 2-2 所示。

表 2-2 与列表相关的方法

方法	功能
m.append(1)	将 1 添加到列表 m 末尾
m.count(1)	统计列表 m 中元素 1 出现的次数
m.extend([1, 2])	将列表 [1, 2] 的内容追加到列表 m 的末尾中
m.index(1)	从列表 m 中找出第一个 1 的索引位置
m.insert(2, 1)	将 1 插入列表 m 中索引为 2 的位置
m.pop(1)	移除列表 m 中索引为 1 的元素

此外，列表还有“列表解析”这一功能。该功能能够简化列表内元素操作的代码。使用 append() 方法对列表元素进行操作，如代码清单 2-3 所示。

代码清单 2-3 使用 append() 方法对列表元素进行操作

```
c = [1, 2, 3]
d = []
for i in c:
    d.append(i + 1)
print(d)  # 输出结果为 [2, 3, 4]
```

将代码清单 2-3 使用列表解析进行简化，如代码清单 2-4 所示。

代码清单 2-4 使用列表解析进行简化

```
c = [1, 2, 3]
d = [i + 1 for i in c]
print(d)  # 输出结果也为[2, 3, 4]
```

(2) 字典

在数学上，字典实际上是一个映射。与此同时，字典也相当于一个列表，然而其下标不再是以 0 开头的数字，而是自己定义的键（Key）。

创建一个字典的基本方法如下。

```
a = {'January': 1, 'February': 2}
```

其中，“January”“February”就是字典的键，在整个字典中必须是唯一的，而“1”“2”就是键对应的值。访问字典中元素的方法也很直观，如代码清单 2-5 所示。

代码清单 2-5 访问字典中的元素

```
a['January']  # 该值为1
a['February']  # 该值为2
```

还有其他一些比较方便的方法可以创建一个字典，如通过 dict 函数创建，或通过 dict.fromkeys 创建，如代码清单 2-6 所示。

代码清单 2-6 通过 dict 或 dict.fromkeys 创建字典

```
dict([['January', 1], ['February', 2]])  # 相当于{'January':1, ' February':2}
dict.fromkeys(['January', 'February'], 1)  # 相当于{'January':1, ' February':1}
```

字典的函数和方法很多，大部分与列表是一样的，此处不再赘述。

(3) 集合

Python 内置了集合这一数据结构，它的概念与数学上集合的概念基本一致。集合的元素是不重复的，而且是无序的。集合不支持索引。一般通过花括号（{}）或 set 函数创建一个集合，如代码清单 2-7 所示。

代码清单 2-7 创建集合

```
k = {1, 1, 2, 3, 3}  # 注意1和3会自动去重，得到{1, 2, 3}
k = set([1, 1, 2, 3, 3])  # 同样地，将列表转换为集合，得到{1, 2, 3}
```

由于集合的特殊性（特别是无序性），所以集合会有一些特别的运算，如代码清单 2-8 所示。

代码清单 2-8 特别的集合运算

```
f = {1, 2, 3, 4}
g = {1, 2, 3, 5, 6}
```

```
a = f | g  # f和g的并集
b = f & g  # f和g的交集
c = f - g  # 求差集（项在f中，但不在g中）
d = f ^ g  # 对称差集（项在f或g中，但不会同时出现在二者中）
```

2.1.2 判断与循环

判断和循环是所有编程语言的基本命令，Python 的判断语句格式如下。

```
if 条件1:
    语句1
elif 条件2:
    语句2
else:
    语句3
```

需要特别指出的是，Python 一般不使用花括号（{}），也没有 end 语句，可使用缩进对齐作为语句的层次标记。同一层次的缩进量要一一对应，否则会报错。以下是一个错误的缩进示例，如代码清单 2-9 所示。

代码清单 2-9 错误的缩进示例

```
a = 0
if a == 0:
    print('a为0')  # 缩进2个空格
else:
     print('a不为0')  # 缩进3个空格
```

不管是哪种语言，正确的缩进都是一个优雅的编程习惯。

Python 中有 for 循环和 while 循环两种，如代码清单 2-10 所示。

代码清单 2-10 for 循环和 while 循环

```
# for循环
i = 0
for j in range(51):  # 该循环过程是求1+2+3+…+50
    i = i + j
print(i)

# while循环
i = 0
j = 0
while j < 51:  # 该循环过程也是求1+2+3+…+50
    i = i + j
    j = j + 1
print(i)
```

在代码清单 2-10 中，for 循环含有 in 和 range 语法。in 是一个非常方便而且非常直观的语法，用于判断一个元素是否在列表或元组中。range 用于生成连续的序列，一般语法格式为 range(a, b, c)，表示以 a 为首项、c 为公差且不超过 $b-1$ 的等差数列，如代码清单 2-11 所示。

代码清单 2-11　使用 range 生成等差数列

```
for i in range(1, 5, 1):
    print(i)
```

输出结果如下。

```
1
2
3
4
```

2.1.3　函数

函数是 Python 为了使代码效率最大化、减少冗余而提供的最基本的程序结构。函数实现了对整段程序逻辑的封装，是程序逻辑的结构化或过程化的一种编程方法。其中，可以通过自定义方式和函数式编程方式进行函数的设计与应用。

1. 自定义函数

在 Python 中，使用 def 关键字自定义函数，如代码清单 2-12 所示。

代码清单 2-12　自定义函数

```
def pea(x):
    return x + 1
print(pea(1))  # 输出结果为 2
```

自定义函数其实很普通，但与一般编程语言不同的是，Python 的函数返回值可以是各种形式。例如，可以返回列表，也可以返回多个值，如代码清单 2-13 所示。

代码清单 2-13　返回列表和返回多个值的自定义函数

```
# 返回列表
def peb(x=1, y=1):  # 定义函数，同时定义参数的默认值
    return [x + 3, y + 3]  # 返回值是一个列表

# 返回多个值
def pec(x, y):
    return x + 1, y + 1  # 双重返回
a, b = pec(1, 2)  # 此时 a = 2, b = 3
```

使用 def 自定义 peb 函数时，需要使用规范的命名，添加计算内容，并明确返回值，代

码相对复杂，因此，Python 支持使用 lambda 定义“行内函数”，如代码清单 2-14 所示。

代码清单 2-14 使用 lambda 定义函数

```
c = lambda x: x + 1  # 定义函数c(x) = x + 1
d = lambda x, y: x + y + 6  # 定义函数d(x,y) = x + y + 6
```

2. 函数式编程

函数式编程（Functional Programming）或函数程序设计，又称泛函编程，是一种编程范型。函数式编程可以将计算机运算视为数学上的函数计算，并且可以避免程序状态以及易变对象对函数的影响。

在 Python 中，函数式编程主要由 lambda、map、reduce、filter 函数构成，其中 lambda 在代码清单 2-14 中已经介绍，这里不再赘述。

假设有一个列表 a = [5, 6, 7]，需要将列表 a 中的每个元素都加 3，并生成一个新列表，可以通过列表解析操作实现该要求，如代码清单 2-15 所示。

代码清单 2-15 使用列表解析操作列表元素

```
a = [5, 6, 7]
b = [i + 3 for i in a]
print(b)  # 输出结果为[8, 9, 10]
```

使用 map 函数实现代码清单 2-15 中的示例，如代码清单 2-16 所示。

代码清单 2-16 使用 map 函数操作列表元素

```
a = [5, 6, 7]
b = map(lambda x: x + 3, a)
b = list(b)
print(b)  # 输出结果也为[8, 9, 10]
```

在代码清单 2-16 中，首先定义一个列表，然后用 map 函数将命令逐一应用到列表 a 中的每个元素，最后返回一个数组。map 函数也支持多参数的设置，例如，map(lambda x, y: x * y, a, b) 表示将 a、b 两个列表的元素对应相乘，并将结果返回新列表。

通过代码清单 2-15 和代码清单 2-16 可以看出，列表解析虽然代码简短，但是本质上还是 for 循环。在 Python 中，for 循环的效率并不高，而 map 函数实现了相同的功能，并且效率更高。

reduce 函数与 map 函数不同，map 函数是逐一遍历，而 reduce 函数是对可迭代对象中的元素进行累积操作计算。在 Python 3 中，reduce 函数已经被移出全局命名空间，被置于 functools 库中，使用时需要通过 from functools import reduce 导入 reduce 函数。使用 reduce 函数可以算出 n 的阶乘，如代码清单 2-17 所示。

代码清单 2-17　使用 reduce 函数计算 *n* 的阶乘

```
from functools import reduce  # 导入reduce函数
reduce(lambda x, y: x * y, range(1, n + 1))
```

在代码清单 2-17 中，range(1, n + 1) 相当于给出了一个列表，其中的元素是 1 ～ n 这 n 个整数。lambda x, y: x * y 构造了一个二元函数，返回两个参数的乘积。reduce 函数首先将列表的头两个元素（即 n、n+1）作为函数的参数进行运算，得到 $n(n+1)$；然后将 $n(n+1)$ 与 n+2 作为函数的参数，得到 $n(n+1)(n+2)$；再将 $n(n+1)(n+2)$ 与 n+3 作为函数的参数……依此递推，直到列表遍历结束，返回最终结果。如果用循环命令，那么需要写成如代码清单 2-18 所示的形式。

代码清单 2-18　使用循环命令计算 *n* 的阶乘

```
a = 1
for i in range(1, n + 1):
    a = a * i
```

filter 函数的功能类似于一个过滤器，可用于筛选出列表中符合条件的元素，如代码清单 2-19 所示。

代码清单 2-19　使用 filter 函数筛选列表元素

```
a = filter(lambda x: x > 2 and x < 6, range(10))
a = list(a)
print(a)  # 输出结果为[3, 4, 5]
```

要使用 filter 函数，首先需要一个返回值为 bool 型的函数，如代码清单 2-19 中的 lambda x: x > 2 and x < 6 定义了一个函数，判断 x 是否大于 2 且小于 6，然后将这个函数作用到 range(10) 的每个元素中，若判断结果为 True，则取出该元素，最后将满足条件的所有元素组成一个列表并返回。

也可以使用列表解析筛选列表元素，如代码清单 2-20 所示。

代码清单 2-20　使用列表解析筛选列表元素

```
a = [i for i in range(10) if i > 2 and i < 6]
print(a)  # 输出的结果也为[3, 4, 5]
```

可见使用列表解析并不比 filter 语句复杂。需要注意的是，使用 map 函数、reduce 函数或 filter 函数的最终目的都是兼顾简洁和效率，因为 map 函数、reduce 函数或 filter 函数的循环速度比 Python 内置的 for 或 while 循环要快得多。

2.1.4　库的导入与添加

在 Python 的默认环境中，并不会将所有的功能都加载进来，因此需要手动加载更多的库（或模块、包等），甚至需要额外安装第三方的扩展库，以丰富 Python 的功能，实现所需的目的。

1. 库的导入

Python 本身内置了很多强大的库，如与数学相关的 math 库，可以提供更加丰富、复杂的数学运算，如代码清单 2-21 所示。

代码清单 2-21 使用 math 库进行数学运算

```
import math
math.sin(2)  # 计算正弦
math.exp(2)  # 计算指数
math.pi  # 内置的圆周率常数
```

导入库时，除了可以直接使用“import 库名”命令导入外，也可以为库起一个别名，使用别名导入，如代码清单 2-22 所示。

代码清单 2-22 使用别名导入库

```
import math as m
m.sin(2)  # 计算正弦
```

此外，如果不需要导入库中的所有函数，那么可以特别指定导入函数的名字，如代码清单 2-23 所示。

代码清单 2-23 通过名称导入指定函数

```
from math import exp as e  # 只导入math库中的exp函数，并起别名e
e(2)  # 计算指数
math.sin(2)  # 此时math.sin(2)会出错，因为math库没被导入
```

直接导入库中的所有函数，如代码清单 2-24 所示。

代码清单 2-24 导入库中的所有函数

```
# 直接导入math库中包含的所有函数，若大量地这样引入第三方库，则可能会容易引起命名冲突
from math import *
exp(2)
sin(2)
```

读者可以通过 help('modules') 命令获得已经安装的所有模块名。

2. 添加第三方库

虽然 Python 自带了很多库，但是不一定可以满足所有的需求。就数据分析和数据挖掘而言，还需要添加一些第三方库以拓展 Python 的功能。

常见的安装第三方库的方法如表 2-3 所示。

表 2-3　常见的安装第三方库的方法

思路	特点
下载源代码自行安装	安装灵活，但需要自行解决上级依赖问题
用 pip 命令安装	比较方便，自动解决上级依赖问题
用 easy_install 命令安装	比较方便，自动解决上级依赖问题，比 pip 稍弱
下载编译好的文件包	一般是 Windows 系统才提供现成的可执行文件包
系统自带的安装方式	Linux 或 macOS 的软件管理器自带了某些库的安装方式

其中，最常用的安装第三方库的方法主要是使用 pip 命令安装。其中，最简单的安装命令为“pip install 库名”，但国内使用 pip 命令安装库时，可能会出现下载速度缓慢甚至网络连接断开的情况。配置国内源可以提高 pip 下载的速度，在 pip install 命令后面带上“-i 源地址”参数即可。例如，使用清华源安装 pandas 库，首先打开 Anaconda Prompt，输入如下命令，即可自动下载并安装 pandas 库。

```
pip install pandas -i https://pypi.tuna.tsinghua.edu.cn/simple
```

2.2　Python 数据分析及预处理常用库

Python 本身的数据分析功能不强，需要安装一些第三方扩展库以增强其能力。数据分析及预处理常用库有 NumPy、pandas、Matplotlib 等，如表 2-4 所示。

表 2-4　Python 数据分析及预处理常用库

扩展库	简介
NumPy	提供数组支持和相应的高效的处理函数
pandas	强大、灵活的数据分析和探索工具
Matplotlib	强大的数据可视化工具、作图库

2.2.1　NumPy

NumPy 的前身 Numeric 最早是由吉姆·弗贾宁与其他协作者共同开发的。2005 年，特拉维斯·奥利芬特在 Numeric 中结合了另一个同性质的程序库 Numarray 的特色，并加入了其他扩展，开发出了 NumPy。

NumPy 是用 Python 进行科学计算的基础软件包，也是一个 Python 库，提供多维数组对象和各种派生对象（如掩码数组和矩阵），以及用于数组快速操作的各种 API，包括数学、逻辑、形状操作、排序、选择、输入 / 输出、离散傅立叶变换、基本线性代数、基本统计运算和随机模拟等，因而能够快速地处理数据量大且烦琐的数据运算。

NumPy 还是很多更高级的扩展库的依赖库，后面介绍的 pandas、Matplotlib、SciPy 等库都依赖于 NumPy。值得强调的是，NumPy 中的内置函数处理数据的速度是 C 语言级别的，非常快，因此在编写程序的时候，应当尽量使用这些内置函数，从而避免效率瓶颈的现象。

2.2.2 pandas

pandas 的名称源自面板数据（panel data）和 Python 数据分析（Data Analysis），最初是被作为金融数据分析工具而开发出来的，由 AQR Capital Management 于 2008 年 4 月开发，并于 2009 年底开源。

pandas 是 Python 的核心数据分析支持库，提供了快速、灵活、明确的数据结构，旨在简单且直观地处理关系型、标记型数据。pandas 与其他第三方科学计算支持库也能够完美地集成。pandas 还包含了高级的数据结构和精巧的工具，使得在 Python 中处理数据非常快速和简单。pandas 中常用的数据结构为 Series（一维数据）与 DataFrame（二维数据），这两种数据结构足以处理金融、统计、社会科学、工程等领域里的大多数典型用例。

pandas 的功能非常强大，可提供高性能的矩阵运算，可用于数据挖掘和数据分析，同时提供数据清洗功能，支持类似 SQL 的数据增、删、查、改，并且带有丰富的数据处理函数，支持时间序列分析功能，支持灵活处理缺失数据等。

2.2.3 Matplotlib

无论数据挖掘还是数学建模，都免不了会遇到数据可视化的问题。Matplotlib 是约翰·亨特在 2008 年左右的博士后研究中发明出来的，最初只是为了可视化癫痫病人的一些健康指标，而后逐渐变成了 Python 上使用较为广泛的可视化工具包。

同时 Matplotlib 还是 Python 中的著名绘图库，主要用于二维绘图，也可以进行简单的三维绘图。Matplotlib 还提供了一整套与 Matlab 相似但更为丰富的命令，可以非常快捷地使用 Python 可视化数据，而且允许输出达到出版质量的多种图像格式，还十分适合交互式制图，同时也可方便地作为绘图控件，嵌入 GUI 应用程序或 CGI、Flask、Django 中。

此外，Matplotlib 绘图库还有很多特点，例如不仅支持交互式绘图，还支持非交互式绘图；支持曲线（折线）图、条形图、柱状图、饼图，绘制的图形可进行配置；支持 Linux、Windows、macOS 与 Solaris 的跨平台绘图。由于 Matplotlib 的绘图函数基本上与 Matlab 的绘图函数作用差不多，所以迁移学习的成本比较低。同时，Matplotlib 还支持 LaTeX 的公式插入。

2.3 Python 数据挖掘建模常用框架和库

Python 拥有丰富的第三方库，在许多方面都有着广泛的应用，且随着各种模块的逐步完善，它在科学领域的地位越来越重要，这其中就包括数据挖掘领域。Python 数据挖掘建模中常用的框架包括 TensorFlow、Keras、PyTorch、PaddlePaddle、Caffe 等，常用的库包括 scikit-learn、jieba、SciPy、OpenCV、Pillow、Gensim 和 SnowNLP 等。

2.3.1 scikit-learn

scikit-learn（简称 sklearn）项目最早由数据科学家大卫·库尔纳佩在 2007 年发起，需要 NumPy 和 SciPy 等库的支持，经研发后，scikit-learn 成为一个开源的机器学习库。

scikit-learn 是 Python 下强大的机器学习工具包，提供了完善的机器学习工具箱，包括数据预处理、分类、回归、聚类、预测、模型分析等，同时还是一种简单高效的数据挖掘和数据分析工具，可在各种环境中重复使用。scikit-learn 内部还实现了各种各样成熟的算法，容易安装和使用，样例也十分丰富。由于 scikit-learn 依赖于 NumPy、SciPy 和 Matplotlib，所以只需要提前安装好这几个库，基本可以正常安装与使用。若使用 scikit-learn 创建机器学习模型，则须注意以下几点。

1）所有模型提供的接口都为 model.fit()，用于训练模型。需要注意的是，用于分类与回归算法的训练模型的语句为 fit(X, y)，用于非分类与回归算法的训练模型的语句为 fit(X)。

2）分类与回归模型提供如下接口。

- model.predict(X_new)：预测新样本。
- model.predict_proba(X_new)：预测概率，仅对某些模型有用（如逻辑回归）。
- model.score()：得分越高，模型拟合效果越好。

3）非分类与回归模型提供如下接口。

- model.transform()：在 fit 函数的基础上，进行标准化、降维、归一化等数据处理操作。
- model.fit_transform()：fit 函数和 transform 函数的组合，既包含训练，又包含数据处理操作。

scikit-learn 本身还提供了一些实例数据用于练习，常见的有安德森鸢尾花卉数据集、手写图像数据集等。

2.3.2 深度学习

虽然 scikit-learn 已经足够强大了，但它并不包含一种强大的模型——人工神经网络。人工神经网络是功能相当强大但原理又相当简单的模型，在语言处理、图像识别等领域都有重要的作用。近年来逐渐引人注意的深度学习算法，本质上也是一种神经网络，可见在 Python 中实现神经网络是非常必要的。常用的深度学习框架包括 TensorFlow、Keras、PyTorch、PaddlePaddle 和 Caffe 等。

1. TensorFlow

2015 年 11 月 10 日，Google 推出了全新的开源工具 TensorFlow，它是基于 Google 2011 年开发的深度学习基础框架 DistBelief 构建而成的。TensorFlow 主要用于深度神经网络，一经推出就获得了较大的成功，并迅速成为用户使用较多的深度学习框架。

Tensor 意味着数据，Flow 意味着流动、计算、映射，TensorFlow 即数据的流动、计算、映射，同时也体现了数据是有向地流动、计算和映射的。

TensorFlow 是一个“神经网络”库，具有高度的灵活性，可以将用户使用 Python 绘制的计算图放到计算核心之中；具有可移植性，可以在 CPU、GPU 上运行；可以自动计算梯度导数，使用户不必纠结于具体的求解细节，只须关注模型的定义与验证；通过在底层上对线程、队列、异步操作给予良好的支持，在多计算单元控制上将不同的计算任务分配到不同的单元之中，实现性能最优化；支持 C++、Python、Java、Go、JavaScript 等接口的衔接。

2. Keras

Keras 是由 Python 编写而成并使用 TensorFlow、Theano 以及 CNTK 作为后端的一个深度学习框架，也是深度学习框架中较容易使用的框架之一。同时，利用 Keras 不仅可以搭建普通的神经网络，还可以搭建各种深度学习模型，如自编码器、循环神经网络、递归神经网络、卷积神经网络等。

Theano 是 Python 的一个库，是由深度学习专家约书亚 · 本吉奥带领的实验室开发出来的，用于定义、优化和高效地解决多维数组数据对应数学表达式的模拟估计问题。Theano 具有高效地实现符号分解、高度优化的速度和稳定性等特点，最重要的是 Theano 实现了 GPU 加速，使得密集型数据的处理速度是 CPU 的数十倍。

用 Theano 即可搭建起高效的神经网络模型，然而对于普通读者而言，它的使用门槛还是相当高的。Keras 正是为此而生，它大大简化了搭建各种神经网络模型的步骤，允许普通用户轻松地搭建并求解具有几百个输入节点的深层神经网络，而且定制的自由度非常大。

因此，对于 Keras 深度学习库而言，Keras 具有高度模块化、用户友好性和易扩展特性，支持卷积神经网络、循环神经网络以及两者的组合，可无缝衔接 CPU 和 GPU 的切换。使用 Keras 搭建神经网络模型的过程相当简洁，也相当直观，就像搭积木一般。通过 Keras，只需要短短几十行代码，即可搭建起一个非常强大的神经网络模型，甚至深度学习模型。值得注意的是，Keras 的预测函数与 scikit-learn 的有所差别，Keras 用 model.predict() 方法给出概率，用 model.predict_classes() 给出分类结果。

3. PyTorch

2017 年 1 月，Facebook 人工智能研究院（现为 Meta 人工智能研究院）在 GitHub 上开源了 PyTorch。PyTorch 是一个基于 Torch 的 Python 开源机器学习库，也是一个深度学习框架，可用于自然语言处理等应用程序。PyTorch 不仅能够实现强大的 GPU 加速，还支持动态神经网络，这一点是现在很多主流框架（如 TensorFlow）都不支持的。

PyTorch 可以帮助构建深度学习项目，强调灵活性，允许用 Python 表达深度学习模型。PyTorch 提供命令式体验，直接使用 nn.module 封装便可使网络搭建更快速和方便。另外，调试 PyTorch 就像调试 Python 代码一样简单。

由于 PyTorch 的易使用性，它在社区中得到较早的应用，并且在发布几年后即成长为优秀的深度学习工具之一。PyTorch 清晰的语法、简化的 API 和易于调试的功能，使其成为深度学习的最佳选择之一。除此之外，PyTorch 中还存在较为完备的与应用领域对应的 PyTorch 库，如表 2-5 所示。

表 2-5 与应用领域对应的 PyTorch 库

应用领域	对应的 PyTorch 库	应用领域	对应的 PyTorch 库
计算机视觉	TorchVision	图卷积	PyTorch Geometric
自然语言处理	PyTorchNLP	工业部署	FastAI

4. PaddlePaddle

飞桨（PaddlePaddle）是一个易用、高效、灵活、可扩展的深度学习框架，于 2016 年正式向专业社区开源。PaddlePaddle 是一个工业技术平台，拥有先进的技术和丰富的功能，涵盖了核心深度学习框架、基本模型库、端到端的端开发套件、工具、组件和服务平台。

除此之外，PaddlePaddle 还支持超大规模深度学习模型的训练、多端多平台部署的高性能推理引擎等；支持命令式编程模式（动态图）功能、性能和体验；原生推理库性能显著优化，轻量级推理引擎实现了对硬件支持的极大覆盖；新增了 CUDA 下多线程多流支持、TRI 子图对动态 shape 输入的支持，强化量化推理，性能显著优化；全面提升了对支持芯片的覆盖度（包括寒武纪、比特大陆等）以及对应的模型数量和性能。

PaddlePaddle 源自工业实践，已被制造业、农业、企业服务等领域广泛采用。

5. Caffe

Caffe 是一个深度学习框架，是由伯克利人工智能研究所和社区贡献者共同开发的。

Caffe 对整个深度学习领域起到了极大的推动和影响作用，因为在深度学习领域，Caffe 框架是人们无法绕过的一座山。这不仅是由于 Caffe 无论在结构、性能以及代码质量上都称得上是一款十分出色的开源框架，更重要的是，Caffe 将深度学习的每一个细节都原原本本地展现出来，大大降低了人们学习和开发的难度。

Caffe 主要应用在视频、图像处理等方面，核心语言是 C++，支持命令行、Python 和 MATLAB 接口，支持在 CPU、GPU 运行，且通用性好，非常稳健、快速，性能优异。

Caffe 具有上手快的特点，它的模型与相应优化都是以文本形式而非代码形式给出的。Caffe 运行速度快，能够运行较复杂的模型与海量的数据，且使用者可以使用 Caffe 提供的各层类型来定义自己的模型。

2.3.3 其他

除了前面所介绍的常用于数据挖掘建模的库之外，还有许多库也运用于数据挖掘建模，如 jieba、SciPy、OpenCV、Pillow 等。

1. jieba

jieba 是一个被广泛使用的 Python 第三方中文分词库。jieba 使用简单，并且支持 Python、R、C++ 等多种编程语言的实现，对新手而言是一个较好的入门分词工具。在

GitHub 社区，jieba 长期有着较高的讨论度，社区中也有不少与 jieba 相关的实例。

相比其他分词工具，jieba 不仅提供了分词功能，还提供了分词以外的其他功能，如词性标注、添加自定义词典、关键词提取等。

jieba 库可提供精确模式、全模式和搜索引擎模式 3 种分词模式。

- 精确模式采用最精确的方式将语句切分，适用于文本分析。
- 全模式可以快速地扫描语句中所有可以成词的部分，但无法解决歧义问题。
- 搜索引擎模式在精确模式的基础上再切分长词，适用于搜索引擎的分词。

jieba 词性标注是基于规则与统计相结合的词性标注方法。jieba 词性标注与其分词的过程类似，即利用词典匹配与隐马尔可夫模型（Hidden Markov Model, HMM）共同合作实现。而且，通过 jieba 库进行词性标注，具有效率高、处理能力强等特点。

2. SciPy

SciPy 是数学、科学和工程的开源软件。SciPy 库依赖于 NumPy，可提供方便快捷的 *n* 维数组操作。SciPy 库是用 NumPy 数组构建的，可提供许多用户友好和高效的数值例程，如用于数值积分和优化的例程。SciPy 可以运行在所有流行的操作系统上，安装便捷且免费。同时，SciPy 易于使用，且功能强大到足以被一些世界领先的科学家和工程师所依赖。

SciPy 库包含最优化、线性代数、积分、插值、拟合、特殊函数、快速傅里叶变换、信号处理、图像处理、常微分方程求解和其他科学与工程中常用的计算等功能。显然，这些功能都是挖掘与建模必备的。

NumPy 提供了多维数组功能，但只是一般的数组，并不是矩阵。SciPy 提供了真正的矩阵，以及大量基于矩阵运算的对象与函数。

3. OpenCV

OpenCV 是一个开源计算机视觉库，由英特尔公司资助。OpenCV 由一系列 C 函数和少量 C++ 类所组成，可实现很多图像处理和计算机视觉方面的通用算法。同时，OpenCV 包含的函数有 500 多个，包括读取与写入图像、矩阵操作和数学库等函数，可以满足图像处理的许多应用领域，如工厂产品检测、医学成像、信息安全、摄像机标定、立体视觉和机器人视觉等。

OpenCV 作为一个基于 C/C++ 语言编写的跨平台开源软件，可以在 Windows、Linux、Android 和 macOS 上运行，同时提供了 Python、Ruby、MATLAB 等语言的接口。

OpenCV 是模块结构，主要包含以下 4 个模块。

1）核心功能模块（core），包含 OpenCV 基本数据结构、动态数据结构、绘图函数、数组操作相关函数、与 OpenGL 的互操作等内容。

2）图像处理模块（imgproc），包含线性和非线性的图像滤波、图像的几何变换、图像转换、直方图相关、结构分析和形状描述、运动分析和对象跟踪、特征检测、目标检测等内容。

3）2 维功能模块（features2D），包含特征检测和描述、特征检测器、描述符提取器、描述符匹配器、关键点绘制函数和匹配功能绘制函数等内容。

4）高层 GUI 图形用户界面模块（highgui），包含媒体的输入 / 输出、视频捕捉、图像和视频的编码解码、图形交互界面的接口等内容。

4. Pillow

PIL（Python Imaging Library）作为 Python 2 的第三方图像处理库，是 Pillow 的前身。随着 Python 3 的更新，PIL 移植到 Python 3 中并更名为 Pillow，且加入了许多新特性。

与 OpenCV 相同，Pillow 也是模块结构，主要包括以下 4 个模块。

1）图像功能模块（Image），包含读写图像、图像混合、图像放缩、图像裁切、图像旋转等内容。

2）图像滤波功能模块（ImageFilter），包含各类图像滤波核。

3）图像增强功能模块（ImageEnhance），包含色彩增强、亮度增强、对比度增强、清晰度增强等内容。

4）图像绘画功能模块（ImageDraw），包含绘制几何形状、绘制文字等内容。

同时，利用 Pillow 中的函数可以从大多数图像格式的文件中读取数据，然后对读取的图像进行处理，最后写入常见的图像格式文件中。Pillow 官网中有一些应用例子可供读者查阅参考。

2.4　小结

本章的主要目的是了解 Python 数据挖掘编程的基础知识，为后续的项目开发奠基。首先，结合 Python 数据挖掘编程基础，重点介绍了 Python 的使用入门知识、Python 数据分析及预处理常用库，以及 Python 数据挖掘建模常用库。然后结合实际操作，对 Python 基本语句的使用进行介绍；结合实际意义与作用，对常用库进行了简单介绍。

第二篇

入 门 篇

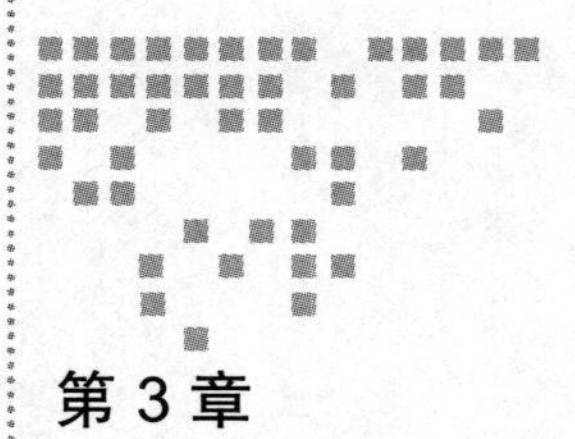

Chapter 3 第3章

电商平台手机销售数据采集与分析

科学技术的不断创新，特别是手机的出现，给丰富多彩的国民生活增添了许多便利。当前，手机的销售形式从之前单一的线下实体销售形式，转向了线上电商平台销售形式。同时，手机作为电商平台获取收益的主要来源之一，其市场竞争愈加激烈，为手机厂商在电商平台中扩大市场、提高竞争力带来了一定的挑战。

随着手机行业的竞争日趋激烈，电商也越来越关注手机的销售情况及用户体验，而能够快速地了解相关情况的方法，便是通过数据进行信息提取。在电商平台中，分析手机的销售和评论等数据是了解手机销售情况和用户体验的重要途径。本章将采集某电商平台的手机销售和售后数据，并对采集到的数据进行商品销售和用户体验两大方面的深入分析和探究，还将结合实际业务场景和需求为电商平台提供营销策略，从而推动平台及手机行业的发展。

学习目标

- 了解电商平台手机销售数据采集与分析案例的背景、数据说明和分析目标。
- 熟悉使用 Python 解析目标网页并获取网页内容的过程。
- 掌握数据探索与预处理的方法，对数据进行数据信息探索、缺失值处理和文本处理。
- 掌握数据可视化分析的方法，对销售因素、消费习惯、售后评论等数据进行分析。
- 掌握营销策略的制定方法，结合数据的可视化分析结果和实际业务现状，为电商平台制定营销策略。

3.1 背景与目标

随着社会经济的不断发展，电商平台的市场规模也在不断扩大。从电商平台上采集手机销售数据并进行分析，成为电商平台掌握经营方向、优化用户体验、提高平台收益的重要手段之一。本节主要讲解某电商平台手机销售数据采集与分析的案例背景、数据说明及目标分析。

3.1.1　背景

在日新月异的科技时代下，电子科技和互联网的快速发展为电商平台提供了良好的发展契机，手机的销售模式也随之发生了较大的改变。相较于传统的线下手机销售模式，新形态的线上手机销售模式凭借快捷、时效、跨区域等优点，为用户带来更便利的购买方式，也为电商平台带来了巨大的经济收益。

纵观近几年的电商发展态势，虽说我国的电商行业正在稳步地向前发展，但增速已有明显放缓趋势，这也意味着电商行业的竞争将会更加激烈。当前，对于电商平台而言，其主要面临的问题如下：

- 信息资源冗杂，客户及产品价值分析不到位。
- 售后服务体系还不完善，影响消费者的购物体验和平台的核心竞争力。

本案例中的某电商平台同样遇到了此类问题，若这些问题不能有效地解决，则极有可能会造成该电商平台的用户流失，甚至会提高该平台的商品退货率，给电商平台带来经济损失。

因此，本案例将通过采集该电商平台的手机销售数据和售后数据，并对数据信息进行可视化展示和分析，从而挖掘该平台的销售现状。之后，再结合相关业务知识为该电商平台的手机销售制定营销策略，从而提高电商平台的经济收益，扩大电商平台的营销市场。

3.1.2　数据说明

本案例选取的是某网站前50页的手机销售数据，数据信息的采集时间为2022年5月10日。这里共有两份数据，一份为手机销售数据，记载着手机的性能及销售信息，其数据说明如表3-1所示；另一份为用户售后数据，记载着某10款手机的用户所选购的手机详情、评论等信息，其数据说明如表3-2所示。

表3-1　手机销售数据说明

属性名称	属性说明	示例
商品编号	手机的商品编号	100021000000
手机价格	手机的初始价格	3299元
商品评价量	商品售后数据的总量	1万+
店铺名称	店铺的名称	××官方自营旗舰店
手机品牌	商品品牌的名称	vivo
商品名称	商品的名称	vivoiQOO Neo6
CUP型号	处理器的名称	骁龙8 Gen 1
前摄主摄像素	手机前置摄像头的像素	1600万像素
后摄主摄像素	手机后置摄像头的像素	6400万像素
系统	操作系统的名称	Android

表 3-2 用户售后数据说明

属性名称	属性说明	示例
手机内存	手机的运行内存和固定存储器	8 GB+256 GB
手机配色	手机的机身配色	夜影黑
购买时间	用户购买该手机的时间	2021/12/23 21:04
用户评分	用户对商品的评分	1
评论文本	用户对商品的评论	您没有填写内容，默认好评
评论时间	用户发表评论的时间	2021/12/26 2:48

3.1.3 目标分析

用户的购机需求和购机后的用机体验，在一定程度上会影响手机的销售情况以及电商平台的经济收益情况。因此，如何通过分析手机销售数据和用户售后数据，在了解手机销售情况的同时，掌握用户的购机需求，进而及时调整电商平台的手机营销策略，提升售后服务，是电商平台手机行业亟须解决的重要问题。

本案例根据某电商平台手机销售数据采集与分析项目的业务需求，需要实现的目标如下。

1）了解手机的销售情况、用户的消费习惯及购机体验。

2）结合实际业务和分析结果，为电商平台制定合适的手机营销策略。

电商平台手机销售数据采集与分析的总体流程如图 3-1 所示，主要步骤如下。

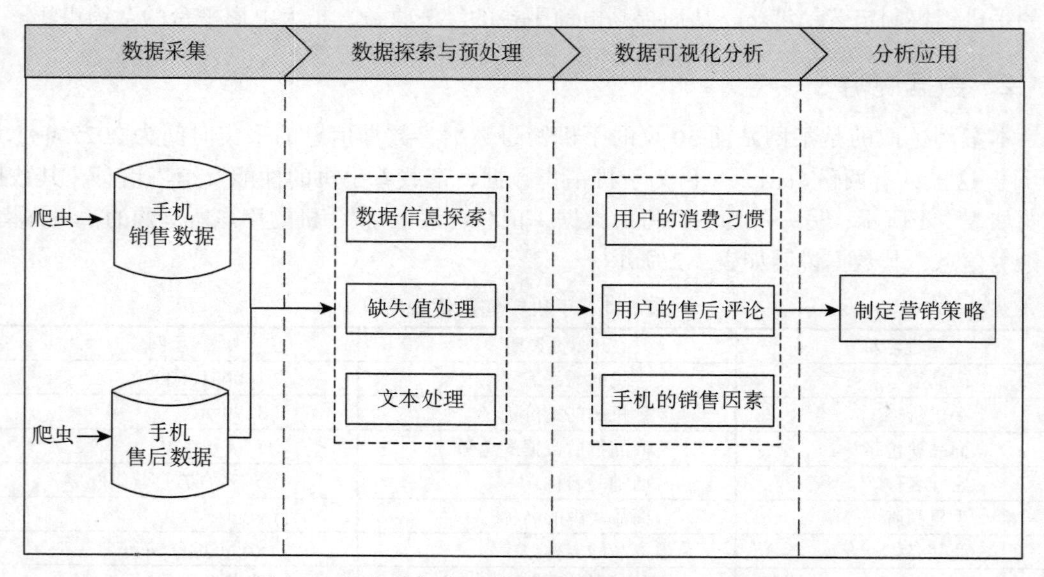

图 3-1 电商平台手机销售数据采集与分析总体流程

1）采集数据，运用爬虫工具采集某网站前 50 页的手机销售数据和某 10 款的手机的售后数据。

2）对数据进行数据探索和预处理，主要包括数据信息探索、缺失值处理和文本处理。

3）对预处理后的数据进行数据可视化分析，主要包括对用户的消费习惯、用户的售后评论和手机的销售因素进行分析。

4）结合数据可视化分析和业务知识，为电商平台提供手机营销策略。

3.2　数据采集

Python 易于配置，处理字符十分灵活，且含有丰富的网络抓取模块，在采集网页数据时能够达到简洁、高效的效果。本节将利用 Python 爬取某网站前 50 页的手机销售数据和某 10 款手机的售后数据，并将采集到的数据信息进行存储，以便后续的进一步分析。

3.2.1　手机销售数据采集

分析产品的销售数据，一方面能够把控当前产品的销售情况，及时发现并解决问题；另一方面能够起到特定性的问题分析，触发对相关业务实施可行性的考量。手机销售数据采集的主要步骤如下。

1）使用 requsts 库，实现 HTTP 请求。该请求包含链接、请求头、超时时间、编码设置等。

2）使用 XPath 语言，实现网页的解析。该部分主要包含定位并采集所需节点内的文本内容，如店铺名称、手机品牌、商品编号、商品名称、CPU 型号、后摄主摄像素、前摄主摄像素、系统、商品评价量和手机价格的信息采集。

3）保存数据。将解析出来的网页内容存储至本地的 CSV 文件中。

综上，爬取手机销售数据的实现代码如代码清单 3-1 所示。

代码清单 3-1　爬取手机销售数据

```
# 导入模块
import numpy as np
import pandas as pd
import parsel
import requests
import chardet
import time
import json

# 爬取手机的销售数据
columns = ['店铺名称', '手机品牌', '商品编号', '商品名称', 'CPU 型号', '后摄主摄像素',
           '前摄主摄像素', '系统', '商品评价量', '手机价格']
all_sales_data = pd.DataFrame(columns=columns)
for i in all_product_number['商品编号']:
    print('正在爬取商品编号为 {} 的商品信息'.format(i))
    url = 'https://item.jd.com/' + i + '.html#product-detail'
```

```
    rqg = requests.get(url, headers = headers, timeout = 30)
    rqg.encoding = chardet.detect(rqg.content)['encoding']
    html = rqg.content.decode('utf-8')
    selector = parsel.Selector(html)
    sales_data = pd.DataFrame([])
    sales_data['店铺名称'] = selector.xpath
        ('//*[@id="crumb-wrap"]/div/div[2]/div[2]/div[1]/div/a/text()').extract()
    sales_data['手机品牌'] = selector.xpath('//ul[@class="p-parameter-list"]/
        li/a/text()').extract()
    sales_data['商品评价量'] = page_text1['productCommentSummary']['commentCountStr']
    sales_data['手机价格'] = page_text2['p']

# 存储手机销售数据
all_sales_data.to_csv('../tmp/手机销售数据.csv', encoding='gbk', index=None)
```

注意 由于数据爬取的代码过长，此处仅展示其中的关键代码，完整的实现代码请参考本书的配套资料。其他章节与此类似。

爬取某网站前 50 页的手机销售数据，其部分数据如图 3-2 所示。

店铺名称	手机品牌	商品编号	商品名称	CPU型号	后摄主摄像素	前摄主摄像素	系统	商品评价量	手机价格
iQOO××官方自营旗舰店	vivo	100021000000	vivoiQOO Neo6	骁龙8 Gen 1	6400万像素	1600万像素	Android	1万+	3299
小米××自营旗舰店	小米（MI）	100014000000	小米Redmi 9A	其他	1300万像素	500万像素	Android	300万+	599
小米××自营旗舰店	小米（MI）	100017000000	小米Redmi Note9	骁龙750G	1亿像素	1600万像素	Android	100万+	1249
荣耀××自营旗舰店	荣耀（HONOR）	100013000000	荣耀Play5T Pro	MediaTek H	6400万像素	1600万像素	Android	20万+	1099
Apple产品××自营旗舰店	Apple	100027000000	AppleiPhone 13				iOS	200万+	5999
荣耀××自营旗舰店	荣耀（HONOR）	100036000000	荣耀荣耀手机	天玑700	1300万像素	500万像素	Android	2万+	1199
iQOO××官方自营旗舰店	vivo	100028000000	vivoiQOO Z5x	天玑900	5000万像素	800万像素	Android	10万+	1399
iQOO××官方自营旗舰店	vivo	100030000000	vivoiQOO Neo5 S	骁龙870	5000万像素	1600万像素	Android	20万+	1799
OPPO××自营官方旗舰店	OPPO	100031000000	OPPOK9x	天玑810	6400万像素	1600万像素	Android	10万+	1399
iQOO××官方自营旗舰店	vivo	100022000000	vivoiQOO Neo6 S	骁龙870	6400万像素	1600万像素	Android	2000+	2499
小米××自营旗舰店	小米（MI）	100028000000	小米Redmi Note 1	其他	5000万像素	1600万像素	其他OS	20万+	1299
小米××自营旗舰店	小米（MI）	100015000000	小米Redmi Note 1	其他	1亿像素	1600万像素	Android	50万+	1699
360 OS旗舰店	360 OS	10048600000000	360 OSQSN2112	MT6765	1600万像素	800万像素	Android	90	1198
Apple产品××自营旗舰店	Apple	100009000000	AppleiPhone 12	其他	1200万像素	1200万像素	iOS	300万+	4999
小米××自营旗舰店	小米（MI）	100035000000	小米Redmi K40S	骁龙870	4800万像素	2000万像素	Android	10万+	1969

图 3-2 某网站前 50 页手机销售数据的部分数据

3.2.2 手机售后数据采集

售后服务是一次营销的最后环节，也是再次营销的开始。在实际生活中，良好的售后服务能够令产品得到增值，为平台赢得信誉，从而更好地助力平台的可持续发展。本节将运用 Python 爬虫的逆向分析法，爬取某 10 款手机的售后数据信息（信息包括评论文本、评论时间、用户评分、手机配色、手机内存、购买时间），并将数据存储至本地 CSV 文件中。

注意，手机售后数据的信息爬取与手机销售数据的信息爬取最大的不同之处在于，此处为动态网页，主要是使用逆向分析法进行解析；而手机销售数据为静态网页，主要使用 XPath 进行解析。某 10 款手机的详情信息如表 3-3 所示。

表 3-3　某 10 款手机的详情信息

序号	商品编号	商品名称
1	100008348542	AppleiPhone 11
2	100014348492	小米 Redmi 9A
3	100009077475	AppleiPhone 12
4	100026667910	AppleiPhone 13
5	100032528220	Hi nova9
6	100014352539	AppleiPhone 13 Pro Max
7	100018902008	vivoiQOO Neo5
8	100016799388	小米 Redmi Note9 Pro
9	100018640842	小米 Redmi K40
10	100016415677	小米 Redmi Note 11

由于该电商平台的数据爬取限制，以及后续对售后评论的分析需求，依据表 3-3 中的商品编号属性，并按照电商平台售后信息中好评：中评：差评 =10：5：1 的比例进行手机售后数据的爬取，如代码清单 3-2 所示。

代码清单 3-2　按比例爬取某 10 款手机的售后数据

```
# 自定义 parse_information 函数，解析网页中的手机售后数据
def parse_information(html):
    # 提取关键信息
all_after_sales_data = pd.DataFrame([])
    all_after_sales_data['评论文本'] = [i['content'] for i in data['comments']]
        # 评论文本
    all_after_sales_data['评 论 时 间'] = [i['creationTime'] for i in
        data['comments']]  # 评论时间
    all_after_sales_data['用户评分'] = [i['score'] for i in data['comments']]  #
        用户评分
    all_after_sales_data['手 机 配 色'] = [i['productColor'] for i in
        data['comments']]  # 手机配色
    all_after_sales_data['手 机 内 存'] = [i['productSize'] for i in
        data['comments']]  # 手机内存
    all_after_sales_data['购 买 时 间'] = [i['referenceTime'] for i in
        data['comments']]  # 购买时间

# 按照比例循环爬取所需的手机售后数据
if __name__ == '__main__':
    # 1 代表差评，2 代表中评，3 代表好评；10、50、100 即对应 1:5:10 的比例
    scores = {1 : 10, 2 : 50, 3 : 100}
    after_sales_data = pd.DataFrame([])
    for prod_id in info[:]:
            for score in scores.keys():
                for page in range(scores[score]):
                    print(f'正在爬取第{prod_id, score, page}页'.center(50, '='))
                    html = get_information(prod_id=prod_id, score=score,
                        page=page)
```

```
                by_after_sales_data = parse_information(html)
                after_sales_data = pd.concat([after_sales_data,
                                              by_after_sales_data], ignore_index=True)
                time.sleep(np.random.randint(3, 7))
# 存储手机售后数据
after_sales_data.to_csv('..\tmp\ 手机售后数据 .csv', encoding='utf-8_sig', index=None)
```

爬取某 10 款手机的售后数据，其部分数据如图 3-3 所示。

评论文本	评论时间	用户评分	手机配色	手机内存	购买时间
刚买一周就降价，心态崩了呀，	2020/4/4 0:45	1	黑色	128GB	2020/3/20 21:43
我才买了几天，，，降价了。。	2020/1/3 10:51	1	紫色	128GB	2019/12/16 10:30
刚买一星期降价300玩**呢	2020/4/5 12:31	1	红色	128GB	2020/3/28 17:31
保价7天，7天一过降三百	2020/4/8 14:31	1	白色	64GB	2020/3/26 12:32
说好送的三样东西呢?	2020/3/1 14:31	1	黑色	128GB	2020/2/29 20:06
摄像头存在灰层点，品控及差	2020/12/11 23:33	1	黑色	256GB	2020/12/5 14:40
手机壳都不送激活不了	2020/3/25 11:07	1	黑色	64GB	2020/3/24 10:23
喇叭有回音 手机下东西回卡 我	2020/3/15 19:38	1	黑色	128GB	2020/3/8 9:27
买的双卡的，给我发货的却是单	2020/11/29 0:47	1	绿色	128GB	2020/11/11 7:45
跟心中想象的完全一样	2020/4/25 8:12	1	黑色	128GB	2020/4/18 22:55
买完没用几天就大降价！还不给	2020/11/3 19:39	1	黑色	128GB	2020/10/24 19:30
少货，连充电器都没有耳机也没	2020/11/2 12:46	1	黑色	64GB	2020/11/1 16:39
刚到手就降价两百，也是服了	2020/12/11 19:34	1	紫色	256GB	2020/12/9 0:04
刚买完就便宜了300	2020/4/5 22:34	1	紫色	128GB	2020/3/31 18:35
刚买两天就掉价300	2020/4/5 12:51	1	黑色	128GB	2020/3/30 18:50

图 3-3　某 10 款手机的部分售后数据

3.3　数据探索与预处理

原始数据中往往存在许多噪声数据，为避免影响后续的分析，通常需要进行相应的数据探索与预处理，以提升数据的质量。本节将对原始数据进行数据信息探索、缺失值处理和文本处理等，以提升数据挖掘的有效性和准确性。

3.3.1　数据信息探索

在本案例中，数据信息探索主要包括查看手机销售数据和手机售后数据的描述性统计分析、缺失值等基本属性信息，判断数据是否合理、是否存在缺失值等，以便于后续进行有效的数据预处理。对手机销售数据和手机售后数据进行数据信息探索的代码如代码清单 3-3 所示。

代码清单 3-3　对手机销售数据和手机售后数据进行数据信息探索

```
import pandas as pd
import re

# 读取爬取好的原始数据文件
all_sales_data = pd.read_csv('../tmp/ 手机销售数据 .csv', encoding='gbk')
after_sales_data = pd.read_csv('../tmp/ 手机售后数据 .csv', encoding='utf-8')
all_sales_data = [' 商品编号 '] = all_sales_data = [' 商品编号 '].astype(str)
# 自定义 analysis 函数，实现数据信息探索的描述性统计分析和缺失值分析
```

```
def analysis(data):
    print('描述性统计分析结果为：\n', data.describe())
    print('各属性缺失值占比为：\n', 100*(data.isnull().sum() / len(data)))
# 手机销售数据
print(analysis(all_sales_data))
# 手机售后数据
print(analysis(after_sales_data))
```

手机销售数据、手机售后数据的数据信息探索结果，即描述性统计分析和缺失值分析结果，分别如表 3-4、表 3-5 所示。

表 3-4　描述性统计分析结果

属性	手机销售数据	手机售后数据
	手机价格 / 元	用户评分
count	1481.000000	14877.000000
mean	2840.631499	4.074410
std	2817.861888	1.259186
min	59.000000	1.000000
25%	1099.000000	3.000000
50%	1999.000000	5.000000
75%	3599.000000	5.000000
max	29999.000000	5.000000

表 3-5　缺失值分析结果

手机销售数据		手机售后数据	
属性	占比 /%	属性	占比 /%
店铺名称	0.810263	评论文本	0.000000
手机品牌	0.000000	评论时间	0.000000
商品编号	0.000000	用户评分	0.000000
商品名称	0.000000	手机配色	0.006722
CPU 型号	43.416610	手机内存	0.006722
后摄主摄像素	42.066172	购买时间	0.000000
前摄主摄像素	43.956786		
系统	3.241053		
商品评价量	0.000000		
手机价格	0.000000		

由表 3-4 可知，手机销售数据和手机售后数据的描述性统计分析数据无异常状态，数据分布情况合理。由表 3-5 可知，手机销售数据和手机售后数据的部分属性存在大量缺失值的情况。

3.3.2 缺失值处理

根据3.3.1节的数据探索分析可知，手机销售数据中的CPU型号、后摄主摄像素、前摄主摄像素、系统这4个属性的缺失值占比较大，若直接删除缺失值所在的行，则不利于后续的分析，甚至会严重影响分析的结果。结合电商平台的业务知识可知，数据的缺失是因为该店铺没有完全展示出手机的商品信息。

为填补信息的缺失，本节将使用不同店铺同款手机所对应的CPU型号、后摄主摄像素、前摄主摄像素、系统的数据对缺失信息进行填充；对于不存在同款手机的缺失信息，将使用“其他”进行填充。对于其他剩余的缺失属性，如手机销售数据中的店铺名称属性、手机售后数据中的手机配色和手机内存属性，由于缺失值占比较少且无法进行填充，因此将选择直接删除的方式进行处理。缺失值处理的实现代码如代码清单3-4所示。

代码清单 3-4 缺失值处理

```
# 删除店铺名称、手机配色、手机内存属性的缺失值
all_sales_data.dropna(axis=0, subset = ['店铺名称'], inplace=True)
after_sales_data.dropna(axis=0, subset = ['手机配色', '手机内存'], inplace=True)
# 填充CPU型号、后摄主摄像素、前摄主摄像素、系统属性的缺失值
null_data = all_sales_data.loc[((all_sales_data['CPU型号'].isnull() == True) |
                                (all_sales_data['前摄主摄像素'].isnull() == True) |
                                (all_sales_data['后摄主摄像素'].isnull() ==
                                 True)),
                               '商品名称'].drop_duplicates()

for j in null_data:
    for i in ['CPU型号', '后摄主摄像素', '前摄主摄像素', '系统']:

        d = all_sales_data[all_sales_data['商品名称'] == j]
        g = d[d[i].isnull() == False]
        if len(g) != 0 :
            t = list(g[i])[0]
            all_sales_data.loc[((all_sales_data['商品名称'] == j) & (all_sales_
                data[i].isnull())), i] = t
        else :
            all_sales_data.loc[((all_sales_data['商品名称'] == j) & (all_sales_
                data[i].isnull())), i] = '其他'
```

处理手机销售数据和手机售后数据中的缺失值之后，数据中还存在部分重复数据。在进行数据分析的过程中，若存在重复值，则可能会影响分析结果的准确性。为此，可通过drop_duplicates()方法对手机销售数据和手机售后数据进行去重操作，如代码清单3-5所示。

代码清单 3-5 重复值处理

```
print('删除重复值前的手机销售数据维度：', all_sales_data.shape)
print('删除重复值前的手机售后数据维度：', after_sales_data.shape)

# 保留首条、删除其他条重复数据
all_sales_data = all_sales_data.drop_duplicates()
print('删除重复值后的手机销售数据维度：', all_sales_data.shape)
```

```
after_sales_data = after_sales_data.drop_duplicates()
print('删除重复值后的手机售后数据维度：', after_sales_data.shape)
```

运行代码清单 3-5 之后，得到如下结果。

```
删除重复值前的手机销售数据维度：(1469, 10)
删除重复值前的手机售后数据维度：(14876, 6)
删除重复值后的手机销售数据维度：(1379, 10)
删除重复值后的手机售后数据维度：(14356, 6)
```

由运行结果可知，手机销售数据去除了 90 条重复数据，手机售后数据去除了 520 条重复数据。

3.3.3　文本处理

采集的网页文本数据内容中往往会附带着标签、转义符甚至无关词语等噪声信息，极有可能会影响后续的数据分析。为减少不必要的干扰信息，本节将对手机销售数据中的手机品牌、商品名称、系统属性和手机售后数据中的评论文本属性进行文本处理，删除无关词语、换行符、表情符号等内容，如代码清单 3-6 所示。

代码清单 3-6　文本处理

```
# 清洗手机销售数据中的手机品牌、商品名称属性的文本内容
# 选取非括号本身及其内容的其他数据信息
all_sales_data['手机品牌'] = [i.split('(')[0] for i in all_sales_data['手机品牌']]
# 选取非【】、5G、4G、新品、手机本身及其连带的其他数据信息
all_sales_data['商品名称'] = [re.split('【.*】|5G.*|4G.*|新品.*|手机.*',i)[0] for
    i in all_sales_data['商品名称']]
# 将其他 OS 修改为其他
all_sales_data['系统'] = all_sales_data['系统'].str.replace('其他OS', '其他')

# 清洗手机售后数据中的评论文本属性的文本内容
# 删除换行符
after_sales_data['评论文本'] = after_sales_data['评论文本'].str.replace('\n', '')
# 删除 HTML 语言下的表情符号（以 & 开头，中间为字母，以 ; 结束），只是处理文本中的表情符号，并不删除
  文本
after_sales_data['评论文本'] = after_sales_data['评论文本'].str.replace ('&[a-
    z]+;', '')
```

在实际生活中，电商平台为了避免用户长时间不进行评论，往往会设置一个程序，如果用户超过规定的时间未做出评论，那么系统将会自动替代用户做出默认好评。而这类由系统做出评论的数据内容的分析价值显然不大，故可对该类数据进行删除操作。清洗评论文本属性的默认好评并写出数据，如代码清单 3-7 所示。

代码清单 3-7　清洗评论文本属性的默认好评并写出数据

```
# 清洗手机售后数据中的默认好评的重复文本内容
after_sales_data = after_sales_data[after_sales_data['评论文本'] != '您没有填写内容，
    默认好评']
```

```
# 写出数据
all_sales_data.to_csv('../tmp/处理后的手机销售数据.csv', index=False, encoding=
    'gbk')
after_sales_data.to_csv('../tmp/处理后的手机售后数据.csv', index=False, encoding=
    'utf-8')
```

3.4 数据可视化分析

数据可视化分析是使用合适的图形对数据进行展示，从而将数据中的关键信息清晰、有效地表达出来。本节将通过数据可视化方法分析手机的销售因素、用户的消费习惯和用户的售后评论，从中了解该电商平台的手机销售情况。

3.4.1 手机的销售因素分析

对手机的销售因素的分析，是电商平台制定销售策略、提高收益的关键途径，而能够影响手机销售的因素主要源于用户的购机需求。其中，热销手机、手机价格、手机处理器、运营店铺、手机像素和操作系统等因素都会成为用户购机时衡量的因素，全面地对这些因素进行分析、探究，能够更好地为该电商平台带来更多的经济收益和合理的资源配置。

1. 热销手机

在激烈的手机市场竞争中，能够脱颖而出且受大众喜爱的手机，往往称为热销手机。而通常情况下，热销手机不仅是大众的关注点，还是电商平台的关注点。若电商平台能够及时地掌握当前平台中的热销手机详情，调整销售策略，更好地满足用户与市场需求，则能够在手机的销售竞争中取得优势，从而助推平台获得更高的经济效益。绘制排名前 10 的手机及其销量条形图，如代码清单 3-8 所示。

代码清单 3-8 绘制排名前 10 的手机及其销量条形图

```
import pandas as pd;
import matplotlib.pyplot as plt; import re
from wordcloud import WordCloud
import jieba; from tkinter import _flatten

# 读取数据
all_sales_data = pd.read_csv('../tmp/处理后的手机销售数据.csv', encoding='gbk')
after_sales_data = pd.read_csv('../tmp/处理后的手机售后数据.csv', encoding='utf-8')

# 将手机销量中的无关字符去除；将中文单位度量转换成具体的数值
all_sales_data['手机销量'] = [i.split('+')[0] if '+' in i else i for i in all_
    sales_data['商品评价量']]
all_sales_data['手机销量'] = [int(i.replace('万', '0000')) if '万' in i else
    int(i) for i in all_sales_data['手机销量']]
hot_data = all_sales_data[['商品名称', '手机销量']].groupby(by='商品名称').sum()
```

```
hot_data = hot_data.sort_values(by='手机销量', ascending=False).head(10)
# 绘制排名前 10 的手机及其销量条形图
plt.rcParams['font.sans-serif'] = ['SimHei']  # 设置中文显示
plt.rcParams['axes.unicode_minus'] = False
plt.figure(figsize=(10, 6))
plt.xlabel('手机销量(台)')
plt.ylabel('商品名称')
plt.title('排名前 10 的手机及其销量')
plt.barh(hot_data.index, hot_data['手机销量'].values)
plt.show()
```

绘制排名前 10 的手机及其销量条形图，结果如图 3-4 所示。

由图 3-4 可知，排名前 10 的手机主要为 4 款手机系列：Apple iPhone、小米、荣耀和 Hi nova。其中，Apple iPhone 系列手机占 4 类、小米系列手机占 4 类，而剩余的两款手机系列则各占一类。可见，Apple iPhone 和小米系列的手机是当下十分受欢迎的热销手机，因此平台在进行商品管理时，可按照热销手机的顺序为用户进行推荐，从而提升用户对平台的好感，提升平台的服务设计质量。

2. 手机价格

电商平台的手机价格是根据手机自身的成本加上符合实际的期望利润而定的。通过对比不同手机价格区间的手机销量，能够在一定程度上看出用户所接受的手机价格分布情况。

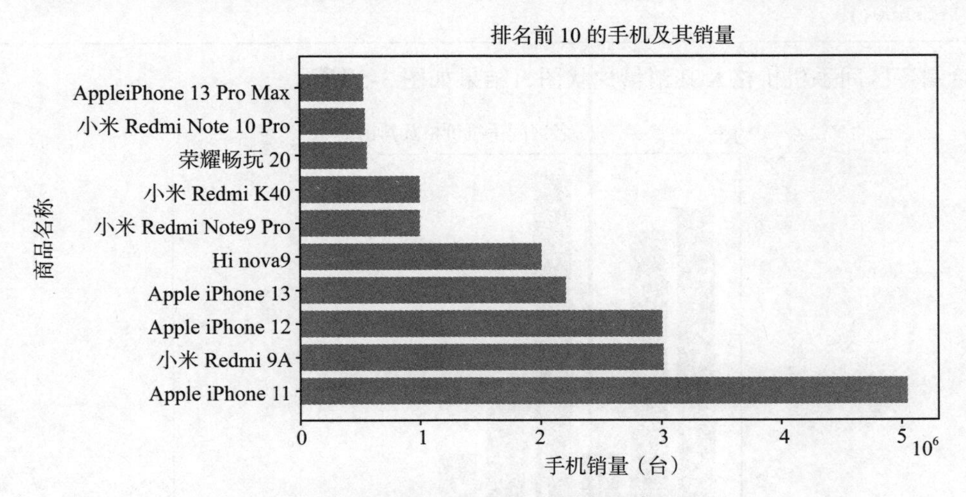

图 3-4 排名前 10 的手机及其销量条形图

本节根据所观察到的手机价格分布，依据实际业务情况采用等宽法将手机价格分成 11 个价格区间：0 ～ 1000 元，1000 ～ 2000 元，2000 ～ 3000 元，3000 ～ 4000 元，4000 ～ 5000 元，5000 ～ 6000 元，6000 ～ 7000 元，7000 ～ 8000 元，8000 ～ 9000 元，9000 ～ 10000 元，10000 元以上。统计每个区间的销量情况，并绘制各区间手机价格及其销量柱状图，如代码清单 3-9 所示。

代码清单 3-9 绘制各区间手机价格及其销量柱状图

```
price_data = all_sales_data[['手机价格', '手机销量']].groupby(by='手机价格').sum()
price_data = price_data.sort_values(by='手机价格', ascending=False)
price = ['0-1000', '1000-2000', '2000-3000', '3000-4000', '4000-5000', '5000-
    6000', '6000-7000', '7000-8000', '8000-9000', '9000-10000', '10000以上']
price_data1 = pd.DataFrame(columns=['价格区间', '手机销量'])
for i in range(0, 11000, 1000):
    n = int(i / 1000)
    price_data2 = pd.DataFrame([])
    if n < 10 :
        price_data2['价格区间'] = [price[n]]
        price_data2['手机销量'] = [price_data.loc[((i < price_data.index)
                                        & (price_data.index <= i + 1000)),
                                            '手机销量'].sum()]
    else:
        price_data2['价格区间'] = [price[n]]
        price_data2['手机销量'] = [price_data[i < price_data.index]['手机销量'].
            sum()]
    price_data1 = pd.concat([price_data1, price_data2], axis=0, ignore_
        index=True)
plt.figure(figsize=(6.5, 5))
plt.xticks(rotation=45)
plt.xlabel('手机价格(元)')
plt.ylabel('手机销量(台)')
plt.title('各区间手机价格及其销量')
plt.bar(price_data1['价格区间'], price_data1['手机销量'].values)
plt.show()
```

绘制各区间手机价格及其销量柱状图，结果如图 3-5 所示。

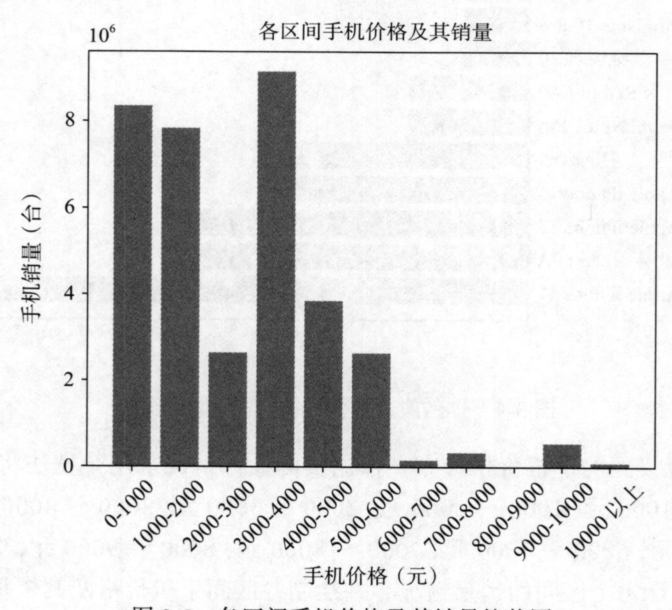

图 3-5 各区间手机价格及其销量柱状图

由图 3-5 可知，销量较高的手机价格主要分布在 0~1000 元、1000~2000 元、3000~4000 元的区间范围内。而这些价格区间的手机之所以销量较为突出，通常是因为这些价格区间是大多数用户所能接受的经济范围，且许多综合性价比较高的手机大多数也在这些价格区间内。

因此，电商平台可以对这些价格区间内的手机进行适当的打折销售活动，或开展购机小礼品（充电宝、手表等）赠送活动等吸引用户的关注，从而提高手机的销量。

3. 手机处理器

处理器（Central Processing Unit，CPU）作为手机的重要设备之一，是手机的运算核心和控制核心，它不仅会影响手机的功能和电耗，还会影响手机的续航能力，甚至会直接决定手机性能的好坏。因此，手机处理器是很多用户在购机前十分关注的参考指标。绘制排名前 10 的手机处理器及其销量条形图，如代码清单 3-10 所示。

代码清单 3-10　绘制排名前 10 的手机处理器及其销量条形图

```
cpu_data = all_sales_data[['CPU 型号 ', ' 手机销量 ']].groupby(by='CPU 型号 ').sum()
cpu_data = cpu_data.sort_values(by=' 手机销量 ', ascending=False).head(10)
plt.figure(figsize=(6.5, 5))
plt.xlabel(' 手机销量 ( 台 )')
plt.ylabel('CPU 型号 ')
plt.title(' 排名前 10 的手机处理器及其销量 ')
plt.barh(cpu_data.index, cpu_data[' 手机销量 '].values)
plt.show()
```

绘制排名前 10 的手机处理器及其销量条形图，结果如图 3-6 所示。

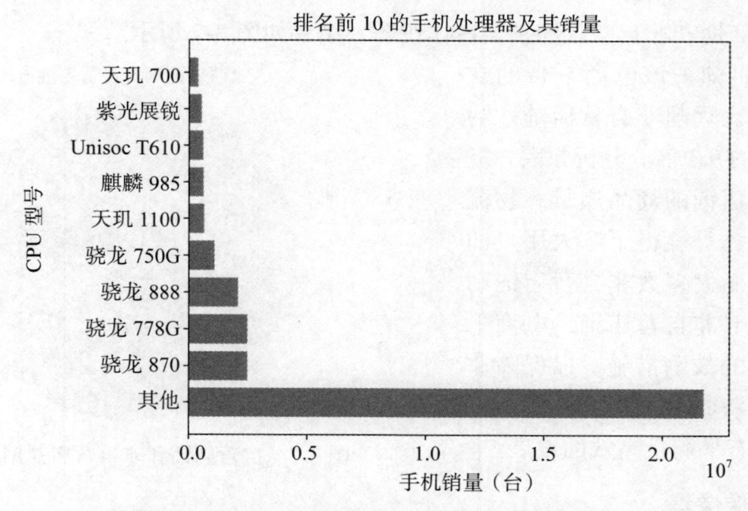

图 3-6　排名前 10 的手机处理器及其销量条形图

由图 3-6 可知，除其他外，排名前 10 的处理器类型主要有骁龙、天玑、麒麟、Unisoc 和紫光展锐。其中，骁龙系列手机处理器占 4 种、天玑系列手机处理器占 2 种，麒麟、Unisoc

和紫光展锐各占 1 种，而销量较好的处理器为骁龙 870 处理器。

4. 运营店铺

某电商平台的店铺主要分为两种，即自营店铺和非自营店铺。其中，自营店铺是由平台运营的，其商品的销售服务和售后服务由平台提供。而非自营店铺是由第三方卖家运营的，其商品的销售服务和售后服务由第三方卖家提供。

为查看自营店铺和非自营店铺的销量情况是否存在差异，了解用户对运营店铺的选择倾向，本节将依据店铺名称属性划分为自营店铺和非自营店铺并绘制销量占比饼图，如代码清单 3-11 所示。

代码清单 3-11　绘制自营店铺和非自营店铺销量占比饼图

```
x =[]
for i in all_sales_data['店铺名称']:
    if '自营' in str(i) :
        x.append('自营店铺')
    else:
        x.append('非自营店铺')
all_sales_data['店铺类型'] = x
shop_data = all_sales_data[['店铺类型', '手机销量']].groupby(by='店铺类型').sum()
plt.figure(figsize=(6.5, 5))
plt.title('自营店铺和非自营店铺占比')
explode = [0.05, 0.05]
plt.pie(shop_data['手机销量'].values, explode=explode, labels=list(shop_data.
    index), autopct='%1.2f%%')
plt.show()
```

绘制自营店铺和非自营店铺销量占比饼图，结果如图 3-7 所示。

由图 3-7 可知，该电商平台的自营店铺销量占比远超非自营店铺，约是非自营店铺的 9.3 倍。分析原因，极有可能是自营店铺的商品质量、物流速度和售后服务等赢得了广大用户的信赖和支持，而大多数非自营店铺则略逊一筹。针对非自营店铺，电商平台可制定相应的鼓励措施，以保障非自营店铺的经济收益，从而使电商平台整体得到动态平衡且高效的发展。

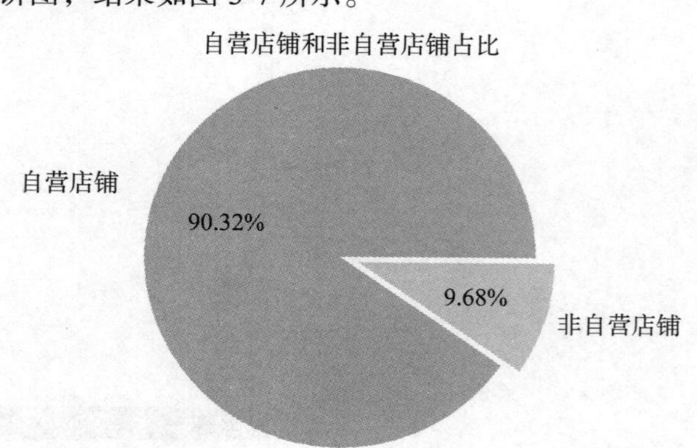

图 3-7　自营店铺和非自营店铺销量占比饼图

5. 手机摄像像素

随着生活水平的不断提高，用户对手机摄像像素的要求也变得越来越高，摄像像素成为广大用户，尤其是喜欢摄影的用户购机的重要考虑因素。目前市场上大部分手机的摄像像素属性主要包括前摄主摄像素和后摄主摄像素，分别绘制手机的前后摄主摄像素及其手机销量柱状图，如代码清单 3-12 所示。

代码清单 3-12　绘制手机的前后摄主摄像素及其手机销量柱状图

```
def fig_bar(i):
    pixel_data = all_sales_data[[label[i], '手机销量']].groupby(by=label[i]).sum()
    pixel_data = pixel_data.sort_values(by='手机销量', ascending=False).head(10)
    plt.subplot(2, 1, i + 1)
    plt.xticks(rotation=45)
    plt.xlabel(label[i])
    plt.ylabel('手机销量（台）')
    plt.title('手机的' + label[i] + '及其销量')
    plt.bar(pixel_data.index, pixel_data['手机销量'].values)
    plt.tight_layout()  # 设置默认的间距
label = all_sales_data.columns[5: 7]
plt.figure(figsize=(7, 6.5))
for i in range(2):
    fig_bar(i)
plt.show()
```

分别绘制手机的前后摄主摄像素及其手机销量的柱状图，结果如图 3-8 所示。

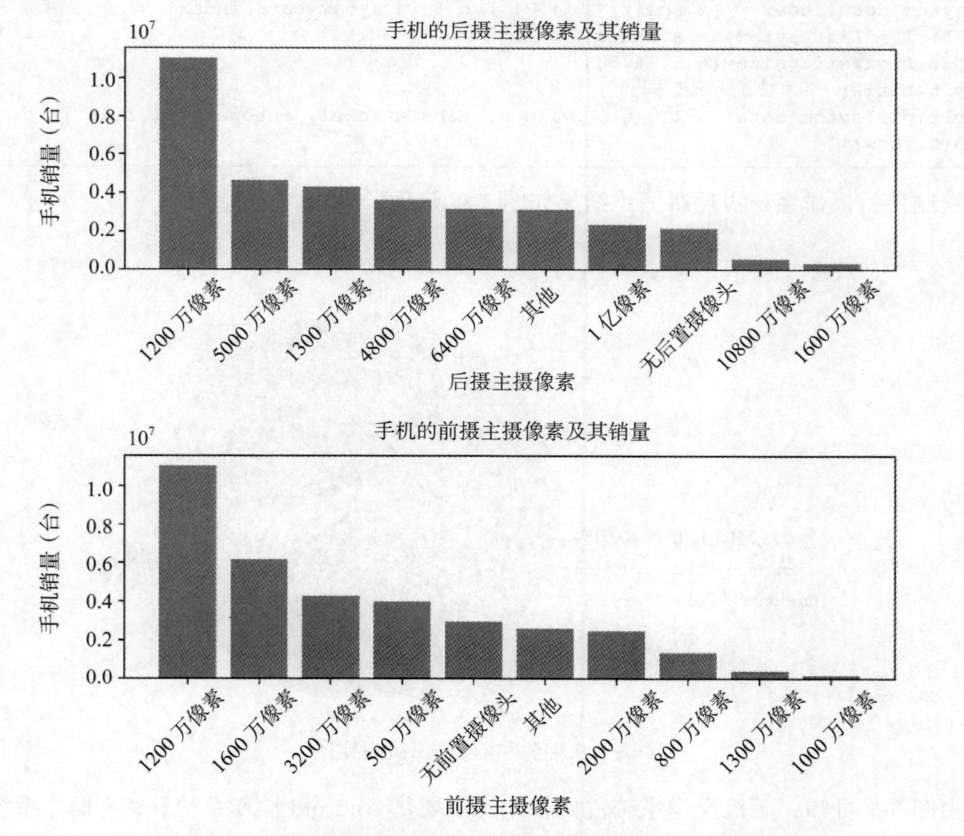

图 3-8　手机的前后摄主摄像素及其手机销量的柱状图

由图 3-8 可知，在手机前摄主摄像素中，除其他外，销量较高的为 1200 万像素、1600 万像素、3200 万像素和 500 万像素等；在手机后摄主摄像素中，除其他外，销量较高的为 1200 万像素、5000 万像素、1300 万像素和 4800 万像素等。

可见这些像素值能在一定程度上满足用户的日常需求，因此销量才会较其他像素更高一些，商家可着重关注此类摄像像素手机的销售情况，以便做好货物补给工作。

6. 操作系统

手机的操作系统是管理和控制手机硬件与软件资源的手机程序，手机中任何软件都需要操作系统的支持才能运行，而一个良好的手机操作系统是手机响应快、速度流畅以及节能省电等的重要保障。

因此，通过分析手机操作系统的销售情况，能够了解用户对手机操作系统的不同需求，从而掌握用户的偏好。绘制手机操作系统占比饼图，如代码清单 3-13 所示。

代码清单 3-13　绘制手机操作系统占比饼图

```
sytem_data = pd.DataFrame(all_sales_data[['系统', '手机销量']].groupby(by='系
    统').sum())
sytem_data.index = [i.split('（')[0] for i in sytem_data.index]
label = list(sytem_data.index)
plt.figure(figsize=(6.5, 6.5))
plt.title('各手机操作系统占比')
plt.pie(sytem_data['手机销量'].values, labels=label, autopct='%1.2f%%')
plt.show()
```

绘制手机操作系统占比饼图，结果如图 3-9 所示。

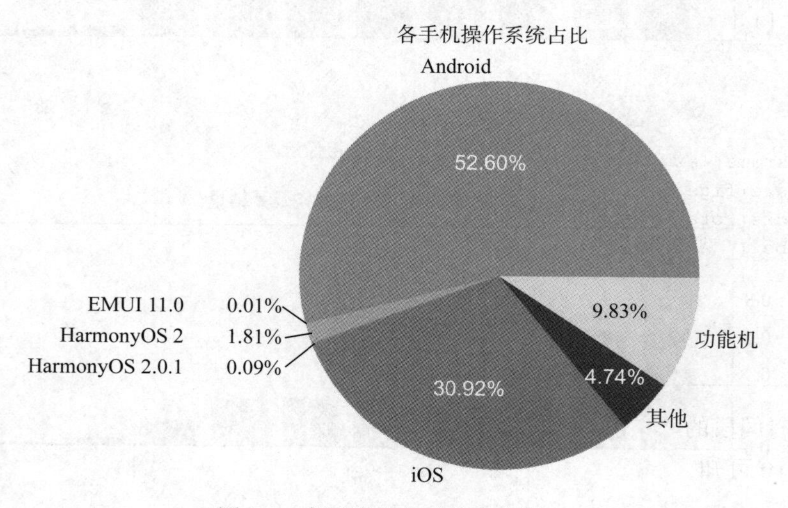

图 3-9　各手机操作系统占比图

由图 3-9 可知，手机操作系统占比较大的主要是 Android 操作系统、iOS 操作系统和功能机，其他操作系统占比则较小。结合实际情况，Android 操作系统具有开放性、平等性、

无界性、方便性和硬件丰富性等特点，iOS 操作系统具有稳定性、安全性和软件与硬件整合度高等特点，功能机的最大优势是其功能比较纯粹，操作十分简易明了。

综上，电商平台可根据不同操作系统的不同优势，将具有不同操作系统性能的手机推荐给不同的受众人群，以更好地改善手机的销售现状，如将 Android 和 iOS 操作系统推荐给青、中年客户，将功能机推荐给老年客户等。

3.4.2　用户的消费习惯分析

了解用户的消费习惯，如用户的购买时间、所购手机内存、所购手机配色等，能够有利于平台掌握用户的消费心理，从而提高用户的购机体验，为平台带来更多的经济收益。

1. 购买时间

分析用户购买手机的时间，掌握用户购买手机的活跃时间段，可为电商平台开展一系列促销、直播、新品上市等活动提供有效的时间依据，从而提升活动的效果。

基于手机售后数据中的购买时间属性，提取购买时间属性中的小时数，以 0:00 为初始划分点，之后以间隔 1 小时为原则将时间划分成 24 个时间段，并统计各时间段中进行购买活动的用户数量，绘制各时间段的购买用户数量折线图，如代码清单 3-14 所示。

代码清单 3-14　绘制各时间段的购买用户数量折线图

```
# 购买时间
x2 = []
for i in after_sales_data['购买时间']:
    x2.append(re.split(' |:', i)[1])
label = []
for i in range(24):
    label.append(f'{i}:00-{i + 1}:00')
buy_data = pd.cut(x2, bins=[i for i in range(25)], labels=label).value_counts()
plt.rcParams['font.sans-serif'] = ['SimHei']  # 设置中文显示
plt.rcParams['axes.unicode_minus'] = False
plt.figure(figsize=(10, 5))
plt.xticks(rotation=90)
plt.xlabel('购买时间')
plt.ylabel('用户数量（个）')
plt.title('各时间段的购买用户数量分布')
plt.plot(buy_data.index, buy_data.values)
plt.show()
```

绘制各时间段的购买用户数量折线图，结果如图 3-10 所示。

由图 3-10 可知，用户大多集中在晚上 18 点到凌晨 2 点之间进行消费。在晚上，大脑边缘系统活动加强，额叶系统和颞叶系统活动处于劣势，人们的情绪活动相应加强。因此在晚上人们通常感情非常丰富，容易冲动，也容易被感动。建议商家将更多的宣传活动放到晚上 18 点之后的时间段中，以进一步增加购买用户数量，实现收益增值。

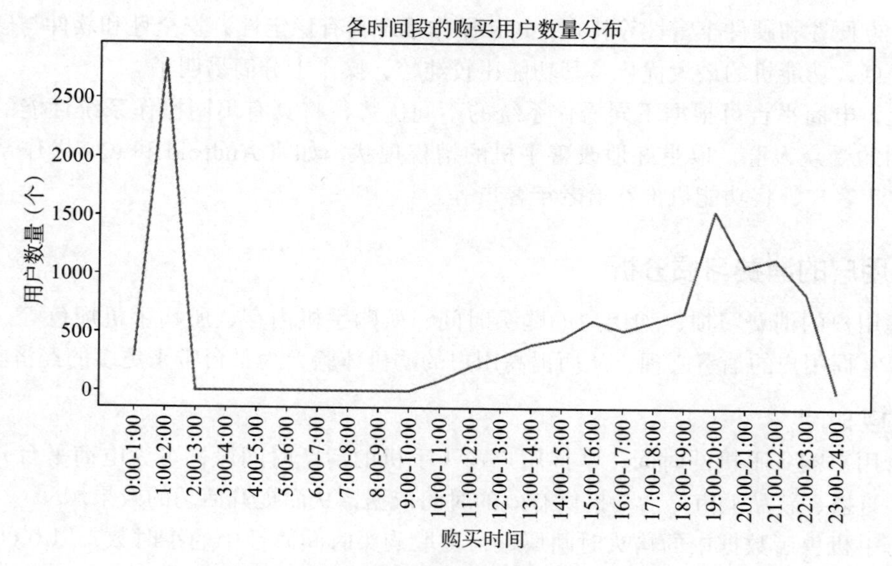

图 3-10　各时间段的购买用户数量折线图

2. 手机内存

广义的手机系统内存分为手机运行内存和手机非运行内存。其中，手机运行内存是操作系统或其他正在运行的程序的临时存储介质，运行内存的容量越大，手机系统响应的速度也就越快。而手机非运行内存（也称存储内存）一般作为机身内部的存储器，通常包括自身系统和用户可利用的空间两部分，用于存储和保存数据。

在实际的购机场景中，注重手机性能的用户通常会更关注手机的内存分布，尽可能选购性价比较高的手机。为了解用户所选购的手机内存中运行内存和存储内存的分布情况，需要绘制运行内存和存储内存的占比饼图，如代码清单 3-15 所示。

代码清单 3-15　绘制运行内存和存储内存占比饼图

```
# 判断手机内存中是否有+，若没有，则表示这部分数据仅包含运行内存或存储内存，需将其删除
memory_first_split = list(filter(None, [i if '+' in i else "" for i in after_
    sales_data['手机内存']]))
# 删除手机内存中的无关内容
memory_second_split = [i.split(' ')[1] if ' ' in i else i for i in memory_first_
    split]
memory_second_split = [i.replace('8+', '8GB+') for i in memory_second_split]

# 自定义 split_memory 函数，实现通过+号，将组合在一起的运行内存和存储内存划分开来
def split_memory(values):
    memory_type = pd.DataFrame([i.split('+')[values] if '+' in i else i for i in
        memory_second_split])
    return memory_type

# 运行内存
memory_run = split_memory(0)
```

```
memory_run.columns = ['运行内存']
# 存储内存
memory_storage = split_memory(1)
memory_storage.columns = ['存储内存']

# 自定义 memory_statistics 函数，统计运行内存和存储内存的占比
def memory_statistics(values1, values2, values3):
    memory = list(values2.drop_duplicates(keep='first'))
    memory_data = {}
    for i in memory:
        memory_data[i] = len(values1[values2 == i][values3])
    return memory_data

memory_run_count = memory_statistics(memory_run, memory_run['运行内存'], '运行内
    存')
memory_storage_count = memory_statistics(memory_storage, memory_storage['存储内
    存'], '存储内存')

# 自定义 memory_picture 函数，绘制运行内存和存储内存的占比饼图
fig = plt.figure(figsize=(12, 8))
def memory_picture(position, value, tag, size, name):
    ax = fig.add_subplot(position)
    patch, l_text, p_text = ax.pie(value, labels=tag, autopct='%1.2f%%')
    for i, j in zip(l_text, p_text):
        i.set_size(size)
        j.set_size(size)
    ax.set_title(name)

# 第 1 个子图
ax1 = memory_picture(221, memory_run_count.values(), memory_run_count.keys(),
    15, '运行内存')
# 第 2 个子图
ax2 = memory_picture(222, memory_storage_count.values(), memory_storage_count.
    keys(), 12, '存储内存')
plt.show()
```

绘制运行内存和存储内存的占比饼图，结果如图 3-11 所示。

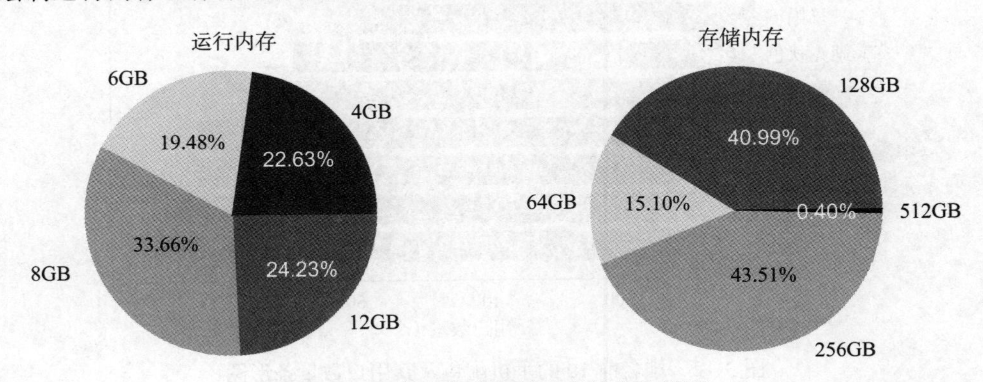

图 3-11　运行内存和存储内存的占比饼图

由图 3-11 可知，在用户购买的手机中，运行内存占比最大的主要为 8 GB；存储内存占比较大的主要为 128 GB 和 256 GB。建议电商平台针对不同手机内存的占比情况合理地调节手机的库存结构，增大内存占比较大的手机库存量，减少内存占比较小的手机库存量，以节约成本，降低经济损失。此外，还要注意运行内存和存储内存的组合，推出在性能配置、价格、适用人群等方面均适宜的手机。

3. 手机配色

在实际生活中，人们购机也通常会讲究“内外兼修”，“内”即手机的性能配置，“外”即手机的外观配置。其中，手机外观的主要影响因素之一便是手机配色，手机配色在一定程度上可以提高手机的颜值，吸引更多用户进行购买。因此分析手机各类配色的销售情况，了解用户对手机配色的选择倾向，可以增加平台进行手机销售的关注点。绘制排名前 10 的手机配色及其用户数量条形图，如代码清单 3-16 所示。

代码清单 3-16 绘制排名前 10 的手机配色及其用户数量条形图

```
colour_data = after_sales_data.groupby(by='手机配色').count()
colour_data = colour_data.sort_values(by='评论文本', ascending=False).head(10)
plt.figure(figsize=(9, 6))
plt.xlabel('用户数量(个)')
plt.ylabel('手机配色')
plt.title('排名前 10 的手机配色及其用户数量')
plt.barh(colour_data.index, colour_data['评论文本'].values)
plt.show()
```

绘制排名前 10 的手机配色及其用户数量条形图，结果如图 3-12 所示。

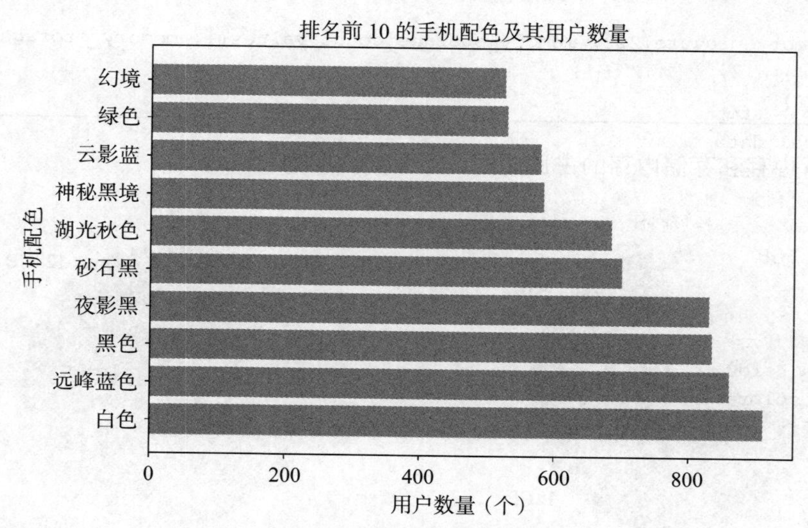

图 3-12 排名前 10 的手机配色及其用户数量条形图

由图 3-12 可知，排名前 10 的手机配色主要分为两种色系：冷色系和中间色系。其中冷色系占 5 种，分别为远峰蓝色、湖光秋色、云影蓝、绿色和幻境；中间色系占 5 种，分别为白色、黑色、夜影黑、砂石黑和神秘黑镜。

但综合观察，两类色系的用户数量相近，无较大差异，可见用户比较喜欢中间色系和冷色系的手机配色，因此电商平台可向手机厂商进行反馈，研发更多中性色系和冷色系的手机配色，为用户提供更多、更好的选择。

3.4.3　用户的售后评论分析

用户的售后评论能够反映出用户对手机的使用体验、店铺售后服务的真实感受。本小节将根据用户的售后评论绘制评论词云图，以便更好地了解平台的售后状况，提升平台的售后服务。

词云图能够突出显示评论文本中出现频率较高的关键词，从而更加直观地看出用户做出的频率较高的评价。对评论文本进行分词、去停用词，并统计差评、中评、好评的词频，绘制差评、中评、好评的评论词云图（其中，之前按照比例爬取下来的差评、中评、好评的分类依据即手机售后数据中的用户评分属性，1 分为差评，2 分和 3 分为中评，4 分和 5 分为好评），如代码清单 3-17 所示。

代码清单 3-17　统计差评、中评和好评的词频并绘制评论词云图

```
# 绘制词云图
def draw_wc(data, i, p):
    # 分词
    jieba.load_userdict('../data/手机词汇.txt')
    data_cut = data.apply(jieba.lcut)
    # 去除停用词
    with open('../data/stoplist.txt', 'r', encoding='utf-8') as f:
        stop = f.read().split()
    stop = stop + [' ', '\n', '\t', '\r', '手机']
    global data_after
    data_after = data_cut.apply(lambda x: [w for w in x if w not in stop])
    # 统计词频
    num = pd.Series(_flatten(list(data_after))).value_counts()
    # 词云绘制
    # 背景图像读取
    pic = plt.imread('../data/aixin.jpg')
    # 设置词云参数
    wc = WordCloud(font_path='C:/Windows/Fonts/simhei.ttf', mask=pic, background_
        color='white')
    wc.fit_words(num)
    # 展示词云
    plt.subplot(1, 3, i+1)
    plt.imshow(wc)
    plt.axis('off')
    plt.title(p + '词云图')
```

```
    p = ['差评', '中评', '好评']
    plt.figure(figsize=(15, 10))
    for i in range(3):
        if i == 0 :
            # 差评词云图
            ind1 = after_sales_data['用户评分'] == 1
            draw_wc(after_sales_data.loc[ind1, '评论文本'], i, p[i])
        elif i == 1:
            # 中评词云图
            ind2 = after_sales_data['用户评分'] == 2
            ind3 = after_sales_data['用户评分'] == 3
            draw_wc(after_sales_data.loc[ind2|ind3, '评论文本'], i, p[i])
        else :
            # 好评词云图
            ind4 = after_sales_data['用户评分'] == 4
            ind5 = after_sales_data['用户评分'] == 5
            draw_wc(after_sales_data.loc[ind4|ind5, '评论文本'], i, p[i])
    plt.show()
```

绘制出的差评、中评和好评的评论词云图，结果如图 3-13 所示。

图 3-13　差评、中评和好评的评论词云图

由图 3-13 可知，差评词云图中降价、刚买、保价和客服等词出现的频率较高，中评词云图中拍照、速度、屏幕、外观和不错等词出现的频率较高，好评词云图中屏幕、拍照、速度、运行、外观、音效和效果等词出现的频率较高。可见，无论是哪种类型的评论词云图，都集中在手机性能、外观等方面上。

3.5　制定营销策略

电商价值链是由采购、仓储、物流、市场、品牌和用户 6 个环节构成的，每个环节都有自己的核心要素。例如，采购环节的本钱，仓储环节的周转率，物流环节的速度，品牌环节的价值，用户环节的体验和市场环节的占有率。

在实际营销运作中，电商平台若想要形成有利的竞争优势，则需要紧密且合理有效地排布这 6 个环节。根据数据可视化分析结果，并结合相关业务知识为电商平台制定的营销策略如下。

1）采购环节。电商平台应加强与销量领先的手机品牌供应商的合作，如 Apple iPhone、小米等，并利用平台自身的优势，优化采购流程，降低采购成本，在保障电商平台商品的质量的同时，促使电商平台从中获取更多的利润。

2）仓储环节。电商平台可根据手机内存、手机像素、手机配色、手机处理器、操作系统等配件的销量来调整手机库存策略，既要保证手机货源充足，也要避免手机库存积压，从而提高手机仓储的周转率，提高电商平台的资金回流效率。

3）物流环节。电商平台可规范商家对供应商的约束能力与仓库对入仓异常的及时反馈机制，确保发货过程中不错发、漏发、多发等，提高发货的准确率，从而提高用户购机体验。

4）市场环节。商家可将平台中的各种促销、店铺的直播销售、限时抢购等活动尽量安排在晚上 18:00 至凌晨 2:00 的用户购机活跃时间段内，该段时间属于用户的正常休闲时间，能够在极大程度上吸引用户，从而提高用户的购买率。此外，商家还可运用该时间段，对销量较低的手机价格进行动态、合理的调整，进而提升平台整体的手机销售力度，增强平台的竞争力。

5）品牌环节。电商平台可通过降低非自营店铺出租费用和交易手续费等措施，加强非自营店铺活动推广力度，提高非自营店铺的销量，保证经济收益。但需注意，平台还要加强对非自营店铺商品质量的监管力度，以保障平台的良好口碑。此外，电商平台还可以根据各品牌销量情况，调整品牌旗舰店的推荐位置与广告投放位置，从而实现品牌的推广、吸引更多的用户。

6）用户环节。根据用户售后评论分析，电商平台还需优化保价程序、完善办理退换货流程，以减少用户的损失，并将用户反馈的手机质量问题反映给手机厂商，以便手机厂商提高产品的质量，提升平台自身的品牌效应。

3.6　小结

本章的主要目的是为电商平台手机销售制定合理的营销策略，从而推动平台的发展，提升用户的满意度。首先，利用 Python 采集某电商平台的手机销售数据和手机售后数据，并进行数据探索与预处理。其次，从手机的销售因素、用户的消费习惯、用户的售后评论这 3 个方面进行可视化分析，了解用户的购买需求和体验程度。最后，根据数据可视化分析结果，结合实际业务知识为电商平台制定更合适的营销策略。

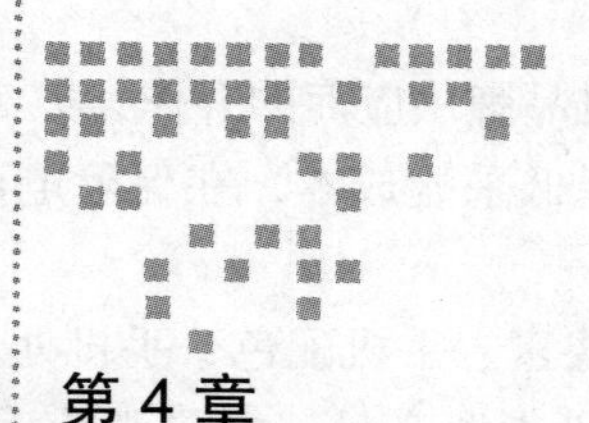

Chapter 4 第 4 章

自动售货机销售数据分析与应用

近年来，随着我国经济技术的不断提升，自动化机械在人们日常生活中扮演着越来越重要的角色，更多被应用在不同的领域。而作为一种新的自动化零售业态，自动售货机在日常生活中的应用越来越广泛，通常被放置在公司、学校、旅游景点等人流密集的地方，极大地方便了人们的生活。本案例将结合自动售货机的实际情况，对销售的历史数据进行处理，利用 pyecharts 库、Matplotlib 库进行可视化分析，并对未来 4 周商品的销售额进行预测，从而为企业制定相应的自动售货机市场需求分析及销售建议提供参考依据。

学习目标

- 了解自动售货机的市场现状。
- 熟悉自动售货机销售数据分析项目的流程与步骤。
- 掌握获取自动售货机销售数据的方法。
- 掌握对原始数据进行清洗、规约的方法。
- 掌握对自动售货机销售数据进行可视化分析的方法。
- 掌握 ARIMA 模型的构建方法。

4.1 背景与目标

自动售货机是商业自动化的常用设备，它不受时间、地点的限制，能节省人力、方便交易。本节主要讲解自动售货机销售数据分析与应用的案例背景、数据说明及目标分析。

4.1.1 背景

自动售货机销售产业正在走向信息化，并将进一步实现合理化。由自动售货机的发展趋势可知，它是由劳动密集型的产业构造向技术密集型转变的产物。大量生产、大量消费以及消费模式和销售环境的变化，要求出现新的流通渠道。例如，近年来农夫山泉、瑞幸咖啡等国内知名企业已经开始推出自己的品牌自动售货机。然而，在这样激烈的市场竞争环境下，“自动售货机”业务出现高度同质化、成本上升、毛利下降等诸多问题，这也是大多数企业所面临的问题。

为了提高市场占有率和企业竞争力，某企业在广东省的8个城市部署了376台自动售货机，但经过一段时间后，发现经营状况并不理想。而如何了解销售额、订单数量与自动售货机数量之间的关系，畅销或滞销的商品又有哪些，自动售货机的销售情况等，成为该企业亟待解决的问题。

为此，本案例获取了该企业某6个月的自动售货机销售数据，结合销售背景进行分析，并可视化展现销售现状，同时预测未来一段时间内的销售额，从而为企业制定营销策略提供一定的参考依据。

4.1.2　数据说明

目前自动售货机后台管理系统已经积累了大量用户购买记录，包含2018年4月～2018年9月的购买商品信息，以及所有的子类目信息。该数据主要存放在“订单表**.xlsx”文件中，对应的数据说明如表4-1所示。

表4-1　订单表数据说明

属性名称	属性说明	示例
设备编号	自动售货机的唯一标识	112531
下单时间	每笔订单的下单时间	2018/4/30 22:55:00
订单编号	每笔订单的编号	112531qr15251001151105
购买数量（个）	用户下单购买的商品个数	1
手续费（元）	第三方平台收取的手续费	0.03
总金额（元）	用户实际付款金额	2.5
支付状态	用户选择的支付方式	微信
出货状态	是否出货成功	出货成功
收款方	实际收款方	新零售结算
退款金额（元）	退款给用户的金额	0
购买用户	用户在平台的用户名	os-xL0q3NG6YFG7PJrF2x7QaS23E
商品ID	商品的唯一标识	商品0001
商品详情	商品详细信息	可口可乐X1;
省市区	自动售货机摆放的地址	广东省中山市
软件版本	自动售货机的软件版本号	V2.1.55/1.2;rk3288

4.1.3　目标分析

如何通过已有的商品购买记录，分析企业自动售货机的销售情况，以及未来发展趋势，进而及时调整售货机的销售策略，提高企业经营收益，是该企业急需解决的重要问题。本案例根据自动售货机销售数据分析项目的业务需求，总体流程如图 4-1 所示，主要步骤如下。

1）从自动售货机后台管理系统获取原始数据。

2）对原始数据进行数据预处理，包括数据读取、数据清洗、数据规约。

3）对处理后的自动售货机销售数据进行数据可视化分析。

4）使用 ARIMA 模型对未来 4 周的销售额进行预测。

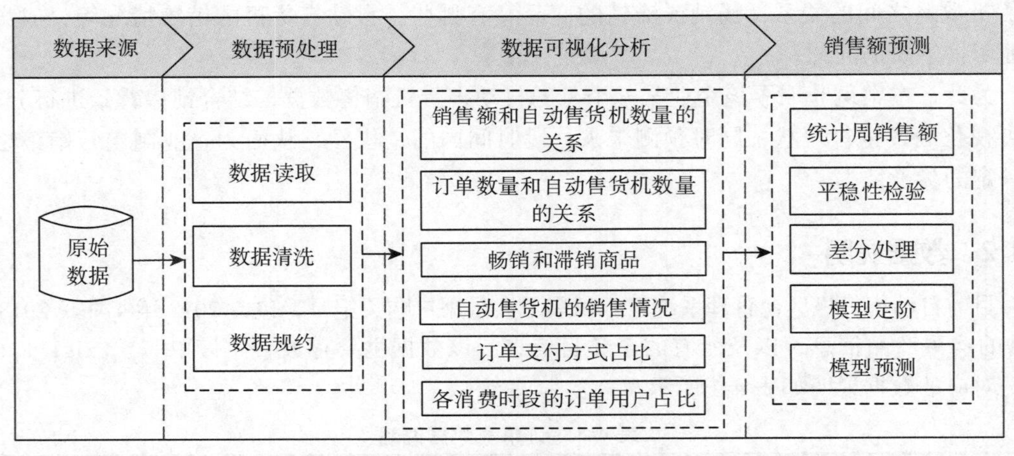

图 4-1 自动售货机销售数据分析项目总体流程

4.2 数据读取与预处理

对原始数据进行观察，发现数据中存在一定的噪声数据，如“商品详情”属性中存在“158 号 X1;”“0401X1”等多余的信息；商品名称不一致，如“罐装芬达原味 x1”“罐装芬达原味 X1;”；部分销售记录数据项缺失等。因为噪声数据会对数据统计和分析造成一定的影响，所以需要进行数据清洗和数据规约等操作。

4.2.1 数据读取

自动售货机销售的数据文件主要有订单表 2018-4.csv、订单表 2018-5.csv、订单表 2018-6.csv、订单表 2018-7.csv、订单表 2018-8.csv 和订单表 2018-9.csv。在 Python 中读取自动售货机销售数据，如代码清单 4-1 所示。

代码清单 4-1 读取数据

```
import pandas as pd

# 读取数据
```

```
data4 = pd.read_csv('../data/订单表2018-4.csv', encoding='gbk')
data5 = pd.read_csv('../data/订单表2018-5.csv', encoding='gbk')
data6 = pd.read_csv('../data/订单表2018-6.csv', encoding='gbk')
data7 = pd.read_csv('../data/订单表2018-7.csv', encoding='gbk')
data8 = pd.read_csv('../data/订单表2018-8.csv', encoding='gbk')
data9 = pd.read_csv('../data/订单表2018-9.csv', encoding='gbk')
# 查看数据维度
print(data4.shape, data5.shape, data6.shape, data7.shape, data8.shape, data9.
    shape)
```

运行代码清单 4-1 得到的结果如下。

```
(2077, 15) (46068, 15) (51925, 15) (77644, 15) (86459, 15) (86723, 15)
```

由运行结果可知，4月~9月的订单表中分别含有2077、46068、51925、77644、86459、86723条记录。

4.2.2　数据清洗

由于订单表的数据是按月份分开存放的，为了方便后续对数据进行处理和可视化，所以需要对订单数据进行合并处理。同时，在合并订单表的数据后，为了了解缺失数据的基本情况，需要进行缺失值检测。合并订单表并进行缺失值检测，如代码清单 4-2 所示。

代码清单 4-2　合并订单表并查看缺失值

```
# 合并数据
data = pd.concat([data4, data5, data6, data7, data8, data9], ignore_index=True)
print('订单表合并后的形状为', data.shape)
# 缺失值检测
print('订单表各属性的缺失值数目为：\n', data.isnull().sum())
```

运行代码清单 4-2 得到的结果如下。

```
订单表合并后的形状为 (350896, 15)
订单表各属性的缺失值数目为:
设备编号              0
下单时间              0
订单编号              0
购买数量（个）        0
手续费（元）          0
总金额（元）          0
支付状态              0
出货状态              3
收款方              276
退款金额（元）        0
购买用户              0
商品ID                0
商品详情              0
```

```
省市区                 0
软件版本               0
dtype: int64
```

由代码清单4-2的运行结果可知，合并后的订单数据有350867条记录，且订单表中含有缺失值的记录总共有279条，数量相对较少，可直接使用删除法处理订单表中的缺失值，如代码清单4-3所示。

代码清单4-3 处理订单表中的缺失值

```
print('未做删除缺失值前订单表行列数目为：', data.shape)
data = data.dropna(how='any')  # 删除缺失值
print('删除完缺失值后订单表行列数目为：', data.shape)
```

运行代码清单4-3得到的结果如下。

```
未做删除缺失值前订单表行列数目为：(350896, 14)
删除完缺失值后订单表行列数目为：(350617, 14)
```

为了满足后续的数据可视化需求，需要在订单表中增加“市”属性，如代码清单4-4所示。

代码清单4-4 增加“市”属性

```
# 从省市区属性中提取市的信息，并创建新属性
data['市'] = data['省市区'].str[3: 6]
print('经过处理后的数据前5行为：\n', data.head())
```

运行代码清单4-4得到的部分结果如下。

```
经过处理后的数据前5行为：
   设备编号    下单时间          ...              软件版本              市
0  112531  2018/4/30 22:55  ...        V2.1.55/1.2;rk3288  中山市
1  112673  2018/4/30 22:50  ...  V3.0.37;rk3288;(900x1440)  佛山市
2  112636  2018/4/30 22:35  ...        V2.1.55/1.2;rk3288  广州市
3  112636  2018/4/30 22:33  ...        V2.1.55/1.2;rk3288  广州市
4  112636  2018/4/30 21:33  ...        V2.1.55/1.2;rk3288  广州市
```

通过浏览订单表数据发现，在“商品详情”属性中存在异名同义的情况，即两个名称不同的值所代表的实际意义是一致的，如“脉动青柠X1;”“脉动青柠x1;”等。因为此情况会对后面的分析结果造成一定的影响，所以需要对订单表中的“商品详情”属性进行处理，增加“商品名称”属性，如代码清单4-5所示。

代码清单4-5 处理订单表中的“商品详情”属性

```
# 定义一个需剔除字符的列表error_str
error_str = [' ', '(', ')', '（', '）', '0', '1', '2', '3', '4', '5', '6',
             '7', '8', '9', 'g', 'l', 'm', 'M', 'L', '听', '特', '饮', '罐',
             '瓶', '只', '装', '欧', '式', '&', '%', 'X', 'x', ';']
```

```
# 使用循环剔除指定字符
for i in error_str:
    data['商品详情'] = data['商品详情'].str.replace(i, '')
# 新建"商品名称"属性，用于新数据的存放
data['商品名称'] = data['商品详情']
```

此外，当浏览订单表数据时，发现在“总金额（元）”属性中存在金额很小的订单，如0、0.01等。在现实生活中，这种记录存在的情况极少，且这部分数据不具有分析意义。因此，在本案例中，对订单的总金额小于0.5元的记录进行删除处理，如代码清单4-6所示。

代码清单4-6　删除“总金额（元）”属性中订单的金额较少的记录

```
# 删除金额较少的订单前的数据行列数目
print(data.shape)
# 删除金额较少的订单后的数据行列数目
data = data[data['总金额(元)'] >= 0.5]
print(data.shape)
```

运行代码清单4-6，由运行结果可知，删除前的数据行列数目为（350617, 17），删除后的数据行列数目为（350450, 17）。

4.2.3　数据规约

由于部分属性数据对后续的数据可视化分析和销售额预测没有实际意义，为了减少数据挖掘消耗的时间和存储空间，所以需要对数据进行属性选择和属性规约处理。

1. 属性选择

因为订单表中的“手续费（元）”“收款方”“软件版本”“省市区”“商品详情”“退款金额（元）”等属性对本案例的分析没有意义，所以需要对其进行删除处理，选择合适的属性，删除无意义的属性如代码清单4-7所示。

代码清单4-7　属性选择

```
# 针对订单表数据，选择合适的属性
data = data.drop(['手续费(元)', '收款方', '软件版本', '省市区', '商品详情', '退款
    金额(元)'], axis=1)
print('选择后，数据属性为：\n', data.columns.values)
```

运行代码清单4-7得到的结果如下。

```
选择后，数据属性为：
['设备编号' '下单时间' '订单编号' '购买数量(个)' '总金额(元)' '支付状态' '出货状态'
    '购买用户' '商品ID' '市' '商品名称']
```

2. 属性规约

由于订单表“下单时间”属性中含有的信息量较多，并且存在概念分层的情况，所以

需要对属性进行数据规约，提取需要的信息。提取相应的“小时”属性和“月份”属性，进一步泛化“小时”属性为“下单时间段”属性。当小时≤5时，为“凌晨”；当5＜小时≤8时，为“早晨”；当8＜小时≤11时，为“上午”；当11＜小时≤13时，为“中午”；当13＜小时≤16时，为“下午”；当16＜小时≤19时，为“傍晚”；当19＜小时≤24时，为“晚上”。在Python中规约订单表的属性，如代码清单4-8所示。

代码清单 4-8 规约订单表的属性

```
# 将时间格式的字符串转换为标准的时间格式
data['下单时间'] = pd.to_datetime(data['下单时间'])
data['小时'] = data['下单时间'].dt.hour  # 提取时间中的小时
data['月份'] = data['下单时间'].dt.month  # 提取时间中的月份
data['下单时间段'] = 'time'  # 新增“下单时间段”属性，并将其初始化为time
exp1 = data['小时'] <= 5  # 判断小时是否小于等于5
# 若条件为真，则时间段为凌晨
data.loc[exp1, '下单时间段'] = '凌晨'
# 判断小时是否大于5且小于等于8
exp2 = (5 < data['小时']) & (data['小时'] <= 8)
# 若条件为真，则时间段为早晨
data.loc[exp2, '下单时间段'] = '早晨'
# 判断小时是否大于8且小于等于11
exp3 = (8 < data['小时']) & (data['小时'] <= 11)
# 若条件为真，则时间段为上午
data.loc[exp3, '下单时间段'] = '上午'
# 判断小时是否小大于11且小于等于13
exp4 = (11 < data['小时']) & (data['小时'] <= 13)
# 若条件为真，则时间段为中午
data.loc[exp4, '下单时间段'] = '中午'
# 判断小时是否大于13且小于等于16
exp5 = (13 < data['小时']) & (data['小时'] <= 16)
# 若条件为真，则时间段为下午
data.loc[exp5, '下单时间段'] = '下午'
# 判断小时是否大于16且小于等于19
exp6 = (16 < data['小时']) & (data['小时'] <= 19)
# 若条件为真，则时间段为傍晚
data.loc[exp6, '下单时间段'] = '傍晚'
# 判断小时是否大于19且小于等于24
exp7 = (19 < data['小时']) & (data['小时'] <= 24)
# 若条件为真，则时间段为晚上
data.loc[exp7, '下单时间段'] = '晚上'
print('处理完成后的订单表前5行为: \n', data.head())
data.to_csv('../tmp/order.csv', index=False, encoding = 'gbk')
```

运行代码清单4-8得到的部分结果如下。

```
处理完成后的订单表前5行为:
     设备编号   下单时间                         订单编号         ...  小时  月份  下单时间段
0  112531 2018-04-30 22:55:00  112531qr15251001151105  ...  22    4       晚上
1  112673 2018-04-30 22:50:00  112673qr15250998551741  ...  22    4       晚上
```

```
2  112636 2018-04-30 22:35:00  112636qr15250989343846  ...  22   4    晚上
3  112636 2018-04-30 22:33:00  112636qr15250988245087  ...  22   4    晚上
4  112636 2018-04-30 21:33:00  112636qr15250952296930  ...  21   4    晚上

[5 rows x 13 columns]
```

4.3　销售数据可视化分析

销售数据中含有的数据量较多，通过数据无法直观了解目前自动售货机的销售状况，因此需要利用处理好的数据进行可视化分析，直观地展示销售走势以及各区销售情况等，为决策者提供参考。

商品销售情况在一定程度上可反映商品的销售数量、销售额等，通过对商品销售额、订单数量和各市销售额等销售情况进行分析，可以促进生产的发展，做好销售工作。具体来说，从销售额和自动售货机数量、订单数量和自动售货机数量、畅销和滞销商品等角度，对自动售货机的销售数据进行分析并可视化展示，从而使企业管理人员了解自动售货机的基本销售情况。

4.3.1　销售额和自动售货机数量的关系

探索6个月销售额和自动售货机数量之间的关系，并按时间走势进行可视化分析，如代码清单4-9所示。

代码清单4-9　销售额和自动售货机数量之间的关系

```
import pandas as pd
import numpy as np
from pyecharts.charts import Line
from pyecharts import options as opts
import matplotlib.pyplot as plt
from pyecharts.charts import Bar
from pyecharts.charts import Pie
from pyecharts.charts import Grid

data = pd.read_csv('../tmp/order.csv', encoding='gbk')
def f(x):
    return len(list(set((x.values))))
# 绘制销售额和自动售货机数量之间的关系图
groupby1 = data.groupby(by='月份', as_index=False).agg({'设备编号': f, '总金额
    （元）': np.sum})
groupby1.columns = ['月份', '设备数量', '销售额']
line = (Line()
        .add_xaxis([str(i) for i in groupby1['月份'].values.tolist()])
        .add_yaxis('销售额', np.round(groupby1['销售额'].values.tolist(), 2))
        .add_yaxis('设备数量', groupby1['设备数量'].values.tolist(), yaxis_
            index=1,symbol='triangle')
```

```
        .set_series_opts(label_opts=opts.LabelOpts(is_show=True, position='top',
            font_size=10))
        .set_global_opts(
            xaxis_opts=opts.AxisOpts(name='月份', name_location='center', name_
                gap=25),
            title_opts=opts.TitleOpts(title='销售额和自动售货机数量之间的关系'),
            yaxis_opts=opts.AxisOpts( name='销售额(元)', name_location='center',
                name_gap=60,
                axislabel_opts=opts.LabelOpts(
                formatter='{value}')))
        .extend_axis(
            yaxis=opts.AxisOpts( name='设备数量(台)', name_location='center',
                name_gap=40,
                axislabel_opts=opts.LabelOpts(
                formatter='{value}'), interval=50))
        )
line.render_notebook()
```

运行代码清单 4-9，结果如图 4-2 所示。

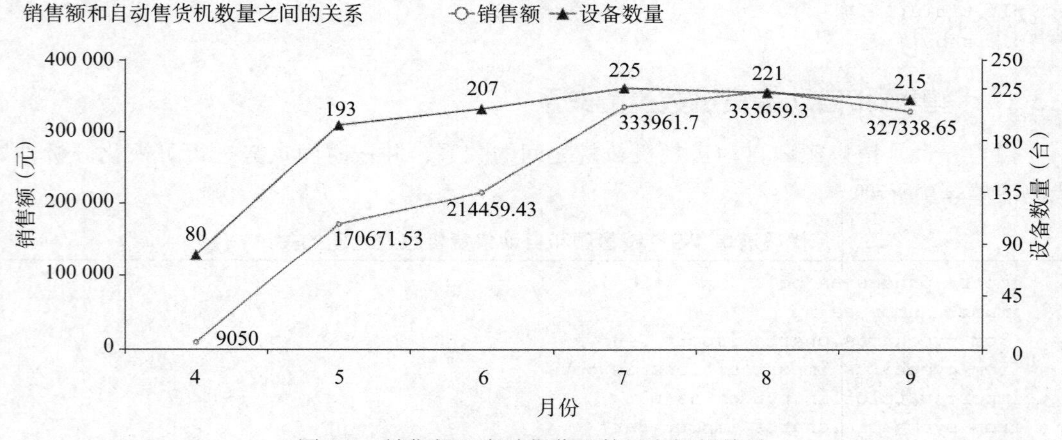

图 4-2 销售额和自动售货机数量之间的关系

由图 4-2 可知，4 月至 7 月，自动售货机的数量在增加，销售额也随着自动售货机的数量增加而增加；8 月，虽然自动售货机数量减少了 4 台，但是销售额还在增加；9 月，自动售货机数量又减少了 6 台，销售额也随着减少。由此可以推断出销售额与自动售货机数量存在一定的相关性，增加自动售货机的数量将会带来销售额的增长。出现该情况的原因可能是广东处于亚热带，气候相对炎热，而 7、8、9 月的气温相对较高，人们使用自动售货机的频率也相对较高。

4.3.2 订单数量和自动售货机数量的关系

探索 6 个月订单数量和自动售货机数量之间的关系，并按时间走势进行可视化分析，如代码清单 4-10 所示。

代码清单 4-10　订单数量和自动售货机数量之间的关系

```
groupby2 = data.groupby(by='月份', as_index=False).agg({'设备编号': f, '订单编号': f})
groupby2.columns = ['月份', '设备数量', '订单数量']
# 绘制图形
plt.figure(figsize=(10, 4))
plt.rcParams['font.sans-serif'] = ['SimHei']
plt.rcParams['axes.unicode_minus'] = False
fig, ax1 = plt.subplots()  # 使用 subplots 函数创建窗口
ax1.plot(groupby2['月份'], groupby2['设备数量'], '--')
ax1.set_yticks(range(0, 350, 50))  # 设置 y1 轴的刻度范围
ax1.legend(('设备数量',), loc='upper left', fontsize=10)
ax2 = ax1.twinx()  # 创建第二个坐标轴
ax2.plot(groupby2['月份'], groupby2['订单数量'])
ax2.set_yticks(range(0, 100000, 10000))  # 设置 y2 轴的刻度范围
ax2.legend(('订单数量',), loc='upper right', fontsize=10)
ax1.set_xlabel('月份')
ax1.set_ylabel('设备数量（台）')
ax2.set_ylabel('订单数量（单）')
plt.title('订单数量和自动售货机数量之间的关系')
plt.show()
```

运行代码清单 4-10，结果如图 4-3 所示。

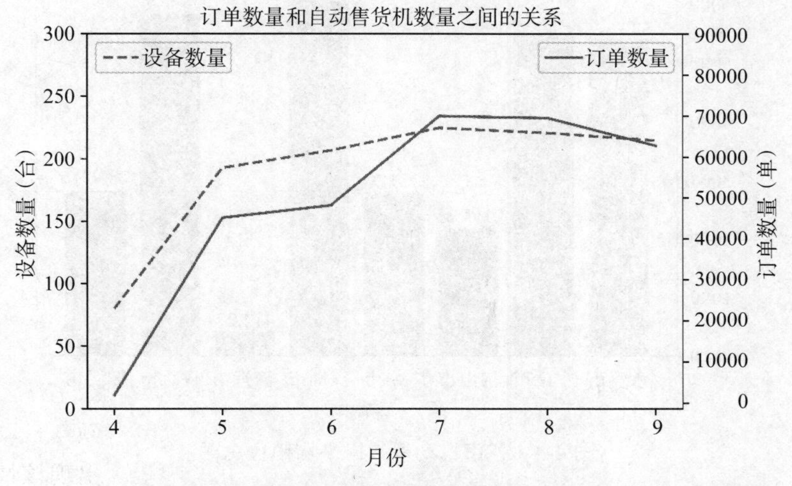

图 4-3　订单数量和自动售货机数量之间的关系

由图 4-3 可知，4 月至 7 月，自动售货机数量呈上升趋势，订单数量也随着自动售货机数量增加而增加，而 8 月至 9 月，自动售货机数量在减少，订单数量也在减少。这说明了订单数量与自动售货机的数量是严格相关的，增加自动售货机会给用户带来便利，从而提高订单数量。同时，结合图 4-2 可知，订单数量和销售额的变化趋势基本保持一致，这也

说明了订单数量和销售额存在一定的相关性。

由于各市的设备数量并不一致，所以探索各市自动售货机的平均销售总额，并进行对比分析，如代码清单 4-11 所示。

代码清单 4-11 绘制各市自动售货机的平均销售总额柱状图

```
gruop3 = data.groupby(by='市', as_index=False).agg({'总金额（元）':sum, '设备编
    号':f})
gruop3['销售总额'] = np.round(gruop3['总金额（元）'], 2)
gruop3['平均销售总额'] = np.round(gruop3['销售总额'] / gruop3['设备编号'], 2)
plt.bar(gruop3['市'].values.tolist(), gruop3['平均销售总额'].values.tolist(),
    color='#483D8B')
# 添加数据标注
for x, y in enumerate(gruop3['平均销售总额'].values):
    plt.text(x - 0.4, y + 100, '%s' %y, fontsize=8)
plt.xlabel('城市')
plt.ylabel('平均销售总额（元）')
plt.title('各市自动售货机平均销售总额')
plt.show()
```

运行代码清单 4-11，结果如图 4-4 所示。

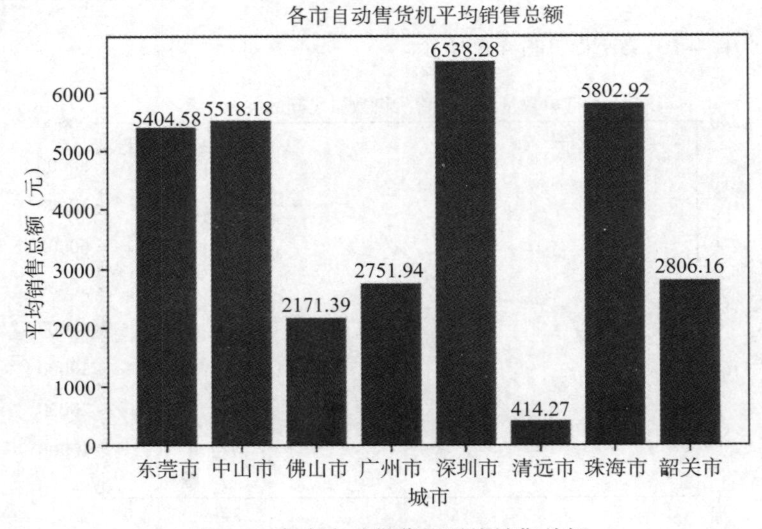

图 4-4 各市自动售货机平均销售总额

由图 4-4 可知，深圳市自动售货机的平均销售总额最高，达到了 6538.28 元，排在其后的是珠海市和中山市。最少的是清远市，其平均销售总额只有 414.27 元。出现此情况的原因可能是不同区域的人流量不同，相对于其他区域，深圳市的人流量相对较大，清远市的人流量相对较小。此外，广州市的人流量也相对较大，但其平均销售总额却相对较少，可能是因为自动售货机放置不合理导致的。

4.3.3　畅销和滞销商品

查找 6 个月销售额排名前 10 和后 10 的商品，从而找出畅销商品和滞销商品，并对其销售额进行可视化分析，如代码清单 4-12 和代码清单 4-13 所示。

代码清单 4-12　销售额排名前 10 的商品

```
# 销售额排名前 10 的商品
group4 = data.groupby(by='商品ID', as_index=False)['总金额（元）'].sum()
group4.sort_values(by='总金额（元）', ascending=False, inplace=True)
d = group4.iloc[: 10]
x_data = d['商品ID'].values.tolist()
y_data = np.round(d['总金额（元）'].values, 2).tolist()
bar = (Bar(init_opts=opts.InitOpts(width='800px',height='600px'))
    .add_xaxis(x_data)
    .add_yaxis('', y_data, label_opts=opts.LabelOpts(font_size=15))
    .set_global_opts(title_opts=opts.TitleOpts(title='畅销前10的商品'),
        yaxis_opts=opts.AxisOpts(axislabel_opts=opts.LabelOpts(
            formatter='{value}',font_size=15)),
        xaxis_opts=opts.AxisOpts(type_='category',
            axislabel_opts=opts.LabelOpts({'interval': '0'}, font_size=15,
                rotate=30))))
bar.render_notebook()
```

运行代码清单 4-12，结果如图 4-5 所示。

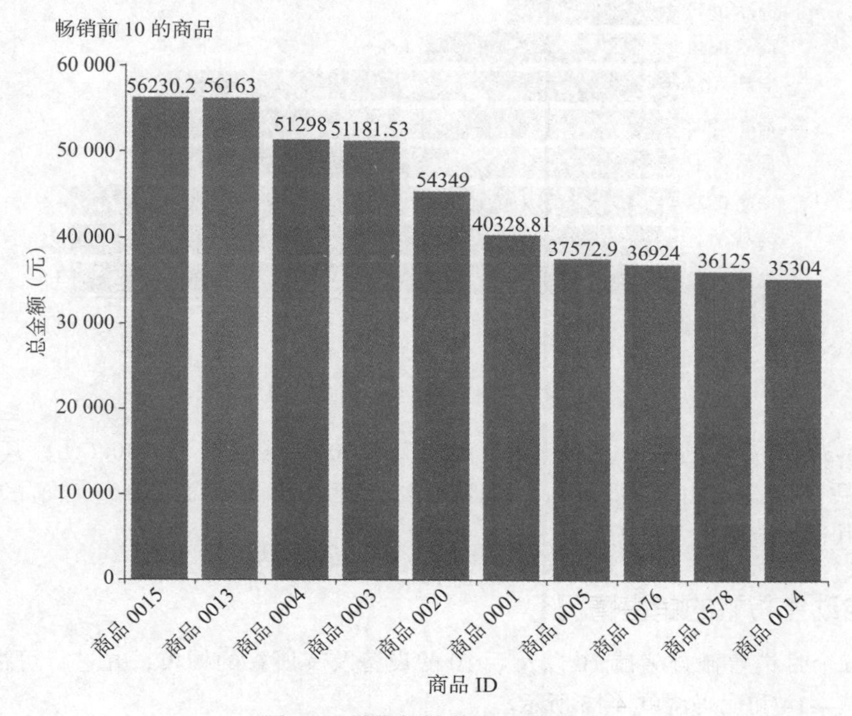

图 4-5　销售额排名前 10 的商品

代码清单 4-13 销售额排名后 10 的商品

```
h = group4.iloc[-10: ]
x_data = h['商品 ID'].values.tolist()
y_data = np.round(h['总金额（元）'].values, 2).tolist()
bar = (Bar()
    .add_xaxis(x_data)
    .add_yaxis('', y_data, label_opts=opts.LabelOpts(position='right'))
    .set_global_opts(title_opts=opts.TitleOpts(
        title='滞销前 10 的商品'),
        xaxis_opts=opts.AxisOpts(
            axislabel_opts={'interval': '0'}))
    .reversal_axis()
    )
grid = Grid(init_opts=opts.InitOpts(width='600px', height='400px'))
grid.add(bar, grid_opts=opts.GridOpts(pos_left='18%'))
grid.render_notebook()
```

运行代码清单 4-13，结果如图 4-6 所示。

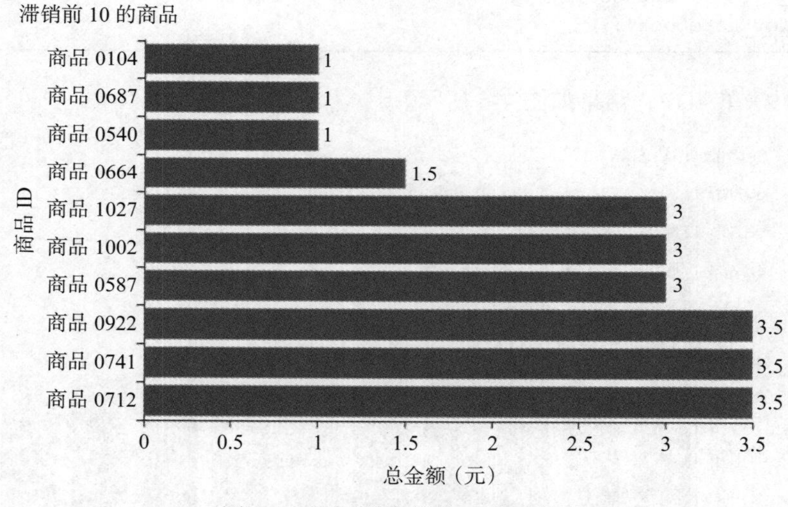

图 4-6 销售额排名后 10 的商品

由图 4-5 可知，销售额排在第一的商品是商品 0015，达到了 56230.2 元，其次是商品 0013 和商品 0004 等。由图 4-6 可知，销售额排在最后的商品是商品 0104、商品 0687 和商品 0540，其销售金额均只有 1 元。

4.3.4 自动售货机的销售情况

探索 6 个月销售额排名前 10 以及后 10 的设备及其所在的城市，并进行可视化分析，如代码清单 4-14 和代码清单 4-15 所示。

代码清单 4-14　销售额排名前 10 的设备及其所在市

```
group5 = data.groupby(by=['市', '设备编号'], as_index=False)['总金额（元）'].sum()
group5.sort_values(by='总金额（元）', ascending=False, inplace=True)
b = group5[: 10]
label = []
# 销售额前 10 的设备及其所在市
for i in range(len(b)):
    a = b.iloc[i, 0] + str(b.iloc[i, 1])
    label.append(a)
x = np.round(b['总金额（元）'], 2).values.tolist()
y = range(10)
plt.bar(x=0, bottom=y, height=0.4, width=x, orientation='horizontal')
plt.xticks(range(0, 80000, 10000))  # 设置 x 轴的刻度范围
plt.yticks(range(10), label)
for y, x in enumerate(np.round(b['总金额（元）'], 2).values):
    plt.text(x + 500, y - 0.2, "%s" %x)
plt.xlabel('总金额（元）')
plt.title('销售额排名前 10 的设备及其所在市')
plt.show()
```

运行代码清单 4-14，结果如图 4-7 所示。

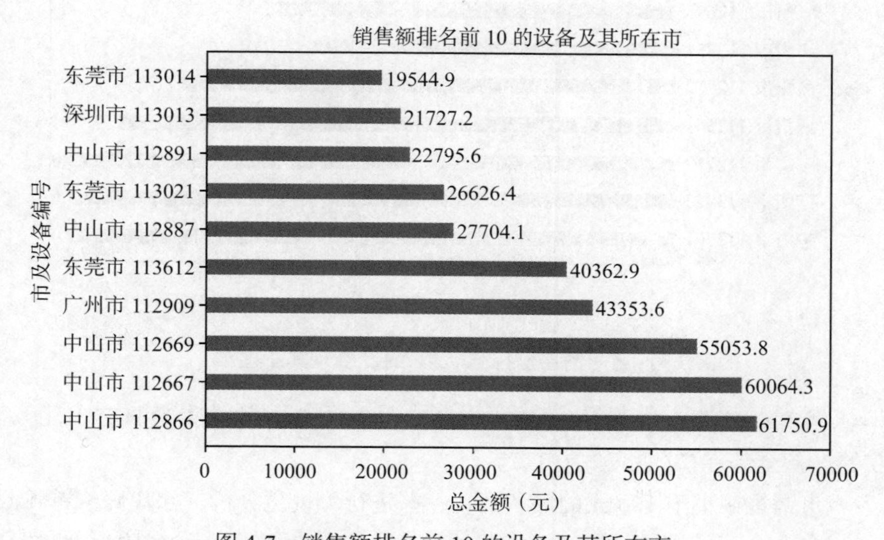

图 4-7　销售额排名前 10 的设备及其所在市

由图 4-7 可知，销售额靠前的设备所在城市主要集中在中山市、广州市、东莞市和深圳市，其中，销售额排名前 3 的设备都集中在中山市。

代码清单 4-15　销售额排名后 10 的设备及其所在市

```
l = group5[-10: ]
label1 = []
```

```
for i in range(len(l)):
    a = l.iloc[i, 0] + str(l.iloc[i, 1])
    label1.append(a)
x = np.round(l['总金额（元）'], 2).values.tolist()
y = range(10)
plt.bar(x=0, bottom=y, height=0.4, width=x, orientation='horizontal')
plt.xticks(range(0, 4, 1))  # 设置 x 轴的刻度范围
plt.yticks(range(10), label1)
for y, x in enumerate(np.round(l['总金额（元）'], 2).values):
    plt.text(x, y, "%s" %x)
plt.xlabel('总金额（元）')
plt.title('销售额排名后 10 的设备及其所在市')
plt.show()
```

运行代码清单 4-15，结果如图 4-8 所示。

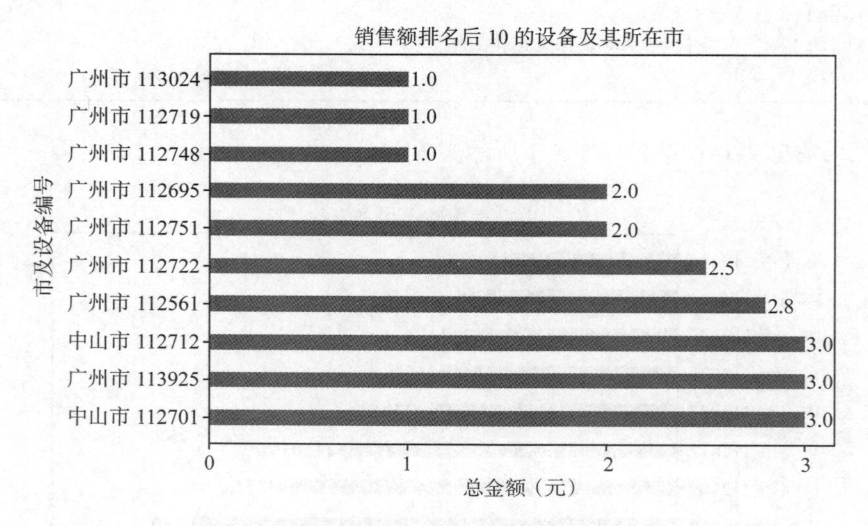

图 4-8　销售额排名后 10 的设备及其所在市

由图 4-8 可知，广州市的设备 113024、112719、112748 的销售额只有 1 元，而销售额排名后 10 的设备全部在广州市和中山市。

统计各城市销售额小于 100 元的设备数量，并进行可视化分析，如代码清单 4-16 所示。

代码清单 4-16　各城市销售额小于 100 元的设备数量

```
l_b = group5[group5['总金额（元）'] < 100]
lb = l_b.groupby(by='市', as_index=False)['设备编号'].count()
x_data = lb['市'].values.tolist()
y_data = lb['设备编号'].values.tolist()
bar = (Bar(init_opts=opts.InitOpts(width='500px', height='400px'))
    .add_xaxis(x_data)
    .add_yaxis('', y_data)
```

```
    .set_global_opts(title_opts=opts.TitleOpts(
            title='各市销售额小于100元的设备数量'))
    )
bar.render_notebook()
```

运行代码清单 4-16，结果如图 4-9 所示。

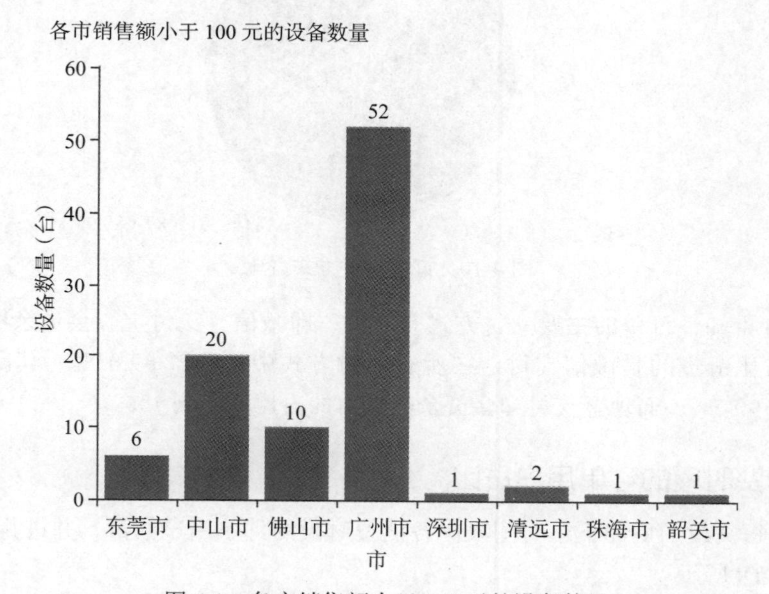

图 4-9 各市销售额小于 100 元的设备数量

由图 4-9 可知，关于销售额小于 100 元的设备，广州市有 52 台，中山市有 20 台，佛山市有 10 台。出现这种情况的原因可能是设备位置放置不合理，或设备放置过多，因此可以适当调整自动售货机放置的位置和数量，减少设备和人员的浪费。

4.3.5 订单支付方式占比

对自动售货机上各商品订单的支付方式进行统计，并进行可视化分析，如代码清单 4-17 所示。

代码清单 4-17 分析订单支付方式占比

```
group6 = data.groupby(by='支付状态')['支付状态'].count()
method = group6.index.tolist()
num = group6.values.tolist()
pie_data = [(i, j) for i, j in zip(method, num)]
pie = (Pie()
    .add('', pie_data, label_opts=opts.LabelOpts(formatter='{b}:{c}({d}%)'))
    .set_global_opts(title_opts=opts.TitleOpts(title='订单支付方式占比')))
pie.render_notebook()
```

运行代码清单 4-17，结果如图 4-10 所示。

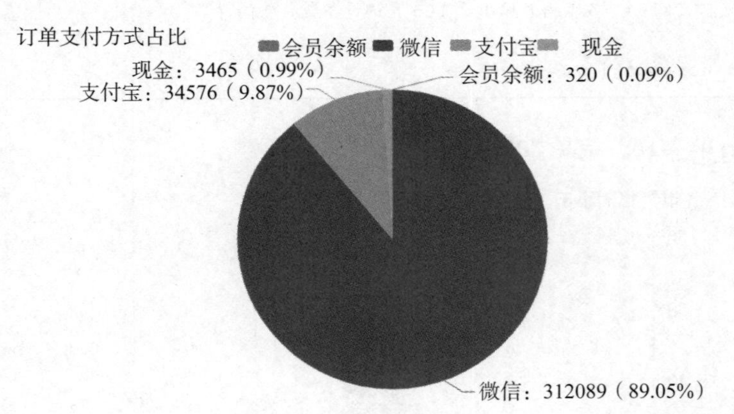

图 4-10 订单支付方式占比

由图 4-10 可知，订单的主要支付方式有 4 种，即微信、支付宝、会员余额和现金，其中支付方式占比最多的是微信支付，在所有支付方式中占到了 89.05%，其次是支付宝支付，其占比为 9.87%，而现金支付和会员余额支付的占比均不到 1%。

4.3.6 各消费时段的订单用户占比

统计自动售货机的商品下单时间段内各消费时段的订单用户数量，并进行可视化分析，如代码清单 4-18 所示。

代码清单 4-18 分析各消费时段的订单用户

```
group7 = data.groupby(by='下单时间段')['购买用户'].count()
times = group7.index.tolist()
num = group7.values.tolist()
pie_data_2 = [(i, j) for i, j in zip(times, num)]
pie = (Pie()
    .add('', pie_data_2, label_opts=opts.LabelOpts(formatter='{b}:{c}({d}%)'),
        radius=[60, 200], rosetype='radius', is_clockwise=False)
    .set_global_opts(title_opts=opts.TitleOpts(title='各消费时段的订单用户占比'))
    )
pie.render_notebook()
```

运行代码清单 4-18，结果如图 4-11 所示。

由图 4-11 可知，当消费时间段在下午时，订单用户最多，占比达到了 21.44%，其次是晚上，占比是 17.36%，上午的订单用户也比较多，占比为 17.08%，其余时间段的占比则相对较少。

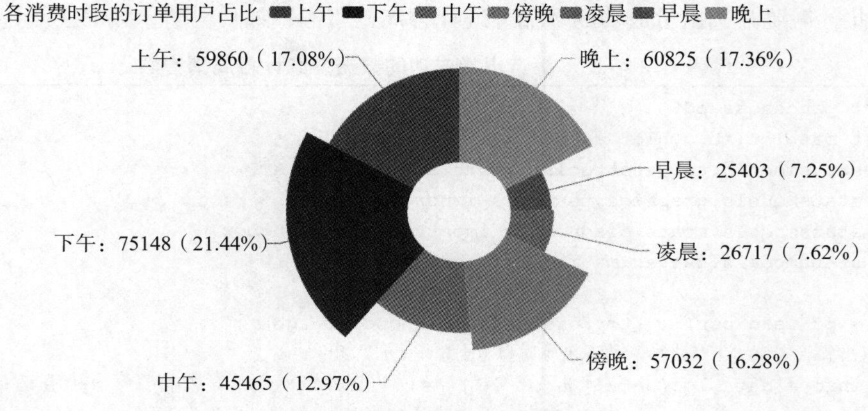

图 4-11 各消费时段的订单用户占比

4.4 销售额预测

精准的销售额预测对于企业运营有着非常重要的指导意义，可以指导运营后台提前进行合理的资源配置，帮助企业管理人员制定合理的目标，也可以更好地帮助企业采取更有针对性的促销手段，更加明确市场的需求，如可以根据不同区域、不同时间划分等制定更加有效、合理的配货方案和商品价格，从而增加企业经营收益。

自动售货机的销售额预测是指从售货机已有销售额的订单数据资料中总结出商品销售额的变化规律，并根据该规律构建 ARIMA 模型，动态预测未来 4 周商品的销售额。

ARIMA 模型全称为自回归移动平均模型，是由博克思（Box）和詹金斯（Jenkins）于 20 世纪 70 年代初提出的一种著名的时间序列预测方法，通常用于非平稳时间序列的分析。其中 ARIMA(p,d,q) 称为差分自回归移动平均模型，AR 是自回归，p 为自回归项，MA 为移动回归，q 为移动平均项数，d 为时间序列成为稳定时所做的差分次数。ARIMA 模型的建模步骤如图 4-12 所示。

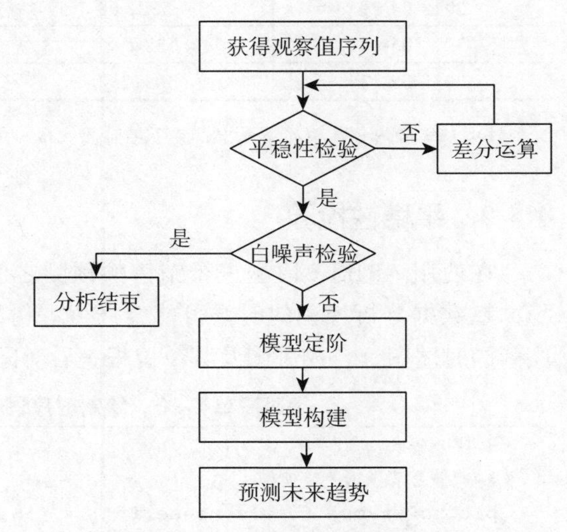

图 4-12 ARIMA 模型的建模步骤

4.4.1 统计周销售额

通过观察订单数据，发现该数据集记录的是当前日期时间下，售货机所售卖商品的订单状况，其出货状态有出货成功、出货失败、未出货等多种情况。然而，为预测未来 4 周的销售额，所需样本数据应为实际的周销售额数据，因此，需要筛选出货成功的数据并统计各周销售额，如代码清单 4-19 所示。

代码清单 4-19 筛选出货成功的数据并统计各周销售额

```
import pandas as pd
import matplotlib.pyplot as plt
from statsmodels.tsa.stattools import adfuller as ADF
from statsmodels.graphics.tsaplots import plot_acf
from statsmodels.stats.diagnostic import acorr_ljungbox
from statsmodels.tsa.arima_model import ARIMA

data = pd.read_csv('../tmp/order.csv', encoding='gbk')
# 提取出货状态为"出货成功"的下单时间和总金额（元）数据
data_info = data.loc[data['出货状态'] == '出货成功', ['下单时间', '总金额（元）']]
data_info = data_info.set_index('下单时间')  # 将下单时间设为索引
# 将索引修改为日期时间格式
data_info.index = pd.to_datetime(data_info.index)
# 按周对总金额进行汇总，即求和
data_w = data_info.resample('W').sum()
```

运行代码清单 4-19，结果如表 4-2 所示。

表 4-2 周销售额部分数据

下单时间	总金额（元）	下单时间	总金额（元）
2018-04-15	169.50	2018-05-20	46859.80
2018-04-22	2549.00	2018-05-27	54050.69
2018-04-29	5322.00	2018-06-03	43651.16
2018-05-06	13205.80	2018-06-10	41437.34
2018-05-13	30372.70	2018-06-17	40137.23

注：在统计周销售额的结果中，其下单时间表示一周中的结束时间。

4.4.2 平稳性检验

在使用 ARIMA 模型进行销售额预测之前，需要查看时间序列是否平稳，若数据非平稳，在数据分析挖掘的时候可能会产生"伪回归"等问题，从而影响分析结果。通过时间序列的时序图、自相关图及其单位根查看时间序列平稳性，如代码清单 4-20 所示。

代码清单 4-20 绘制时序图、自相关图并进行单位根检验

```
# 平稳性检验
# 判断是否为时间序列
plt.rcParams['font.sans-serif'] = ['SimHei']  # 显示中文标签
plt.rcParams['axes.unicode_minus'] = False  # 显示负号
plt.figure(figsize=(8, 5))
plt.plot(data_w)
plt.tick_params(labelsize=14)  # 设置坐标轴字体大小
```

```
    plt.show()

# 定义绘制自相关图函数
def draw_acf(ts):
    plt.figure(facecolor='white', figsize=(10, 8))
    plot_acf(ts)
    plt.show()
# 定义单位根检验函数
def testStationarity(ts):
    dftest = ADF(ts)
    # 对ADF求得的值进行语义描述
    dfoutput = pd.Series(dftest[0:4], index = ['Test Statistic','p-value','#Lags
        Used',
                                              'Number of Observations Used'])
    for key, value in dftest[4].items():
        dfoutput['Critical Value (%s)'%key] = value
    return dfoutput

# 自相关
draw_acf(data_w)
# 单位根检验
print('单位根检验结果为: \n', testStationarity(data_w))
```

运行代码清单4-20得到原始序列的时序图、自相关图和单位根检验结果。时序图如图4-13所示，自相关图如图4-14所示，单位根检验结果如表4-3所示。

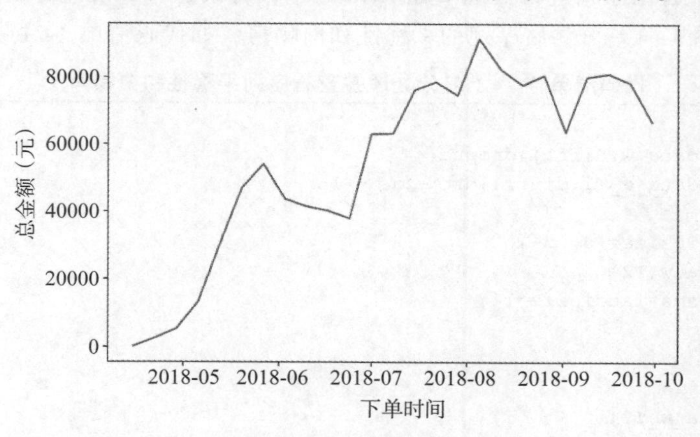

图4-13　原始序列的时序图

由图4-13可知，时序图显示该序列具有明显的递增趋势，可以判断原始序列数据是非平稳序列；图4-14所示的自相关系数大部分均大于零，说明序列间具有一定的长期相关性。

由表4-3可知，在单位根检验统计量中，p值为0.251134，其值显著大于0.05，可以推断出该序列为非平稳序列（非平稳序列一定不是白噪声序列）。

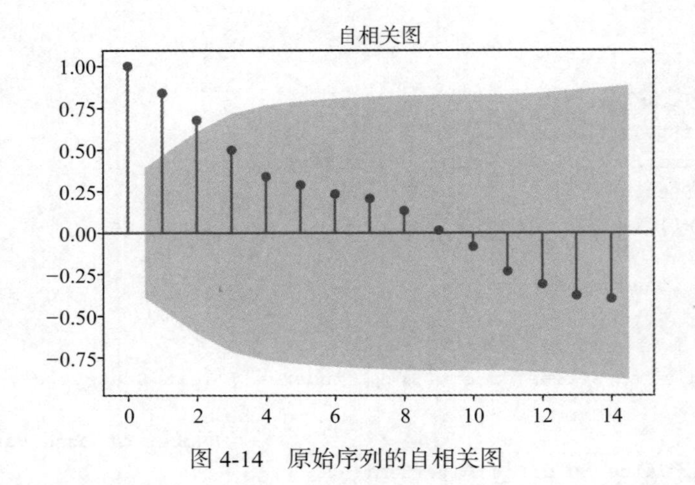

图 4-14 原始序列的自相关图

表 4-3 原始序列的单位根检验结果

检验统计量	*p* 值	临界值		
		1%	5%	10%
−2.083664	0.251134	−3.737709	−2.992216	−2.635747

4.4.3 差分处理

在进行平稳性检验后，发现原始序列数据属于非平稳序列，而在使用 ARIMA 模型进行销售额预测时，要求序列数据是平稳序列，以避免序列中的随机游走形势影响预测结果。因此，需要对原始数据序列进行处理。在 Python 中，可以通过二阶差分处理对数据进行平稳化操作，并查看二阶差分之后序列的平稳性和白噪声，如代码清单 4-21 所示。

代码清单 4-21 差分处理并查看序列平稳性和白噪声

```
# 二阶差分处理
data_w_T1 = data_w.diff().dropna()
data_w_T2 = data_w_T1.diff().dropna()
# 差分后的时间序列图
plt.figure(figsize=(8, 5))
plt.plot(data_w_T2)
plt.tick_params(labelsize=14)
plt.show()

# 差分自相关
draw_acf(data_w_T2)
# 差分单位根检验
print('差分单位根检验结果为：\n', testStationarity(data_w_T2))
# 白噪声检验
print('差分白噪声检验结果为：\n', acorr_ljungbox(data_w_T2, lags=1))
```

运行代码清单 4-21 得到二阶差分之后序列的时序图、自相关图、单位根检验结果和白噪声检验结果。其中，二阶差分后序列的时序图如图 4-15 所示，二阶差分后序列的自相关图如图 4-16 所示，二阶差分后序列的单位根检验结果如表 4-4 所示，二阶差分后序列的白噪声检验结果如表 4-5 所示。

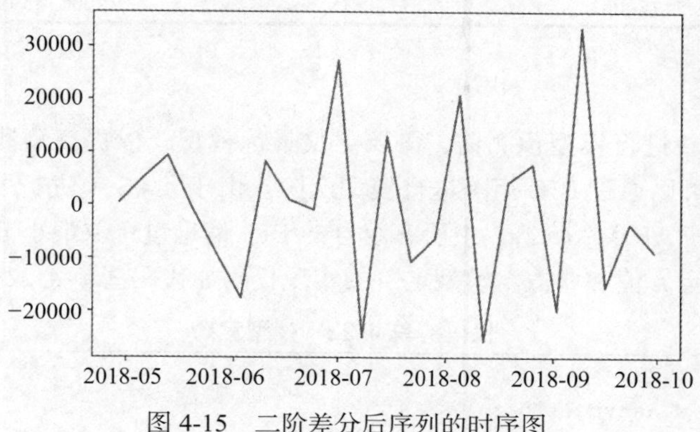

图 4-15　二阶差分后序列的时序图

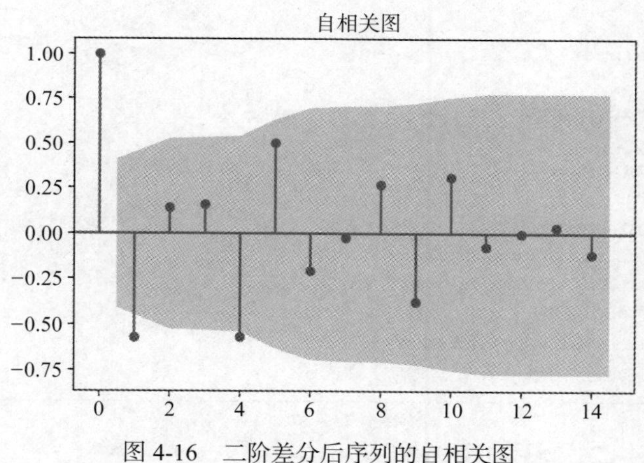

图 4-16　二阶差分后序列的自相关图

由图 4-15 可知，该序列无明显趋势，较为稳定；图 4-16 所示的自相关系数较为均匀，且接近于 0，有较强的短期相关性。

表 4-4　二阶差分后序列的单位根检验结果

检验统计量	*p* 值	临界值		
		1%	5%	10%
−4.933063	0.000030	−3.832603	−3.031227	−2.655520

由表 4-4 可知，二阶差分后序列的单位根检验 p 值远小于 0.05，可以判断出差分处理后的序列是平稳序列。

由表 4-5 可知，在白噪声检验结果中，输出的 p 值小于 0.05，同时结合单位根检验结果可以判断二阶差分之后的序列是平稳非白噪声序列。

表 4-5 二阶差分后序列的白噪声检验结果

检验统计量	*p* 值
8.54770081	0.00345959

4.4.4 模型定阶

通常情况下，在进行模型预测前，需要寻找最优模型，以提高预测结果的准确性。针对 ARIMA 模型，可以通过 BIC 矩阵进行模型定阶。由于 4.4.3 节进行了二阶差分处理，所以 $d=2$。通过计算 ARIMA(p,2,q) 中所有组合的 BIC 信息量，取最小 BIC 信息量所对应的模型阶数，进而确定 p 值和 q 值。模型定阶的实现代码如代码清单 4-22 所示。

代码清单 4-22 模型定阶

```
# 通过 BIC 矩阵进行模型定阶
data_w = data_w.astype(float)
pmax = 3
qmax = 3
bic_matrix = []  # 初始化 BIC 矩阵
for p in range(pmax+1):
    tmp = []
    for q in range(qmax+1):
        try:
            tmp.append(ARIMA(data_w, (p, 2, q)).fit().bic)
        except:
            tmp.append(None)
        bic_matrix.append(tmp)
bic_matrix = pd.DataFrame(bic_matrix)
# 找出最小值位置
p, q = bic_matrix.stack().idxmin()
print('当 BIC 最小时，p 值和 q 值分别为：', p, q)
```

运行代码清单 4-22，得到如下结果。

```
当 BIC 最小时，p 值和 q 值分别为：  0 1
```

由运行结果可知，当 p 值为 0、q 值为 1 时，BIC 值最小，到此 p、q 定阶完成。

4.4.5 模型预测

应用 ARIMA(0, 2, 1) 模型对未来 4 周商品的销售额进行预测，如代码清单 4-23 所示。

代码清单 4-23 预测未来 4 周商品的销售额

```
# 构建 ARIMA(0, 2, 1) 模型
model = ARIMA(data_w, (p, 2, q)).fit()

# 预测未来 4 周的销售额
```

```
print('预测未来4周的销售额，其预测结果、标准误差、置信区间如下。\n', model.forecast(3))
```

注：利用ARIMA模型向前预测的周期越长，误差越大。

运行代码清单4-23所得销售额结果如表4-6所示。

表4-6　预测未来4周的销售额

周期	销售额（元）	周期	销售额（元）
1	64126.32626871	3	57399.222456
2	60996.07042071	4	53335.78237457

4.5　小结

本章的主要目的是了解自动售货机的销售情况及其未来发展趋势，从而为企业制定销售策略提供一定的参考依据。首先，基于自动售货机的销售数据进行数据预处理操作，包括数据清洗、属性选择、属性规约等；其次从销售额、订单数量、自动售货机数量、商品等角度，对自动售货机的销售数据进行可视化分析；最后，通过ARIMA模型对未来4周商品的销售额进行预测，得到销售额预测结果。

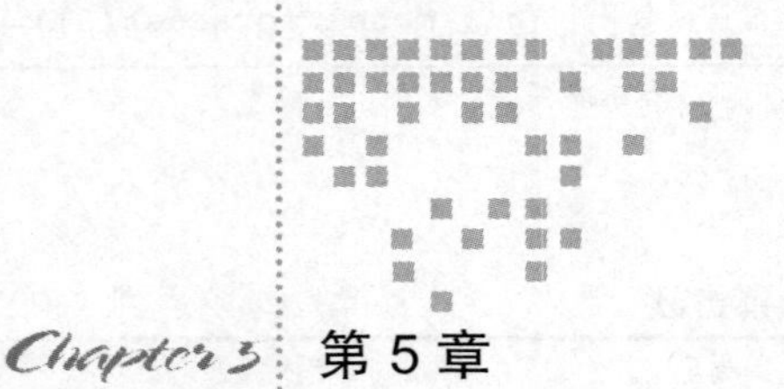

Chapter 5 第 5 章

教育平台的线上课程推荐策略

随着“互联网 +”时代的到来，我国开始大力支持线上教育的发展。为了将信息技术和教育教学相结合，国务院推进“互联网 + 教育”的教学新模式，鼓励各类主体发展线上教育。因此，各种网课、慕课和直播课等层出不穷，各种线上教育平台和学习应用也都纷纷涌现。

其中，线上教育平台作为当下一种新的学习模式和教育途径，在快速发展的同时也遇到了许多难题。例如，由于线上教育平台的课程数量不仅庞大，而且形式和内容的种类繁多，加之用户对课程分布的了解不足等，使得用户选课时比较被动，对平台的体验效果不佳，从而降低了用户和平台之间的黏性。为了提高线上教育平台与用户之间的黏性，扩增教育平台的收益，本章将通过构建 Apriori 模型获取课程之间的关联规则，并结合教育平台的运营情况为其提供有效的课程推荐策略。

学习目标

- 了解教育平台的线上课程推荐策略案例的背景、数据说明和目标分析。
- 掌握常用的数据探索方法，对数据进行描述性统计分析和分布分析。
- 掌握数据预处理的方法，对数据进行缺失值处理、重复值处理和异常值处理。
- 掌握分析平台运营的方法，计算平台用户的留存率、用户活跃时间和课程的受欢迎程度。
- 掌握构建 Apriori 模型的方法，分析课程之间的关联性并得出关联规则。
- 掌握制定课程推荐策略的方法，依据关联规则和相关业务知识制定推荐策略。

5.1 背景与目标

当前，线上教育平台是“互联网 + 教育”的重要发展领域。因此，如何通过教育平台的运营数据进行数据分析，为教育平台和用户提供精准的课程推荐服务便成为线上教育的热点问题。本节主要讲解教育平台的线上课程推荐策略的案例背景、数据说明及目标分析。

5.1.1 背景

近年来，随着互联网与通信技术的高速发展，学习资源的建设与共享呈现出新的发展趋势，使线上教育得到了快速地发展，尤其是在国务院推进的“互联网 + 教育”的教学新模式下，各种线上教育平台如雨后般的春笋不断涌现。且依托着互联网对线上教育平台发展的推动力量，线上教育平台呈现出良好的发展趋势。虽然当前线上教育平台的学习方式得到了人们的广泛认可，但是线上教育平台也具有较为明显的不足，具体如下。

1）线上教育的课程数量庞大，存在明显的信息过载问题。

2）用户在浏览、搜寻自己想要的课程时需要花费大量的时间。

这些问题若不及时解决，将会在一定程度上造成平台用户的不断流失，为平台带来经济损失。而通过数据挖掘中的推荐算法，构建课程推荐模型及推荐策略不仅能够极大程度地解决用户的流失和效益的损伤，而且能够为用户提供个性化的服务、帮助用户节省时间并且找到自己感兴趣的课程，从而改善用户的体验感、增加用户黏性，进而使用户与平台之间建立稳定的交互关系，实现客户链式反应增值。

5.1.2 数据说明

本章数据来源于某教育平台 2018 年 9 月 7 日—2020 年 6 月 18 日的运营数据，包含用户信息表、学习详情表和登录详情表，各数据表的数据说明如表 5-1、表 5-2 和表 5-3 所示。

表 5-1　用户信息表的数据说明

属性名称	属性说明	示例
用户账号	用户注册的账号	用户 44164
注册时间	用户在平台注册的时间	2020/6/15 16:45
最近访问时间	用户最后一次登录平台的时间	2020/6/15 16:42
学习时长（分钟）	用户所有课程学习时长的总和	61.35
加入班级数	用户在平台加入的班级数	1
退出班级数	用户在平台退出的班级数	0

表 5-2　学习详情表的数据说明

属性名称	属性说明	示例
用户账号	用户注册的账号	用户 44164
课程编号	每门课程一个编号	课程 34
加入课程时间	加入该门课程的时间	2020/6/16 10:38
学习进度	该门课程的学习进度	width:0%
课程单价（元）	该门课程的价格	299.0

表 5-3 登录详情表的数据说明

属性名称	属性说明	示例
用户账号	用户注册的账号	用户 44164
登录时间	每次用户登录的时间	2020/6/15 19:00

5.1.3 目标分析

如何根据线上教育平台提供的数据，分析出平台的运营状况和课程之间的关联性进而制定课程推荐策略，为用户提供精准的课程推荐服务，提高平台的收益，是线上教育行业需要解决的重要问题。

本案例根据教育平台的线上课程推荐策略项目的业务需求，需要实现的目标如下。

1）通过计算平台的用户留存率及其活跃时间、课程的受欢迎程度来了解平台运营状况。

2）构建 Apriori 模型得出课程之间的关联规则，再结合相关业务知识为平台制定课程推荐策略。

教育平台的线上课程推荐策略的总体流程如图 5-1 所示，主要步骤如下。

1）获取原始数据，即分别读取用户信息表、学习详情表和登录详情表的数据。

2）对原始数据进行数据探索，包括数据质量分析和课程单价分布分析。

3）对原始数据进行数据预处理，包括缺失值处理、重复值处理和异常值处理。

4）对预处理后的数据进行分析和建模，包括分析平台运营状况和构建 Apriori 模型得出课程之间的关联规则。

5）结合平台运营分析、模型构建结果和相关业务知识为教育平台制定课程推荐策略。

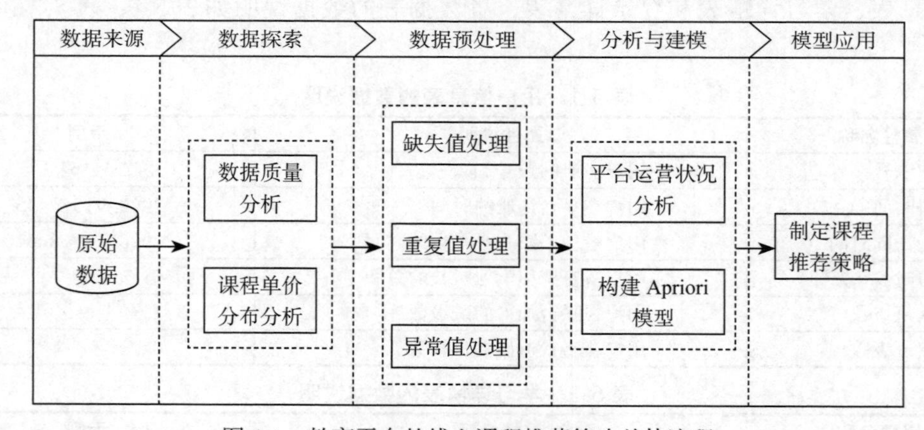

图 5-1 教育平台的线上课程推荐策略总体流程

5.2 数据探索

为进一步查看数据中各属性所反映出的情况，本节将通过数据探索中的数据质量分析方法分析数据概况，通过分布分析方法分析各个课程价格区间的用户分布。

5.2.1　数据质量分析

数据质量分析是数据挖掘中数据探索过程的重要一环，本小节主要对数据进行描述性统计分析、缺失值和重复值等质量分析操作，以检查原始数据中是否存在脏数据。

1. 描述性统计分析

描述性统计分析是指运用制表、分类、图形以及计算概括性数据等方法，描述数据特征的各项活动。描述性统计分析主要包括数据的频数分析、集中趋势分析、离散程度分析等。

其中，集中趋势分析是用平均值、中位数和众数等来反映数据的一般水平；离散程度分析是用四分位数、方差和标准差来反映数据之间的差异程度。对用户信息表、学习详情表和登录详情表进行描述性统计分析中的集中趋势分析和离散程度分析，如代码清单5-1所示。

代码清单 5-1　用户信息表、学习详情表和登录详情表的描述性统计分析

```
# 导入模块
import re
import numpy as np
import pandas as pd
import matplotlib.pyplot as plt
from chinese_calendar import is_workday

# 读取数据
user_info = pd.read_csv('../data/用户信息表.csv', encoding='gbk')
learn_info = pd.read_csv('../data/学习详情表.csv', encoding='gbk')
login_info = pd.read_csv('../data/登录详情表.csv', encoding='gbk')

# 自定义descr函数，对数据（用户信息表+学习详情表+登录详情表）进行描述性统计分析
def descr(data):
    describe_data = pd.DataFrame(data.describe()).round(2).T  # 描述性统计分析
    # 重命名表头
    if data is login_info:
        describe_data.columns = ['数据总量', '唯一值量', '频数最高的值', '频数最高值
            的总量']
    else:
        describe_data.columns = ['数据总量', '均值', '标准差', '最小值', '1/4分位数',
                                 '中位数', '3/4分位数', '最大值']
    print(describe_data)
# 输出结果
descr(user_info); descr(learn_info); descr(login_info)
```

用户信息表、学习详情表和登录详情表各属性的描述性统计分析结果如表5-4、表5-5、表5-6所示。

表 5-4 用户信息表描述性统计分析结果

属性	数据总量	均值	标准差	最小值	1/4 分位数	中位数	3/4 分位数	最大值
加入班级数	43983.0	0.60	0.96	0.0	0.0	0.0	1.0	18.0
退出班级数	43983.0	0.02	0.17	0.0	0.0	0.0	1.0	12.0

表 5-5 学习详情表描述性统计分析结果

属性	数据总量	均值	标准差	最小值	1/4 分位数	中位数	3/4 分位数	最大值
课程单价（元）	190736.0	191.81	378.7	0.0	0.0	129.0	299.0	3000.0

表 5-6 登录详情表描述性统计分析结果

属性	数据总量	唯一值量	频数最高的值	频数最高值的总量
用户账号	387144	38337	用户 3	1661
登录时间	387144	180414	2020/3/2 10:04	28

由表 5-4 和表 5-6 可见，原始数据中暂无明显的异常现象；由表 5-5 可知，课程单价的标准差 378.7 和四分位数 0 的位距相差较大，说明课程单价属性的数据离散程度较高。此外，课程单价的均值还反映了学生所学课程的平均价格为 191.81 元。

2. 缺失值和重复值分析

原始数据可能会存在缺失、重复数据，极有可能影响到数据挖掘建模的执行效率，甚至可能导致挖掘结果的偏差。其中，数据重复会导致数据的方差变小，数据分布发生较大变化。数据缺失会导致样本变化减少，不仅会增加数据分析的难度，而且会导致数据分析的结果产生偏差。查看原始数据中的缺失值和重复值，如代码清单 5-2 所示。

代码清单 5-2 查看原始数据中的缺失值和重复值

```
# 自定义 lack 函数，查看整体数据中的缺失值及重复值
def lack(value):
    print('各属性缺失值占比为 (%): \n', 100*(value.isnull().sum()/len(value)))
    print('重复值个数为: \n', value.duplicated().sum())
# 输出结果
lack(user_info); lack(learn_info); lack(login_info)
```

原始数据（用户信息表、学习详情表和登录详情表）中的缺失值和重复值结果，如表 5-7 和表 5-8 所示。

表 5-7 用户信息表的缺失值和重复值结果

类型	用户账号	注册时间	最近访问时间	加入班级数	退出班级数	学习时长（分钟）
缺失值占比（%）	0.152332	0	0	0	0	0
重复值个数	7					

由表 5-7、表 5-8 可知，登录详情表无缺失值和重复值，用户信息表和学习详情表的部分属性存在缺失值，且用户信息表中还存在少许重复值。由于缺失值和重复值的占比都较小，所以后续可考虑将缺失值和重复值进行直接删除处理。

表 5-8　学习详情表和登录详情表的缺失值和重复值结果

类型	学习详情表					登录详情表	
	用户账号	课程编号	加入课程时间	学习进度	课程单价（元）	用户账号	登录时间
缺失值占比（%）	0	0	0	0	2.173623	0	0
重复值个数	0					0	

此外，根据业务知识了解到，用户信息表中的用户账号属性是唯一值，若用户账号重复则说明该用户信息记录已重复。查看用户信息表中的用户账号属性重复情况，如代码清单 5-3 所示。

代码清单 5-3　查看用户信息表中的用户账号属性重复情况

```
# 查看用户信息表中的用户账号属性的重复情况
print(user_info['用户账号'].duplicated().sum())
```

由代码清单 5-3 的运行结果可知用户信息表中的用户账号共重复 74 条。

5.2.2　课程单价分布分析

分布分析法是一种将搜集到的质量数据进行分组整理，绘制成频数分布柱状图，用以描述质量分布状态的一种分析方法。本小节将使用等宽法，将学习详情表的课程单价（元）属性划分成 7 个区间：0、(0, 200]、(200, 400]、(400, 600]、(600, 800]、(800, 1000]、1000 以上。最后统计每个区间对应的用户人数，绘制柱状图进行可视化展示，如代码清单 5-4 所示。

代码清单 5-4　统计各价格区间的用户人数并绘制柱状图

```
# 将课程单价进行划分
label = ('0', '(0, 200]', '(200, 400]', '(400, 600]', '(600, 800]', '(800,
    1000]', '1000以上')
learn_info_cut = pd.cut(learn_info['课程单价（元）'], [-1, 0, 200, 400, 600, 800,
    1000, 3000], labels=label)
learn_info_count = learn_info_cut.value_counts(sort=False)
# 绘制各价格区间的用户人数柱状图
plt.rcParams['font.sans-serif'] = ['SimHei']  # 设置中文显示
plt.rcParams['axes.unicode_minus'] = False
plt.figure(figsize=(6.5, 5))
plt.xticks(rotation=45)
plt.xlabel('价格（元）')
plt.ylabel('用户人数')
plt.title('各价格区间的用户人数')
plt.bar(learn_info_count.index, learn_info_count.values)
plt.show()
```

统计各价格区间的用户人数，并绘制各价格区间的用户人数柱状图，结果如图 5-2 所示。

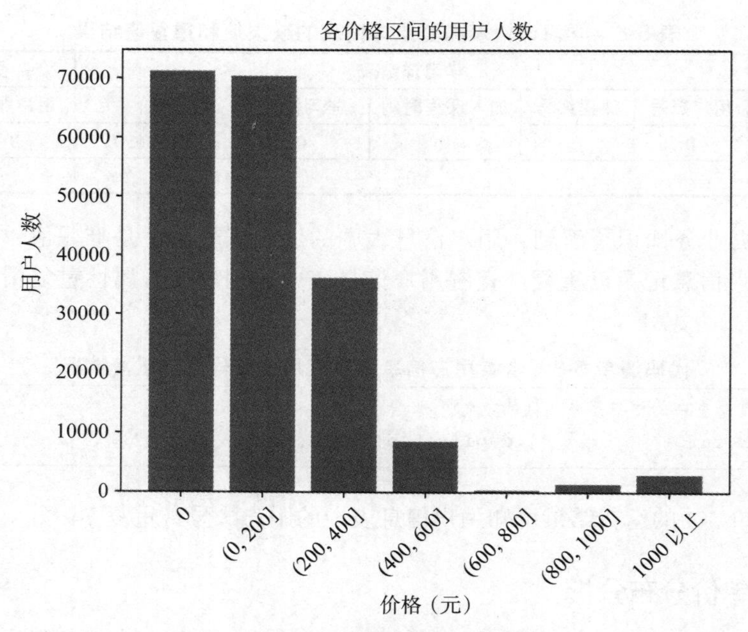

图 5-2 各价格区间的用户人数柱状图

由图 5-2 中可知，用户人数最多的价格区间是 0 元和 (0, 200] 元，用户人数最少的价格区间是 (600, 800] 元。

其中，(0, 200] 元的课程是大多数人所能接受的经济范围，此外，一般情况下处于该类价格区间的课程性价比通常较高，因此该价格区间的用户人数较多属于正常的情况。而对于 (600, 800] 元的课程，平台可以对课程价格进行适当调整，或开启免费试听片段来吸引更多的用户，以提升平台的综合效益。

5.3 数据预处理

根据重复值、缺失值和异常值等数据探索的结果对用户信息表、学习详情表和登录详情表进行数据处理，具体内容如下。

1）缺失值处理，将缺失的内容进行删除。

由 5.2.1 节的第 2 小节可知，用户信息表和学习详情表中部分属性存在缺失值，且缺失值占比较小，为避免影响后续分析的效果，故将缺失值进行删除，如代码清单 5-5 所示。

代码清单 5-5 缺失值处理

```
# 删除缺失值
user_info = user_info.dropna()  # 用户信息表
learn_info = learn_info.dropna()  # 学习详情表
```

2）重复值处理，将重复数据进行删除。

由 5.2.1 节的第 2 小节中可知，用户信息表中存在重复数据，为避免对后续的输出结果造成误差，此处将对重复值采取删除处理，如代码清单 5-6 所示。

代码清单 5-6　重复值处理

```
# 删除重复值
user_info = user_info.drop_duplicates(keep='first')  # 删除数据中的重复值
user_info = user_info.drop_duplicates(subset=['用户账号'], keep='last')  # 删除用
    户账号属性中的重复值
```

3）异常值处理，将异常数值进行内容替换。

经人为观察，在用户信息表的最近访问时间属性中，发现其内容中有显示为“--”的值。出现该情况的原因，一方面可能是后台记录错误导致显示有问题，另一方面可能是用户在平台注册账号后一直未登录。

综上，本案例将最近访问时间属性中显示为“--”的值视为异常值。根据业务和实际情况考虑，本节将使用用户信息表中的注册时间属性，用对应的时间去替换最近访问时间属性显示为“--”的值，如代码清单 5-7 所示。

代码清单 5-7　异常值处理

```
# 替换异常值
# 将最近登录时间为"--"的数值，用对应的注册时间进行替换
user_info.loc[user_info['最近访问时间'] == '--', '最近访问时间'] = user_info['注册
    时间']
```

5.4　平台的运营状况分析

分析平台运营状况不仅可以了解当前用户对平台的使用情况，而且可以发现平台当前所存在的利弊现象，以便对平台进行运营策略的调整和完善，从而更好地为用户提供服务。本节将通过用户留存率、用户活跃时间和平台课程受欢迎程度 3 个方面分析平台的运营状况。

5.4.1　用户留存率

用户留存率是衡量用户黏性的重要指标，能够体现平台用户的质量和平台保留用户的能力。用户留存率是指在一定时间内，继续使用该产品的用户人数占同一时期平台新增用户人数的比例。它的计算公式如式（5-1）所示。

$$\text{用户留存率}=\frac{\text{第1天新增用户在经过第}N\text{天后所剩余的用户数}}{\text{第1天新增用户数}}\times 100\% \tag{5-1}$$

在式（5-1）中，*N* 表示计算第 *N* 天的用户留存率。

Facebook 中有一个著名的 40-20-10 法则，当新增用户的次日留存率为 40%，第 7 日留存率为 20%，第 30 日留存率为 10% 时，说明该平台和用户的黏性较高。这是因为，次日留存率可以反映用户对该平台的感兴趣程度；第 7 日留存率可以反映一个课时周期体验后用户的去留状况，能够留下来的用户很可能成为该平台的忠实用户；第 30 日留存率可以反映一次版本迭代后的整体体验留存，若第 30 日留存率低，则可以反映产品版本的迭代规划做得不够好，或者产品的内部架构需进行改善。

将处理后的用户信息表和登录详情表进行合并，并通过登录时间和注册时间计算出每日的日新增用户数、次日留存用户数、第 7 日留存用户数和第 30 日留存用户数，如代码清单 5-8 所示。

代码清单 5-8 统计新增用户及留存用户的数量

```
# 合并用户信息表和登录详情表
user_learn_info = pd.merge(user_info, login_info, on='用户账号')
# 自定义 times 函数获取年月日，以便于后续的时间划分
def times(value):
    time_data = pd.to_datetime([re.split(' ', i)[0] for i in value])
    return time_data

user_learn_info['注册时间年月日'] = times(user_learn_info['注册时间'])
user_learn_info['登录时间年月日'] = times(user_learn_info['登录时间'])
# 提取注册时间年月日的唯一值，以便后续统计不同日期的用户人数
only_enroll_time = list(user_learn_info['注册时间年月日'].unique())
# 计算日新增用户数、次日留存用户数、第 7 日留存用户数和第 30 日留存用户数
column = ['日新增用户数', '次日留存用户数', '第 7 日留存用户数', '第 30 日留存用户数']
retention_data = pd.DataFrame(data=None, columns=column, index=only_enroll_time)
for i in only_enroll_time:
    time1 = user_learn_info.loc[user_learn_info['注册时间年月日'] == i]
    retention_data.loc[i, '日新增用户数'] = time1['用户账号'].nunique()  # 统计每日
        新增用户
    k = 1
    for j in [1, 6, 29]:  # 统计次日、第 7 日、第 30 日的留存用户
        p = i + pd.Timedelta(days = j)
        time2 = time1.loc[time1['登录时间年月日'] == p]
        retention_data.loc[i,column[k]] = time2['用户账号'].nunique()
        k += 1
```

日新增用户数、次日留存用户数、第 7 日留存用户数和第 30 日留存用户数的部分结果如表 5-9 所示。

表 5-9 新增用户及留存用户数量的部分结果数据

时间	日新增用户数	次日留存用户数	第 7 日留存用户数	第 30 日留存用户数
2020-06-18	4	0	0	0
2020-06-17	23	0	0	0

（续）

时间	日新增用户数	次日留存用户数	第 7 日留存用户数	第 30 日留存用户数
2020-06-16	32	4	0	0
2020-06-15	37	13	0	0
2020-06-14	15	0	0	0
2020-06-13	11	2	0	0
2020-06-12	86	19	19	0
2020-06-11	46	6	2	0
2020-06-10	27	5	4	0
2020-06-09	27	5	2	0

绘制每天的日新增用户数、次日留存用户数、第 7 日留存用户数和第 30 日留存用户数的折线图，如代码清单 5-9 所示。

代码清单 5-9　绘制新增用户及留存用户数量折线图

```
# 自定义 retention_amount 函数，绘制新增用户及留存用户数量折线图
def retention_amount(a, b):
    plt.subplot(2, 2, a)
    plt.xlabel('时间', fontsize=15)
    plt.ylabel('用户数量', fontsize=15)
    plt.title(b, fontsize=15)
    plt.plot(only_enroll_time, retention_data[b], linewidth=1)
    plt.xticks(rotation=0)
    plt.tick_params(labelsize=15)  # 设置坐标轴字体大小
    plt.locator_params(axis='y', nbins=20)  # 设置 Y 轴显示刻度数
# 实例化绘图参数进行绘图
plt.figure(figsize=(15, 10))
for i in range(1, 5):
    retention_amount(i, retention_data.columns[i - 1])
plt.tight_layout()  # 设置默认的间距
plt.show()
```

日新增用户数、次日留存用户数、第 7 日留存用户数和第 30 日留存用户数的折线图绘制结果如图 5-3 所示。

从图 5-3 中的日新增用户数可以看出，从 2018 年 9 月到 2020 年 1 月的日新增用户人数普遍较低，而从 2020 年 2 月到 2020 年 6 月的日新增用户人数出现明显的人数差异，如 2020 年 2 月、3 月、6 月出现了明显的人数增长，可能是平台在该时间段开展了某些推广活动，从而使得平台人数剧增。

从图 5-3 的次日留存用户数、第 7 日留存用户数和第 30 日留存用户数折线图可以看出，次日留存用户数、第 7 日留存用户数和第 30 日留存用户数与日新增用户数的变化趋势大体相同，只不过用户人数普遍较低，该情况可在一定程度上反映出用户与平台的黏性

较低。

计算每日的次日留存率、第 7 日留存率和第 30 日留存率，如代码清单 5-10 所示。

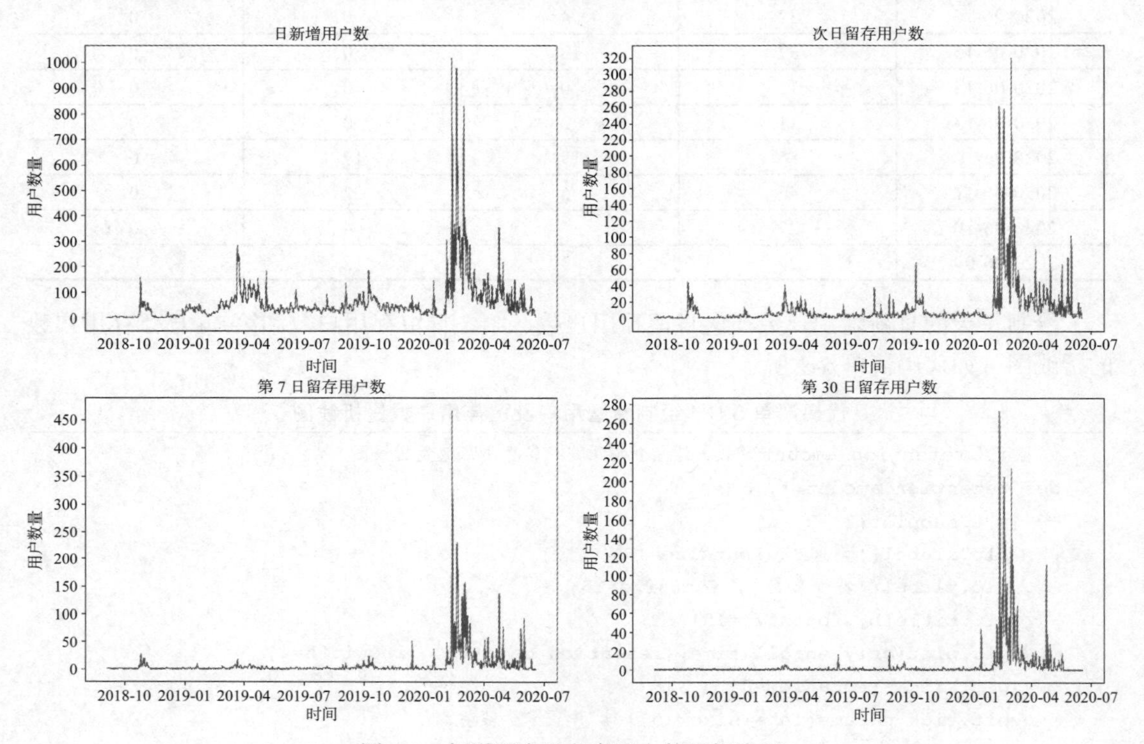

图 5-3 新增用户及留存用户数量折线图

代码清单 5-10 计算次日、第 7 日、第 30 日留存率

```
# 自定义 rate_value 函数，计算次日、第 7 日和第 30 日留存率
retention_rate = pd.DataFrame([])
def rate_value(values):
    rate = values / retention_data['日新增用户数'] * 100
    return rate
# 调用自定义函数，计算对应的留存率
retention_rate['次日留存率 (%)'] = rate_value(retention_data['次日留存用户数'])
retention_rate['第 7 日留存率 (%)'] = rate_value(retention_data['第 7 日留存用户数'])
retention_rate['第 30 日留存率 (%)'] = rate_value(retention_data['第 30 日留存用户数'])
```

每日的次日留存率、第 7 日留存率和第 30 日留存率的部分计算结果，如表 5-10 所示。

表 5-10 用户留存率部分结果数据

时间	次日留存率（%）	第 7 日留存率（%）	第 30 日留存率（%）
2020-06-18	0	0	0
2020-06-17	0	0	0
2020-06-16	12.5	0	0

（续）

时间	次日留存率（%）	第 7 日留存率（%）	第 30 日留存率（%）
2020-06-15	35.1351	0	0
2020-06-14	0	0	0
2020-06-13	18.1818	0	0
2020-06-12	22.093	22.093	0
2020-06-11	13.0435	4.34783	0
2020-06-10	18.5185	14.8148	0
2020-06-09	18.5158	7.40741	0

绘制次日留存率、第 7 日留存率和第 30 日留存率的折线图，如代码清单 5-11 所示。

代码清单 5-11　绘制次日、第 7 日、第 30 日留存率折线图

```
# 自定义 retention_rate 函数，绘制次日、第 7 日和第 30 日留存率折线图
def retention_rate(a, b):
    plt.subplot(3, 1, a)
    plt.xlabel('时间', fontsize=10)
    plt.ylabel('留存率（%）', fontsize=10)
    plt.title(b, fontsize=10)
    plt.plot(only_enroll_time, retention_rate[b], linewidth=0.6)
    plt.xticks(rotation=0)
    plt.locator_params(axis='y', nbins=10)  # 设置 Y 轴显示刻度数

# 设置画布
plt.figure(figsize=(6, 6.5))
for i in range(1, 4):
    retention_rate(i, retention_rate.columns[i - 1])
plt.tight_layout()  # 设置默认的间距
plt.show()
```

次日留存率、第 7 日留存率和第 30 日留存率的折线图绘制结果如图 5-4 所示。

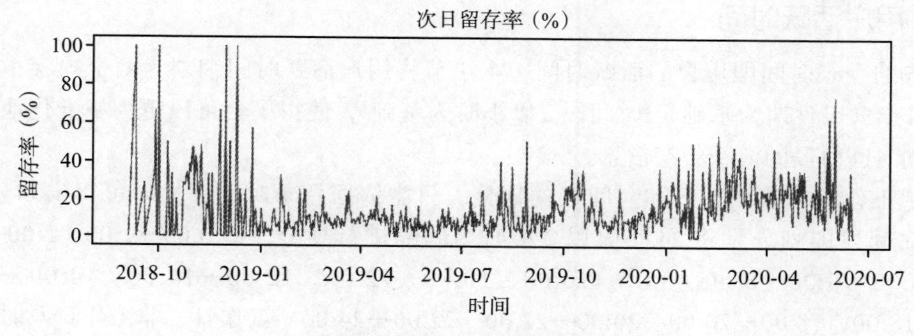

图 5-4　用户留存率折线图

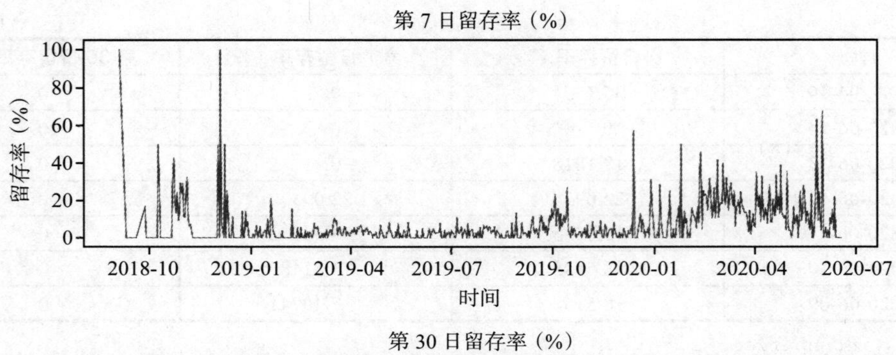

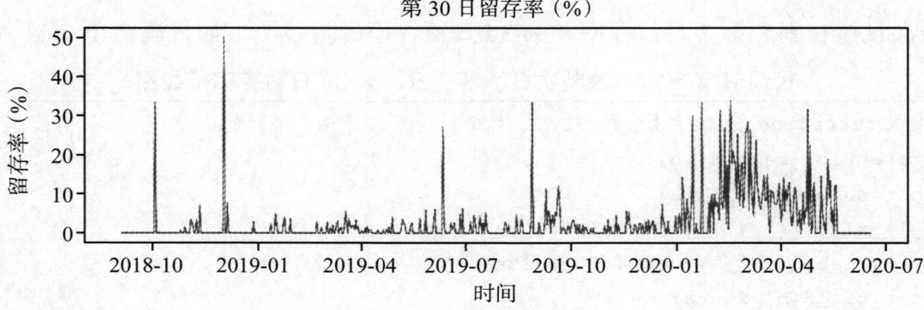

图 5-4 用户留存率折线图（续）

由图 5-4 可知，次日留存率、第 7 日留存率和第 30 日留存率的变化趋势大致相同。在 2018 年 9 月—2019 年 2 月、2020 年 2 月—2020 年 6 月这两个时间段中，3 类留存率都出现了明显的数据波动，时而剧增，时而剧减。而在 2019 年 3 月—2020 年 1 月的时间段中，3 类留存率折线相对平缓，其中，次日留存率在 20% 附近波动；第 7 日留存率在 10% 附近波动；第 30 日留存率在 5% 附近波动，且存在两次大波动，留存率值达至 30% 左右。

综上所述，该平台的用户留存率较低，说明平台存在课程内容质量不高以及平台的功能更新、内容更新和性能更新等做得不够完善等问题。

5.4.2 用户活跃时间

用户的登录时间即用户的活跃时间，本小节将用户活跃时间细划为两个内容：工作日和非工作日（以日期为基础）、时间段（以小时为基础），使得平台可以更为精准化地掌握用户在不同时间阶段的活跃状态信息。

对于工作日、非工作日和时间段的划分，只需依据登录时间属性即可得出划分结果。其中，时间段的划分是将 24 小时以 2 小时为间隔进行划分，即 0:00—2:00、2:00—4:00、4:00—6:00、6:00—8:00、8:00—10:00、10:00—12:00、12:00—14:00、14:00—16:00、16:00—18:00、18:00—20:00、20:00—22:00、22:00—24:00。工作日、非工作日及时间段的划分，如代码清单 5-12 所示。

代码清单 5-12 工作日、非工作日及时间段的划分

```
# 划分工作日
login_info['登录时间'] = pd.to_datetime(login_info['登录时间'])
login_info['工作日'] = login_info['登录时间'].apply(lambda x : '是' if is_
    workday(x) else '否')
# 划分时间段
time_divide = ['0:00-2:00', '2:00-4:00', '4:00-6:00', '6:00-8:00', '8:00-10:00',
    '10:00-12:00',
    '12:00-14:00', '14:00-16:00', '16:00-18:00', '18:00-20:00', '20:00-22:00',
    '22:00-24:00']
login_info['时间段'] = login_info['登录时间'].dt.hour.apply(lambda x: time_divide
    [int(np.floor(x / 2))])
# 添加时间类别属性，将各时间段分成12个数值型的类别，方便后续的绘图操作
login_info['时间类别'] = login_info['登录时间'].dt.hour.apply(lambda x: range(1,
    13)[int(np.floor(x / 2))])
```

工作日、非工作日及时间段划分的部分结果，如表5-11所示。

表 5-11 工作日、非工作日及时间段划分的部分结果数据

用户账号	登录时间	工作日	时间段	时间类别
用户3	2018-09-06 09:32:00	是	8:00-10:00	5
用户3	2018-09-07 09:28:00	是	8:00-10:00	5
用户3	2018-09-07 09:57:00	是	8:00-10:00	5
用户3	2018-09-07 10:55:00	是	10:00-12:00	6
用户3	2018-09-07 12:28:00	是	12:00-14:00	7
用户3	2018-09-10 09:18:00	是	8:00-10:00	5
用户3	2018-09-10 09:53:00	是	8:00-10:00	5
用户3	2018-09-10 11:28:00	是	10:00-12:00	6
用户3	2018-09-10 14:04:00	是	14:00-16:00	8
用户3	2018-09-10 14:36:00	是	14:00-16:00	8

分别提取工作日中的小时时间段、非工作日中的小时时间段数据，统计各时间段对应的用户登录次数，并绘制工作日、非工作日所对应的各时间段用户登录次数柱状图，如代码清单5-13所示。

代码清单 5-13 绘制工作日、非工作日所对应的各时间段用户登录次数柱状图

```
time_count = login_info.groupby(['工作日', '时间段', '时间类别'])['用户账号'].
    count().reset_index()
time_count.columns = ['工作日', '时间段', '时间类别', '用户登录次数']
canvas = plt.figure(figsize=(7, 7))
# 自定义time_amount函数，绘制工作日与非工作日各时间段用户登录次数柱状图
def time_amount(a, b, c):
    ax = canvas.add_subplot(2, 1, a)
    week_day = time_count[time_count['工作日'] == b].sort_values(by='时间类别')
    plt.bar(week_day['时间段'], week_day['用户登录次数'])
    plt.title(c)
    plt.xlabel('时间段')
```

```
    plt.ylabel('登录次数')
    plt.xticks(rotation=45)

time_amount(1, '是', '工作日各时间段用户登录次数柱状图')
time_amount(2, '否', '非工作日各时间段用户登录次数柱状图')
plt.tight_layout()  # 设置默认的间距
plt.show()
```

工作日、非工作日所对应的各时间段用户登录次数柱状图的绘制结果如图 5-5 所示。

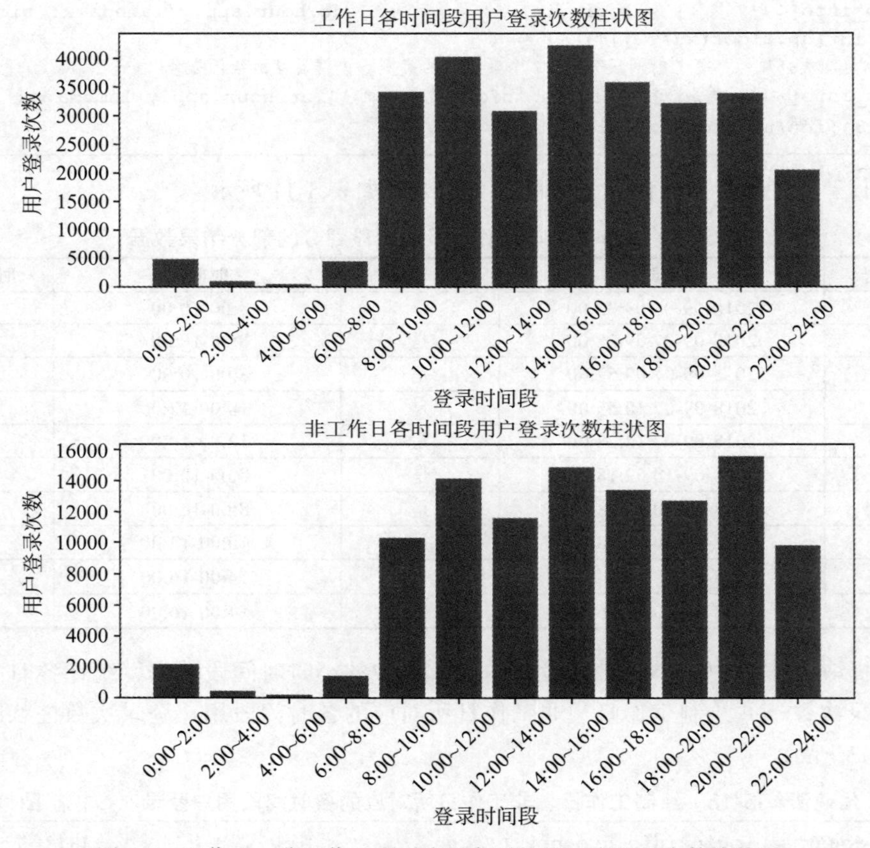

图 5-5 工作日、非工作日所对应的各时间段用户登录次数柱状图

由图 5-5 可知，在用户登录次数方面，工作日的人数相较于非工作日的人数多了 2 倍多。在登录时间段方面，工作日和非工作日的用户活跃时间的变化趋势大体相同，如在 0:00—8:00 时间段用户活跃度不高，而在 8:00—24:00 时间段用户活跃度出现明显的增长。

5.4.3 课程受欢迎程度

由帕累托法则可知，80% 的利润常常来自于 20% 的畅销商品，而其他 80% 的商品只产生了20%的利润。课程受欢迎程度分析也是线上教育平台中不可或缺的一部分，它有助于课程优选。课程受欢迎程度计算公式如式（5-2）所示。

$$r_i = \frac{Q_i - Q_{\min}}{Q_{\max} - Q_{\min}} \tag{5-2}$$

在式（5-2）中，r_i为第i门课程的受欢迎程度，取值范围为[0, 1]。若接近0，则表示经离差标准化后的课程受欢迎程度较低；若接近1，则表示课程受欢迎程度较高。Q_i为参与第i门课程的用户人数，$Q_{\max}$和$Q_{\min}$分别为最高课程参与人数和最低课程参与人数。通过式（5-2）计算每门课程的受欢迎程度，如代码清单5-14所示。此外，为了便于读者更好地观察每门课程的具体情况，代码中还提取了课程受欢迎程度所对应的课程单价和用户数量。

代码清单5-14　计算课程受欢迎程度

```
# 统计每门课程的用户人数
course_amount = pd.value_counts(learn_info['课程编号']).reset_index()
course_amount.columns = ['课程编号', '用户数量']
# 计算课程的受欢迎程度
course_max = np.max(course_amount['用户数量'])
course_min = np.min(course_amount['用户数量'])
course_amount['受欢迎程度'] = course_amount['用户数量'].apply(lambda x : round(
    (x-course_min) / (course_max-course_min), 2))
# 提取对应的课程单价
course_money = learn_info[['课程编号', '课程单价（元）']].drop_duplicates(subset='
    课程编号')
course_popularity = pd.merge(course_money, course_amount, on='课程编号',
    how='left')
```

课程受欢迎程度的部分计算结果如表5-12所示。

表5-12　课程受欢迎程度的部分计算结果

序号	课程编号	课程单价（元）	用户数量	受欢迎程度
1	课程76	0	13265	1
2	课程31	109	9521	0.72
3	课程17	299	8505	0.64
4	课程191	0	7126	0.54
5	课程180	0	6223	0.47
6	课程52	0	6105	0.46
7	课程34	299	5709	0.43
8	课程171	299	5437	0.41
9	课程50	0	5342	0.4
10	课程26	319	4716	0.36

为了更加直观地看出课程受欢迎程度的变化情况，此处将选取受欢迎程度排名前10的课程，并绘制柱状图，如代码清单5-15所示。

代码清单 5-15 排名前 10 的课程受欢迎程度柱状图

```
# 绘制排名前 10 的课程受欢迎程度柱状图
courses = course_popularity.sort_values(by='受欢迎程度', ascending=False)[:10]
plt.figure(figsize=(6.5, 5))
plt.bar(courses['课程编号'], courses['受欢迎程度'])
plt.title('排名前 10 的课程受欢迎程度')
plt.xlabel('课程编号')
plt.ylabel('受欢迎程度')
plt.show()
```

排名前 10 的课程受欢迎程度柱状图的绘制结果如图 5-6 所示。

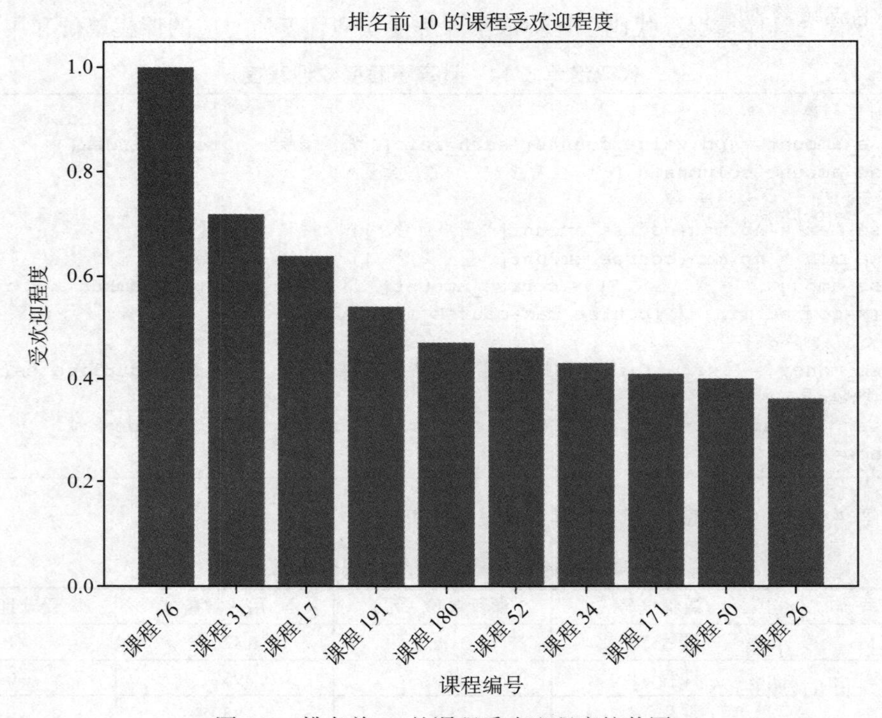

图 5-6 排名前 10 的课程受欢迎程度柱状图

由图 5-6 可知，课程 76、课程 31、课程 17 和课程 191 的受欢迎程度均在 0.5 以上，其中受欢迎程度的最大值和最小值相差 0.6 左右，表明两级分化较为明显。为此，平台可考虑将受欢迎程度较低的课程和受欢迎程度较高的课程进行捆绑销售，进而减少平台损失和用户流失。

5.5 Apriori 模型的构建

Apriori 算法是常用的关联规则算法之一，本节将通过 Apriori 算法构建课程推荐模型，得出课程之间的关联规则，从而为后续课程推荐策略的制定提供参考依据。

5.5.1 Apriori 算法

Apriori 算法是挖掘频繁项集的算法之一，其主要思想是找出存在于事务数据集中的最大的频繁项集，再利用得到的最大频繁项集与预先设定的最小置信度阈值，生产出强关联规则。本小节将从基本概念和算法实现这两个方面对 Apriori 算法进行介绍。

1. 基本概念

使用 Apriori 算法实现关联分析，可用于发现大量数据中各组数据之间的联系，其主要任务便是生成频繁项集和关联规则。而在达成该目的之前，需先了解 Apriori 算法的基本概念及相应的计算方法，才能更好地运用 Apriori 算法达成所需目标。

（1）支持度和置信度

项集 A 的支持度计数是事务数据集中包含项集 A 的事务个数，简称项集的频率或计数。

已知项集的支持度计数，则可以很容易地从所有事务计数、项集 A、项集 B 和项集 $A \cup B$ 的支持度计数中推出规则 $A \Rightarrow B$ 的支持度和置信度，如式（5-3）和式（5-4）所示。其中 N 表示总事务个数，s 表示计数。

$$\text{Support}(A \Rightarrow B) = \frac{A,B\text{同时发生的事务个数}}{\text{所有事务个数}} = \frac{s(A \cup B)}{N} \tag{5-3}$$

$$\text{Confidence}(A \Rightarrow B) = P(B|A) = \frac{A,B\text{同时发生的事务个数}}{A\text{发生的事务个数}} = \frac{s(A \cup B)}{s(A)} \tag{5-4}$$

也就是说，一旦得到所有事务个数，A、B 和 $A \cup B$ 的支持度计数，即可导出对应的关联规则 $A \Rightarrow B$ 和 $B \Rightarrow A$，并可检查该关联规则是否为强关联规则。

（2）最小支持度和最小置信度

最小支持度是用户或专家定义的衡量支持度的一个阈值，表示项目集在统计意义上的最低重要性；最小置信度是用户或专家定义的衡量置信度的一个阈值，表示关联规则的最低可靠性。同时满足最小支持度阈值和最小置信度阈值的规则称作强关联规则。

（3）项集和频繁项集

项集是项的集合，包含 k 个项的项集称为 k 项集，如集合｛牛奶，麦片，糖｝是一个 3 项集。如果项集 I 的相对支持度满足预定义的最小支持度阈值，那么 I 便是频繁项集。频繁 k 项集通常记作 L_k。

2. 算法实现

Apriori 算法实现主要包含两个过程：找出所有的频繁项集、由频繁项集产生强关联规则。其中，各过程的介绍如下。

（1）找出所有的频繁项集

找出所有的频繁项集（支持度必须大于或等于给定的最小支持度阈值），在这个过程中连接步和剪枝步互相融合，最终得到最大频繁项集 L_k。关于连接步和剪枝步的介绍如下。

①连接步

连接步的目的是找到 K 项集。对给定的最小支持度阈值，分别对 1 项候选集 C_1，剔除小于该阈值的项集得到 1 频繁项集 L_1；下一步由 L_1 自身连接产生 2 项候选集 C_2，保留 C_2 中满足约束条件的项集得到 2 频繁项集，记为 L_2；再由 L_2 和 L_1 连接产生 3 项候选集 C_3，保留 C_3 中满足约束条件的项集得到 3 频繁项集，记为 L_3……如此循环下去，最终得到最大频繁项集 L_k。

②剪枝步

剪枝步紧连接着连接步，在产生候选项 C_k 的过程中起到减小搜索空间的目的。由于 C_k 是 L_{k-1} 和 L_1 连接产生的，根据 Apriori 算法的性质：频繁项集的所有非空子集也必须是频繁项集，所以不满足该性质的项集将不会存在于 C_k 中，该剔除项集的过程就是剪枝。

（2）由频繁项集产生强关联规则

由过程（1）可知，未超过预定的最小支持度阈值的项集已被剔除，如果剩下的规则又满足了预定的最小置信度阈值，那么就挖掘出了强关联规则。

综上，Apriori 算法的构建流程如图 5-7 所示。

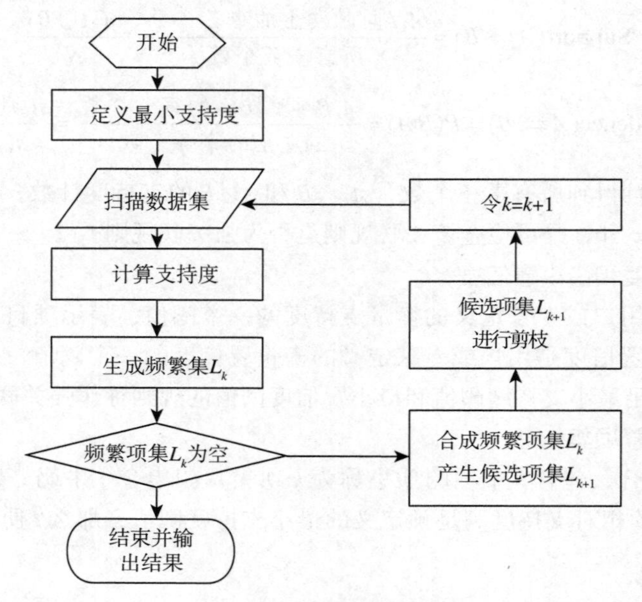

图 5-7 Apriori 算法的构建流程

5.5.2 构建 Apriori 模型

在构建 Apriori 模型之前，需将每个用户的课程清单进行整理，以便更好地将数据应用于模型的构建中。在预处理后的学习详情表中，依据用户账号和课程编号属性，统计用户的课程清单，如代码清单 5-16 所示。

代码清单 5-16　统计用户的课程清单

```
# 统计用户的课程清单
user_id = learn_info[['用户账号']].drop_duplicates()
user_course = []
# 利用 for 循环获取用户的课程信息
for i in range(len(user_id)):
    course_id = learn_info['课程编号'][learn_info['用户账号'] == user_id.iloc[i]
        [0]].tolist()
    user_course.append(course_id )
# 将 user_course 转为 DataFrame，并进行转置
user_course = DataFrame(user_course).T
```

统计出的每位用户对应的用户课程清单的部分结果如表 5-13 所示。

表 5-13　用户课程清单的部分结果

	用户 3	用户 4	用户 5	用户 7	用户 9	用户 10
1	课程 99	课程 99	课程 76	课程 97	课程 31	课程 89
2	课程 97	课程 97	课程 143	课程 87	课程 99	课程 183
3	课程 87	课程 85	None	课程 85	课程 97	课程 181
4	课程 85	课程 155	None	课程 155	课程 87	课程 17
5	课程 159	课程 152	None	课程 152	课程 85	课程 4
6	课程 38	课程 220	None	课程 220	课程 155	课程 70

基于统计好的用户课程清单数据，构建 Apriori 模型的二元矩阵，如代码清单 5-17 所示。

代码清单 5-17　构建 Apriori 模型的二元矩阵

```
# 构建 Apriori 模型的二元矩阵
course_number = learn_info['课程编号'].drop_duplicates().tolist()
user_id = list(user_id.iloc[:,0])
rule_data=[]
# 利用 for 循环获得二元矩阵
k = 0
for i in user_id:
    print(k)
    k+=1
    a = learn_info[learn_info['用户账号'] == i]['课程编号'].tolist()
    aa = [int(col in a) for col in course_number]
    rule_data.append(aa)
rule_data = pd.DataFrame(rule_data, index = user_id, columns = course_number)
```

Apriori 模型的二元矩阵构建的部分结果如表 5-14 所示。

表 5-14 Apriori 模型的二元矩阵构建的部分结果

	课程 106	课程 136	课程 205	课程 26	课程 34	课程 22
用户 3	1	1	1	0	0	0
用户 4	0	0	1	1	1	1
用户 5	0	0	1	1	1	1
用户 7	0	0	0	0	0	0
用户 9	0	0	0	0	0	0
用户 10	0	0	0	0	0	0

在表 5-14 中，每行代表一个用户，而每行中的数值 0 代表该用户没有添加此课程，数值 1 代表该用户已添加了此课程。

设置最小支持度和最小置信度，实现课程的关联分析。当前，最小支持度和最小置信度的设置并没有统一的标准，大部分是根据业务经验设置初始值，然后经过多次调整，获取与业务相符合的关联结果。经多次实验，此处将最小支持度设置为 0.01，最小置信度设置为 0.8。构建 Apriori 模型实现关联分析，如代码清单 5-18 所示。

代码清单 5-18 构建 Apriori 模型实现关联分析

```
# 调用已构建好的Apriori模型，实现关联分析
from apriori import *
support = 0.01
confidence = 0.8
ms = "---"
rules = find_rule(rule_data,support,confidence,ms,max_len=3)
# 将所得的关联分析结果rules，根据support进行排序
rules_results = rules.sort_values(by=['support'], axis=0, ascending=False)
# 为更好地查看关联分析结果，根据原先的分隔符号 ---，将关联分析结果拆分成两部分：Ihs、rhs
Ihs, rhs = [], []
for i in range(len(rules_results['rule'])):
    re_data = re.split('---', rules_results['rule'][i])
    Ihs.append(tuple(re_data[:-1]))
    rhs.append(re_data[-1])
# 设置新的分隔符号，以更明确Ihs、rhs之间的关系
rules_results1 = pd.DataFrame([])
rules_results1['Ihs'] = Ihs
rules_results1[' '] = ['=>'] * len(Ihs)
rules_results1['rhs'] = rhs
rules_results1['support'] = rules_results['support']
rules_results1['confidence'] = rules_results['confidence']
```

选取课程关联规则中支持度最高的前 10 条数据，结果如表 5-15 所示。

表 5-15 支持度最高的前 10 条关联规则

序号	lhs		rhs	support	confidence
1	(课程 180,)	=>	课程 191	0.139	0.904
2	(课程 26,)	=>	课程 31	0.110	0.946

（续）

序号	lhs		rhs	support	confidence
3	(课程 26,)	=>	课程 17	0.109	0.936
4	(课程 17, 课程 26)	=>	课程 31	0.108	0.99
5	(课程 26, 课程 31)	=>	课程 17	0.108	0.979
6	(课程 130,)	=>	课程 17	0.106	0.981
7	(课程 48,)	=>	课程 171	0.102	0.915
8	(课程 133,)	=>	课程 17	0.101	0.963
9	(课程 130,)	=>	课程 31	0.101	0.94
10	(课程 130, 课程 31)	=>	课程 17	0.101	0.999

在表 5-15 中，lhs 表示的是关联规则的前项，同时也是关联规则的课程关联条件；rhs 表示的是关联规则的后项，同时也是关联规则的课程关联结果；support 表示的是支持度；confidence 表示的是置信度。根据表 5-15 中的输出结果，选取其中的两条内容进行解释和分析，具体如下。

序号为 1，即 {课程 180}=>{课程 191} 的关联规则的支持度为 13.9%，置信度为 90.4%。说明用户同时添加课程 180 和课程 191 两门课的概率达 90.4%，而这种情况的可能性为 13.9%。

序号为 5，即 {课程 26, 课程 31}=>{课程 17} 的关联规则的支持度为 10.8%，置信度为 97.9%。说明用户同时添加课程 26、课程 31 和课程 17 三门课的概率达 97.9%，而这种情况的可能性为 10.8%。同理，其他关联规则的含义与序号 1、序号 5 的解释相似。

5.5.3 模型应用

为了扩增平台的收益，提高用户的体验程度，需要将 Apriori 模型得出的关联规则与课程受欢迎程度相结合，从而将模型结果对接实际业务，为后续课程推荐策略的制定提供参考依据。

根据表 5-15 的关联规则可知，用户在添加 lhs 课程的同时，也极可能添加 rhs 课程。因此，当用户在平台添加某门课程时，可根据表 5-15 所得出的课程关联规则获取到用户所添加的该门课程所涉及的其他信息。例如，当用户添加课程 130 时，根据 Apriori 模型所得出的课程关联规则，提取出所有关于用户添加课程 130 时的所有关课程联规则信息，如代码清单 5-19 所示。

代码清单 5-19 提取课程 130 的所有课程关联规则

```
# 以课程 130 为例，提取课程 130 的所有课程关联规则
example_rules = rules_results1[rules_results1['lhs'] == ('课程 130',)]
print(example_rules)
```

提取课程 130 的所有课程关联规则的结果，如表 5-16 所示。

表 5-16 提取课程 130 的所有课程关联规则结果

序号	lhs	rhs	support	confidence
6	(课程 130,)	课程 17	0.106	0.981
9	(课程 130,)	课程 31	0.101	0.94

由表 5-16 可知，当用户添加课程 130 时，根据关联规则可以得出该用户还可能会添加课程 17 和课程 31。

虽然根据关联规则得出用户还可能会添加的课程，但是因需要考虑到增加平台的收益和提高用户和平台的黏性，因此还需要综合考虑关联规则、课程价格和课程受欢迎程度，最后才能更好地为用户推荐课程，同时提高平台的运营效益，如代码清单 5-20 所示。

代码清单 5-20 整理课程 130 的课程关联规则、价格和受欢迎程度

```
# 以课程 130 为例，整理课程 130 的课程关联规则、价格和受欢迎程度
collation_relevance_rules = pd.merge(example_rules, course_popularity,
    how='inner',
                                  left_on='rhs', right_on='课程编号')
collation_relevance_rules.loc[:,['Ihs', 'rhs', 'support', 'confidence', '课程单价
    (元)', '受欢迎程度']]
```

整理出的课程 130 的课程关联规则、价格和受欢迎程度的结果如表 5-17 所示。

表 5-17 整理出的课程 130 的课程关联规则、价格和受欢迎程度的结果

序号	lhs	rhs	support	confidence	课程单价（元）	受欢迎程度
6	(课程 130,)	课程 17	0.105	0.981	299	0.43
9	(课程 130,)	课程 31	0.101	0.94	109	0.41

由表 5-17 中可知，课程 17 的支持度、置信度和受欢迎程度都比课程 13 高，平台可优先将课程 17 推荐给用户，从而提高用户的体验程度，为平台获得更高的收益。

5.6 制定课程推荐策略

通过平台的运营状况分析已经了解到该平台的用户留存率、用户的活跃时间和平台课程的受欢迎程度，通过 Apriori 算法构建的课程推荐模型也得到课程之间的关联规则，因此，结合平台的业务需求为平台制定的推荐策略如下。

1）建立课程受欢迎程度排行榜。根据课程受欢迎程度在平台建立课程受欢迎程度排行榜，让用户通过排行榜可以快速了解各课程受欢迎程度排名，提升用户在平台中的参与感。

2）设置弹窗推荐页面。当用户添加某门课程后，平台可以弹窗推荐其他课程的页面。例如，“您可能还喜欢的课程”或“添加此课程的用户也添加了”等。而推荐页面所显示的课程是根据 Apriori 模型所得出的关联规则，并结合课程价格和课程受欢迎程度进行综合推荐的课程。

3）邀请名师开启直播课程。通过分析用户在平台的活跃时间，掌握用户的活跃时间段，从而在活跃时间段中开启名师直播课程，吸引新老用户。例如，在10:00—12:00、14:00—16:00和20:00—22:00用户比较活跃的时间段中开启直播课程。一方面直播课程可以活跃课堂氛围，另一方面用户可以在线上与老师进行互动，丰富平台的个性化，提高用户的体验程度。

4）开展促销活动。例如，开展折扣、积分、抽奖、节日、优惠券和限时等活动。可选取课程单价较高且受欢迎程度较低的课程进行折扣促销，带动平台课程的整体活跃性，或选择在节假日开展抽奖、积分兑换和课程限时抢购等活动来推广热销课程，刺激、吸引更多的用户。

5）设置消息推送。例如，设置短信消息推送、邮件信息推送和徽章通知等，向用户推荐新出课程、直播课堂和督促学习等消息。

6）设置唤醒机制。例如网页内唤醒移动应用，即当用户浏览、查看平台的课程相关信息时，浏览器弹窗提醒“单击进入平台可以查看更多”。此时用户单击提示弹窗即可直接进入平台中查看相应的课程信息，从而减少用户的操作复杂性，增强用户对平台的好感度。

5.7　小结

本章的主要目的是为教育平台线上课程提供推荐策略，进而提升平台的收益、用户的黏性。首先，通过数据探索、数据预处理对数据进行清洗，提升数据质量；其次，分析平台的运营状况，主要包括用户留存率、用户活跃时间和课程受欢迎程度等分析；通过Apriori算法构建课程智能推荐模型，并得出课程关联规则结果；最后，根据平台运营状况和课程关联规则结果，结合线上课程的实际业务制定课程推荐策略。

第三篇

进　阶　篇

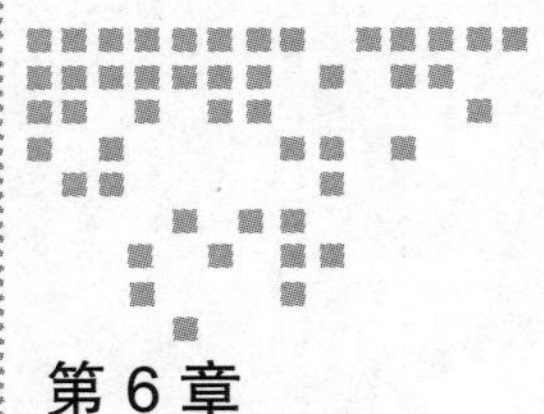

Chapter 6 第6章

电视产品的营销推荐

随着经济不断发展，生活水平显著提高，人们对生活品质的要求也在提高。互联网技术的高速发展为人们提供了很多娱乐渠道。其中“三网融合”为人们在信息化时代利用网络等高科技手段获取所需的信息提供了极大的便利。下一代广播电视网（Next Generation Broadcasting Network）即广播电视网、互联网、通信网三网融合，是一种有线与无线相结合、全程全网的广播电视网络，它不仅可以为用户提供高清晰度电视、数字音频节目、高速数据接入和语音等三网融合业务，也可以为科教、文化、商务等行业搭建信息服务平台，使信息服务更加快捷方便。在三网融合的大背景下，广播电视运营商与众多家庭用户实现了信息实时交互，使得利用大数据分析手段为用户提供智能化的产品推荐成为可能。本案例使用广电营销大数据，结合基于物品的协同过滤算法和基于流行度的推荐算法构建推荐模型，并对模型进行评价，从而为用户提供个性化的节目推荐。

学习目标

- 了解电视产品营销推荐案例的背景、数据说明和目标分析。
- 掌握常用的数据清洗方法，对数据进行数据清洗。
- 掌握常用的数据探索方法，对数据进行分布分析、对比分析和贡献度分析。
- 掌握常用的属性构建方法，构建用户画像标签。
- 熟悉基于物品的协同过滤算法和基于流行度的推荐算法，构建推荐模型。
- 掌握推荐系统的评价方法，对构建的推荐模型进行模型评价。

6.1 背景与目标

本案例的背景和目标分析主要包含电视产品营销推荐的相关背景、所用数据集的数据说明和案例的具体分析流程与目标。

6.1.1　背景

伴随着互联网和移动互联网的快速发展，各种网络电视和视频应用（如爱奇艺、腾讯视频、乐视视频、芒果 TV 等）遍地开花，人们的电视观看行为也在发生变化，由传统电视媒介向电脑、手机、平板端的网络电视应用转化。

在这种形势下，传统广播电视运营商明显地感受到了危机。“三网融合”为传统广播电视运营商带来发展机遇，特别是随着超清 / 高清交互数字电视的推广，广播电视运营商可以与家庭用户实现信息实时交互，家庭电视也逐步变成多媒体信息终端。

信息数据的传递过程如图 6-1 所示，每个家庭收看电视节目时都需要通过机顶盒进行节目的接收和交互行为（如点播行为、回看行为），并将交互行为数据发送至相应区域的每个光机设备（进行数据传递的中介），由光机设备汇集该区域的信息数据，最后发送至数据中心进行数据整合、存储。

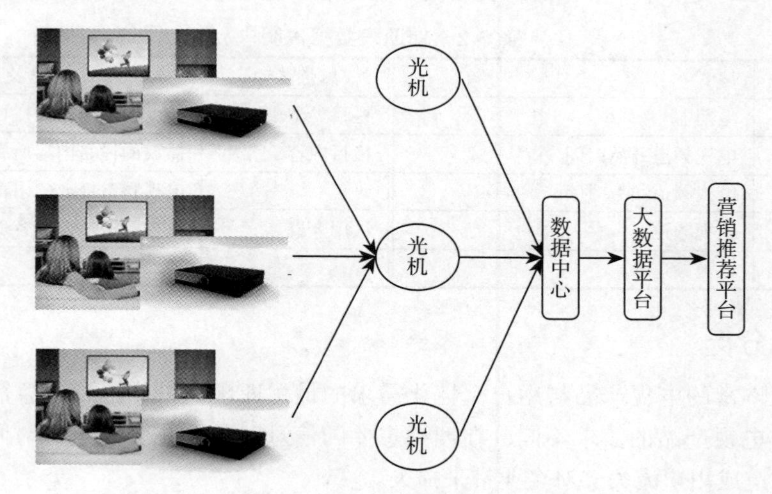

图 6-1　信息数据的传递过程

由于已建设的大数据平台积累了大量用户基础信息和用户观看记录信息等数据，所以可在此基础上进一步挖掘数据价值，构建用户画像，实现精准的营销推荐，提升客户体验。总而言之，电视产品推荐可以为用户提供个性化的服务，改善用户浏览体验，增加用户黏性，从而使用户与企业之间建立稳定的交互关系，实现客户链式反应增值。

6.1.2　数据说明

大数据平台中保存了用户的基础信息（安装地址等）和双向互动电视平台收视行为信息（直播、点播、回看、广告的收视信息）等数据。

本次读取了2000个用户在2018年5月12日至2018年6月12日的收视行为信息数据，并对该数据表进行脱敏处理。收视行为信息数据（保存在media_index.csv文件中）说明如表6-1所示。

表6-1 收视行为信息数据说明

属性名称	含义	属性名称	含义
phone_no	用户名	owner_code	用户等级号
duration	观看时长	owner_name	用户等级名称
station_name	直播频道名称	category_name	节目分类
origin_time	开始观看时间	res_type	节目类型
end_time	结束观看时间	vod_title	节目名称（点播、回看）
res_name	设备名称	program_title	节目名称（直播）

除了收视行为信息数据之外，还需要用到电视频道直播时间及类型标签数据（保存在table_livelabel.csv文件中）作为辅助表数据，辅助表数据说明如表6-2所示。

表6-2 辅助表数据说明

属性名称	含义	属性名称	含义
星期	星期值	栏目类型	播放内容所属的栏目类型
开始时间	电视频道开始时间	栏目内容.三级	播放的栏目内容所属的三级标签
结束时间	电视频道结束时间	语言	电视频道播放的语言类型
频道	电视频道	适用人群	电视频道播放内容适用的人群类型
频道号	电视频道号		

6.1.3 目标分析

如何实现丰富的电视产品与用户个性化需求的最优匹配，是广电行业急需解决的重要问题。用户对电视产品的需求不同，在搜寻想要的信息时需要花费大量的时间，影响了用户体验，进而造成用户流失，对企业带来损失。

本案例根据电视产品营销推荐项目的业务需求，需要实现的目标总结如下。

1）通过深入整合用户的相关行为信息，构建用户画像。

2）利用电视产品信息数据，为用户提供个性化精准推荐服务，有效提升用户的转化价值和生命周期价值。

电视产品营销推荐的总体流程如图6-2所示，主要步骤如下。

1）对原始数据进行数据清洗、数据探索、属性构建（构建用户画像）等操作。

2）划分训练数据集与测试数据集。

3）使用基于物品的协同过滤算法和基于流行度的推荐算法进行模型训练。

4）训练出推荐模型后进行模型评价。

5）根据模型得到的不同用户的推荐产品，提出针对性的营销策略建议。

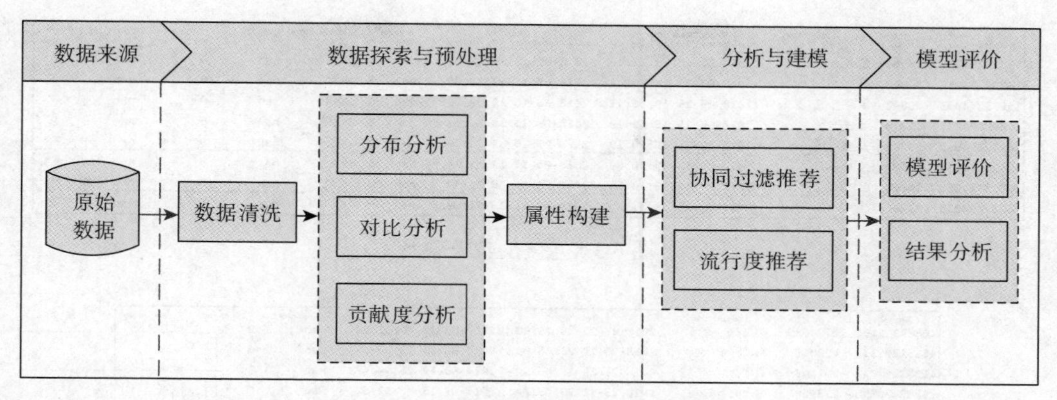

图 6-2　电视产品营销推荐的总体流程

6.2　数据预处理

由于原始数据中可能存在重复值、缺失值等异常数据以及数据属性不一致等情况，所以需要进行数据清洗、数据探索、属性构建等预处理操作。

6.2.1　数据清洗

在用户的收视行为信息数据中，存在直播频道名称（station_name）属性含有“- 高清”，如“江苏卫视 – 高清”，而其他直播频道名称属性不含有“ - 高清”的情况。由于本案例中暂不分开考虑是否为高清频道的情况，所以需要将直播频道名称中的“- 高清”替换为空。

从业务角度分析，该广播电视运营商主要面向的对象是众多的普通家庭，而收视行为信息数据中会存在特殊线路用户和政企用户，即用户等级号（owner_code）为 02、09、10 的数据与用户等级名称（owner_name）为 EA 级、EB 级、EC 级、ED 级、EE 级的数据。因为特殊线路用户主要起到演示、宣传等作用，这部分数据对于分析用户行为意义不大，并且会影响分析结果的准确性，所以需要将这部分数据删除。而政企用户暂时不需要做营销推荐，同样也需要删除。

在收视行为信息数据中存在同一用户开始观看时间（origin_time）和结束观看时间（end_time）重复的记录数据，而且观看的节目不同，如图 6-3 所示，这可能是由数据收集设备异常导致的。经过与广播电视运营商的业务人员沟通之后，默认保留第一条收视记录，因此需要基于数据中开始观看时间（origin_time）和结束观看时间（end_time）的记录进行去重。

在收视行为信息数据中存在跨夜的记录数据，如开始观看时间和结束观看时间分别为 05-12 23:45:00 和 05-13 00:31:00，如图 6-4 所示。为了方便后续用户画像的构建（需要与辅助数据做关联匹配），需要将这样的数据记录分为两条。

phone no	duration	station name	origin_time	end time	es name	er c	owner name	category name	res type	od titl	program title
16899254053	395000	广州少儿	2018-05-15 19:22:08	2018-05-15 19:28:43	nan	0	HC级	nan	0	nan	[illegible]
16899254053	86000	广东少儿	2018-05-15 19:28:43	2018-05-15 19:30:09	nan	0	HC级	nan	0	nan	[illegible]
16899254053	86000	广东少儿	2018-05-15 19:28:43	2018-05-15 19:30:09	nan	0	HC级	nan	0	nan	[illegible]
16899254053	31000	金鹰卡通	2018-05-15 19:30:19	2018-05-15 19:30:50	nan	0	HC级	nan	0	nan	[illegible]
16899254053	31000	金鹰卡通	2018-05-15 19:30:19	2018-05-15 19:30:50	nan	0	HC级	nan	0	nan	[illegible]
16899254053	24000	广州少儿	2018-05-15 19:30:50	2018-05-15 19:31:14	nan	0	HC级	nan	0	nan	[illegible]
16899254053	24000	广州少儿	2018-05-15 19:30:50	2018-05-15 19:31:14	nan	0	HC级	nan	0	nan	[illegible]
16899254053	33000	优漫卡通	2018-05-15 19:31:35	2018-05-15 19:32:08	nan	0	HC级	nan	0	nan	[illegible]

图 6-3 重复的收视数据

phone no	duration	station_name	origin time	end time	res name	owner code	owner name
16804352137	2760000	中央4台-高清	2018-05-12 23:45:00	2018-05-13 00:31:00	nan	0	HC级
16831205333	420000	动漫秀场-高清(…	2018-05-12 23:45:00	2018-05-12 23:52:00	nan	0	HC级
16805324716	107000	翡翠台	2018-05-12 23:45:00	2018-05-12 23:46:47	nan	0	HC级
16805470896	2760000	中央4台-高清	2018-05-12 23:45:00	2018-05-13 00:31:00	nan	0	HC级
16802692146	180000	重庆卫视-高清	2018-05-12 23:45:00	2018-05-12 23:48:00	nan	0	HC级
16804346622	2760000	中央4台-高清	2018-05-12 23:45:00	2018-05-13 00:31:00	nan	0	HC级
16802302192	900000	广州生活	2018-05-12 23:45:00	2018-05-13 00:00:00	nan	0	HC级
16806165491	97000	翡翠台	2018-05-12 23:45:00	2018-05-12 23:46:37	nan	0	HC级
16805391989	218000	翡翠台	2018-05-12 23:45:00	2018-05-12 23:48:38	nan	0	HC级
16802262365	600000	广东影视	2018-05-12 23:45:00	2018-05-12 23:55:00	nan	0	HC级
16804234647	83000	翡翠台	2018-05-12 23:45:00	2018-05-12 23:46:23	nan	0	HC级
16801789881	2760000	中央4台-高清	2018-05-12 23:45:00	2018-05-13 00:31:00	nan	0	HC级
16801764388	2760000	中央4台-高清	2018-05-12 23:45:00	2018-05-13 00:31:00	nan	nan	HE级

图 6-4 跨夜的收视数据

在对用户收视行为信息数据进行分析时发现，存在用户观看时间极短的现象，如图 6-5 所示，这部分数据可能是由用户在观看中换频道产生的。经过与广播电视运营商的业务人员沟通之后，选择 4 秒作为时间极短的判断阈值，将小于阈值的数据称为异常行为数据，统一进行删除处理。

phone no	duration	station name	origin time	end time	res name	owner code	owner name
16802375309	44000	西藏卫视	2018-05-20 10:30:14	2018-05-20 10:30:58	nan	0	HC级
16802375309	27000	中央纪录-高清	2018-05-20 08:06:46	2018-05-20 08:07:13	nan	0	HC级
16802375309	440000	澳亚卫视	2018-05-20 07:33:09	2018-05-20 07:40:29	nan	0	HC级
16802375309	40000	山西卫视	2018-05-20 10:52:04	2018-05-20 10:52:44	nan	0	HC级
16802375309	669000	广东影视	2018-05-18 20:24:42	2018-05-18 20:35:51	nan	0	HC级
16802375309	31000	广东影视	2018-05-18 20:36:26	2018-05-18 20:36:57	nan	0	HC级
16802375309	420000	珠江电影	2018-05-18 20:52:16	2018-05-18 20:59:16	nan	0	HC级
16802375309	1110000	珠江电影	2018-05-19 13:55:59	2018-05-19 14:14:29	nan	0	HC级
16802375309	88000	广东影视	2018-05-15 20:41:36	2018-05-15 20:43:04	nan	0	HC级
16802375309	1456000	广东影视	2018-05-15 19:26:00	2018-05-15 19:50:16	nan	0	HC级
16802375309	73000	吉林卫视-高清	2018-05-15 13:18:10	2018-05-15 13:19:23	nan	0	HC级
16802375309	1578000	中央5台-高清	2018-05-18 09:00:00	2018-05-18 09:26:18	nan	0	HC级
16802375309	405000	深圳卫视-高清	2018-05-16 06:54:27	2018-05-16 07:01:12	nan	0	HC级
16802375309	64000	中央5台-高清	2018-05-14 10:45:58	2018-05-14 10:47:02	nan	0	HC级
16802375309	104000	中央5台-高清	2018-05-14 11:08:36	2018-05-14 11:10:20	nan	0	HC级
16802375309	68000	中央5台-高清	2018-05-15 09:58:52	2018-05-15 10:00:00	nan	0	HC级
16802375309	1000	西藏卫视	2018-05-16 10:05:00	2018-05-16 10:05:01	nan	0	HC级

图 6-5 异常行为数据

此外，存在用户长时间观看同一频道的现象，这部分观看时间过长的数据可能是由用户在收视行为结束后未能及时关闭机顶盒或其他原因造成的。这类用户在广电运营大数据平台的数据记录中，在未进行收视互动的情况下，节目开始观看时间和结束观看时间的秒数为 0，即整点（秒）播放。经过与广播电视运营商的业务人员沟通之后，选择将直播收视数据中开始观看时间和结束观看时间的秒数为 0 的记录删除。

最后，数据还存在下一次观看的开始观看时间小于上一次观看的结束观看时间的记录，这种异常数据是由于数据收集设备异常导致的，需要进行删除处理。

综合上述业务数据处理方法，具体步骤如下。

1）将直播频道名称（station_name）中的“-高清”替换为空。

2）删除特殊线路的用户，即用户等级号（owner_code）为02、09、10的数据。

3）删除政企用户，即用户等级名称（owner_name）为EA级、EB级、EC级、ED级、EE级的数据。

4）基于数据中开始观看时间（origin_time）和结束观看时间（end_time）的记录去重。

5）隔夜处理，将跨夜的收视数据分成两条收视数据。

6）删除观看同一个频道累计连续观看时间小于4秒的记录。

7）删除直播收视数据中开始观看时间和结束观看时间的秒数为0的收视数据。

8）删除下一次观看记录的开始观看时间小于上一次观看记录的结束观看时间的记录。

针对以上处理方法，在Python中的操作如代码清单6-1所示，处理后的部分数据结果如表6-3所示。

代码清单6-1　处理收视行为信息数据

```
import pandas as pd
media = pd.read_csv('../data/media_index.csv', encoding='gbk', header='infer',
    error_bad_lines=False)

# 将“-高清”替换为空
media['station_name'] = media['station_name'].str.replace('-高清', '')

# 删除特殊线路用户
media = media.loc[(media.owner_code != 2) & (media.owner_code != 9) & (media.
    owner_code != 10), :]
print('查看过滤后的特殊线路的用户:', media.owner_code.unique())

# 删除政企用户
media = media.loc[(media.owner_name != 'EA级') & (media.owner_name != 'EB级') &
                  (media.owner_name != 'EC级') & (media.owner_name != 'ED级') &
                  (media.owner_name != 'EE级'), :]
print('查看过滤后的政企用户:', media.owner_name.unique())

# 对开始时间进行拆分
type(media.loc[0, 'origin_time'])  # 检查数据类型
# 转化为时间类型
media['end_time'] = pd.to_datetime(media['end_time'])
media['origin_time'] = pd.to_datetime(media['origin_time'])
# 提取秒
media['origin_second'] = media['origin_time'].dt.second
media['end_second'] = media['end_time'].dt.second
# 筛选数据（删除开始时间和结束观看时间秒数为0的数据）
ind1 = (media['origin_second'] == 0) & (media['end_second'] == 0)
media1 = media.loc[~ind1, :]
```

```
# 基于开始时间和结束时间的记录去重
media1.end_time = pd.to_datetime(media1.end_time)
media1.origin_time = pd.to_datetime(media1.origin_time)
media1 = media1.drop_duplicates(['origin_time', 'end_time'])

# 隔夜处理
# 去除开始时间、结束时间为空值的数据
media1 = media1.loc[media1.origin_time.dropna().index, :]
media1 = media1.loc[media1.end_time.dropna().index, :]
# 建立各星期的数字标记
media1['星期'] = media1.origin_time.apply(lambda x: x.weekday() + 1)
dic = {1:'星期一', 2:'星期二', 3:'星期三', 4:'星期四', 5:'星期五', 6:'星期六', 7:'
    星期日'}
for i in range(1, 8):
    ind = media1.loc[media1['星期'] == i, :].index
    media1.loc[ind, '星期'] = dic[i]
# 查看有多少观看记录是隔夜的，进行隔夜处理
a = media1.origin_time.apply(lambda x: x.day)
b = media1.end_time.apply(lambda x: x.day)
sum(a != b)
media2 = media1.loc[a != b, :].copy()  # 需要做隔夜处理的数据
# 定义一个函数，将跨夜的收视数据分为两天
def geyechuli_Weeks(x):
    dic = {'星期一':'星期二', '星期二':'星期三', '星期三':'星期四', '星期四':'星期五',
           '星期五':'星期六', '星期六':'星期日', '星期日':'星期一'}
    return x.apply(lambda y: dic[y.星期], axis=1)
media1.loc[a != b, 'end_time'] = media1.loc[a != b, 'end_time'].apply(lambda x:
    pd.to_datetime('%d-%d-%d 23:59:59'%(x.year, x.month, x.day)))
media2.loc[:, 'origin_time'] = pd.to_datetime(media2.end_time.apply(lambda x:
    '%d-%d-%d 00:00:01'%(x.year, x.month, x.day)))
media2.loc[:, '星期'] = geyechuli_Weeks(media2)
media3 = pd.concat([media1, media2])
media3['origin_time1'] = media3.origin_time.apply(lambda x:
    x.second + x.minute * 60 + x.hour * 3600)
media3['end_time1'] = media3.end_time.apply(lambda x:
    x.second + x.minute * 60 + x.hour * 3600)
media3['wat_time'] = media3.end_time1 - media3.origin_time1  # 构建观看总时长属性

# 清洗时长不符合的数据
# 剔除下一次观看的开始时间小于上一次观看的结束时间的记录
media3 = media3.sort_values(['phone_no', 'origin_time'])
media3 = media3.reset_index(drop=True)
a = [media3.loc[i + 1, 'origin_time'] < media3.loc[i, 'end_time'] for i in
    range(len(media3) - 1)]
a.append(False)
aa = pd.Series(a)
media3 = media3.loc[~aa, :]

# 去除小于4秒的记录
media3 = media3.loc[media3['wat_time'] > 4, :]
media3.to_csv('../tmp/media3.csv', na_rep='NaN', header=True, index=False)
```

表 6-3　经处理过后的收视行为数据的部分结果

phone_no	duration	station_name	origin_time	end_time
16801274792	5 121 000	中央 6 台	2018-05-13 07:11:00	2018-05-13 08:36:21
16801274792	829 000	中央 5 台	2018-05-13 08:36:21	2018-05-13 08:50:10
16801274792	256 000	广州电视	2018-05-13 08:50:32	2018-05-13 08:54:48
16801274792	687 000	安徽卫视	2018-05-13 08:55:55	2018-05-13 09:07:22
16801274792	875 000	天津卫视	2018-05-13 09:07:22	2018-05-13 09:21:57

6.2.2　数据探索

为进一步查看数据中各属性所反映出的情况，可在数据探索过程中利用图形可视化分析所有用户的收视行为信息数据的规律，得到用户的观看总时长分布、付费频道与点播回看的周观看时长分布、工作日与周末的观看时长比例及分布、频道贡献度分布和排名前 15 的频道名称。

1. 分布分析

（1）用户观看总时长

分布分析是用户在特定指标下的频次、总额等的归类展现，它可以展现出单个用户对产品（电视）的依赖程度，从而分析出用户观看电视的总时长、所购买不同类型的产品数量等情况，帮助运营人员了解用户的当前状态。

从业务的角度分析，需要先了解用户观看总时长的分布情况。本案例计算了所有用户在一个月内的观看总时长并进行了排序，然后绘制了用户观看总时长分布柱状图，如代码清单 6-2 所示，得到的结果如图 6-6 所示。

代码清单 6-2　用户观看总时长分布

```
import pandas as pd
import matplotlib.pyplot as plt
media3 = pd.read_csv('../tmp/media3.csv', header='infer')
# 计算用户观看总时长
m = pd.DataFrame(media3['wat_time'].groupby([media3['phone_no']]).sum())
m = m.sort_values(['wat_time'])
m = m.reset_index()
m['wat_time'] = m['wat_time'] / 3600

# 绘制用户观看总时长分布柱状图
plt.rcParams['font.sans-serif'] = ['SimHei']  # 设置字体为 SimHei 显示中文
plt.rcParams['axes.unicode_minus'] = False  # 设置正常显示符号
plt.figure(figsize=(8, 4))
plt.bar(m.index,m.iloc[:, 1])
plt.xlabel('观看用户')
plt.ylabel('观看时长（小时）')
plt.title('用户观看总时长')
plt.show()
```

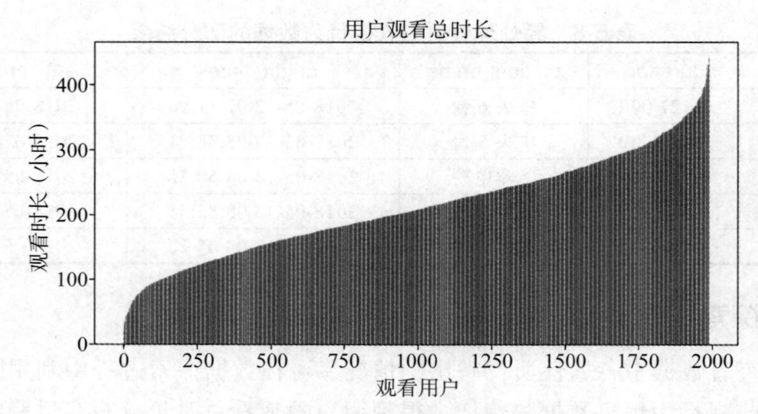

图 6-6 用户观看总时长分布柱状图

由图 6-6 可看出，大部分用户的观看总时长主要集中在 100 小时 ~300 小时。

（2）付费频道与点播回看的周观看时长

周观看时长是指所有用户在一个月内分别在星期一、星期二、…、星期日的观看总时长；付费频道与点播回看的周观看时长行为是业务相关人员比较关心的部分。因此需要对所有用户的周观看时长，以及观看付费频道与点播回看的用户周观看时长分别绘制折线图，如代码清单 6-3 所示，得到的结果如图 6-7 和图 6-8 所示。

代码清单 6-3 周观看时长，以及付费频道与点播回看的周观看时长分布

```
import re
# 计算周观看时长
n = pd.DataFrame(media3['wat_time'].groupby([media3['星期']]).sum())
n = n.reset_index()
n = n.loc[[0, 2, 1, 5, 3, 4, 6], :]
n['wat_time'] = n['wat_time'] / 3600

# 绘制周观看时长分布折线图
plt.figure(figsize=(8, 4))
plt.plot(range(7), n.iloc[:, 1])
plt.xticks([0, 1, 2, 3, 4, 5, 6],
           ['星期一', '星期二', '星期三', '星期四', '星期五', '星期六', '星期日'])
plt.xlabel('星期')
plt.ylabel('观看时长（小时）')
plt.title('周观看时长分布')
plt.show()

# 计算付费频道与点播回看的周观看时长
media_res = media3.loc[media3['res_type'] == 1, :]
ffpd_ind = [re.search('付费', str(i)) != None for i in media3.loc[:, 'station_
    name']]
media_ffpd = media3.loc[ffpd_ind, :]
z = pd.concat([media_res, media_ffpd], axis=0)
z = z['wat_time'].groupby(z['星期']).sum()
```

```
z = z.reset_index()
z = z.loc[[0, 2, 1, 5, 3, 4, 6], :]
z['wat_time'] = z['wat_time'] / 3600

# 绘制付费频道与点播回看的周观看时长分布折线图
plt.figure(figsize=(8, 4))
plt.plot(range(7), z.iloc[:, 1])
plt.xticks([0, 1, 2, 3, 4, 5, 6],
           ['星期一', '星期二', '星期三', '星期四', '星期五', '星期六', '星期日'])
plt.xlabel('星期')
plt.ylabel('观看时长（小时）')
plt.title('付费频道与点播回看的周观看时长分布')
plt.show()
```

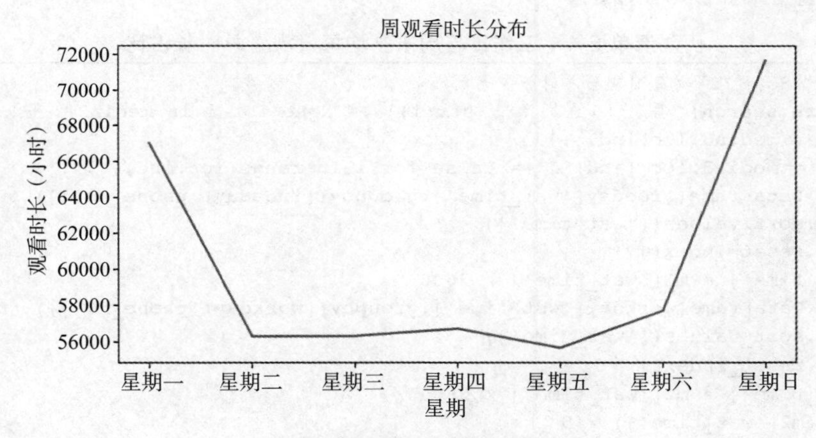

图 6-7　周观看时长分布折线图

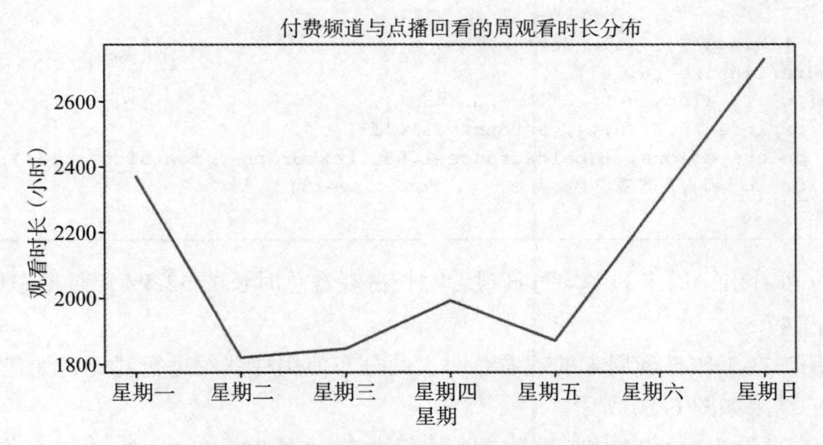

图 6-8　付费频道与点播回看的周观看时长分布折线图

由图 6-7 可看出，在这个月内，用户在星期日与星期一的观看总时长明显高于其他时段。由图 6-8 可看出，周末两天与星期一的付费频道与点播回看的时长明显高于其他时段，说明在节假日，用户对电视的依赖度会增加，且更偏向于点播回看的观看方式。

2. 对比分析

对比分析是指把两个相互联系的指标进行比较，从数量上展示和说明研究对象的规模大小、水平高低、速度快慢以及各种关系是否协调，特别适用于指标间的横纵向比较、时间序列的比较分析。在对比分析中，选择合适的对比标准是十分关键的步骤。只有选择合适的对比标准，才能做出客观的评价。选择不合适的对比标准，可能得出错误的评价结论。

此处对工作日（5 天）与周末（2 天）进行了划分，使用饼图展示所有用户的工作日与周末平均每日观看总时长的占比分布（计算观看总时长时需要除以天数），如代码清单 6-4 所示，得到的结果如图 6-9 所示。

代码清单 6-4　工作日与周末平均每日观看总时长占比

```
# 计算工作日与周末平均每日观看总时长占比
ind = [re.search('星期六|星期日', str(i)) != None for i in media3['星期']]
freeday = media3.loc[ind, :]
workday = media3.loc[[ind[i] == False for i in range(len(ind))], :]
m1 = pd.DataFrame(freeday['wat_time'].groupby([freeday['phone_no']]).sum())
m1 = m1.sort_values(['wat_time'])
m1 = m1.reset_index()
m1['wat_time'] = m1['wat_time'] / 3600
m2 = pd.DataFrame(workday['wat_time'].groupby([workday['phone_no']]).sum())
m2 = m2.sort_values(['wat_time'])
m2 = m2.reset_index()
m2['wat_time'] = m2['wat_time'] / 3600
w = sum(m2['wat_time']) / 5
f = sum(m1['wat_time']) / 2

# 绘制工作日与周末平均每日观看总时长占比饼图
colors = ['bisque', 'lavender']
plt.figure(figsize=(6, 6))
plt.pie([w, f], labels=['工作日', '周末'],
        explode=[0.1, 0.1], autopct='%1.1f%%',
        colors=colors, labeldistance=1.05, textprops={'fontsize': 15})
plt.title('工作日与周末观看总时长占比', fontsize=15)
plt.show()
```

由图 6-9 可看出，周末的平均每日观看时长占观看总时长的 52.5%，而工作日的平均每日观看时长占 47.5%。

对所有用户在工作日和周末的观看总时长的分布使用柱状图进行对比，如代码清单 6-5 所示，得到的结果如图 6-10 所示。

由图 6-10 可看出，用户周末观看总时长集中在 20 小时 ~80 小时，用户工作日观看总时长集中在 50 小时～ 200 小时。

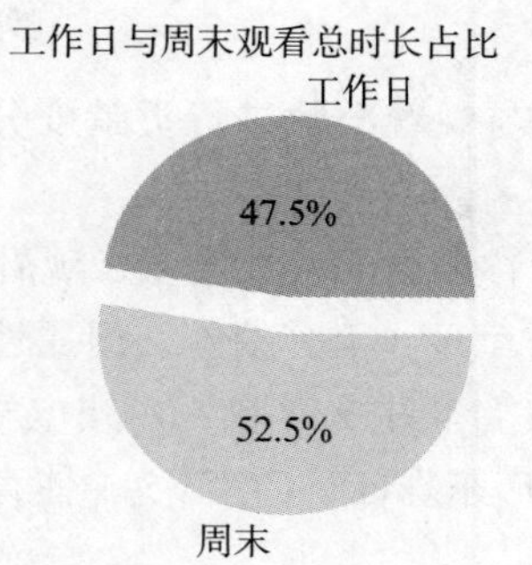

图 6-9　工作日与周末平均每日观看总时长占比

代码清单 6-5　工作日与周末观看总时长分布

```
# 绘制周末观看总时长分布柱状图
plt.figure(figsize=(12, 6))
plt.subplot(121)    # 前两个参数表示将 figure 分成 2 个子图区域 (1×2)，第 3 个参数表示将生成的
    图画放在第一个位置
plt.bar(m1.index, m1.iloc[:, 1])
plt.xlabel('观看用户')
plt.ylabel('观看时长（小时）')
plt.title('周末用户观看总时长')

# 绘制工作日观看总时长分布柱状图
plt.subplot(122)  # 同理，将生成的图画放在第二个位置
plt.bar(m2.index, m2.iloc[:, 1])
plt.xlabel('观看用户')
plt.ylabel('观看时长（小时）')
plt.title('工作日用户观看总时长')
plt.show()
```

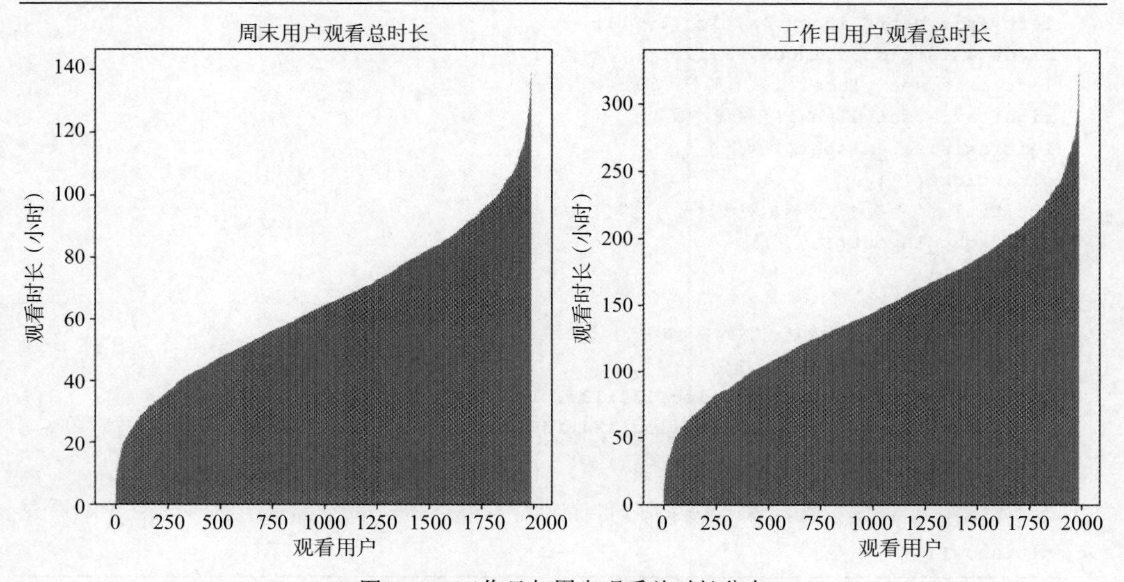

图 6-10　工作日与周末观看总时长分布

3. 贡献度分析

对所有收视频道的观看时长与观看次数进行贡献度分析，如代码清单 6-6 所示，得到的结果如图 6-11 和图 6-12 所示。

由图 6-11 可看出，随着观看各频道的次数增多，观看时长也随之增多，且后面近 28% 的频道带来了 80% 的观看时长贡献度（稍有偏差，但属性明显）。图 6-12 展示了收视排名前 15 的频道名称，分别为中央 5 台、中央 1 台、广州电视、中央 4 台、凤凰中文、中央 6 台、江苏卫视、广东南方卫视、广东珠江、CCTV5 +体育赛事、中央 8 台、广东体育、中央新闻、中央 3 台、翡翠台。

代码清单 6-6　收视频道的观看时长与观看次数贡献度分析

```
# 计算所有收视频道的观看时长与观看次数
media3.station_name.unique()
pindao = pd.DataFrame(media3['wat_time'].groupby([media3.station_name]).sum())
pindao = pindao.sort_values(['wat_time'])
pindao = pindao.reset_index()
pindao['wat_time'] = pindao['wat_time'] / 3600
pindao_n = media3['station_name'].value_counts()
pindao_n = pindao_n.reset_index()
pindao_n.columns = ['station_name', 'counts']
a = pd.merge(pindao, pindao_n, left_on='station_name', right_on='station_name',
    how='left')

# 绘制所有频道的观看时长柱状图和观看次数折线图的组合图
fig, left_axis = plt.subplots()
right_axis = left_axis.twinx()
left_axis.bar(a.index, a.iloc[:, 1])
right_axis.plot(a.index, a.iloc[:, 2], 'r.-')
left_axis.set_ylabel('观看时长（小时）')
right_axis.set_ylabel('观看次数')
left_axis.set_xlabel('频道号')
plt.xticks([])
plt.title('所有收视频道的观看时长与观看次数')
plt.tight_layout()
plt.show()

# 绘制收视排名前 15 的频道名称的观看时长柱状图
plt.figure(figsize=(15, 8))
plt.bar(range(15), pindao.iloc[124:139, 1])
plt.xticks(range(15), pindao.iloc[124:139, 0])
plt.xlabel('频道名称')
plt.ylabel('观看时长（小时）')
plt.title('收视排名前 15 频道名称的观看时长')
plt.show()
```

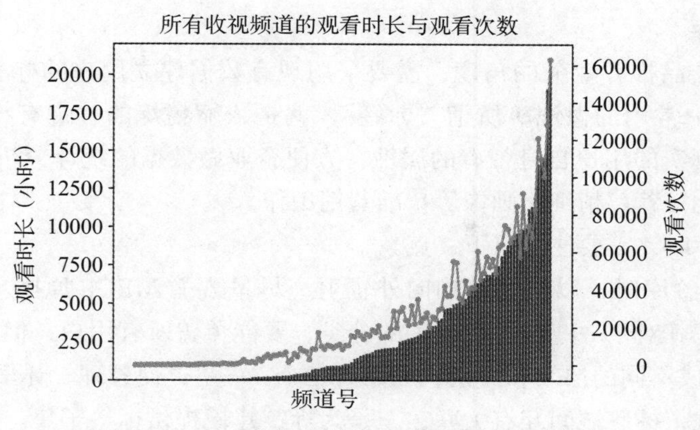

图 6-11　所有收视频道的观看时长与观看次数

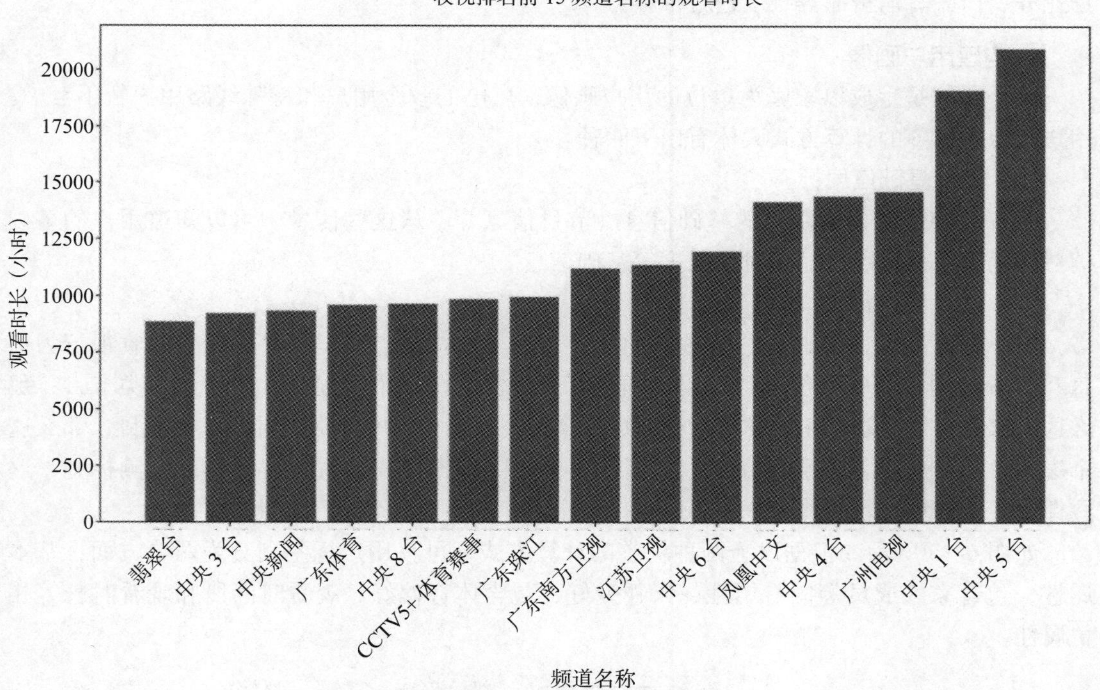

图 6-12　收视排名前 15 的频道名称的观看时长

6.2.3　属性构建

一般情况下，属性构建是指经过一系列的数据变化、转换或组合等方式形成新的属性。本案例通过对电视产品个性化推荐业务的理解，为每个标签的实现制定了相应的规则。在建立用户画像的标签库后，对标签属性进行构建。

1. 用户标签库

立足于电视产品推荐业务的角度，需要采用现有数据建立用户的标签库。给用户贴标签是大数据营销中常用的做法，所谓“标签”，就是浓缩精炼的、带有特定含义的一系列词语，用于描述真实的用户自身带有的属性，方便企业做数据的统计分析。借助用户标签，企业可实现差异化推荐、精细化画像等精准营销工作。

在建立标签库时，需要注意以下 3 点。

1）在建立标签库时，以树状结构向外辐射，尽量遵循 MECE 原则：标签之间相互独立、完全穷尽，尤其对于一些与用户相关的分类，要能覆盖所有用户，但又不交叉。

2）将标签分成不同的层级和类别，原因有三个：一是方便管理，让散乱的标签体系化；二是维度并不孤立，标签之间互有关联；三是为标签建模提供标签子集。

3）以不同的维度去构建标签库，以更好地为用户提供服务。例如，在用户层面可以根据业务、产品、消费品等维度进行推荐。

2. 构建用户画像

整个案例是生成以家庭为单位的用户画像，广电的政企用户和特殊线路用户暂不考虑。用户画像中标签的计算方式大体有以下两种。

（1）固有基础信息标签

固有基础信息包括用户的基础信息、节目信息等，从这些信息中可以知道用户的基础消费状况、用户订购产品的时间长度等基础信息。

（2）通过用户行为推测标签

用户行为是构建家庭客户标签库的主要指标，用户的点播、直播、回看的收视行为信息和收看时间段与时长等都可以用于构建标签。例如，某个家庭经常点播体育类节目，那么这个家庭可能会被贴上“体育”“男性”等标签；某个家庭经常观看儿童类节目，那么这个家庭中可能有儿童，会被贴上“儿童”等标签。根据用户的行为属性可以推测标签，这些标签会根据用户行为的变化而不断生产、更新，这也是标签的主要来源。

如图 6-13 所示，根据以上两种标签的计算方式，可将用户标签划分为两个方面：基本属性，包含家庭成员等固有属性；兴趣爱好，包含体育偏好、观看时间段和观看时长等相关属性。

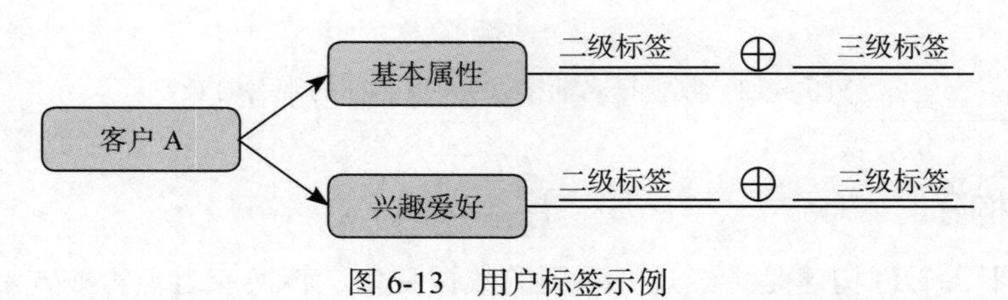

图 6-13 用户标签示例

用户收视行为信息数据相关标签的构造规则如表 6-4 所示。

表 6-4　用户收视行为信息数据相关标签的构造规则

标签名称	规则
家庭成员	先对电视频道直播时间及类型标签数据进行隔夜处理；将收视记录分为 4 类，一类是后半段匹配，一类是全部匹配，一类是前半段匹配，一类是中间段匹配；最后，合并 4 类情况数据，计算所有用户的总收视时长（AMT）与每个用户观看各类型节目的总收视时长（MT），若 MT ÷ AMT ≥ 0.16，则贴入该家庭成员标签
电视依赖度	计算用户的收视行为次数的总和 N 与总收视时长 AMT。若 $N \leqslant 10$，则电视依赖度低；若 ATM ÷ $N \leqslant$ 50 min，则电视依赖度中；若 ATM ÷ $N >$ 50 min，则电视依赖度高
机顶盒名称	过滤设备名称（res_name）为空的记录，根据用户号与设备名称去重，最后确定标签
付费频道月均收视时长	若用户收视行为信息数据的频道名称中含有“(付费)”，则为付费频道数据，计算各用户的收视时长 若无数据，则付费频道无收视；若付费频道月均收视时长＜ 1 h，则付费频道月均收视时长较短；若 1 h ＜付费频道月均收视时长＜ 2 h，则付费频道月均收视时长适中；若付费频道月均收视时长＞ 2 h，则付费频道月均收视时长较长
点播回看月均收视时长	若用户收视行为信息数据中节目类型（res_type）为 1，则为点播回看数据，计算各用户的收视时长 若无数据，则点播回看无收视；若点播回看月均收视时长＜ 3 h，则点播回看月均收视时长较短；若 3 h ＜点播回看月均收视时长＜ 10 h，则点播回看月均收视时长适中；若点播回看月均收视时长＞ 10 h，则点播回看月均收视时长较长
体育爱好	若用户收视行为信息数据中节目类型（res_type）为 1 时的节目名称（vod_title）与节目类型（res_type）为 0 时的节目名称（program_title）包含下列属性，则计算其收视时长，若大于阈值，则贴上对应标签 足球：足球、英超、欧足、德甲、欧冠、国足、中超、西甲、亚冠、法甲、杰出球胜、女足、十分好球、亚足、意甲、中甲、足协、足总杯 冰上运动：KHL、NHL、冰壶、冰球、冬奥会、花滑、滑冰、滑雪、速滑 高尔夫：LPGA、OHL、PGA 锦标赛、高尔夫、欧巡总决赛 格斗：搏击、格斗、昆仑决、拳击、拳王 篮球：CBA、NBA、篮球、龙狮时刻、男篮、女篮 排球：女排、排球、男排 乒乓球：乒超、乒乓、乒联、乒羽 赛车：车生活、劲速天地、赛车 体育新闻：今日访谈、竞赛快讯、世界体育、体坛点击、体坛快讯、体育晨报、体育世界、体育新闻 橄榄球：NFL、超级碗、橄榄球 网球：ATP、澳网、费德勒、美网、纳达尔、网球、中网 游泳：泳联、游泳、跳水 羽毛球：羽超、羽联、羽毛球、羽乐无限 自行车、象棋、体操、保龄球、斯诺克、台球、赛马
观看时间段偏好（工作日）	分别计算在 00:00—06:00、06:00—09:00、09:00—11:00、11:00—14:00、14:00—16:00、16:00—18:00、18:00—22:00、22:00—23:59 各时段的总收视时长，并贴上对应的凌晨、早晨、上午、中午、下午、傍晚、晚上、深夜标签，选择降序排序后前 3 的观看时间段偏好标签
观看时间段偏好（周末）	与观看时间段偏好（工作日）相同

以体育偏好为例，用户收视行为信息数据中相关标签构造的实现方法如代码清单 6-7

所示，标签构造部分结果如表 6-5 所示。

代码清单 6-7 用户收视行为信息数据中相关标签构造

```
import pandas as pd
import numpy as np
media3 = pd.read_csv('../tmp/media3.csv', header='infer', error_bad_lines=False)

# 体育偏好
media3.loc[media3['program_title'] == 'a', 'program_title'] = \
media3.loc[media3['program_title'] == 'a', 'vod_title']
program = [re.sub('\(.*', '', i) for i in media3['program_title']]  # 去除集数
program = [re.sub('.*月.*日', '', str(i)) for i in program]  # 去除日期
program = [re.sub('^ ', '', str(i)) for i in program]  # 去除前面的空格
program = [re.sub('\\d+$', '', i) for i in program]  # 去除结尾数字
program = [re.sub('【.*】', '', i) for i in program]  # 去除方括号内容
program = [re.sub('第.*季.*', '', i) for i in program]  # 去除季数
program = [re.sub('广告|剧场', '', i) for i in program]  # 去除广告、剧场字段
media3['program_title'] = program
ind = [media3.loc[i, 'program_title'] != '' for i in media3.index]
media_ = media3.loc[ind, :]
media_ = media_.drop_duplicates()  # 去重
media_.to_csv('../tmp/media4.csv', na_rep='NaN', header=True, index=False)
```

表 6-5 标签构造部分结果

序号	phone_no	duration	station_name
0	16801274792	5 121 000	中央 6 台
1	16801274792	829 000	中央 5 台
2	16801274792	256 000	广州电视
3	16801274792	687 000	安徽卫视
4	16801274792	875 000	天津卫视
5	16801274792	28 000	辽宁卫视

由于其他指标的计算方法有相同之处，因此此处不列出家庭成员、电视依赖度、机顶盒名称、付费频道月均收视时长、点播回看月均收视时长、观看时间段偏好（工作日）和观看时间段偏好（周末）标签的构造过程。

6.3 分析与建模

在实际应用中构造推荐系统时，并不是采用单一的某种推荐方法进行推荐。为了实现较好的推荐效果，通常会综合使用多种推荐方法。在组合多种推荐方法进行推荐时，可以采用串行或并行的组合方法。采用并行的组合方法进行推荐的推荐系统流程图如图 6-14 所示。

根据项目的实际情况，由于目标长尾节目（依靠节目品种的丰富范围进行经济收获的节

目）丰富、用户个性化需求强烈，以及推荐结果实时变化明显，结合原始数据节目数明显小于用户数的特点，项目采用基于物品的协同过滤推荐系统对用户进行个性化推荐，以其推荐结果作为推荐系统结果的重要部分。这是因为基于物品的协同过滤推荐系统是利用用户的历史行为为用户进行推荐，推荐结果更容易令用户信服，如图 6-15 所示。

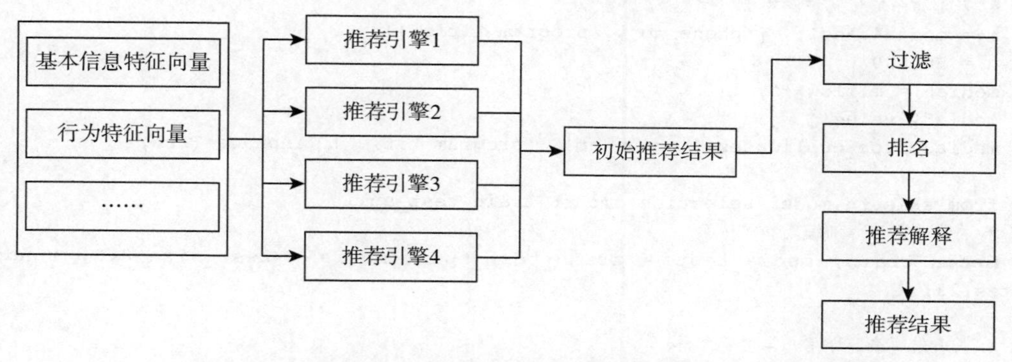

图 6-14 采用并行的组合方法进行推荐的推荐系统流程图

为了达到最好的推荐方式，本案例使用组合的方法，选择了一种个性化算法和一种非个性化算法进行建模并进行模型评价与分析。其中，个性化算法为基于物品的协同过滤算法，非个性化算法为基于流行度的推荐算法，基于流行度的推荐算法是按照节目的流行度向用户推荐用户没有产生过观看行为的最热门的节目。

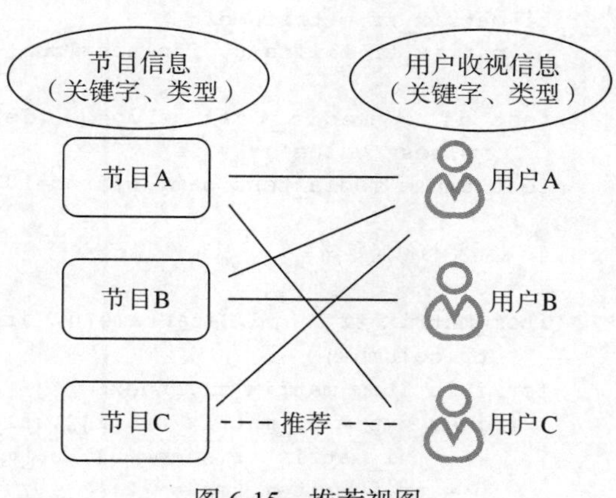

图 6-15 推荐视图

6.3.1 基于物品的协同过滤推荐模型

推荐系统是根据物品的相似度和用户的历史行为，对用户的兴趣度进行预测并推荐，因此在评价模型的时候需要用到一些评价指标。为了得到评价指标，一般是将数据集分成两部分：大部分数据作为模型训练集，小部分数据作为测试集。通过训练集得到模型，在测试集上进行预测，再统计出相应的评价指标值进行对比，即可知道模型的预测效果。

在实际场景中，由于物品数目过多，建立的用户物品矩阵与物品相似度矩阵将是非常庞大。在用户收视行为信息数据中提取用户号与节目名称两个属性，由于本案例数据量较大，所以选取 500 000 条记录数据，构建基于物品的协同过滤推荐模型，计算物品之间的相似度，如代码清单 6-8 所示，协同过滤推荐模型的部分推荐结果如表 6-6 所示。

代码清单 6-8 构建基于物品的协同过滤推荐模型

```
import pandas as pd
import numpy as np
media4 = pd.read_csv('../tmp/media4.csv', header='infer')

# 基于物品的协同过滤算法
m = media4.loc[:, ['phone_no', 'program_title']]
n = 500000
media5 = m.iloc[:n, :]
media5['value'] = 1
media5.drop_duplicates(['phone_no', 'program_title'], inplace=True)

from sklearn.model_selection import train_test_split
# 将数据划分为训练集和测试集
media_train, media_test = train_test_split(media5, test_size=0.2, random_
state=123)

# 长表转宽表，即用户 - 物品矩阵
train_df = media_train.pivot(index='phone_no', columns='program_title',
    values='value')  # 透视表
ui_matrix_tr = train_df
ui_matrix_tr.fillna(0, inplace=True)

test_df = media_test.pivot(index='phone_no', columns='program_title',
    values='value')  # 透视表
test_tmp = media_test.sample(frac=1000 / media_test.shape[0], random_state=3)

# 求物品相似度矩阵
t = 0
item_matrix_tr = pd.DataFrame(0, index=ui_matrix_tr.columns, columns=ui_matrix_
    tr.columns)
for i in item_matrix_tr.index:
    item_tmp = ui_matrix_tr[[i]].values * np.ones(
        (ui_matrix_tr.shape[0], ui_matrix_tr.shape[1])) + ui_matrix_tr
    U = np.sum(item_tmp == 2)
    D = np.sum(item_tmp != 0)
    item_matrix_tr.loc[i,:] = U / D
    t += 1
    if t % 500 == 0:
        print(t)

# 将物品相似度矩阵对角线处理为零
for i in item_matrix_tr.index:
    item_matrix_tr.loc[i, i] = 0

# 获取推荐列表和模型评价
rec = pd.DataFrame(index=test_tmp.index, columns=['phone_no', '已观看节目', '推荐
    节目', 'T/F'])
rec.loc[:, 'phone_no'] = list(test_tmp.iloc[:, 0])
rec.loc[:, '已观看节目'] = list(test_tmp.iloc[:, 1])
```

```
# 开始推荐
for i in rec.index:
    try:
        usid = test_tmp.loc[i, 'phone_no']
        animeid = test_tmp.loc[i, 'program_title']
        item_anchor = list(ui_matrix_tr.loc[usid][ui_matrix_tr.loc[usid] ==
            1].index)
        co = [j for j in item_matrix_tr.columns if j not in item_anchor]
        item_tmp = item_matrix_tr.loc[animeid,co]
        rec_anime = list(item_tmp.index)[item_tmp.argmax()]
        rec.loc[i, '推荐节目'] = rec_anime
        if test_df.loc[usid,rec_anime] == 1:
            rec.loc[i,'T/F'] = 'T'
        else:
            rec.loc[i,'T/F'] = 'F'
    except:
        pass

# 保存推荐结果
rec.to_csv('../tmp/rec.csv')
```

表 6-6　协同过滤推荐模型的部分推荐结果

phone_no	已观看节目	推荐节目
16801491802	体坛快讯	体育新闻
16801355649	东方夜新闻	东方新闻
16801443936	直播港澳台	光影星播客
16801406180	中国舆论场	深度国际
16801431087	最美是你	呖咕呖咕新年财

6.3.2　基于流行度的推荐算法模型

对于既不具有点播信息、收视信息又过少（甚至没有）的用户，可以使用基于流行度的推荐算法模型，为这些用户推荐最热门的前 N 个节目，等用户收视行为信息数据收集到一定数量时，再切换为个性化推荐，如代码清单 6-9 所示，在基于流行度的推荐算法模型中输入指定用户，推荐的部分节目结果如表 6-7 所示。

代码清单 6-9　基于流行度的推荐算法模型

```
import pandas as pd
media6 = pd.read_csv('../tmp/media4.csv', header='infer')

# 基于流行度的推荐算法
from sklearn.model_selection import train_test_split
# 将数据划分为训练集和测试集
media6_train, media6_test = train_test_split(media6, test_size=0.2, random_
    state=1234)

# 将节目按热度排名
```

```
program = media6_train.program_title.value_counts()
program = program.reset_index()
program.columns = ['program', 'counts']

recommend_dataframe = pd.DataFrame
m = 3000
# 对输入的用户名进行判断，若输入为0，则停止运行，否则展示用户名所对应的推荐的节目
while True:
    input_no = int(input('Please input one phone_no that is not in group:'))
    if input_no == 0:
        print('Stop recommend!')
        break
    else:
        recommend_dataframe = pd.DataFrame(program.iloc[:m, 0],
            columns=['program'])
        print('Phone_no is %d. \nRecommend_list is \n' % (input_no),
            recommend_dataframe)
'''
当输入16801274792时，即可为用户名为16801274792的用户，推荐最热门的前N个节目
当输入0时，即可结束为用户进行推荐
'''
```

表 6-7 基于流行度的推荐算法模型的部分推荐结果

排名	节目名称	排名	节目名称
1	七十二家房客	4	综艺喜乐汇
2	新闻直播间	5	归去来
3	中国新闻		

当针对每个用户进行推荐时，可推荐流行度（热度）排名前20的节目。

6.4 模型评价

评价一个推荐模型时，一般从用户、商家、节目3个方面进行综合考虑。好的推荐模型能够满足用户的需求，推荐用户感兴趣的节目。当然，推荐模型不能全部是热门的节目，还需要根据用户反馈意见不断完善推荐系统。因此，好的推荐模型不仅能预测用户的行为，而且能帮助用户发现可能会感兴趣，却不易发现的节目，也就是说，要能帮助商家发掘长尾节目，并推荐给可能会对它们感兴趣的用户。

由于本案例用户的行为是二元选择，所以对模型进行评价的指标为分类准确率指标，如代码清单6-10所示，模型评价输出结果如表6-8所示。其中，代码清单6-10是接着代码清单6-8构建的基于物品的协同过滤推荐模型进行评价的。

代码清单 6-10 基于物品的协同过滤推荐模型评价

```
# 接着代码清单6-8
```

```
score = rec['T/F'].value_counts()['T']/(rec['T/F'].value_counts()['T'] + rec['T/
    F'].value_counts()['F'])
print(' 推荐的准确率为: ', str(round(score*100,2)) + '%')
```

表 6-8　基于物品的协同过滤推荐模型的准确率

指标名称	数值
准确率	29.51%

基于流行度的推荐算法可以获得原始数据中热度排名前 3000 的节目，计算推荐的准确率，如代码清单 6-11 所示，模型评价结果如表 6-9 所示。随着时间、节目、用户收视行为发生变化，流行度也需要实时排序。其中，代码清单 6-11 是接着代码清单 6-9 构建的基于流行度的推荐算法模型进行评价的。

代码清单 6-11　基于流行度的推荐算法模型评价

```
# 接着代码清单 6-9
recommend_dataframe = recommend_dataframe
import numpy as np
phone_no = media6_test['phone_no'].unique()
real_dataframe = pd.DataFrame()
pre = pd.DataFrame(np.zeros((len(phone_no), 3)), columns=['phone_no', 'pre_num',
    're_num'])
for i in range(len(phone_no)):
    real = media6_test.loc[media6_test['phone_no'] == phone_no[i], 'program_
        title']
    a = recommend_dataframe['program'].isin(real)
    pre.iloc[i, 0] = phone_no[i]
    pre.iloc[i, 1] = sum(a)
    pre.iloc[i, 2] = len(real)
    real_dataframe = pd.concat([real_dataframe, real])

real_program = np.unique(real_dataframe.iloc[:, 0])
# 计算推荐准确率
precesion = (sum(pre['pre_num'] / m)) / len(pre)  # m 为推荐个数，为 3000
print(' 流行度推荐的准确率为: ', str(round(precesion*100,2)) + '%')
```

表 6-9　基于流行度的推荐算法模型的准确率结果

指标名称	数值
准确率	5.59%

基于表 6-8 和表 6-9，对基于物品的协同过滤推荐模型与基于流行度的推荐算法模型的评价进行比较可以发现，协同过滤算法的推荐效果优于流行度算法。当用户收视数据量增加时，协同过滤算法模型的推荐效果会越来越好，可以看出基于物品的协同过滤推荐模型相对“稳定”。对于基于流行度的推荐算法模型，随着推荐节目个数的增加，模型的准确率在下降。

在协同过滤推荐过程中，两个节目相似的原因是它们共同出现在很多用户的兴趣列表中，也可以说是每个用户的兴趣列表都对节目的相似度产生贡献，但并不是每个用户的贡献度都相同。通常不活跃的用户要么是新用户，要么是收视次数少的老用户。在实际分析中，一般认为新用户倾向浏览热门节目，而老用户会逐渐开始浏览冷门的节目。

当然，除了个性化推荐列表，还有另外一个重要的推荐应用就是相关推荐列表。有过网购经历的用户都知道，当在电子商务平台上购买一个商品时，系统会在商品信息下方展示相关的商品：一种是包含购买了这个商品的用户也经常购买的其他商品，另一种是包含浏览过这个商品的用户经常购买的其他商品。这两种相关推荐列表的区别是，使用了不同用户行为计算节目的相似性。

综合本案例各个部分的分析结论，对电视产品的营销推荐有以下 5 点建议。

1）内容多元化。以套餐的形式对节目进行多元化组合，可以满足不同观众的需求，增加观众对电视产品的感兴趣程度，提高用户观看节目的积极性，有利于附加产品的推广销售。

2）按照家庭用户标签打包。根据家庭成员和兴趣偏好类型组合，针对不同家庭用户推荐不同的套餐。如对有儿童、老人的家庭和独居青年推荐不同的套餐，前者以动画、戏曲等节目为主，后者以流行节目、电影、综艺、电视剧等节目为主。这样不但贴合用户需要，还能使产品推荐更为容易。

3）流行度推荐与个性化推荐结合。既对用户推荐用户感兴趣的信息，又推荐当下流行的节目，提高推荐的准确率。

4）节目库智能归类。对于节目库做智能归类，增加节目标签，从而更好地完成节目与用户之间的匹配。节目库的及时更新也有利于激发用户的观看热情，提高产品口碑。

5）实时动态更新用户收视的兴趣偏好标签。随着用户观看记录数据的实时更新，用户当前的兴趣偏好也会发生变化，实时动态更新标签可以更好地顾及每一位用户的需求，做出更精准的推荐。

6.5 小结

本章主要目的是为广电行业不同用户群体实现电视产品精准营销推荐，以提高用户黏性。首先，通过对用户收视行为信息数据进行分析与处理，再采用基于物品的协同过滤算法和基于流行度的推荐算法对处理好的数据进行建模分析。最后通过模型评价与结果分析，发现不同算法的优缺点，同时通过模型得出相关的电视产品个性化推荐的业务建议。

第 7 章 Chapter 7

运输车辆安全驾驶行为分析

随着车联网技术的发展，通过无线射频等识别技术对装载在车辆上的电子标签进行识别，可实现在信息网络平台上对所有车辆的属性信息、静态信息、动态信息等进行提取和有效利用。通过大数据技术分析，对驾驶员的安全驾驶行为进行实时、准确、高效的评价，可以实现对车辆的实时监管，对提高道路运输过程中的安全管理水平和运输效率有着重要意义。本章将根据运输车辆的行车轨迹数据，构建车辆驾驶指标，同时对构建好的指标数据进行探索性分析；最后构建驾驶行为预测模型，对运输车辆驾驶行为的安全性进行综合评价与判断。

学习目标

- 了解运输车辆安全驾驶行为分析案例的相关背景、数据说明和目标分析。
- 掌握车辆驾驶指标的构建方法。
- 掌握分布分析、相关性分析、异常值检测的方法。
- 掌握驾驶行为的聚类分析方法。
- 掌握驾驶行为预测模型的构建方法。

7.1 背景与目标

在运输企业中，每辆营运车辆的运输路线及配备的驾驶人员是相对固定的。因此，分析车辆的行车轨迹数据可反映驾驶员的相应驾驶行为。本节主要介绍运输车辆安全驾驶行为分析案例的背景、数据说明和目标分析。

7.1.1 背景

如今，国家将推动互联网、大数据、人工智能与交通运输深度融合，加快车联网建设，构建以数据为关键要素的数字化、网络化、智能化的智慧交通体系。随着车辆数量的快速增长，停车位少、道路堵塞和交通事故等问题也日益突显。影响交通安全的因素主要包括以下几点：

- 驾驶员的驾驶行为不规范。
- 人们的交通安全意识比较薄弱。
- 交通设施的不完善及设计不合理。
- 驾驶的车辆自身存在安全问题。

大多数交通事故问题是由驾驶行为不规范引起的。其中，疲劳驾驶、超速驾驶、急转弯、急加速等一系列异常驾驶行为是交通事故发生的主要原因，且这些异常驾驶行为往往难以被有效地检测出来。

目前，随着车联网技术的日益成熟，现在车辆中均会内置或外接传感器，用于收集车辆驾驶数据，包括行驶速度、行驶加速度和连续驾驶时间等关键数据，使得我们可以根据该数据研究运输车辆的异常驾驶行为。所以，如何围绕车联网所采集的运输车辆的驾驶数据，运用数据挖掘方法，分析车辆驾驶行为对行车安全的影响，以提高运输安全管理水平，已成为各运输企业所需要解决的重要问题之一。

7.1.2 数据说明

本案例以某运输企业所采集到的数据为分析对象，给出了450辆运输车辆的行车轨迹数据，每一辆车的行车轨迹数据为一个CSV文件，且各数据文件的数据字段均相同，其数据说明如表7-1所示。由于采集设备的精度会存在一定的差异，所以实际采集到的数据可能会存在某些异常。

表 7-1 车辆行车轨迹数据说明

属性名称	属性说明	属性名称	属性说明
vehicleplatenumber	车牌编码，车辆的唯一识别信息	left_turn_signals	左转向灯，0表示灭，1表示开
device_num	设备号	hand_brake	手刹，0表示灭，1表示开
direction_angle	方向角，范围为[0, 359]	foot_brake	脚刹，0表示无，1表示有
lng	经度，东经	location_time	采集时间
lat	纬度，北纬	gps_speed	GPS速度，单位为km/h
acc_state	点火状态，0表示熄火，1表示点火	mileage	GPS里程，单位为km
right_turn_signals	右转向灯，0表示灭，1表示开		

7.1.3 目标分析

本案例根据运输车辆安全驾驶行为分析的背景和业务需求，结合450辆运输车辆的行车轨迹数据，需要实现以下目标。

1）利用行车轨迹数据，挖掘运输车辆的不良驾驶行为。

2）利用构建的车辆驾驶行为指标，预测行车安全类别。

运输车辆安全驾驶行为分析的总流程如图 7-1 所示，主要步骤如下。

1）基于原始数据构建车辆驾驶行为指标。

2）对驾驶行为数据进行分布分析、相关性分析、异常值检测等探索性分析。

3）根据车辆驾驶行为指标对车辆进行聚类分析。

4）构建车辆驾驶行为安全判别模型，并对车辆进行预测评价。

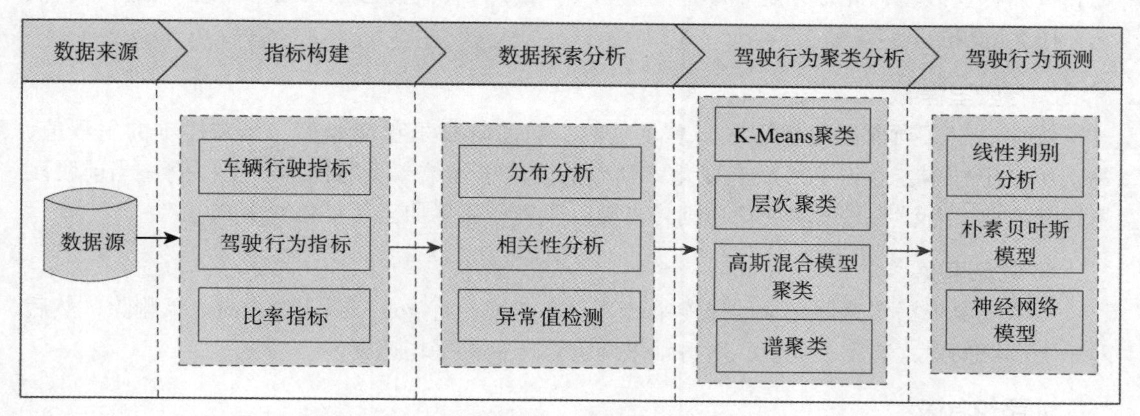

图 7-1 运输车辆安全驾驶行为分析的总流程

7.2 构建车辆驾驶行为指标

观察采集到的车辆行车轨迹数据，可以发现数据中记录的是某时刻车辆的行驶状态，如车辆的行驶速度、车辆发动机所处的状态、车辆当前所处位置的经纬度等。然而，本案例的主要目标是对车辆的安全驾驶行为进行分析，以判断哪些车辆是安全驾驶的，哪些车辆是不良驾驶的，但现在收集到的数据不能满足本案例的分析要求，因此需要构建不良驾驶行为指标。

在车辆运输过程中，不良驾驶行为主要包括疲劳驾驶、急加速、急减速、怠速预热、超长怠速、熄火滑行、超速、急变道等。结合本案例的业务需求及数据情况，主要构建急加速、急减速、行驶里程、平均速度、超长怠速、疲劳驾驶、熄火滑行等指标。其中几项主要指标的具体计算方法如下。

1. 急加速

急加速描述的是车辆起步或行驶过程中猛踩油门提速的动作。在同样的车速下，猛踩油门会带来更高的发动机瞬时喷油量和转速，消耗更多的燃料，造成大量的燃料浪费，加重尾气污染。利用 GPS 速度与定位时间计算每条记录对应的加速度，设置前后间隔时间不超过 2 s，并设置加速度大于急加速阈值的行为为急加速行为。按照行业经验，此处设定急加速阈值为 3 m/s^2，转换为与原数据一样的单位后，其值为 10.8 km/h。

2. 急减速

在实际情况中，急减速行为容易导致后车追尾，且高减速操作会因利用离合下压浪费车辆本身惯性，造成不必要的油耗损失。与急加速类似，利用 GPS 速度与定位时间计算每条记录对应的加速度，设置前后间隔时间不超过 2 s 且小于急减速阈值的行为为急减速行为，按照行业经验，此处设定急减速阈值为 −3 m/s^2，转换为与原数据一样的单位后，其值为 −10.8 km/h。

3. 行驶里程

首先，定义当前阶段里程数、总里程数、当前阶段里程起始值、当前样本的里程值，每遍历一个样本，若设备号没有变化，则当前阶段里程数 = 当前样本的里程值 − 当前阶段里程起始值，若设备号发生变化，则将当前阶段里程数累加至总里程数中。

4. 平均速度

本节主要根据传感器记录的速度来计算平均速度，将 gps_speed 为 0 的记录删除，然后对每辆车辆的里程速度求均值，所得结果即为该车辆的平均速度。

5. 超长怠速

由于短时间的怠速对车辆预热有一定的作用，而长时间的怠速对油耗影响较大，且影响交通和车辆自身机械安全，因此须综合考虑怠速状态与怠速时间来评判驾驶行为的安全性与节能性。根据《汽车驾驶节能操作规范》中的相关规定，停车超过 60 s 时，应将发动机熄火，以有效降低车辆运行的燃料消耗量。当发动机转速不为零但车速为零时，若持续的时间超过设定的阈值（60 s），则视为超长怠速行为。

6. 疲劳驾驶

疲劳驾驶是指驾驶员在长时间连续行车后，产生生理机能与心理机能的失调，出现驾驶技能下降的现象。驾驶员睡眠质量差或睡眠不足，会影响到他的注意、感觉、知觉、思维、判断、意志、决定与运动等方面，是严重的不安全因素。大量交通事故都与疲劳驾驶有关。

根据道路运输行业相关法规，本案例定义驾驶员在 24 h 内累计驾驶时间超过 8 h，连续驾驶时间超过 4 h 且每次停车休息时间少于 20 min，或夜间连续驾驶 2 h 的行为为疲劳驾驶行为。

7. 熄火滑行

熄火滑行是指将发动机熄火，将变速箱置于空挡，利用汽车前进的惯性滑行。熄火滑行对行车安全有着重大影响。由于熄火滑行时，空气压缩机停止工作，造成贮气筒内没有足够的制动空气，万一发生危险情况，制动容易失灵，从而引发交通事故。本案例假定车辆发动机的点火状态为 off，且车辆经纬度发生了位移的情况为熄火滑行状态。

8. 标准差指标

相对于速度或速度变化净值的大小，研究其波动性更有助于分析驾驶行为是否激进，速度、加速度多变的驾驶行为往往更不安全。本案例基于求得的平均速度与加速度，计算出每辆车的速度标准差和速度差值标准差。

9. 比率指标

由于行驶里程不同，直接比较相关行为发生的次数不能合理地反映司机的驾驶行为，因此对计算好的次数指标（急加速次数、急减速次数、超长怠速次数、熄火滑行次数、疲劳驾驶次数）都除以该车的行驶里程数，得到相应的次数率（每千米），用以反映驾驶行为的发生频率。

根据上述计算方法，基于450辆运输车辆的行车轨迹数据，构建车辆驾驶行为指标，构建后的指标如表7-2所示，并将构建好的指标数据存放至data.csv文件中，以便后续进行分析。注意，因为构建车辆驾驶行为指标需要使用GPS速度，所以在构建指标前需剔除GPS速度都等于0的车辆的行车轨迹采集数据。

表 7-2 车辆驾驶行为指标

指标类型	指标名称	说明
车辆编码	车辆编码	车牌编码，已脱敏
车辆行驶指标	mileage	行驶里程（km）
	avg_speed	平均速度（km/h）
	sd_speed	速度标准差
	sd_speed_diff	速度差值标准差
驾驶行为指标	speed_plus	急加速（次）
	speed_minus	急减速（次）
	tired	疲劳驾驶（次）
	slip	熄火滑行（次）
	dscs	超长怠速（次）
比率指标	plus_rate	急加速频率
	minus_rate	急减速频率
	tired_rate	疲劳驾驶频率
	slip_rate	熄火滑行频率
	dscs_rate	超长怠速频率

7.3 数据探索分析

根据已知数据集，在尽量少的先验假定下进行数据探索，通过查看数据分布规律、数据之间相关性等方法对数据进行处理，以便更轻松地找出异常值、数据间的关系等。

7.3.1 分布分析

针对构建好的驾驶行为指标数据，使用describe()方法进行描述性统计分析，可以得出各个属性的基本情况，如样本总量、平均值、标准差、最小值、25%分位数、中位数、75%分位数、最大值等，并且通过使用info()方法可以查看各属性的数据类型，如代码清单7-1所示。

代码清单 7-1 查看数据的基本情况

```
import pandas as pd
import matplotlib.pyplot as plt
import seaborn as sns
import warnings
from sklearn.preprocessing import StandardScaler
```

```
warnings.filterwarnings('ignore')  # 忽略警告信息
# 读取驾驶行为数据
data = pd.read_csv('../tmp/data.csv', encoding='gbk')
print(data.describe())  # 查看数据的相关统计量，包括数量、均值、最大值、最小值等
print(data.info())  # 查看数据类型
```

运行代码清单 7-1，得到的描述性统计表如表 7-3 所示。（注意，描述性统计结果保留一位小数。）

表 7-3 描述性统计表

属性名	样本总量	平均值	标准差	最小值	25% 分位数	中位数	75% 分位数	最大值
mileage	448	2503.9	4230.6	−1408	851.5	1571.0	2736.8	65282.0
avg_speed	448	48.9	12.2	15.2	40.3	47.4	56.8	86.1
sd_speed	448	19.0	5.3	6.4	15.1	17.4	23.7	29.9
sd_speed_diff	448	2.2	1.0	0.4	1.85	2.1	2.3	19.9
speed_plus	448	31.0	507.6	0.0	1.0	3.0	6.0	10683.0
speed_minus	448	35.8	508.3	0.0	3.0	6.5	12.0	10700.0
tired	448	5.5	3.4	0.0	3.0	5.0	7.0	20.0
slip	448	17.4	20.0	0.0	5.0	13.0	25.0	277.0
dscs	448	134.7	76.5	3.0	81.5	124.5	175.0	479.0
plus_rate	448	0.0	0.5	−0.0	0.0	0.0	0.0	11.0
minus_rate	448	0.0	0.5	−0.0	0.0	0.0	0.0	11.0
tired_rate	448	0.0	0.0	−0.0	0.0	0.0	0.0	1.0
slip_rate	448	0.0	0.1	−0.0	0.0	0.0	0.0	2.0
dscs_rate	448	0.1	0.4	−0.0	0.0	0.0	0.0	7.2

由表 7-3 可知，数据中不存在缺失值，但驾驶行为的量纲指标不统一，为了后续分析方便，需要进行标准化处理。此外，疲劳驾驶、熄火滑行、超长怠速指标的取值极度不均衡，且行驶里程中 75% 分位数与最大值的差距过大，数据可能存在异常值。

运行代码清单 7-1，得到的各属性的数据类型如表 7-4 所示。

表 7-4 各属性的数据类型

属性名称	数据类型	属性名称	数据类型
车辆编码	object	slip	int64
mileage	int64	dscs	int64
avg_speed	float64	plus_rate	float64
sd_speed	float64	minus_rate	float64
sd_speed_diff	float64	tired_rate	float64
speed_plus	int64	slip_rate	float64
speed_minus	int64	dscs_rate	float64
tired	int64		

由表 7-4 可知，在驾驶行为数据中共有 8 个浮点类型的属性、6 个整数类型的属性、1 个字符类型的属性。

7.3.2　相关性分析

相关系数可以用于描述定量与变量之间的关系，初步判断因变量与自变量之间是否具有相关性。当相关系数为 1 时，两个属性完全正相关；当相关系数为 −1 时，两个属性完全负相关；当相关系数的绝对值小于 0.3 时，可忽略自变量的影响。利用 corr() 方法计算出各属性两两之间的相关系数，并绘制相关系数热力图，以便更直观地看出各属性之间的相关程度，如代码清单 7-2 所示。

代码清单 7-2　计算各属性间的相关系数并绘制相关系数热力图

```
# 相关性分析
correlation = data.corr()  # 皮尔逊相关系数
plt.rcParams['font.sans-serif'] = ['SimHei']
plt.rcParams['axes.unicode_minus'] = False
f , ax = plt.subplots(figsize=(7, 7))
plt.title('各属性相关系数热力图', fontsize=14)
sns.heatmap(correlation, square=True, vmax=1)  # vmax为热力图颜色取值的最大值，默认会
    从数据集中推导
```

运行代码清单 7-2，得到的相关系数热力图如图 7-2 所示。

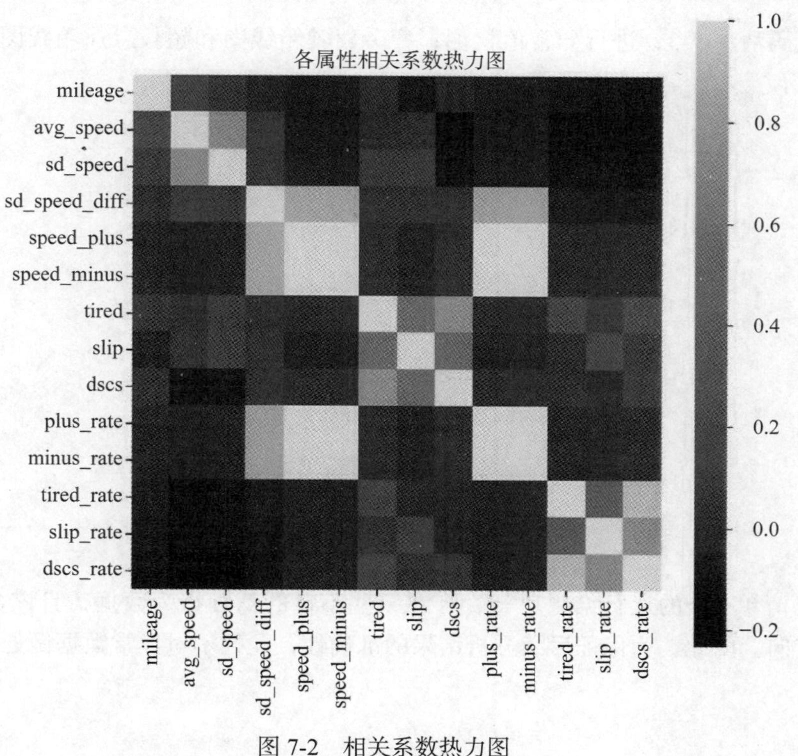

图 7-2　相关系数热力图

由图 7-2 可知，在车辆驾驶行为指标中，急加速与急加速频率、急减速与急减速频率、急加速频率与急减速频率、急加速与急减速等的相关系数大于 0.8（颜色越浅，相关系数越大），具有较强的相关关系，可根据其相关性进行聚类分析。

7.3.3 异常值检测

通过 7.3.1 节中的描述性统计分析结果，我们发现疲劳驾驶、熄火滑行、超长怠速的分布极度不平衡，而且行驶里程的标准差很大，25% 分位数和最大值的差距较为明显，说明该属性存在一定数据倾斜，即数据可能存在异常情况。对异常值进行检测的具体实现代码如代码清单 7-3 所示。

代码清单 7-3 异常值检测

```
data['mileage'].value_counts()  # 查看mileage分布
data['tired'].value_counts()  # 查看tired分布
data['slip'].value_counts()  # 查看slip分布
data['dscs'].value_counts()  # 查看dscs分布
# 绘制箱线图
data.boxplot(['mileage'])
data.boxplot(['tired'])
data.boxplot(['slip'])
data.boxplot(['dscs'])
```

运行代码清单 7-3，进行异常值检测，疲劳驾驶箱线图和超长怠速箱线图分别如图 7-3 和图 7-4 所示。

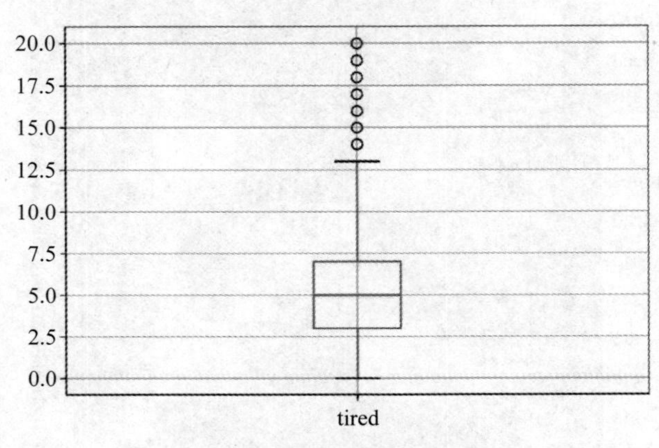

图 7-3 疲劳驾驶箱线图

由代码清单 7-3 的运行结果可知，存在一些不良的驾驶行为数据，且该数据符合本案例的分析方向。因此，为保证后续分析结果的准确性，此处不对异常数据做处理。

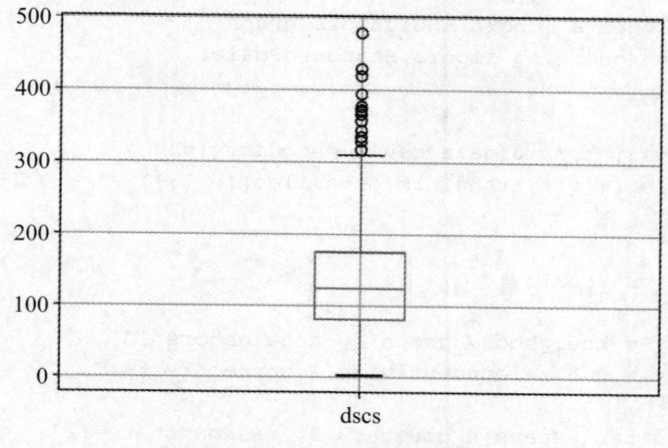

图 7-4　超长怠速箱线图

7.4　驾驶行为聚类分析

进一步挖掘处理后的数据，获取没有规律的、错综复杂的样本数据的分布状况，观察每一簇数据的特征，集中对特定的簇做进一步的分析，使得这些数据能够反映出一定的规律性或特殊的分类性。为了查看车辆驾驶行为主要有哪些类别，本案例将分别采取K-Means聚类、层次聚类、高斯混合模型聚类、谱聚类的方法进行聚类分析，并对比不同方法的聚类效果。

在进行聚类分析之前，通常需要先将数据标准化，目的是将不同规模和量纲的数据缩放到相同的数据区间和范围，以减少规模、特征、分布差异等对模型的影响。在本案例中，由于各指标量纲差距较大，因此需要先采用标准差标准化方法对数据进行标准化处理。这里不再展开介绍标准化方法，读者可自行实践。

7.4.1　K-Means 聚类

K-Means 聚类是传统聚类分析中最常用的方法，可以实现快速动态聚类。使用K-Means 进行驾驶行为聚类分析的具体实现，同时，为保证代码的复用性、简洁性，此处将创建聚类模型的代码封装至一个函数中，即本节包含 K-Means 聚类、层次聚类、高斯混合模型聚类和谱聚类的聚类算法构建的代码，以及车辆行驶标签的代码，如代码清单 7-4 所示。

代码清单 7-4　K-Means 聚类算法实现代码

```
import pandas as pd
import numpy as np
import warnings
import matplotlib.pyplot as plt
from sklearn import cluster, mixture
```

```
from sklearn.neighbors import kneighbors_graph
from sklearn.preprocessing import StandardScaler

# 读取数据
data = pd.read_csv('../tmp/data.csv', encoding='gbk')
X = StandardScaler().fit_transform(data.iloc[:, 1:])  # 指标数据标准化

y_pre_com1 = []
def model_(d, y_pre_com):
    # 创建聚类模型
    connectivity = kneighbors_graph(d, n_neighbors=10)
    connectivity = 0.5 * (connectivity + connectivity.T)
    # K值中心聚类
    kmeans = cluster.KMeans(n_clusters=3, random_state=123)
    # 层次聚类
    average_linkage = cluster.AgglomerativeClustering(linkage='average',
                                                      affinity='euclidean',
                                                      n_clusters=3,
                                                      connectivity=connectivity)
    # 高斯混合模型聚类
    gmm = mixture.GaussianMixture(n_components=3, random_state=123)
    # 谱聚类
    spectral  = cluster.SpectralClustering(n_clusters=3, affinity='nearest_
        neighbors', random_state=123)
    # 聚类模型整合
    clustering_algorithms = (('K-Means', kmeans),
        ('Average linkage agglomerative clustering', average_linkage),
        ('GanssianMixture', gmm),
        ('Spectral clustering', spectral))
    # 预测各车辆行驶标签
    for i, (alg_name, algorithm) in enumerate(clustering_algorithms):
        with warnings.catch_warnings():
            warnings.simplefilter('ignore')
            algorithm.fit(d)
            if hasattr(algorithm, 'labels_'):
                y_pred = algorithm.labels_.astype(np.int)
            else:
                y_pred = algorithm.predict(d)
            y_pre_com.append(y_pred)
model_(X, y_pre_com1)
# 聚类分析
colors = ['blue','orange','green']  # 定义线条颜色
# K-Means 聚类
data['labels'] = y_pre_com1[0].tolist()
c0 = data.loc[data['labels'] == 0]
c1 = data.loc[data['labels'] == 1]
c2 = data.loc[data['labels'] == 2]
# 绘制图形
plt.scatter(c0['sd_speed'], c0['avg_speed'], c=colors[0], marker='o', label='簇1')
plt.scatter(c1['sd_speed'], c1['avg_speed'], c=colors[1], marker='s', label='簇2')
plt.scatter(c2['sd_speed'], c2['avg_speed'], c=colors[2], marker='*', label='簇3')
```

```
plt.xlabel('sd_speed')
plt.ylabel('avg_speed')
plt.legend(loc=2)
plt.title('K-Means 聚类 ')
plt.show()
print('K-Means 聚类簇 1 个数: ', c0['labels'].count())
print('K-Means 聚类簇 2 个数: ', c1['labels'].count())
print('K-Means 聚类簇 3 个数: ', c2['labels'].count())
```

运行代码清单 7-4，得到的 K-Means 聚类结果如图 7-5 所示。

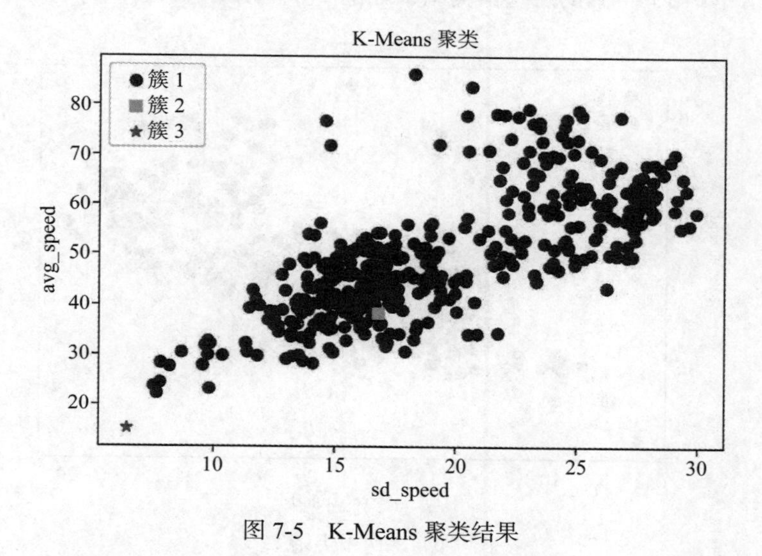

图 7-5　K-Means 聚类结果

由图 7-5 可知，K-Means 聚类结果分为了 3 类，但 K-Means 的聚类效果并不理想，且通过统计簇类个数，得到属于簇 1 的有 446 个，属于簇 2 的有 1 个，属于簇 3 的有 1 个。

7.4.2　层次聚类

层次聚类算法是将数据集划分为一层一层的类，且后面一层生成的类是基于前面一层的结果而得到的。基于代码清单 7-4 构建的层次聚类算法进行聚类结果的展示，如代码清单 7-5 所示。

代码清单 7-5　层次聚类结果展示

```
data['labels'] = y_pre_com1[1].tolist()
c0 = data.loc[data['labels'] == 0]
c1 = data.loc[data['labels'] == 1]
c2 = data.loc[data['labels'] == 2]
# 绘制图形
plt.scatter(c0['sd_speed'], c0['avg_speed'], c=colors[0], marker='o', label=' 簇 1')
plt.scatter(c1['sd_speed'], c1['avg_speed'], c=colors[1], marker='s', label=' 簇 2')
plt.scatter(c2['sd_speed'], c2['avg_speed'], c=colors[2], marker='*', label=' 簇 3')
```

```
plt.xlabel('sd_speed')
plt.ylabel('avg_speed')
plt.legend(loc=2)
plt.title('层次聚类')
plt.show()
print('层次聚类簇 1 个数：', c0['labels'].count())
print('层次聚类簇 2 个数：', c1['labels'].count())
print('层次聚类簇 3 个数：', c2['labels'].count())
```

运行代码清单 7-5，得到的层次聚类结果如图 7-6 所示。

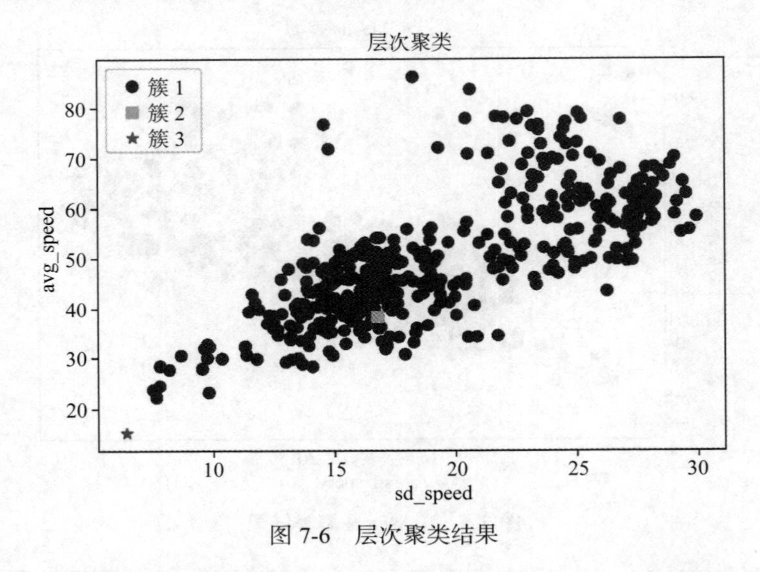

图 7-6　层次聚类结果

统计簇类个数，得到属于簇 1 的有 446 个，属于簇 2 的有 1 个，属于簇 3 的有 1 个，与 K-Means 聚类结果相似，且由图 7-6 可知，层次聚类的效果也不佳。

7.4.3 高斯混合模型聚类

由前文可知，K-Means 聚类算法无法将两个均值相同的类进行聚类，而高斯混合模型聚类恰好解决了这一问题。高斯混合模型聚类是通过选择最大化后验概率来完成聚类的，而不是判定是否完全属于某个类，因而又称为软聚类。尤其在各类尺寸不同、聚类间有相关关系时，高斯混合模型聚类比 K-Means 聚类更合适。

基于代码清单 7-4 构建的高斯混合模型聚类算法进行聚类结果的展示，如代码清单 7-6 所示。

代码清单 7-6　高斯混合模型聚类结果展示

```
data['labels'] = y_pre_com1[2].tolist()
c0 = data.loc[data['labels'] == 0]
c1 = data.loc[data['labels'] == 1]
```

```
c2 = data.loc[data['labels'] == 2]
# 绘制图形
plt.scatter(c0['sd_speed'], c0['avg_speed'], c=colors[0], marker='o', label='簇1')
plt.scatter(c1['sd_speed'], c1['avg_speed'], c=colors[1], marker='s', label='簇2')
plt.scatter(c2['sd_speed'], c2['avg_speed'], c=colors[2], marker='*', label='簇3')
plt.xlabel('sd_speed')
plt.ylabel('avg_speed')
plt.legend(loc=2)
plt.title('高斯混合模型聚类')
plt.show()
print('高斯混合模型聚类簇1个数：', c0['labels'].count())
print('高斯混合模型聚类簇2个数：', c1['labels'].count())
print('高斯混合模型聚类簇3个数：', c2['labels'].count())
```

运行代码清单 7-6，得到的高斯混合模型聚类效果图如图 7-7 所示。

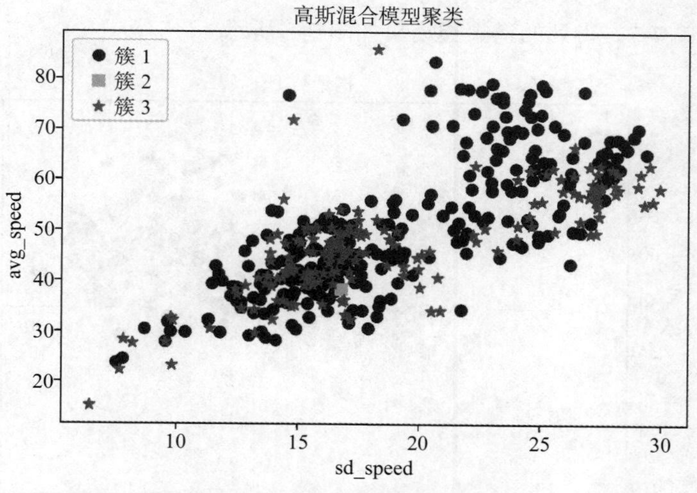

图 7-7　高斯混合模型聚类效果图

统计簇类个数，得到属于簇 1 的有 276 个，属于簇 2 的有 1 个，属于簇 3 的有 171 个，且由图 7-7 可知，高斯混合模型聚类的效果较 K-Means 聚类与层次聚类的效果有了进一步提高，但整体的聚类效果仍然欠佳。

7.4.4　谱聚类

谱聚类也是一种广泛使用的聚类算法，相比传统的 K-Means 聚类，谱聚类对数据分布的适应性更强，计算量更小，效果更好。基于代码清单 7-4 构建的谱聚类算法进行聚类结果的展示，如代码清单 7-7 所示。

代码清单 7-7　谱聚类结果展示

```
data['labels'] = y_pre_com1[3].tolist()
c0 = data.loc[data['labels'] == 0]
```

```
c1 = data.loc[data['labels'] == 1]
c2 = data.loc[data['labels'] == 2]
# 绘制图形
plt.scatter(c0['sd_speed'], c0['avg_speed'], c=colors[0], marker='o', label='簇1')
plt.scatter(c1['sd_speed'], c1['avg_speed'], c=colors[1], marker='s', label='簇2')
plt.scatter(c2['sd_speed'], c2['avg_speed'], c=colors[2], marker='*', label='簇3')
plt.xlabel('sd_speed')
plt.ylabel('avg_speed')
plt.legend(loc=2)
plt.title('谱聚类1')
plt.show()
print('第一次谱聚类簇1个数：', c0['labels'].count())
print('第一次谱聚类簇2个数：', c1['labels'].count())
print('第一次谱聚类簇3个数：', c2['labels'].count())
```

运行代码清单 7-7，得到的谱聚类结果如图 7-8 所示。

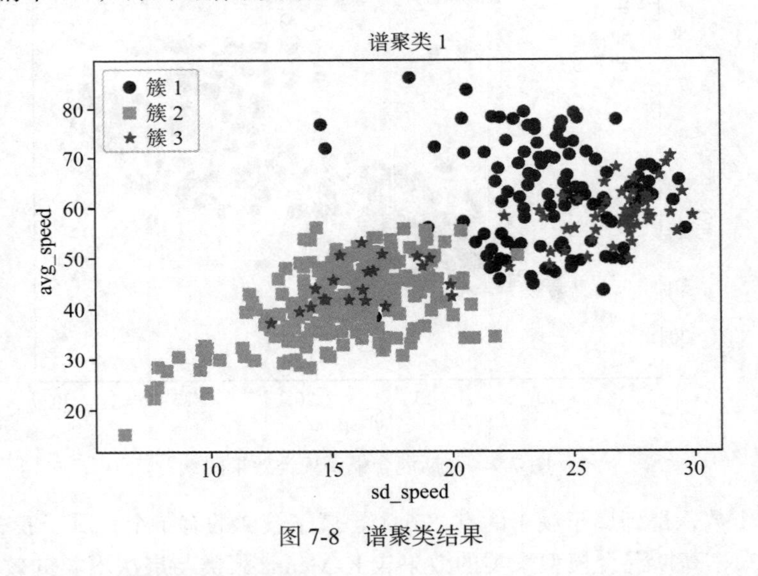

图 7-8 谱聚类结果

统计簇类个数，得到属于簇 1 的有 113 个，属于簇 2 的有 262 个，属于簇 3 的有 73 个，且由图 7-8 可知，谱聚类的效果较前面 3 种聚类算法的效果有了明显提高。蓝色（圆形）大部分在坐标轴的右上方，说明它们的平均速度和速度标准差都很大，可以将其归为激进型，但橙色（正方形）和绿色（星形）混杂在一起，无法清楚地进行分类，需要进一步分析。

本节将提取熄火滑行频率、超长怠速频率、疲劳驾驶频率、急加速频率、急减速频率、速度标准差和速度差值标准差属性，按同样方法进行聚类分析。（注意，由于实现代码与代码清单 7-7 相似，此处不再赘述，详细代码见本书配套资源中的“7.4 驾驶行为聚类分析 .py”文件；同时，在该文件末尾，需要将车辆驾驶行为指标和各车辆行驶标签写

入 “new_data.csv” 文件中，以便用于 7.5 节。）重新提取指标后得到的谱聚类结果如图 7-9 所示。

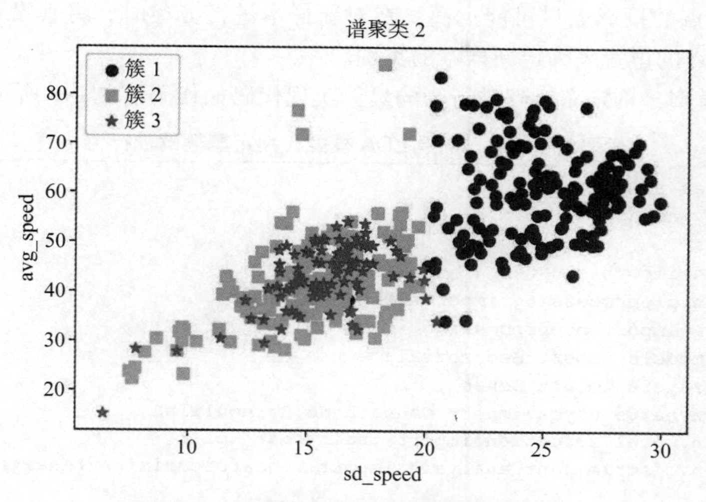

图 7-9　重新提取指标后的谱聚类结果

通过观察聚类后得到的结果数据和图 7-9 可以看出，驾驶行为能够较好地分成 3 个类别，其中橙色（正方形）代表的类别在车辆速度标准差较小的情况下，行驶过程中的平均速度也相对较小，可以将这类行为判断为“稳健型驾驶”。由蓝色（圆形）代表的类别处于速度标准差较大，同时行驶过程中的平均速度也较大的情况下，可以将这类行为判断为“激进型驾驶”。针对绿色（星形）所代表的类别，根据平均速度与疲劳驾驶频率的关系，发现平均速度保持在 40~60 km/h 之间的疲劳驾驶次数率较高，且在这个平均速度区间，从图中可以看出蓝色所代表的点集聚成一个类别，因此，可以将这类行为判断为“疲惫型驾驶”。

至此，利用谱聚类将驾驶行为分为 3 个类别，并且给每一辆车贴上标签，分别为稳健型（数值为 2）、激进型（数值为 1）和疲惫型（数值为 0）。

7.5　构建驾驶行为预测模型

在 7.4 节中，根据车辆行车轨迹数据，结合车辆驾驶行为指标，将驾驶行为分为 3 类，分别为“疲惫型”“激进型”和“稳健型”。而如果要判定车辆驾驶行为属于哪种类型，则需要构建行车安全预测模型，并给出评价结果。注意，在构建预测模型之前，需要先采用标准差标准化方法对数据进行标准化处理，这里不再赘述。

7.5.1　构建 LDA 模型

LDA（Linear Discriminant Analysis，线性判别分析）是一种较为经典的线性学习方法，最早是由费希尔（Fisher）在 1936 年提出的，又称为 Fisher 线性判别。LDA 的原理较为简单，即给定训练样例集，设法将样例投影到一条直线上，使得同类样本点的投影点尽可能接近，异样样本点的投影点尽可能远离；在对新样本进行分类时，将其投影到同样的直线上，再根据投影点的位置来确定新样本的类别。

构建 LDA 模型，判定车辆驾驶行为的具体实现代码如代码清单 7-8 所示。

代码清单 7-8 构建 LDA 模型，判定车辆驾驶行为

```
import pandas as pd
import numpy as np
import keras
from sklearn import cluster
from sklearn.preprocessing import StandardScaler
from sklearn import preprocessing
from keras.models import Sequential
from keras.layers import Dense
from sklearn.naive_bayes import GaussianNB,BernoulliNB
from sklearn.model_selection import train_test_split
from sklearn.discriminant_analysis import LinearDiscriminantAnalysis


data = pd.read_csv('../tmp/new_data.csv', encoding='gbk')
# 构建 LDA 模型，并进行判别
td = data.iloc[:, 1:-1]
td_z = (td - td.mean()) / (td.std())
model = cluster.SpectralClustering(n_clusters=3, affinity='nearest_neighbors',
                                   random_state=123)
yhat = model.fit_predict(td_z)
X_no = data[['slip_rate', 'dscs_rate', 'tired_rate', 'plus_rate',
             'minus_rate', 'sd_speed', 'sd_speed_diff']].values
X2 = StandardScaler().fit_transform(X_no)
model = LinearDiscriminantAnalysis()
model.fit(X2, yhat)  # 拟合训练
print('预测精度为: ', model.score(X2, yhat))  # 计算预测精度

lda_scores = model.fit(X2, yhat).transform(X2)
LDA_scores = pd.DataFrame(lda_scores, columns=['LD1', 'LD2'])
LDA_scores['species'] = yhat
d = {0: '疲惫', 1: '激进', 2: '稳健'}
LDA_scores['species'] = LDA_scores['species'].map(d)
```

通过代码清单 7-8 的运行结果可知，使用 LDA 模型对不良驾驶行为类别进行预测的精度达到了 81.14%，判别效果较为理想。

7.5.2 构建朴素贝叶斯模型

朴素贝叶斯分类算法是一种基于贝叶斯定理的简单概率分类算法，它是指当存在各种不确定条件时，在仅知各个样本占总体的先验概率的情况下，完成判别分类任务。该算

法是基于独立假设实现的，即假设样本的每个特征与其他特征都不相关。朴素贝叶斯分类的思想是对于给出的待分类项 B，求解在待分类项已知的条件 A 下每个类别出现的概率 $P(B_k|A)$，待分类项属于出现概率最大的类别。根据分析，朴素贝叶斯分类的流程如图 7-10 所示。

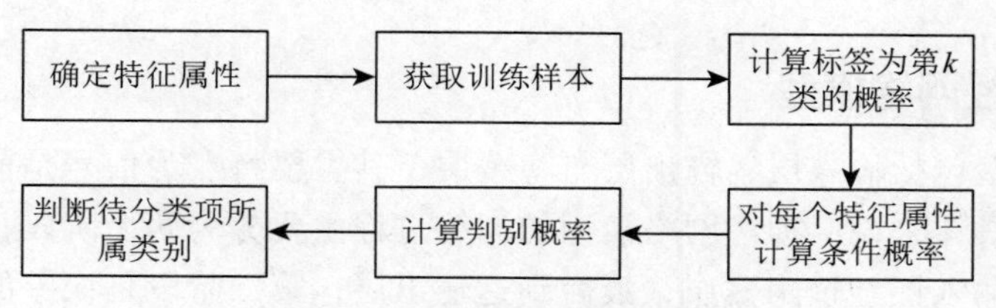

图 7-10　朴素贝叶斯分类的流程

构建朴素贝叶斯模型，判别车辆驾驶行为的具体实现代码如代码清单 7-9 所示。

代码清单 7-9　构建朴素贝叶斯，判别车辆驾驶行为

```
# 构建朴素贝叶斯模型，并进行判别
X1 = data.drop(['labels'],axis=1)
y = data['labels']
def nb_fit(X1, y):
    classes = y.unique()
    class_count = y.value_counts()
    class_prior = class_count / len(y)
    prior = dict()
    for col in X1.columns:
        for j in classes:
            p_x_y = X1[(y == j).values][col].value_counts()
            for i in p_x_y.index:
                prior[(col, i, j)] = p_x_y[i] / class_count[j]
    return classes, class_prior, prior
nb_fit(X1, y)

x1 = X2
y1 = data.values[:, -1]
print('x = \n', x1)
print('y = \n', y1)
le = preprocessing.LabelEncoder()
le.fit([0, 1, 2])
print(le.classes_)
y1 = le.transform(y1)
print('Last Version, y = \n', y1)

# 先验为高斯分布的朴素贝叶斯
GN = GaussianNB()
GN.fit(x1,y1)
print('得分为：', GN.score(x1,y1))
# 先验为伯努利分布的朴素贝叶斯
BN=BernoulliNB()
```

```
BN.fit(x1,y1)
print('得分为: ', BN.score(x1,y1))
```

通过代码清单 7-9 可知，得到先验为伯努利分布的朴素贝叶斯的判对率为 92%，先验为高斯分布的朴素贝叶斯的判对率为 74%，说明该模型的判别效果较好。

7.5.3 构建神经网络模型

神经网络模型包括输入层、输出层与隐藏层，其主要特点为信号是前向传播的，误差是后向传播的。具体来说，神经网络模型的训练过程主要分为两个阶段，第一阶段是信号的前向传播，从输入层经过隐藏层，最后到达输出层；第二阶段是误差的后向传播，从输出层到隐藏层，最后到输入层，依次调节隐藏层到输出层的权重与偏置，输入层到隐藏层的权重与偏置。主要流程分析如下。

1）随机初始化网络中的权重和偏置。

2）将训练样本提供给输入层神经元，然后逐层将信号向前传播，直到产生输出层的结果，这一步一般称为信号向前传播。

3）计算输出层误差，将误差逆向传播至隐藏层神经元，再根据隐藏层神经元误差来对权重和偏置进行更新，这一步一般称为误差向后传播。

4）循环执行步骤 2）和步骤 3），直到达到某个停止条件，一般为训练误差小于设定的阈值或迭代次数大于设定的阈值。

构建神经网络模型，判别车辆驾驶行为的具体实现代码如代码清单 7-10 所示。

代码清单 7-10　构建神经网络模型，判别车辆驾驶行为

```
X = StandardScaler().fit_transform(data.iloc[:, 1:-1])
target = data['labels']  # 标签
# 划分数据集
x_train, x_test, y_train, y_test = train_test_split(np.float32(X),
np.float32(target),
                                                    test_size=0.2, random_state=123)
# 构建模型
model = Sequential()
model.add(Dense(10, activation='relu', input_dim=14))
model.add(Dense(3, activation='sigmoid'))
model.compile(optimizer='rmsprop',
              loss='categorical_crossentropy',
              metrics=['accuracy'])

labels = keras.utils.to_categorical(y_train, num_classes=3)
test_labels = keras.utils.to_categorical(y_test, num_classes=3)
# 模型训练与评价
model.fit(x_train, labels,validation_data=(x_test, test_labels), epochs=100,
    batch_size=32)
```

通过代码清单 7-10 可知，在模型训练过程中，神经网络的学习速度较快，经训练后的神经网络，对不良驾驶行为类别的预测值与车辆驾驶行为的实际类别值的识别率高达 96.67%，表明使用神经网络模型判别不良驾驶行为是十分可行的。

7.6 驾驶行为安全分析总结

通过驾驶行为聚类分析，可将驾驶行为分为 3 类，即疲惫型、激进型和稳健型；而且根据驾驶行为预测模型的评价结果，我们发现神经网络模型的判别效果较好，可将该模型应用到实际的不良驾驶行为判别中。

结合本案例的分析结果，可以说明驾驶员的驾驶习惯对行车安全有显著影响。为此，针对行车安全提出以下建议。

1）稳定的开车速度能提升行车的安全状态。建议驾驶员少用急加速或急减速的方式驾驶车辆，尽量保持速度稳定，在可控制的安全范围内行车。

2）良好的驾驶习惯能减少车辆的耗油量。超长怠速、熄火滑行等驾驶行为会增加油量消耗，为此应尽量避免此类行为的发生。

3）疲劳驾驶和超速驾驶行为都是严重危害行车安全的不良驾驶行为，应尽量避免。

7.7 小结

本章的主要目的是针对运输车辆在行驶过程中的安全性进行分析，综合了 Python 数据挖掘、机器学习等技术，首先进行数据探索性分析，包括分布分析、相关性分析、异常值检测等；其次使用不同的聚类分析方法对行车安全驾驶行为进行聚类分析；然后使用不同的判别分析模型进行驾驶行为判别；最后对行车安全进行分析与总结，并给出行车安全建议。

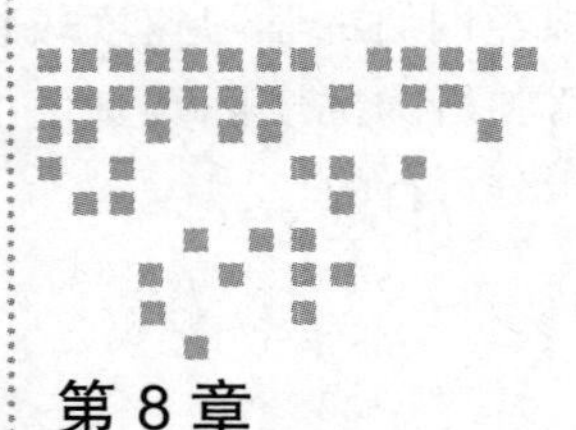

Chapter 8 第8章

基于非侵入式负荷监测与分解的电力数据挖掘

电能是生活中不可或缺的资源。为了更好地监测用电设备的能耗情况，人类发明了电力分项计量技术。电力分项计量对于电力公司准确预测电力负荷、科学制定电网调度方案、提高电力系统稳定性和可靠性有着重要意义。对用户而言，电力分项计量可以帮助用户了解用电设备的使用情况，提高用户的节能意识，促进科学合理用电。本章将通过已收集到的电力数据，深度挖掘各电力设备的电流、电压和功率等情况，分析各电力设备的实际用电量，进而为电力公司制定电能能源策略提供一定的参考依据。

学习目标

- 了解电力分项计量的背景知识。
- 掌握缺失值的处理方法。
- 掌握 k 最近邻模型的应用。
- 掌握实时用电量的计算方式。

8.1 背景与目标

本节主要介绍基于非侵入式负荷检测与分解的电力数据挖掘的背景、数据说明以及目标分析。

8.1.1 背景

传统的电能能耗监测主要借助电能表，在入户线上的电能表可以获取用户的总能耗数据，而电力分项计量可以对连接到入户线后的建筑物内各个用电设备所消耗的电能进行独立计量。基于电力分项计量的一系列技术，将电器识别作为物联网的重要研究方向，能够为电力公司和用户带来很多便利，在生产和生活中有非常实际的意义。

电力分项计量技术主要分为两种：一种是侵入式电力负荷监测（Intrusive Load Monitoring，ILM)，是为用户的每一个用电设备安装一个带有数字通信功能的传感器，通过网络采集各设备的用电信息；另一种是非侵入式电力负荷监测与分解（Non-Intrusive Load Monitoring and Decomposition，NILMD)，是在用户的电能入口处安装一个传感器，通过采集和分析用户的用电总功率或总电流来监测每个或每类用电设备的功率及工作状态。基于 NILMD 技术的用电分析计量具有简单、经济、可靠和易于迅速推广应用等优势，更加适用于居民用户。

非侵入式电力负荷监测与分解结构示意图如图 8-1 所示。

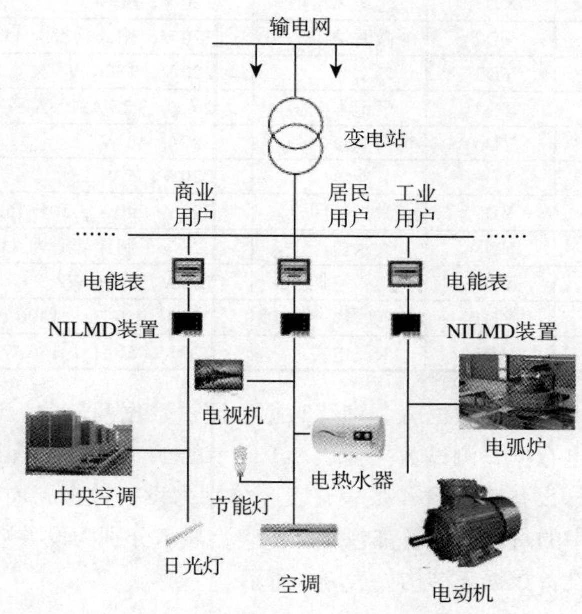

图 8-1　非侵入式电力负荷监测与分解结构示意图

NILMD 装置测量的是整个线路上的电压和电流数据，可以看作是各个用电设备的电压和电流数据的叠加。NILMD 的核心是如何从采集到的整条线路的电压和电流数据中“分解”出每个用电设备独立的用电数据。

如同人类的声纹和指纹等具有唯一性的生物特征可以用来实现个体识别一样，用电设备的负荷印记这种相对稳定且较为显著的特征也可以用来识别不同种类和型号的用电设备，如在运行过程中产生的电压、电流和谐波等时序数据特征。而根据用电设备运行的过程，又可将数据分为暂态数据和稳态数据两大类，其中暂态数据主要是指设备启动、设备停止、设备模式切换时的状态数据，稳态数据主要是指设备稳定运行时的状态数据。NILMD 系统的目标是根据不同类型用电设备独特的负荷印记，从一个能源网关设备记录的数据中检测出接入该能源网关设备的各种用电设备的开关等操作，并对其用电量进行分项计量。

根据用户用电设备工作状态的不同，可将用电设备分为以下 3 种类型。

1）启 / 停二状态设备（ON/OFF)。这类用电设备只有运行和停机两种用电状态，如白炽灯、电热水壶等。

2）有限多状态设备。这类用电设备通常具有有限个分立的工作状态，与之相对应的用电功率间是离散的，不同的功率水平即标志着不同的工作状态，如洗衣机、微波炉、电磁炉等。

3）连续变电状态设备。这类用电设备的稳态区段功率无恒定均值，而是在一个范围内连续变动，如变频空调、电动缝纫机等。

8.1.2 数据说明

本案例研究的用电设备共 11 种，其类型及工作参数如表 8-1 所示。

表 8-1 用电设备类型及工作参数

序号	设备 ID	设备类型	工作参数
1	YD1	落地风扇	220 V，60 W
2	YD2	微波炉	220 V，输入功率为 1150 W，输出功率为 700 W
3	YD3	热水壶	220 V，1800 W
4	YD4	笔记本电脑	20 V，3.25 A/4.5 A
5	YD5	白炽灯	22 V，40 W
6	YD6	节能灯	220 V，5 W
7	YD7	激光打印机	220 ～ 240 V，50 ～ 60 Hz，4.6 A
8	YD8	饮水机	220 V，制热功率为 430 W，制冷功率为 70 W，总功率为 500 W
9	YD9	挂式空调	220 V，2600 W
10	YD10	电吹风	220 V，50 Hz，1400 W
11	YD11	液晶电视	220 V，50 Hz，150 W

本案例的数据分为训练数据和测试数据两部分，训练数据包含表 8-1 所示的 11 种设备的用电数据，测试数据为表 8-1 所示的 11 种设备中某两种设备的用电数据。训练数据中的每一种设备都包含 4 张表，表名分别为设备数据、周波数据、谐波数据和操作记录。测试数据中的每一种设备都包含 3 张表，表名分别为设备数据、周波数据和谐波数据。

设备数据表结构如表 8-2 所示。

表 8-2 设备数据表结构

序号	属性	备注
1	time	年、月、日、时、分、秒
2	IC	电流，单位为 0.001 A
3	UC	电压，单位为 0.1 V
4	PC	有功功率，单位为 0.0001 kW
5	QC	无功功率，单位为 0.0001 kVar
6	PFC	功率因数，单位为 %
7	P	总有功功率，单位为 0.0001 kW
8	Q	总无功功率，单位为 0.0001 kVar
9	PF	总功率因数，单位为 %

表 8-2 中部分属性的具体含义如下。

1）有功功率（PC）是保持用电设备正常运行所需的电功率，也就是将电能转换为其他形式能量（机械能、光能、热能）的电功率。如 5.5 kW 的电动机是将 5.5 kW 的电能转换为机械能，带动水泵抽水或脱粒机脱粒。而各种照明设备是将电能转换为光能，供人们生活和工作照明。有功功率的计算公式为 $PC = UI\cos\varphi = S\cos\varphi$，单位为 W 或 kW。其中，$U$ 为电压，I 为电流，$\cos\varphi$ 为功率因数。

2）无功功率（QC）是用于电路内电场与磁场的交换，以及在电气设备中建立和维持磁场的电功率。无功功率不对外做功，而是电场能与磁场能之间的相互转换。凡是有电磁线圈的电气设备要建立磁场，就要消耗无功功率。如 40 W 的日光灯除了需要超过 40 W 的有功功率（镇流器也需要消耗一部分有功功率）来发光外，还需要 80 var 左右的无功功率，供镇流器的线圈建立交变磁场时使用。由于无功功率不对外做功，所以被称为“无功”。无功功率的计算公式为 $QC = UI\sin\varphi$，单位为 var 或 kVar。

3）功率因数（PFC）为有功功率与视在功率的比值，由电压与电流之间的相位差角 φ 决定。其中，视在功率（S）等于电压有效值与电流有效值的乘积，表示电源的输出能力。视在功率的计算公式为 $S = UI$，常用单位为 V · A。

周波数据表结构如表 8-3 所示。

表 8-3　周波数据表结构

序号	属性	备注
1	time	年、月、日、时、分、秒
2	IC_i	i 的范围为 001~128，电流一个周波的第 i 个采样点（XXX.XXX）
3	UC_j	j 的范围为 001~128，电压一个周波的第 j 个采样点（XXX.XXX）

周波表示交流电完成一次完整变化的过程（即一个正弦波形）。因为我国交流电供电的标准频率为 50 Hz，所以 NILMD 装置在其中一个周期（0.02s）内可采集 128 个时间点上的数据。

谐波数据表结构如表 8-4 所示。

表 8-4　谐波数据表结构

序号	属性	备注
1	time	年、月、日、时、分、秒
2	IC_i	i 的范围为 02 ～ 51，i 次电流谐波，表示谐波的含有率（XX.XX%）
3	UC_j	j 的范围为 02 ～ 51，j 次电压谐波，表示谐波的含有率（XX.XX%）

当供电线路中的正弦波电压施加在非线性电路上时，电流就变成非正弦波，非正弦电流在电网阻抗上产生压降，会使电压波形也变为非正弦波。非正弦波可用傅立叶级数分解，其中频率与工频相同的分量称为基波，频率大于基波的分量称为谐波。在电力行业中，谐波是指工频频率的整数倍的交流电。因为我国电网规定工频频率是 50 Hz，所以基波频率是 50 Hz，这样 5 次谐波电压（电流）的频率即为 250 Hz。

操作记录数据表结构如表 8-5 所示。

表 8-5 操作记录数据表结构

序号	属性	备注
1	时间	年、月、日、时、分、秒
2	设备	用电设备 ID
3	工作状态	用电设备在不同时间的所属状态
4	操作	用电设备在不同时间的人为操作

8.1.3 目标分析

根据非侵入式负荷监测与分解的电力数据挖掘的背景和业务需求，本案例需要实现的目标如下。

1）分析每个用电设备的运行属性。

2）构建设备判别属性库。

3）利用 k 最近邻模型，从整条线路中分解出每个用电设备的独立用电数据。

本案例的总体流程如图 8-2 所示，主要包括以下 4 个步骤。

1）抽取 11 个设备的电力分项计量的数据。

2）对抽取的数据进行数据探索、缺失值处理和属性构建等操作。

3）使用 k 最近邻算法进行设备识别。

4）计算实时用电量。

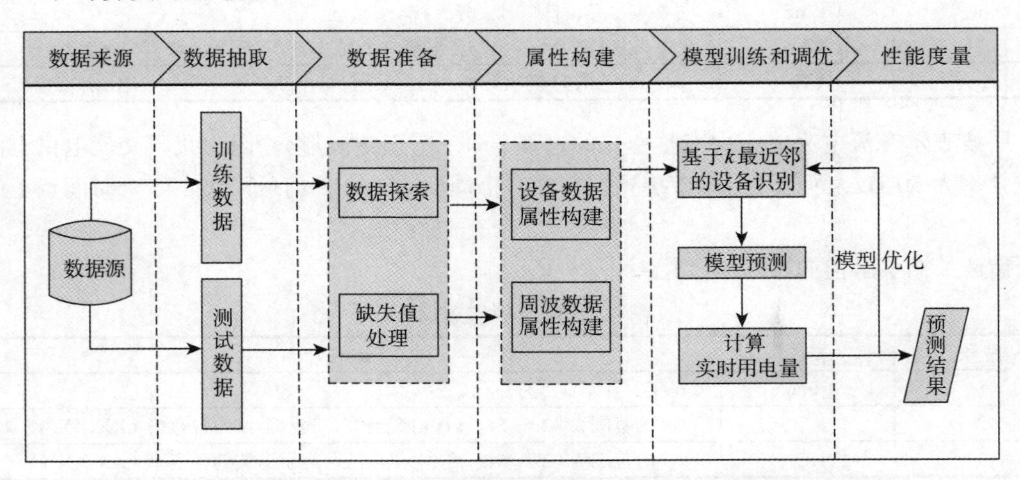

图 8-2 基于非侵入式负荷监测与分解的电力数据挖掘的总体流程

8.2 数据准备

数据准备工作包括数据探索、缺失值处理等操作。

8.2.1　数据探索

在本案例的电力数据挖掘分析中，不会涉及操作记录数据，因此，此处主要获取设备数据、周波数据和谐波数据。在获取数据后，由于数据表较多，每个表的属性也较多，所以需要对数据进行数据探索分析。在数据探索过程中根据原始数据特点，对每个设备的不同属性对应的数据进行可视化，如代码清单 8-1 所示，并根据得到的折线图对数据属性进行分析。

代码清单 8-1　对数据属性进行可视化

```
import pandas as pd
import matplotlib.pyplot as plt
import os

filename = os.listdir('../data/附件1')  # 得到文件夹下的所有文件名称
n_filename = len(filename)
# 给每个设备的数据添加操作信息，画出各属性轨迹图并保存
def fun(a):
    save_name = ['YD1', 'YD10', 'YD11', 'YD2', 'YD3', 'YD4',
           'YD5', 'YD6', 'YD7', 'YD8', 'YD9']
    plt.rcParams['font.sans-serif'] = ['SimHei']  # 用来正常显示中文标签
    plt.rcParams['axes.unicode_minus'] = False  # 用来正常显示负号
    for i in range(a):
        Sb = pd.read_excel('../data/附件1/' + filename[i], '设备数据', index_col
           = None)
        Xb = pd.read_excel('../data/附件1/' + filename[i], '谐波数据', index_col
           = None)
        Zb = pd.read_excel('../data/附件1/' + filename[i], '周波数据', index_col
           = None)
        # 电流轨迹图
        plt.plot(Sb['IC'])
        plt.title(save_name[i] + '-IC')
        plt.ylabel('电流(0.001A)')
        plt.show()
        # 电压轨迹图
        plt.plot(Sb['UC'])
        plt.title(save_name[i] + '-UC')
        plt.ylabel('电压(0.1V)')
        plt.show()
        # 有功功率
        plt.plot(Sb[['PC', 'P']])
        plt.title(save_name[i] + '-P')
        plt.ylabel('有功功率(0.0001kW)')
        plt.show()
        # 无功功率
        plt.plot(Sb[['QC', 'Q']])
        plt.title(save_name[i] + '-Q')
        plt.ylabel('无功功率(0.0001kVar)')
        plt.show()
        # 功率因数
```

```
        plt.plot(Sb[['PFC', 'PF']])
        plt.title(save_name[i] + '-PF')
        plt.ylabel('功率因数(%)')
        plt.show()
        # 谐波电压
        plt.plot(Xb.loc[:, 'UC02':].T)
        plt.title(save_name[i] + '-谐波电压')
        plt.show()
        # 周波数据
        plt.plot(Zb.loc[:, 'IC001':].T)
        plt.title(save_name[i] + '-周波数据')
        plt.show()

fun(n_filename)
```

运行代码清单 8-1，得到的部分结果如图 8-3~ 图 8-5 所示。

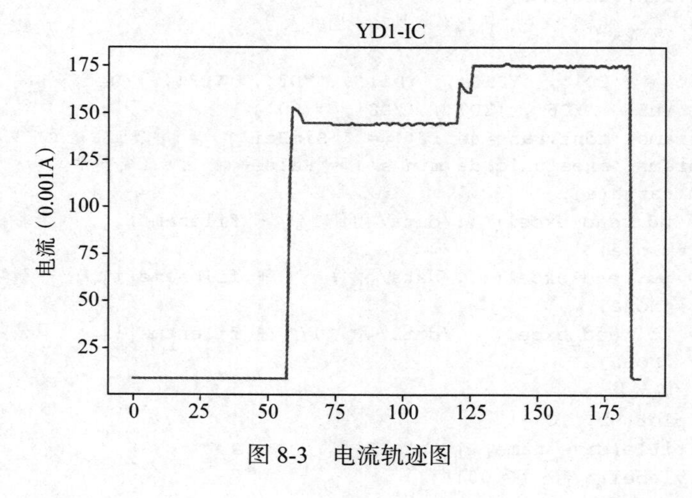

图 8-3　电流轨迹图

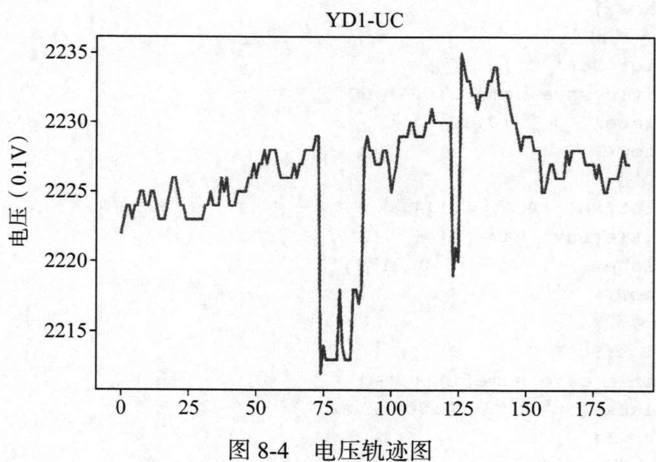

图 8-4　电压轨迹图

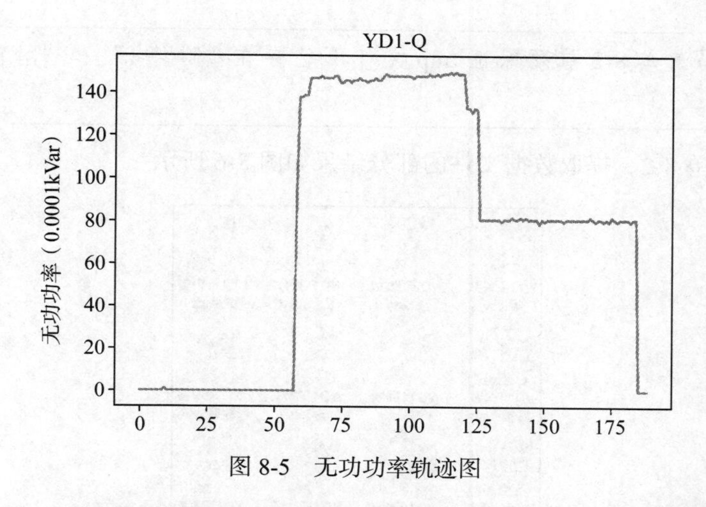

图 8-5　无功功率轨迹图

根据代码清单 8-1 的结果可以看出，不同设备的电流、电压和功率属性各不相同。

8.2.2　缺失值处理

通过数据探索，发现数据中部分 time 属性存在缺失值，需要对这部分缺失值进行处理。由于每份数据中 time 属性的缺失时间段不同，所以需要进行不同的处理。对每个设备数据中具有较大缺失时间段的数据进行删除处理，对具有较小缺失时间段的数据使用前一个值进行插补。

在进行缺失值处理之前，需要将训练数据所有设备数据的设备数据表、周波数据表、谐波数据表和操作记录表，以及测试数据所有设备数据的设备数据表、周波数据表和谐波数据表都提取出来，作为独立的数据文件，如代码清单 8-2 所示。

代码清单 8-2　提取数据文件

```
# 将 xlsx 文件转化为 CSV 文件
import glob
import pandas as pd
import math

def file_transform(xls):
    print('共发现 %s 个 xlsx 文件' % len(glob.glob(xls)))
    print('正在处理 ............')
    for file in glob.glob(xls):  # 循环读取同文件夹下的 xlsx 文件
        combine1 = pd.read_excel(file, index_col=0, sheet_name=None)
        for key in combine1:
            combine1[key].to_csv('../tmp/' + file[8: -5] + key + '.csv',
                encoding='utf-8')
    print('处理完成')

xls_list = ['../data/附件 1/*.xlsx', '../data/附件 2/*.xlsx']
file_transform(xls_list[0])  # 处理训练数据
file_transform(xls_list[1])  # 处理测试数据
```

注意 运行代码清单 8-2 前须保证 tmp 文件下已存在“附件 1”和“附件 2”两个空文件夹。

运行代码清单 8-2，提取数据文件的部分结果如图 8-6 所示。

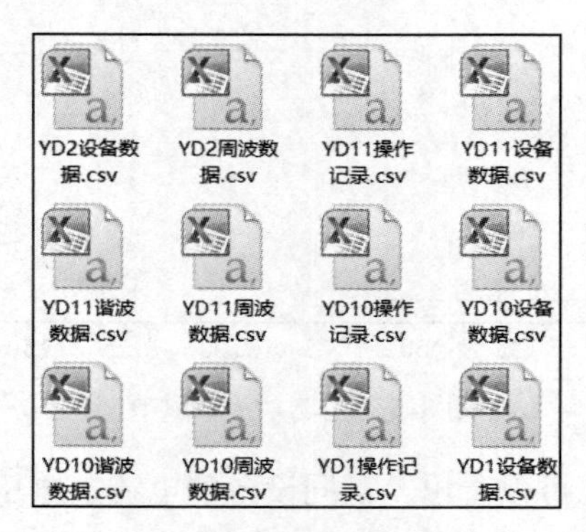

图 8-6 提取数据文件的部分结果

提取完数据文件后，对提取的数据文件进行缺失值处理，如代码清单 8-3 所示。

代码清单 8-3 缺失值处理

```
# 对每个数据文件中较大缺失时间段的数据进行删除处理，对较小缺失时间段的数据进行前值替补
def missing_data(evi):
    print('共发现 %s 个 CSV 文件' % len(glob.glob(evi)))
    for j in glob.glob(evi):
        fr = pd.read_csv(j, header=0, encoding='gbk')
        fr['time'] = pd.to_datetime(fr['time'])
        helper = pd.DataFrame({'time': pd.date_range(fr['time'].min(),
            fr['time'].max(), freq='S')})
        fr = pd.merge(fr, helper, on='time', how='outer').sort_values('time')
        fr = fr.reset_index(drop=True)

        frame = pd.DataFrame()
        for g in range(0, len(list(fr['time'])) - 1):
            if math.isnan(fr.iloc[:, 1][g + 1]) and math.isnan(fr.iloc[:, 1][g]):
                continue
            else:
                scop = pd.Series(fr.loc[g])
                frame = pd.concat([frame, scop], axis=1)
        frame = pd.DataFrame(frame.values.T, index=frame.columns, columns=frame.
            index)
        frames = frame.fillna(method='ffill')
        frames.to_csv(j[:-4] + '1.csv', index=False, encoding='utf-8')
    print('处理完成')

evi_list = ['../tmp/附件1/*数据.csv', '../tmp/附件2/*数据.csv']
```

```
missing_data(evi_list[0])  # 处理训练数据
missing_data(evi_list[1])  # 处理测试数据
```

运行代码清单 8-3，缺失值处理后的部分结果如图 8-7 所示。

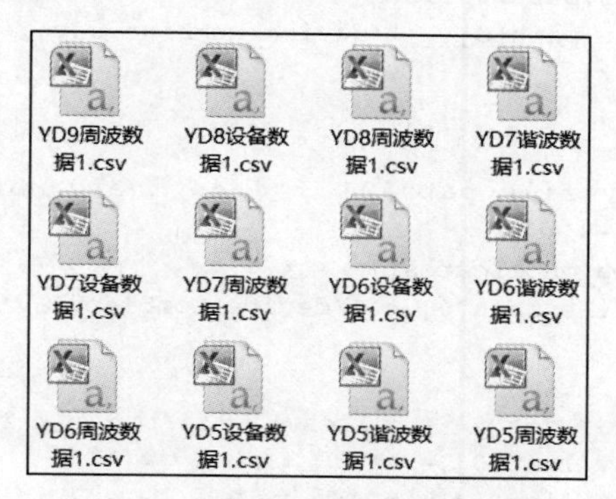

图 8-7　缺失值处理后的部分结果

8.3　属性构建

虽然在数据准备过程中对属性进行了初步处理，但是引入的属性太多，而且这些属性之间存在重复的信息，为了保留重要的属性，建立精确、简单的模型，需要对原始属性进行属性构建。

8.3.1　设备数据属性构建

在数据探索过程中发现，不同设备的无功功率、总无功功率、有功功率、总有功功率、功率因数和总功率因数差别很大，具有较高的区分度，故本案例选择无功功率、总无功功率、有功功率、总有功功率、功率因数和总功率因数作为设备数据的属性构建判别属性库。

处理好缺失值后，每个设备的数据都由一张表变为多张表，所以需要将相同类型的数据表合并到一张表中，如将所有设备的设备数据表合并到一张表中。同时，因为缺失值处理的其中一种方法是使用前一个值进行插补，所以产生了相同的记录，需要对重复出现的记录进行处理，如代码清单 8-4 所示。

代码清单 8-4　合并且去重设备数据

```
import glob
import pandas as pd
import os

# 合并 11 个设备数据，同时处理合并中重复的数据
def combined_equipment(csv_name):
    # 合并
```

```
    print('共发现%s个CSV文件' % len(glob.glob(csv_name)))
    print('正在处理............')
    for i in glob.glob(csv_name):  # 循环读取同文件夹下的CSV文件
        fr = open(i, 'rb').read()
        file_path = os.path.split(i)
        with open(file_path[0] + '/device_combine.csv', 'ab') as f:
            f.write(fr)
    print('合并完毕! ')
    # 去重
    df = pd.read_csv(file_path[0] + '/device_combine.csv', header=None,
        encoding='utf-8')
    datalist = df.drop_duplicates()
    datalist.to_csv(file_path[0] + '/device_combine.csv', index=False, header=0)
    print('去重完成')

csv_list = ['../tmp/附件1/*设备数据1.csv', '../tmp/附件2/*设备数据1.csv']
combined_equipment(csv_list[0])  # 处理训练数据
combined_equipment(csv_list[1])  # 处理测试数据
```

运行代码清单 8-4 运行完成后，生成的设备数据表如表 8-6 所示。

表 8-6 合并且去重后的设备数据表

time	IC	UC	PC	QC	PFC	P	Q	PF	label
2018/1/27 17:11	33	2212	10	65	137	10	65	137	0
2018/1/27 17:11	33	2212	10	66	143	10	66	143	0
2018/1/27 17:11	33	2213	10	65	143	10	65	143	0
2018/1/27 17:11	33	2211	10	66	135	10	66	135	0
2018/1/27 17:11	33	2211	10	66	141	10	66	141	0
2018/1/27 17:11	33	2211	9	66	130	9	66	130	0
2018/1/27 17:11	33	2210	10	65	143	10	65	143	0
2018/1/27 17:11	33	2210	10	65	143	10	65	143	0
2018/1/27 17:11	33	2211	10	66	135	10	66	135	0
……	……	……	……	……	……	……	……	……	……

8.3.2 周波数据属性构建

在数据探索过程中也会发现，周波数据中的电流随着时间的变化有较大的起伏，不同设备的周波数据中的电流绘制出来的折线图的起伏不尽相同，具有明显的差异，故本案例选择波峰和波谷作为周波数据的属性构建判别属性库。

由于原始的周波数据中并未存在电流的波峰和波谷两个属性，所以需要进行属性构建，构建代码如代码清单 8-5 所示。

代码清单 8-5 构建周波数据中的波峰和波谷属性

```
# 选择周波数据中电流的波峰和波谷作为属性参数
import glob
import pandas as pd
```

```
from sklearn.cluster import KMeans
import os

def cycle(cycle_file):
    for file in glob.glob(cycle_file):
        cycle_YD = pd.read_csv(file, header=0, encoding='utf-8')
        cycle_YD1 = cycle_YD.iloc[:, 0:128]
        models = []
        for types in range(0, len(cycle_YD1)):
            model = KMeans(n_clusters=2, random_state=10)
            model.fit(pd.DataFrame(cycle_YD1.iloc[types, 1:]))  # 除时间以外的所有列
            models.append(model)

        # 相同状态间平稳求均值
        mean = pd.DataFrame()
        for model in models:
            r = pd.DataFrame(model.cluster_centers_, )  # 找出聚类中心
            r = r.sort_values(axis=0, ascending=True, by=[0])
            mean = pd.concat([mean, r.reset_index(drop=True)], axis=1)
        mean = pd.DataFrame(mean.values.T, index=mean.columns, columns=mean.
            index)
        mean.columns = ['波谷', '波峰']
        mean.index = list(cycle_YD['time'])
        mean.to_csv(file[:-9] + '波谷波峰.csv', index=False, encoding='gbk ')

cycle_file = ['../tmp/附件1/*周波数据1.csv', '../tmp/附件2/*周波数据1.csv']
cycle(cycle_file[0])  # 处理训练数据
cycle(cycle_file[1])  # 处理测试数据

# 合并周波数据中的波峰、波谷文件
def merge_cycle(cycles_file):
    means = pd.DataFrame()
    for files in glob.glob(cycles_file):
        mean0 = pd.read_csv(files, header=0, encoding='gbk')
        means = pd.concat([means, mean0])
    file_path = os.path.split(glob.glob(cycles_file)[0])
    means.to_csv(file_path[0] + '/zuhe.csv', index=False, encoding='gbk')
    print('合并完成')

cycles_file = ['../tmp/附件1/*波谷波峰.csv', '../tmp/附件2/*波谷波峰.csv']
merge_cycle(cycles_file[0])  # 训练数据
merge_cycle(cycles_file[1])  # 测试数据
```

运行代码清单8-5运行完成后，生成的周波数据表如表8-7所示。

表8-7　构建周波数据中的波峰和波谷属性生成的周波数据表

波谷	波峰	波谷	波峰
344	1666365	314	1666392
362	1666324	254	1666435
301	1666325	……	……

8.4 模型训练

k最近邻（K-Nearest Neighbor，KNN）算法是一种常用的监督学习方法。其原理非常简单：对于给定测试样本，基于指定的距离找出训练集中与其最近的k个样本，然后基于这k个“邻居”的信息来进行预测。与其他学习算法相比，k最近邻算法有一个明显的不同之处：接收训练集之后没有显式的训练过程。实际上，它是懒惰学习（Lazy Learning）的著名代表，此类学习算法在训练阶段只是将样本保存起来，训练时间为零，待接收到测试样本后再进行处理。

k最近邻分类器示意图如图 8-8 所示，其中虚线表示等距线，“+”与“−”用于表示样本的类别为正或负。

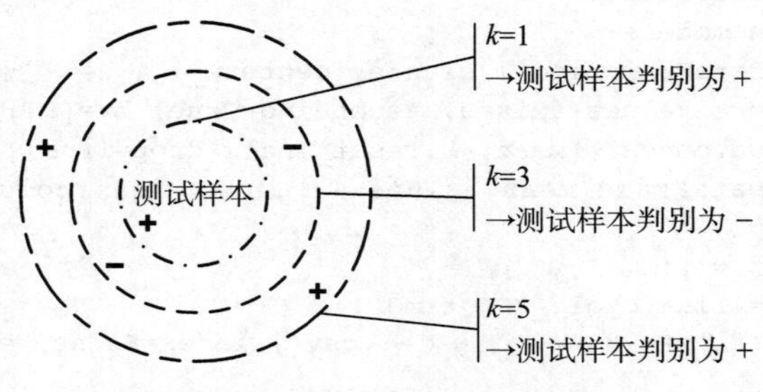

图 8-8 k最近邻分类器示意图

针对不同的k值，其对应的测试样本在图 8-8 中被判定的类别如下。

1）当$k = 1$时，根据最近邻算法中的投票法，在指定的k所代表的等距线范围中，“+”样本的个数为 1，“−”样本的个数为 0。“+”样本在等距线范围内的样本中的占比高于“−”样本，因此会将测试样本判给占比最高的“+”类别。

2）当$k = 3$时，在对应的等距线范围中，“+”样本在等距线范围中的样本的占比为$\frac{1}{3}$，“−”样本所占的比例为$\frac{2}{3}$。此时，“−”样本的占比高于“+”样本，因此会将测试样本判给占比最大的“−”类别。

3）当$k = 5$时，同理，在对应的等距线范围中，“+”样本在范围中的样本的占比为$\frac{3}{5}$，“−”样本的占比为$\frac{2}{5}$。此时，“+”样本的占比高于“−”样本，因此会将测试样本判给占比最高的“+”类别。

综上所述，当k=1 或k=5 时，测试样本被判别为正例，当$k = 3$时，测试样本被判别为反例。显然，k是一个重要参数，当k取不同值时，分类结果会显著不同。在实际的学习环境中要取不同的k值进行多次测试，选择误差最小的k值。

在判别设备种类时，选择k最近邻模型进行判别，利用属性构建而成的属性库训练模型，然后利用训练好的模型对设备1和设备2进行判别。构建判别模型并对设备种类进行判别，如代码清单8-6所示。

代码清单8-6 构建判别模型并对设备种类进行判别

```
import glob
import pandas as pd
from sklearn import neighbors
import pickle
import os

# 模型训练
def model(test_files, test_devices):
    # 训练集
    zuhe = pd.read_csv('../tmp/附件1/zuhe.csv', header=0, encoding='gbk')
    device_combine = pd.read_csv('../tmp/附 件1/device_combine.csv', header=0,
        encoding='gbk')
    train = pd.concat([zuhe, device_combine], axis=1)
    train.index = train['time'].tolist()  # 把"time"列设为索引
    train = train.drop(['PC', 'QC', 'PFC', 'time'], axis=1)
    train.to_csv('../tmp/' + 'train.csv', index=False, encoding='gbk')
    # 测试集
    for test_file, test_device in zip(test_files, test_devices):
        test_bofeng = pd.read_csv(test_file, header=0, encoding='gbk')
        test_devi = pd.read_csv(test_device, header=0, encoding='gbk')
        test = pd.concat([test_bofeng, test_devi], axis=1)
        test.index = test['time'].tolist()  # 把"time"列设为索引
        test = test.drop(['PC', 'QC', 'PFC', 'time'], axis=1)

        # k最近邻
        clf = neighbors.KNeighborsClassifier(n_neighbors=6, algorithm='auto')
        clf.fit(train.drop(['label'], axis=1), train['label'])
        predicted = clf.predict(test.drop(['label'], axis=1))
        predicted = pd.DataFrame(predicted)
        file_path = os.path.split(test_file)[1]
        test.to_csv('../tmp/' + file_path[:3] + 'test.csv', encoding='gbk')
        predicted.to_csv('../tmp/' + file_path[:3] + 'predicted.csv',
            index=False, encoding='gbk')
        with open('../tmp/' + file_path[:3] + 'model.pkl', 'ab') as pickle_file:
            pickle.dump(clf, pickle_file)
        print(clf)

model(glob.glob('../tmp/附件2/*波谷波峰.csv'),
    glob.glob('../tmp/附件2/*设备数据1.csv'))
```

运行代码清单8-6得到的结果如下。

```
KNeighborsClassifier(n_neighbors=6)
KNeighborsClassifier(n_neighbors=6)
```

注意 代码清单 8-6 对设备 1、2 的判别结果见本书配套资源中“../tmp/”路径下的“*predicted.csv”文件。

根据代码清单 8-6 的结果可以看出，模型的判别准确率比较高，说明构建的判别模型可以用于判别单一设备所属类别，且具有较高可信度。

8.5 性能度量

根据代码清单 8-6 的设备判别结果，对模型进行评估，如代码清单 8-7 所示。

代码清单 8-7 模型评估

```
import glob
import pandas as pd
import matplotlib.pyplot as plt
import seaborn as sns
from sklearn import metrics
from sklearn.preprocessing import label_binarize
import os
import pickle

# 模型评估
def model_evaluation(model_file, test_csv, predicted_csv):
    for clf, test, predicted in zip(model_file, test_csv, predicted_csv):
        with open(clf, 'rb') as pickle_file:
            clf = pickle.load(pickle_file)
        test = pd.read_csv(test, header=0, encoding='gbk')
        predicted = pd.read_csv(predicted, header=0, encoding='gbk')
        test.columns = ['time', '波谷', '波峰', 'IC', 'UC', 'P', 'Q', 'PF',
            'label']
        print('模型分类准确度：', clf.score(test.drop(['label', 'time'], axis=1),
            test['label']))
        print('模型评估报告：\n', metrics.classification_report(test['label'],
            predicted))

        confusion_matrix0 = metrics.confusion_matrix(test['label'], predicted)
        confusion_matrix = pd.DataFrame(confusion_matrix0)
        class_names = list(set(test['label']))

        tick_marks = range(len(class_names))
        sns.heatmap(confusion_matrix, annot=True, cmap='YlGnBu', fmt='g')
        plt.xticks(tick_marks, class_names)
        plt.yticks(tick_marks, class_names)
        plt.tight_layout()
        plt.title('混淆矩阵')
        plt.ylabel('真实标签')
        plt.xlabel('预测标签')
        plt.show()
```

```
    y_binarize = label_binarize(test['label'], classes=class_names)
    predicted = label_binarize(predicted, classes=class_names)

    fpr, tpr, thresholds = metrics.roc_curve(y_binarize.ravel(), predicted.
        ravel())
    auc = metrics.auc(fpr, tpr)
    print('计算auc: ', auc)
    # 绘图
    plt.figure(figsize=(8, 4))
    lw = 2
    plt.plot(fpr, tpr, label='area = %0.2f' % auc)
    plt.plot([0, 1], [0, 1], color='navy', lw=lw, linestyle='--')
    plt.fill_between(fpr, tpr, alpha=0.2, color='b')
    plt.xlim([0.0, 1.0])
    plt.ylim([0.0, 1.05])
    plt.xlabel('1-特异性')
    plt.ylabel('灵敏度')
    plt.title('ROC曲线')
    plt.legend(loc='lower right')
    plt.show()

model_evaluation(glob.glob('../tmp/*model.pkl'),
                 glob.glob('../tmp/*test.csv'),
                 glob.glob('../tmp/*predicted.csv'))
```

运行代码清单8-7得到的结果如下，混淆矩阵如图8-9所示，ROC曲线如图8-10所示。

```
模型分类准确度: 0.7951219512195122
模型评估报告:
              precision    recall  f1-score   support
         0.0       1.00      0.84      0.92        64
        21.0       0.00      0.00      0.00         0
        61.0       0.00      0.00      0.00         0
        91.0       0.78      0.84      0.81        77
        92.0       0.00      0.00      0.00         5
        93.0       0.76      0.75      0.75        59
       111.0       0.00      0.00      0.00         0

    accuracy                           0.80       205
   macro avg       0.36      0.35      0.35       205
weighted avg       0.82      0.80      0.81       205

计算auc: 0.8682926829268293
```

注：此处部分结果已省略。

根据分析目标，需要计算实时用电量。实时用电量计算的是瞬时的用电设备的电流、电压和时间的乘积，如式（8-1）所示。

$$\begin{aligned} W &= P \cdot 100 / 3600 \\ P &= U \cdot I \end{aligned} \tag{8-1}$$

其中，W 为实时用电量，单位是 0.001 kWh。P 为功率，单位为 W。

计算实时用电量的代码如代码清单 8-8 所示。

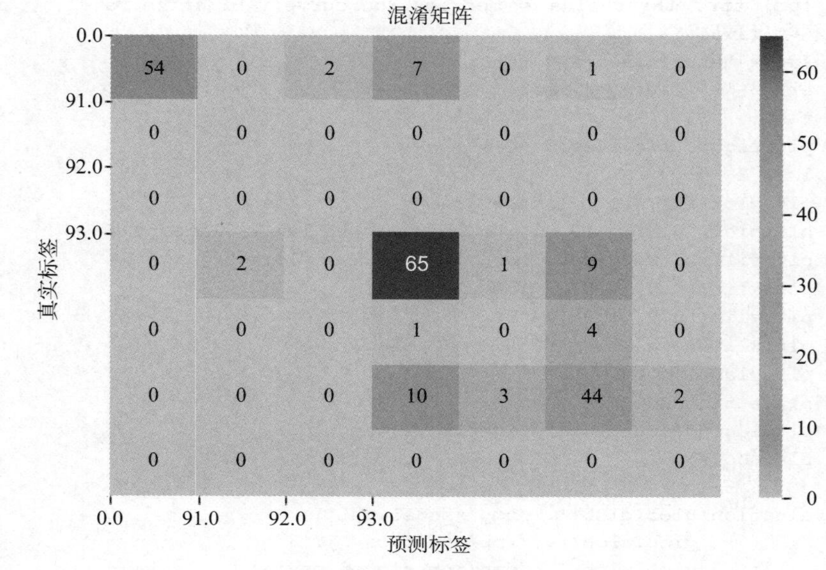

图 8-9 混淆矩阵

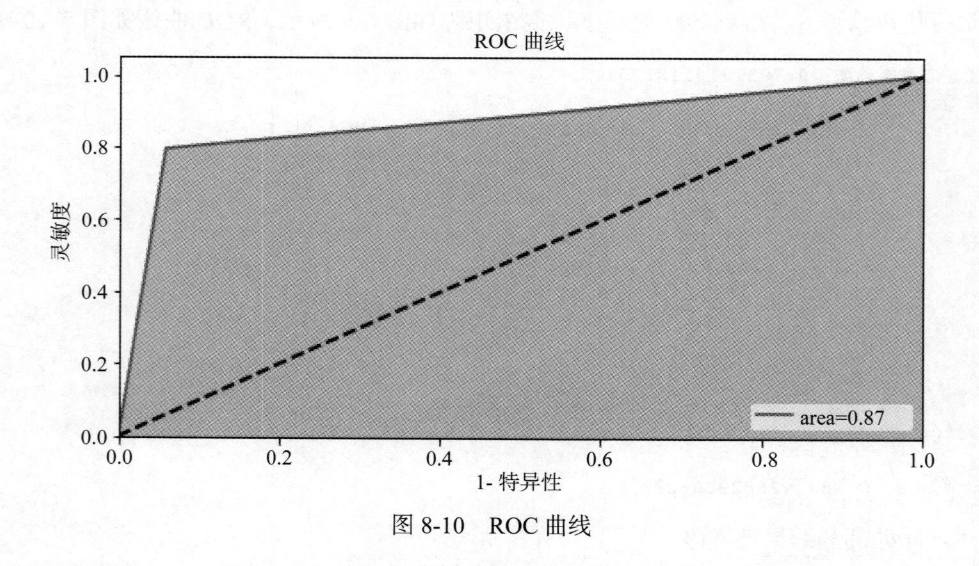

图 8-10 ROC 曲线

代码清单 8-8 计算实时用电量

```
# 计算实时用电量并输出状态表
def cw(test_csv, predicted_csv, test_devices):
    for test, predicted, test_device in zip(test_csv, predicted_csv, test_
        devices):
```

```
        # 划分预测出的时刻表
        test = pd.read_csv(test, header=0, encoding='gbk')
        test.columns = ['time', '波谷', '波峰', 'IC', 'UC', 'P', 'Q', 'PF',
            'label']
        test['time'] = pd.to_datetime(test['time'])
        test.index = test['time']
        predicteds = pd.read_csv(predicted, header=0, encoding='gbk')
        predicteds.columns = ['label']
        indexes = []
        class_names = list(set(test['label']))
        for j in class_names:
            index = list(predicteds.index[predicteds['label'] == j])
            indexes.append(index)

        # 取出首位序号及时间点
        from itertools import groupby  # 连续数字
        dif_indexs = []
        time_indexes = []
        info_lists = pd.DataFrame()
        for y, z in zip(indexes, class_names):
            dif_index = []
            fun = lambda x: x[1] - x[0]
            for k, g in groupby(enumerate(y), fun):
                dif_list = [j for i, j in g] # 连续数字的列表
                if len(dif_list) > 1:
                    scop = min(dif_list)  # 选取连续数字范围中的第一个
                else:
                    scop = dif_list[0   ]
                dif_index.append(scop)
            time_index = list(test.iloc[dif_index, :].index)
            time_indexes.append(time_index)
            info_list = pd.DataFrame({'时间': time_index, 'model_设备状态': [z] *
                len(time_index)})
            dif_indexs.append(dif_index)
            info_lists = pd.concat([info_lists, info_list])
        # 计算实时用电量并保存状态表
        test_devi = pd.read_csv(test_device, header=0, encoding='gbk')
        test_devi['time'] = pd.to_datetime(test_devi['time'])
        test_devi['实时用电量'] = test_devi['P'] * 100 / 3600
        info_lists = info_lists.merge(test_devi[['time', '实时用电量']],
                                      how='inner', left_on='时间', right_on='time')
        info_lists = info_lists.sort_values(by=['时间'], ascending=True)
        info_lists = info_lists.drop(['time'], axis=1)
        file_path = os.path.split(test_device)[1]
        info_lists.to_csv('../tmp/' + file_path[:3] + '状态表.csv', index=False,
            encoding='gbk')
        print(info_lists)

cw(glob.glob('../tmp/*test.csv'),
   glob.glob('../tmp/*predicted.csv'),
   glob.glob('../tmp/附件2/*设备数据1.csv'))
```

计算得到的实时用电量如表 8-8 所示。

表 8-8 实时用电量

时间	model_ 设备状态	实时用电量
2018/1/16 15:48	0	0.083333
2018/1/16 15:54	83	114.5278
2018/1/16 15:58	81	113.6389
2018/1/16 15:58	83	113.6944
2018/1/16 15:58	81	113.5833
2018/1/16 15:58	83	113.5556
2018/1/16 15:58	81	113.6111
2018/1/16 15:58	83	113.6389
2018/1/16 15:58	81	113.5278
2018/1/16 15:58	83	113.4722
……	……	……

8.6 小结

本章的主要目的是了解各用电设备的能耗情况，以及用电设备类别的判别方式，从而为电力公司制定电网调度方案提供依据。首先利用数据可视化寻找数据的属性，对数据属性进行缺失值处理，并构建属性集合；其次构建 k 最近邻模型，利用构建的属性集训练模型，接着利用该模型对单一设备所属类别进行判别；最后计算各设备的实时用电量。

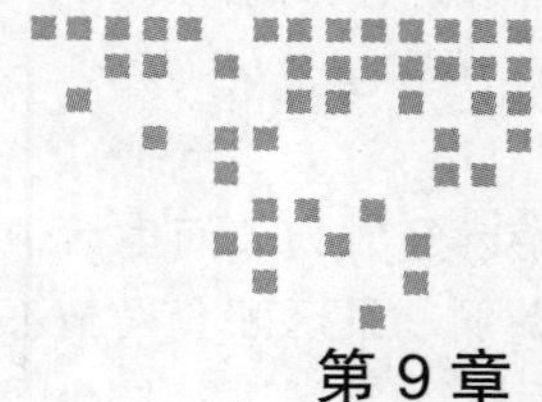

第9章 Chapter 9

游客目的地印象分析

如今，旅游逐渐成为人们提升生活质量的一种重要方式。人们在选择旅游目的地时，通常会在旅游网站搜索目的地的评价情况，其他游客对旅游目的地的评价也逐渐成为人们选择旅游目的地的重要参考标准，因此，提升旅游目的地的美誉度就成为各地旅游局和相关旅游企业非常重视和关注的工作。

本章将通过已收集到的景区/酒店评论、评分数据，深度挖掘各目的地的评分情况、目的地特色等，进而为旅游企业提高景区/酒店美誉度、提升游客的旅游满意度等提供优化策略。

学习目标

- 了解游客目的地印象分析的背景、数据说明和目标分析。
- 掌握数据预处理的方法，对文本数据进行垃圾评论去除、无效评论去除、拆分数据等操作。
- 掌握词云图的绘制方法，绘制目的地印象词云图。
- 掌握影响目的地评分主题词的提取方法。
- 掌握目的地评论情感得分的计算方法。
- 掌握基于关键字匹配的评分预测方法。
- 掌握基于K-Means聚类算法的信息挖掘方法，分析目的地特色。

9.1 背景与目标

对景区、酒店的评论数据进行分析，可以为旅游局和相关旅游企业提升景区和酒店美誉度提供优化建议，从而使景区及酒店的客源能够相对稳定，为旅游业的发展起到积极作用。本节主要讲解游客目的地印象分析案例的背景、数据说明和目标分析。

9.1.1 背景

目前，旅游已经成为人们生活中一个重要的部分。但是，我国大部分旅游景点的游玩基础设施相对薄弱、景区配套设施不够完善，大部分游玩产品还是以传统面貌展示，存在缺乏创新、品种单一等问题。与此同时，各个旅游景点严重同质化，缺少特色，在旅游市场中，旅游相关企业缺乏差异竞争，经营效果不佳。至此，如何提高旅游企业的经营收益，提升自家景区的资源配置等，已成为各大旅游企业所需要解决的主要难题。

除此之外，人们在选择旅游目的地时，除了查看目的地拥有的景区、酒店等场所是否满足自己的旅游需求之外，还会查看以往游客对该目的地的评价情况。旅游目的地的评价信息，一方面可以帮助游客准确了解其交通、景区、酒店等基本信息与服务信息，根据相应的评论内容，做出合理的旅行消费选择；另一方面，可以帮助旅游企业或相关部门基于大量的评论反馈对景点、酒店等进行更有针对性、实效性的质量管理，进而增加客流量，提高经营效益。

对目的地的评价会影响如何吸引客源、取得竞争优势、提升游客到访消费等重要事项。游客满意度与评价紧密相关，游客满意度越高，对目的地的评价就越高。因此，旅游企业掌握目的地游客满意度的影响因素，有针对性地提升游客满意度，提升景区 / 酒店的美誉度，不仅能够保证客源稳定，而且能够对企业开发旅游产品、优化资源配置，以及开拓市场起到长远而积极的作用。

9.1.2 数据说明

某企业收集了自家旅游平台近几年的景区、酒店的评论数据和评分数据，该数据共有 4 张数据表，包括景区评论表、酒店评论表、景区评分表和酒店评分表，各表的数据说明分别如表 9-1、表 9-2、表 9-3 和表 9-4 所示。

表 9-1 景区评论表数据说明

属性名称	示例
景区名称	A01
评论日期	2020-06-16
评论内容	是亲子游的绝佳场所

表 9-2 酒店评论表数据说明

属性名称	示例
酒店名称	H01
评论日期	2020-01-01
评论内容	酒店很适合家庭出行
入住房型	标准客房

表 9-3 景区评分表数据说明

属性名称	示例	属性名称	示例
景区名称	A01	设施得分	4.9
总得分	4.4	卫生得分	4.5
服务得分	3.8	性价比得分	4.5
位置得分	4.9		

表 9-4　酒店评分表数据说明

属性名称	示例	属性名称	示例
序号	1	位置得分	4.8
酒店名称	H01	设施得分	4.7
总得分	4.8	卫生得分	4.8
服务得分	4.8	性价比得分	4.0

9.1.3　目标分析

通过对收集到的数据进行目的地印象分析，可以为当地旅游局和相关旅游企业提升目的地景区及酒店美誉度提供优化建议，帮助其吸引和稳定客源，为当地旅游业带来更高的销售利润。本案例主要从目的地直观印象、评分、特色 3 个方面分析游客目的地的印象情况，总体流程如图 9-1 所示，主要包括以下步骤。

1）数据读取：分别读取景区评论表和酒店评论表的数据。

2）数据预处理与印象分析：对景区评论表和酒店评论表进行数据预处理，包括对垃圾评论的处理、中文分词、去停用词、对无效评论的处理等，根据处理后的数据，绘制目的地印象词云图。

3）目的地评分分析：基于 LDA 主题模型、SnowNLP 库、关键词匹配评分预测模型方法，计算景区及酒店的评分。

4）目的地特色分析：使用 K-Means 聚类算法挖掘低、中、高层次景区及酒店的特色。

5）建议：根据目的地评分分析结果和目的地特色分析结果，提出提升景区 / 酒店美誉度的优化建议。

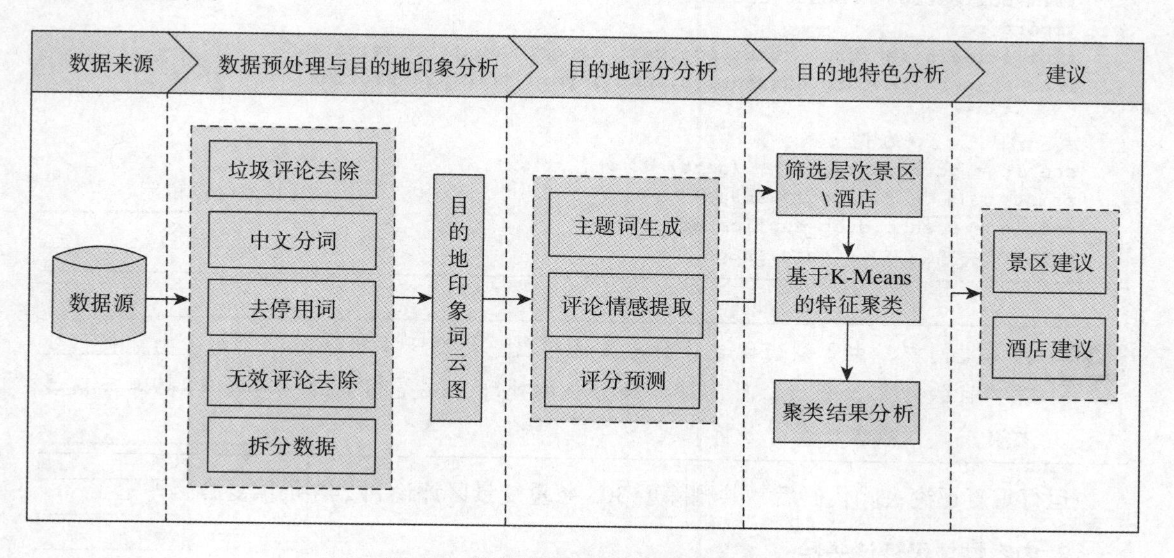

图 9-1　游客目的地印象分析总体流程

9.2 数据预处理

平台上的评论信息经常会出现内容不相关、信息重复复制、无效内容等，即垃圾评论。所谓的垃圾评论主要包含相似评论、无效评论（长度很短、毫无理由的夸赞或诋毁）和无关评论（意义不明、全是符号、同一个单词或词语等）。

数据预处理的目标是找出并清理掉不能提供有效信息的垃圾评论，保留真正的、有价值的评论信息。本节主要使用基于规则的垃圾评论去除方法和基于无监督学习的无效评论去除方法进行数据预处理。

9.2.1 基于规则的垃圾评论去除方法

本章的垃圾评论信息主要分为两种，分别为重复评论和内容性垃圾评论。在进行数据分析时，垃圾评论数据可能会导致垃圾结果，即基于这些数据分析得出的结果和决定是不可靠的，为此需要进行去除处理。

1. 重复评论去除

针对评论数据中的重复数据，直接调用 drop_duplicates() 方法进行去除，同时保留重复数据中的第一条，如代码清单 9-1 所示。

代码清单 9-1 去除重复评论（景区）

```
import pandas as pd
import numpy as np
import jieba
from collections import Counter
import re
from sklearn.feature_extraction.text import CountVectorizer
from sklearn.feature_extraction.text import TfidfTransformer

# 对景区完全重复的评论进行去重
scenic = pd.read_excel('../data/ 景区评论 .xlsx')
print(' 去重前: ', scenic.shape)
scenic = scenic.drop_duplicates()
print(' 去重前: ', scenic.shape)
```

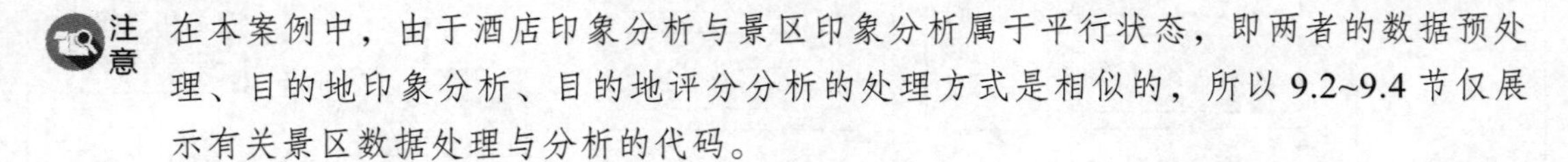
注意 在本案例中，由于酒店印象分析与景区印象分析属于平行状态，即两者的数据预处理、目的地印象分析、目的地评分分析的处理方式是相似的，所以 9.2~9.4 节仅展示有关景区数据处理与分析的代码。

运行重复评论去除代码后，共删除了 305 条重复景区评论和 248 条重复酒店评论。

2. 内容性垃圾评论去除

针对内容性垃圾评论数据，本案例主要采用以下 3 个步骤进行去除。

1）经观察，在景区评论字符长度低于8和酒店评论字符长度低于5的评论中存在较多无效评论，且分析这些评论的作用性不大，可将其直接去除。

2）同时，评论中存在凑字数、混经验和刷广告的情况，为此，本小节根据“小程序”“凑字”“字数”和“个字”这4个关键词去除无效评论。

3）在评论字符长度为8个字及以上的情况下，如果同一个句子中某个字出现的频率达到30%，或某两个词（或3个词）加起来出现的频率高于75%，则此类数据均是由刷字数的行为导致的，可将其进行去除处理。

去除内容性垃圾评论的代码如代码清单9-2所示。

代码清单9-2　去除内容性垃圾评论（景区）

```
# 去除景区评论字符长度低于 8 的评论
temp = scenic['评论内容']
num = temp.map(lambda x:len(x) < 8).sum()  # 长度低于 8 的数据量
scenic = scenic[scenic.apply(lambda x:len(x['评论内容']) >= 8, axis=1)]

# 去除景区评论中凑字数、刷广告等评论
def delete_comment(x):
    x = x['评论内容']
    if ('字数' in x and len(x)<70):
        return True
    elif '个字' in x:
        return True
    elif ('凑字' in x and len(x)<70):
        return True
    elif ('小程序' in x and len(x)<70):
        return True
    return False
scenic = scenic[~scenic.apply(delete_comment, axis=1)]

# 去除景区评论中刷字数的评论
def delete(content):
    new_comment = content['评论内容']
    new_comment = [i for i in jieba.cut(new_comment) if i.strip()]
    counter = Counter(new_comment)
    num = len(new_comment)
    temp = counter.most_common(num)
    count = 0
    for x, y in enumerate(temp):
        count += y[1]
        if count > num / 2 and x + 1 <= min(3, num*0.1):
            return True
    return False
scenic = scenic[~scenic.apply(delete, axis=1)]
print('内容性垃圾去除后的数据维度：', scenic.shape)
```

去除内容性垃圾评论后，景区评论数据维度为(58165, 3)，酒店评论数据维度为(24781, 4)。

9.2.2 基于无监督学习的无效评论去除方法

通常情况下，如果一条评论中所有词语的重要性都不强，那么这条评论的重要性也不强，极可能是无效评论。基于此假设，本案例将基于无监督学习的 TF-IDF 算法去除无效评论。注意：在剔除无效评论前，首先需要对评论句子进行分词、去停用词处理，然后才能根据去停用词后的数据计算每个句子的 TF-IDF 值。

1. 分词与去停用词

在文本分析中，通常会对中文（英文）进行分词，而较为常见的分词方法为使用中文分词工具 jieba 进行分词。jieba 分词使用的分词算法为最短路径匹配算法，该算法首先利用词典找到字符串中所有可能的词条，然后构造一个有向无环图（DAG）。其中，每个词条对应图中的一条有向边，并可利用统计的方法赋予对应的边长一个权值，然后找到从起点到终点的最短路径，该路径上所包含的词条就是该句子的切分结果。

但是，我们不能对分完词的数据直接进行数据分析，因为此时的数据中还存在一些常见的停用词。停用词是指那些功能极其普遍，与其他词相比没有什么实际含义的词，如"啊""在""的""了"等虚词，以及副词、冠词、代词等。由于虚词在文本中并没有实际的分析意义，所以在研究文本分类等数据挖掘问题时，经常会将它们预先去除，既可以减少存储空间、降低计算成本，又可以防止它们干扰分类器的性能。

本小节利用 Python 中的 jieba 库进行分词处理，并对分词后的数据进行去停用词操作，如代码清单 9-3 所示。

代码清单 9-3 分词与去停用词（景区）

```
# 导入停用词表，并提取相关字符
with open('../data/stopword.txt', 'r', encoding='utf8') as f:
    stopword = [i.strip() for i in f.readlines()]
# 提取评论中的中文词语
scenic['评论内容'] = scenic['评论内容'].apply(lambda x: re.sub(r'[^\u4e00-
    \u9fa5]', '', x))
# 对去除内容性垃圾评论后的数据进行分词与去停用词处理，用于后续计算 TIS 值
temp = scenic[['评论内容']].applymap(lambda x:
                              [i for i in jieba.lcut(x) if i not in stopword])
corpus = list(temp['评论内容'])
```

2. TF-IDF 算法

TF-IDF（Term Frequency–Inverse Document Frequency，词频 - 逆向文件频率）是一种用于信息检索与文本挖掘的常用加权算法，用于衡量文本集中一个特征词对包含该特征词的文本的重要程度。特征词的重要性与它在文件中出现的次数成正比，与它在语料库中出现的频率成反比。TF-IDF 算法的主要思想是：如果某词条在一篇文章中出现的频率高，并且在其他文章中很少出现，则认为该词条具有很好的类别区分能力，适合用来分类。

其中，TF（Term Frequency）即词频，表示某词条在文本中出现的频率，计算公式如

式（9-1）所示。

$$TF_{ij}=\frac{n_{i,j}}{\sum kn_{k,j}} \tag{9-1}$$

其中，$n_{i,j}$ 是该词在文件中出现的次数，分母则是文件中所有词汇出现的次数总和。

IDF（Inverse Document Frequency）即逆向文件频率，其值是由总文件数目除以包含该词条的文件的数目，再将得到的商取对数而得到的。如果包含某词条的文档越少，则 IDF 越大，说明词条具有很好的类别区分能力，计算公式如式（9-2）所示。

$$IDF_i=\log\frac{|D|}{|\{j:t_i\in d_j\}|} \tag{9-2}$$

其中，$|D|$ 是语料库中的文件总数，$|\{j:t_i\in d_j\}|$ 表示包含词语 t_i 的文件数目（即 $n_{i,j}\neq 0$ 的文件数目）。如果词语不在语料库中，那么就会导致分母为零，因此一般情况下使用 $1+|\{j:t_i\in d_j\}|$。

TF-IDF 实际上是由 TF 与 IDF 的乘积而得到的，TF-IDF 的计算公式如式（9-3）所示。

$$\text{TF-IDF}=TF\times IDF \tag{9-3}$$

TF-IDF 考虑了特征词在文件中出现的频率，如果频率越高，那么该词在文件中的重要性越大；如果频率越低，那么它的重要性越小。但 TF-IDF 的结构过于简单，无法有效地反映单词的重要性和特征单词的位置分布，并且调整权限功能是无效的。如果单纯地使用 TF-IDF 方法，那么文本挖掘的准确性会很低，且 TF-IDF 算法并没有体现特征词的位置信息、词性和词长的重要性。

3. 去除无效评论

由于每个句子都会有一个 TF-IDF 句向量，将这个句子的所有词的词向量相加，除以该句子的长度。若句子长度很长时，TF-IDF 值会很小，则需要再乘以 $\log_2$（句子长度）进行调节，构造 TIS 指标，如式（9-4）所示。

$$TIS=\frac{\sum_i^n \boldsymbol{d}_i}{len(S)}\times\log_2 len(S) \tag{9-4}$$

其中，S 是指句子，$len(S)$ 是指句子长度，$\boldsymbol{d}_i$ 是指在句子中第 i 个位置的词向量。

经过观察，当景区评论的 $TIS\geqslant 0.1$ 或酒店评论的 $TIS\geqslant 0.01$ 时，其效果最好。为此，去除无效评论的代码如代码清单 9-4 所示。

代码清单 9-4　去除无效评论（景区）

```
# 去除无效评论
corpus = [' '.join(x) for x in corpus]
vt = CountVectorizer()
X = vt.fit_transform(corpus)
```

```
tf = TfidfTransformer()
tfidf = tf.fit_transform(X)
# 构造 TIS 指标
sentence_len = np.array([len(x.split(' ')) for x in corpus])
array = [(x, y) for x, y in enumerate(list(
    np.sum(tfidf.toarray(), axis=1)/sentence_len*np.log2(sentence_len)))]
scenic = scenic.iloc[[x[0] for x in array if x[1] >= 0.1]]
scenic.to_csv('../tmp/ 预处理后的景区评论 .csv', index=False, encoding='utf-8 sig')
```

9.2.3 拆分各景区和酒店的数据

为了更快速、更精准地进行文本挖掘，本小节还需要对去除无效评论后的景区 / 酒店评论数据进行拆分，将每个景区 / 酒店拆分成一个文件，文件数据包含去除无效评论后的景区和酒店的名称、评论日期、评论内容（分词与去停用词后的评论内容）。拆分数据的代码如代码清单 9-5 所示。

代码清单 9-5 拆分数据（景区）

```
# 拆分数据，即每个景区为一个文件
# 对去除无效评论后的评论内容进行分词、去停用词处理
nr = scenic[[' 评论内容 ']].applymap(lambda x:
                        [i for i in jieba.lcut(x) if i not in stopword])
# 合并去除无效评论后的景区名称、评论日期、评论内容（分词与去停用词后的）
scenic_c = pd.concat([scenic[[' 景区名称 ', ' 评论日期 ']], nr], axis=1)
def split_data(x, name, path):
    data = x[x.duplicated(name) == False][name]
    # 切分
    for i in data:
        result = x[x[name] == i]
        result.to_excel(path + '\%s 景区 .xlsx' % i, index=False)
split_data(scenic_c, ' 景区名称 ', '../tmp/ 已拆分数据 ')
```

通过数据拆分代码，可生成“A01~A50 景区 .xlsx”和“H01~H50 酒店 .xlsx”文件。

9.3 目的地印象分析

本节对景区 / 酒店的评论文本进行挖掘，计算各评论词的热度，即词语所出现的次数，并进行可视化展示，进而更加直观地了解游客对各目的地的印象。绘制目的地印象词云图，如代码清单 9-6 所示。

代码清单 9-6 绘制目的地印象词云图（景区）

```
import pandas as pd
from wordcloud import WordCloud
import matplotlib.pyplot as plt
from tkinter import _flatten
```

```
import re

# 自定义画词云图函数
def draw_wordcloud(content):
    # 词频统计
    num = pd.Series(_flatten(list(content))).value_counts()
    # 词云背景图片读取
    img = plt.imread('../data/aixin.jpg')
    # 设置词云参数
    wc = WordCloud(font_path='../data/simhei.ttf', mask=img,
                   background_color='white')
    wc.fit_words(num)
    # 绘制词云图
    plt.imshow(wc)
    plt.axis('off')
    plt.savefig('../tmp/ 词云图 /{}.png'.format(j))

scenics = []
content_regx = '\'([\u4e00-\u9fa5]*)\''
for i in range(1, 51):
    j = ('A0' if i < 10 else 'A') + str(i)
    data = pd.read_excel('../tmp/ 已拆分数据 /{} 景区 .xlsx'.format(j))
    scenic = [re.findall(content_regx, j) for j in data[' 评论内容 ']]
    scenics.append(scenic)
    draw_wordcloud(scenics[i-1])
```

由于景区与酒店的数量较多，所以这里仅展示 A01、A02、A03、A04 景区，及 H01、H02、H03、H04 酒店的词云图，如图 9-2、图 9-3 所示。

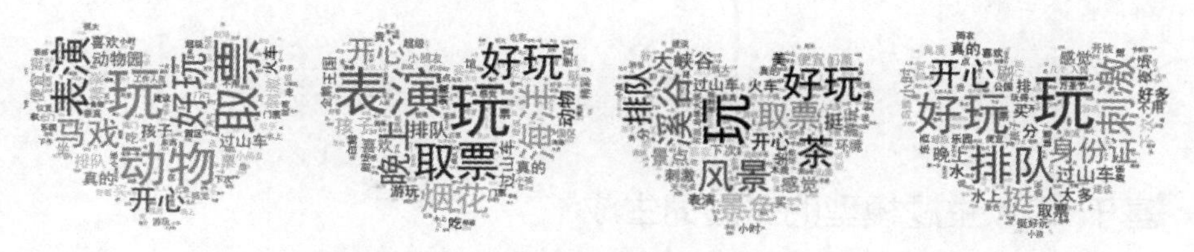

图 9-2　A01、A02、A03、A04 景区的词云图

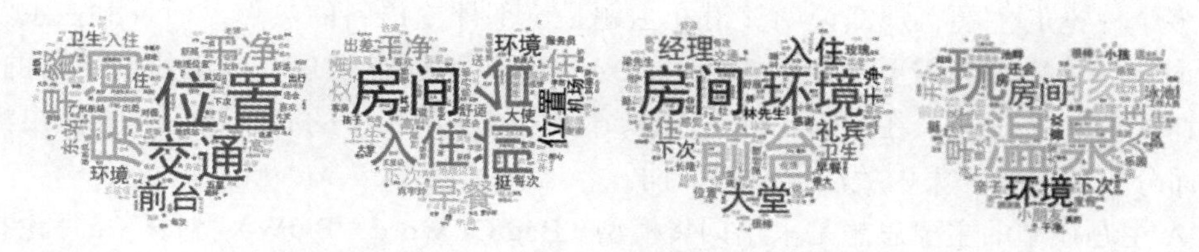

图 9-3　H01、H02、H03、H04 酒店的词云图

通过词频统计以及绘制的词云图可以看出，A01 景区出现较多的评论词为动物、取票、好玩、马戏、开心等，说明该景区的评论词倾向积极，同时也知道该景区大概率是关于动物的。H01 酒店出现较多的评论词为位置、交通、房间、干净、早餐等，说明该酒店在位

置、交通方面的优势比较突出。

9.4 目的地评分分析

用户评论作为用户消费后的反馈，往往包含用户强烈的情感。一般来说，评论与评分往往是正相关的，评价越正面的评论，往往评分也就越高。

假设用户评论至少包含服务、位置、设施、卫生、性价比 5 个方面，这 5 个方面属于特定的场景，它们往往与某些具体词汇相关，如酒店服务常常与前台服务态度相关。

首先，本节将使用 LDA 主题模型生成评论文本的 5 个评论主题（服务、位置、设施、卫生、性价比）的主题词列表；其次，基于机器学习的文本情感提取工具 SnowNLP 抽取评论情感强烈程度；最后，使用基于评论关键词 - 评论主题词匹配的方法计算景区 / 酒店的 5 个评论主题的平均情感倾向，根据倾向的值赋予权重，预测评分得分，并使用均方误差（MSE）评估模型。景区 / 酒店评分模型整体结构如图 9-4 所示。

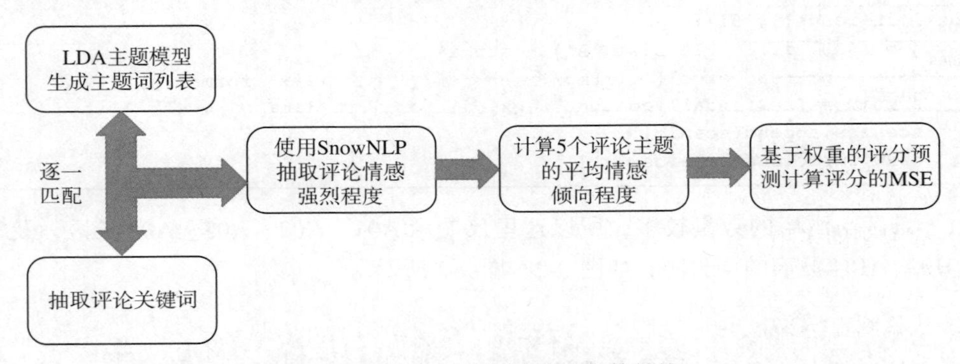

图 9-4 景区 / 酒店评分模型整体结构

9.4.1 基于 LDA 主题模型的主题词生成

用户做出评论后，每条评论中都存在一个中心思想，即主题。如果某个潜在主题同时是其他多个评论的主题，那么说明该潜在主题是全部评论语料的热点，而且潜在主题下的高特征词往往是决策者需要关注的重点。LDA 主题模型能够发现文本中使用词语的规律，并把规律相似的文本联系在一起，以寻求非结构化的文本集中的有用信息，挖掘出潜在主题，进而分析数据集的集中关注点及特征词。

LDA 主题模型的主要思想是采用词袋模型（Bag Of Word，BOW）将每一条评论视为词频向量，其中，每一条评论代表了一些主题所构成的概率分布，而每一个主题又代表了主题下所有单词所构成的概率分布。

LDA 主题算法的步骤总结如下，其流程如图 9-5 所示。

1）基于预处理后的数据，创建语料词语词典，构建词袋模型。

2）确定当前主题个数 k。

3）建立 LDA 模型进行训练。

4）保存训练好的模型。

5）根据确定的主题个数，获取前 k 个主题的关键字。

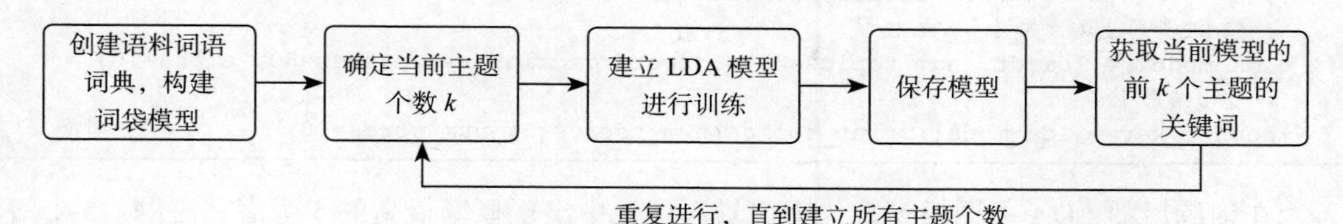

图 9-5 LDA 主题算法流程

LDA 主题模型的参数设置如表 9-5 所示。

表 9-5 LDA 主题模型的参数设置

参数	参数值	参数说明
alpha	10	Alpha=1/k（k 为主题个数），是针对文档的主题分布的先验参数
passes	50	训练时通过语料库的次数
num_topics	20	从训练语料库中提取的潜在主题个数

在 LDA 主题模型中，生成景区 / 酒店的主题词的算法如下。

1）从狄利克雷分布 α 中取样生成每一个景区 A_i 或酒店 H_i 的所有评论的主题分布 θ_i。

2）从主题的多项式分布 θ_i 中取样生成每一个景区 A_i 或酒店 H_i 的所有评论的第 j 个词的主题 $Z_{i,j}$。

3）从狄利克雷分布 β 中取样生成主题 $Z_{i,j}$ 对应的词语分布 $\Phi Z_{i,j}$。

4）从词语的多项式分布 $\Phi Z_{i,j}$ 中采样生成每一个主题下的词语 $\omega_{i,j}$。

通过 LDA 主题模型生成主题词列表，其中获取景区评论中出现概率排名前 5 的主题词的实现代码（酒店评论主题词的实现代码与此类似）如代码清单 9-7 所示。

代码清单 9-7 获取景区评论中出现概率排名前 5 的主题词

```
import pandas as pd
import gensim
from gensim import corpora

# 读取数据
comment = []
for i in range(1, 51):
    j = ('A0' if i < 10 else 'A') + str(i)
    scenic = pd.read_excel('../tmp/已拆分数据/{}景区.xlsx'.format(j))
    pl = scenic['评论内容']
    comment.append(pl)

# 创建语料的词语词典
```

```
dictionary = corpora.Dictionary(comment)
# 使用上面的词典，将语料变成DT矩阵
dt = [dictionary.doc2bow(doc) for doc in comment]
print(dt)  # 查看DT矩阵
# 使用gensim创建LDA模型对象
lda = gensim.models.ldamodel.LdaModel
# 在DT矩阵上运行和训练LDA模型
lda_model = lda(dt, num_topics=20, id2word=dictionary, passes=50, alpha=10)
# 输出结果
scenic_key = lda_model.print_topics(num_topics=5, num_words=20)
```

在训练后的LDA主图模型上，得出景区评论中出现概率最高的5个潜在主题。5个潜在主题的部分主题词如表9-6、表9-7所示。

表9-6 基于LDA的景区部分主题词

Topic1	Topic2	Topic3	Topic4	Topic5
环境	挺	景色	便宜	一去
下次	取票	风景	取票	景点
好玩	买	漂亮	分	好玩
刺激	便宜	好玩	景色	有趣
取票	孩子	优美	买	取票
大小	喜欢	排队	游玩	景色
景色	好玩	取票	订票	走
优美	一去	门票	买票	下次
地址	小朋友	便宜	入园	还会
入园	一家人	老人	很棒	美
随用	开心	小孩	美	小孩
好久	玩得	游玩	评分	老人
门口	还会	美的	一去	周末
排队	下次	前去	下次	便宜
买票	家人	喜欢	身份证	玩
电子	玩	便宜	挺	东西
环保	风景优美	路线	度假	感觉
气氛	空气清新	美	好去处	很美
特价	度假	下次	来过	干净
开心	好去处	还会	几次	分

表9-7 基于LDA的酒店部分主题词

Topic1	Topic2	Topic3	Topic4	Topic5
早餐	每次	房间	感觉	挺
停车	住	干净	挺	干净
交通	总体	整洁	干净	房间
环境	感觉	环境	环境	旧

（续）

Topic1	Topic2	Topic3	Topic4	Topic5
优美	环境	卫生	整洁	环境
孩子	真的	孩子	赞赞	位置
喜欢	位置	玩	好好	卫生
住	挺	舒服	挺不错	住
舒服	好好	住	床	几次
房间	出行	这家	舒服	前台
干净	房间	还会	房间	美
下次	干净	位置	加油	交通
还选	稍微	出行	前台	入住
前台	旧	前台	卫生	下次
很棒	一点	总体	安静	还会
好好	交通	感觉	点个	早餐
美好	前台	还好	赞	还好
够	高	宽敞	下次	亲子
很大	吃	早餐	小姐姐	停车
卫生	早餐	小姐	高	出行

根据表9-6和表9-7可知，通过人工识别，LDA主题模型生成了5个潜在主题。把LDA主题模型生成的这5个主题列表的词语作为5个评价主题的关键特征词。在后续的建模中，如果用户评论的关键词中出现了这5个主题词列表的相关词汇，则认为该评论包含该评价主题。

9.4.2　基于机器学习的评论情感提取

情感分析是进行文本识别的常用方法，它可以通过识别文本中的观点极性提取特征。情感分析方法主要分为以下两种。

1）基于情感词典的提取方法：该方法基于构造的情感词典，从文本中抽取情感词，并根据文本语法规则计算情感倾向。

2）基于机器学习的方法：该方法将情感分析视为分类问题，通过人工标注训练集样本训练算法模型。

由于基于情感词典的提取方法的计算速度慢，模型构造复杂，并且依赖特定的场景语境，所以本节选择计算速度快、分类准确率较高的基于机器学习的方法来进行情感分析。

SnowNLP库是基于Python的中文文本情感分析库，提供了中文分词、词性标注、情感分析等功能。本节将调用SnowNLP库中的sentiments()方法，计算每一个用户评论中正面倾向的概率。计算景区评论的情感得分的具体实现代码如代码清单9-8所示。

代码清单9-8　计算景区评论的情感得分

```
from snownlp import SnowNLP
```

```
import pandas as pd
import matplotlib.pyplot as plt

# 获取每一个景区中的评论
scenic = pd.read_csv('../tmp/预处理后的景区评论.csv')
scenic_comment = scenic['评论内容']

emotion_score = []
for i in range(len(scenic_comment)):
    # 调用 SnowNLP 工具包提取评论情感
    score = SnowNLP(scenic_comment[i]).sentiments
    emotion_score.append(score)

# 中文和负号的正常显示
plt.rcParams['font.sans-serif'] = ['Microsoft YaHei']
plt.rcParams['axes.unicode_minus'] = False
plt.xlabel('正面情感倾向')
plt.ylabel('景区评论数量')
plt.hist(emotion_score, 10)
plt.savefig('../tmp/景区评论情感分布直方图.png')

c = {'情感得分': emotion_score}
df = pd.DataFrame(c, columns=['情感得分'])
scenic['情感得分'] = df

for i in range(1, 51):
    i = ('A0' if i < 10 else 'A') + str(i)
    data = pd.read_excel('../tmp/已拆分数据/{}景区.xlsx'.format(i))
    scenic_a = scenic.loc[scenic['景区名称'] == i, :].reset_index(drop=True)
    data_a = pd.concat([data, scenic_a['情感得分']], axis=1)
    data_a.to_excel('../tmp/已 拆 分 数 据' + '\%s景 区2.xlsx' % i, index=False,
        encoding='utf-8 sig')
```

通过代码抽取景区和酒店的用户评论，计算每一个评论的正面情感倾向，并生成相关直方图，如图 9-6、图 9-7 所示。

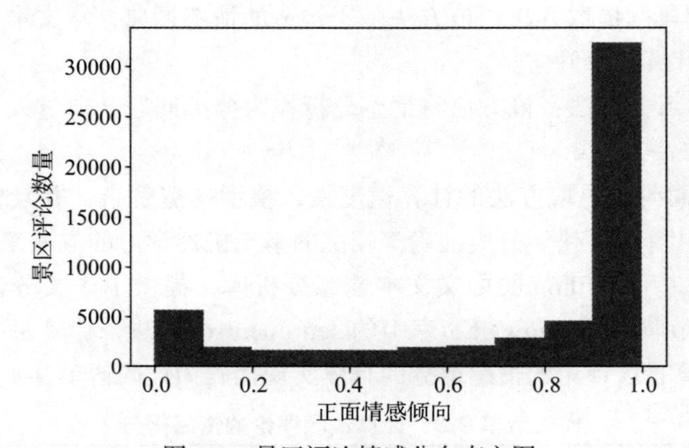

图 9-6 景区评论情感分布直方图

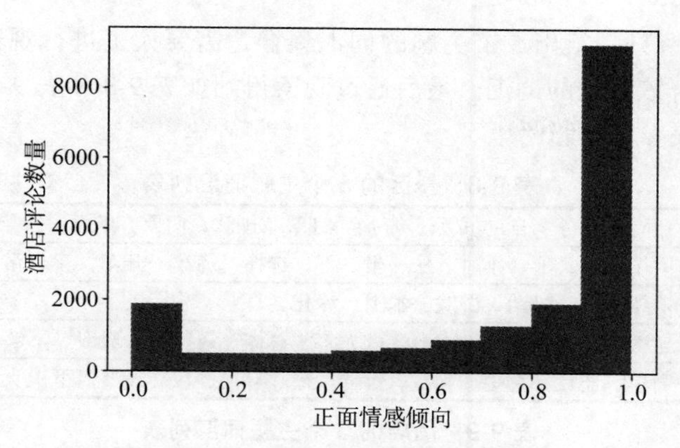

图 9-7 酒店评论情感分布直方图

由图 9-6 和图 9-7 可知，景区及酒店的评论情感集中分布在 [0.9, 1.0] 之间，说明大部分评论是正面评论；少部分评论情感分布在 [0, 0.1] 之间，说明差评数量较少。而观察原始的景区评分和酒店评分可知，景区的总评分在 [4.1, 4.9] 之间，酒店的总评分在 [4.2, 4.9] 之间，景区和酒店的评分总体是比较高的，说明用户的评论情感分布是符合现实情况的。

9.4.3 基于关键词匹配的评分预测

本节提出一种基于关键词匹配的评分预测算法。该算法的主要思想为，基于 9.4.1 节构造出来的 5 个评论主题词列表，提取用户评论中的关键词；将关键词与主题词列表进行匹配，计算 5 个主题词列表的词汇在该评论中出现的次数，从而统计该评论在 5 个评论主题的占比情况，并把该评论归于占比排名前 3 的评论主题；遍历所有评论，统计归属于 5 个评论主题的所有评论的平均情感倾向，将倾向值作为对应景区（酒店）下对应评论主题的整体情感倾向；按照整体情感倾向所在区间赋予权重，计算对应评论主题的预测评分，其流程如图 9-8 所示。

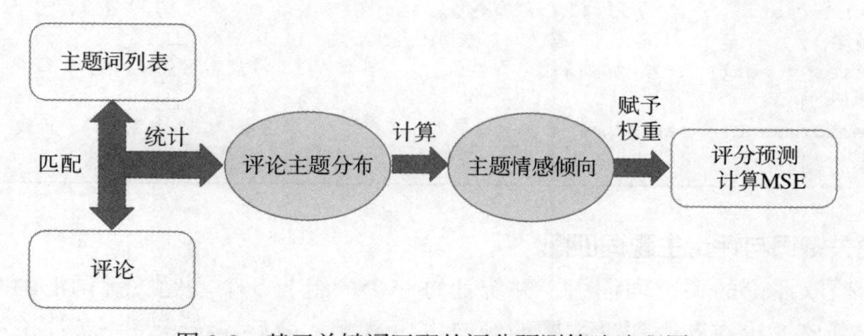

图 9-8 基于关键词匹配的评分预测算法流程图

1. 评论主题词提取

针对景区（酒店）的全部评论，使用 LDA 主题模型和人工筛选得到 5 个主题词汇列表。

注意，LDA 主题模型只是给出 5 个主题的词汇集合，需要人工进行观察并标注主题名称，同时删除一些不适合该主题的词汇，最后通过观察得到如表 9-8 和表 9-9 所示的景区 / 酒店的 5 个主题词汇列表。

表 9-8 景区的 5 个主题词汇列表

服务	入园、便宜、服务、自助 取票、直接、订票、排队、门票、麻烦、换票、游戏
位置	沙滩、太阳、走、上、小时、从、坐、下、选择、缆车、开车、车、路、分钟、麻烦
设施	沙滩、取票、岛、机动、游戏、水上、绿化、订票、乐园
卫生	天然、空气、好多、沙滩、水上、人太多、总体、还行、一般般、不够、垃圾
性价比	不够、简单、还行、直接、刺激、价钱、棒、自助、玩、还要、下次、不值、一般般、票价

表 9-9 酒店的 5 个主题词汇列表

服务	工作人员、真心、亲切、舒适、孩子、挺不错、度假、自助、儿童、还会来、惊喜、细心、游泳、早餐、五星
位置	出差、位置、楼下、五星、环境、出行、停车场、海景
设施	早餐、池、老旧、房间、空调、游泳池、店、浴缸、下午、酒店设施、环境
卫生	住、旧、退房、热情、房间、老旧、前台、入住、舒适、早餐、整洁、消毒、环境
性价比	入住、服务、比较、工作人员、房间、点赞、棒棒、前台、自助、小、一起、海景、下次、住

创建 5 个主题词汇列表，如代码清单 9-9 所示。

代码清单 9-9 创建 5 个主题词汇列表（景区）

```
import pandas as pd
import re

# 根据 LDA 模型，得到 5 个主题的词汇列表
# 依次为卫生、服务、位置、设施、性价比
hygiene = set(['天然', '空气', '好多', '沙滩', '水上', '人太多', '总体', '还行',
    '一般般', '不够', '垃圾'])
serive = set(['入园', '便宜', '服务', '自助', '取票', '直接', '订票', '排队', '
    门票', '麻烦', '换票', '游戏'])
position = set(['沙滩', '太阳', '走', '上', '小时', '从', '坐', '下', '选择',
    '缆车', '开车', '车', '路', '分钟', '麻烦'])
facilities = set(['沙滩', '取票', '岛', '机动', '游戏', '水上', '绿化', '订票',
    '乐园'])
cost_performance = set(['不够', '简单', '还行', '直接', '刺激', '价钱', '棒', '
    自助', '玩', '还要', '下次', '不值', '一般般', '票价'])
```

2. 评论关键词与评论主题词匹配

首先，提取评论的关键词词组，并统计每一个词组与 5 个主题关键词汇的交集数，根据交集数计算该评论在 5 个评论主题的倾向占比情况。最后，统计每一条评论中倾向占比排名前 3 的 3 个主题，并把该评论归属于这 3 个主题。注意：每一个主题都有一个情感倾向，且当一条评论归属于该主题时，该评论的情感倾向概率会进行累加。

将评论关键词与评论主题词进行匹配，如代码清单 9-10 所示。

代码清单 9-10 将评论关键词与评论主题词进行匹配（景区）

```
# 定义评论匹配函数
def pipei(data):
    # 每个景区对应的5个方面的评分
    hygiene_score = 1
    serive_score = 1
    position_score = 1
    facilities_score = 1
    cost_performance_score = 1
    total_score = 1

    # 数量
    hygiene_count = 1
    serive_count = 1
    position_count = 1
    facilities_count = 1
    cost_performance_count = 1
    total_count = 1
    # 遍历评论
    content_regx = '\'([\u4e00-\u9fa5]*)\''
    for j in range(len(data['评论内容'])):
        single_list = re.findall(content_regx, data['评论内容'][j])
        single_list = set(single_list)

        # 计算评论的词汇出现在5个参考列表中的次数
        hygiene_num = len(single_list.intersection(hygiene))
        serive_num = len(single_list.intersection(serive))
        position_num = len(single_list.intersection(position))
        facilities_num = len(single_list.intersection(facilities))
        cost_performance_num = len(single_list.intersection(cost_performance))

        # 计算该评论的词列表在5个主题参考词列表中出现的总个数
        total_num = hygiene_num + serive_num + position_num + facilities_num +
            cost_performance_num
        # 如果该评论没有出现关键词，则跳过不计入总数
        if total_num == 0:
            continue

        # 计算比例
        hygiene_num_rate = hygiene_num / total_num
        serive_num_rate = serive_num / total_num
        position_num_rate = position_num / total_num
        facilities_num_rate = facilities_num / total_num
        cost_performance_num_rate = cost_performance_num / total_num

        # 组合成字典并排序
        hotel_score = {'hygiene': hygiene_num_rate, 'serive': serive_num_rate,
              'position': position_num_rate, 'facilities': facilities_num_rate,
              'cost_performance': cost_performance_num_rate}
        # 按字典集合中每一个元组的第二个元素排列
```

```
    sort_df = sorted(hotel_score.items(), key=lambda x: x[1], reverse=True)
    total_score += data['情感得分'][j]
    total_count += 1

    # 排名前 3 的主题需要加上情感分数并求平均值
    k = 0
    for key, values in sort_df:
        if key == 'hygiene':
            hygiene_score += data['情感得分'][j]
            hygiene_count += 1
        if key == 'serive':
            serive_score += data['情感得分'][j]
            serive_count += 1
        if key == 'position':
            position_score += data['情感得分'][j]
            position_count += 1
        if key == 'facilities':
            facilities_score += data['情感得分'][j]
            facilities_count += 1
        if key == 'cost_performance':
            cost_performance_score += data['情感得分'][j]
            cost_performance_count += 1
        k = k + 1
        if (k == 3):
            break
    return [hygiene_score, serive_score, position_score,
            facilities_score, cost_performance_score, total_score,
            hygiene_count, serive_count, position_count,
            facilities_count, cost_performance_count, total_count]
```

3. 评论情感倾向计算

当每一次遍历一个评论时，该评论的情感倾向概率都会累加到对应景区（酒店）的评论整体情感倾向中。遍历每一个景区（酒店）的所有评论，分别计算出对应的 5 个主题的情感倾向和整体情感倾向；同时，计算景区（酒店）的 5 个主题的平均情感倾向，如式（9-5）所示，以及计算平均整体情感倾向，如式（9-6）所示。

$$\text{5个主题的平均情感倾向}=\frac{\text{5个主题的情感倾向}}{\text{原评论数}} \tag{9-5}$$

$$\text{平均整体情感倾向}=\frac{\text{整体情感倾向}}{\text{有效评论数}} \tag{9-6}$$

注意 有效评论数不等同于该景区（酒店）原本的评论数，因为某些评论中可能没有 5 个评论主题的特征词，因此该评论会被视为无效评论，不计入有效评论总数。

计算评论情感倾向（景区），如代码清单 9-11 所示。

代码清单 9-11 计算评论情感倾向（景区）

```
# 定义计算平均情感倾向函数
```

```
def avg_topic_tendency():
    # 计算5个主题平均的情感倾向
    hygiene_avg_score = pipei(data)[0] / pipei(data)[6]
    serive_avg_score = pipei(data)[1] / pipei(data)[7]
    position_avg_score = pipei(data)[2] / pipei(data)[8]
    facilities_avg_score = pipei(data)[3] / pipei(data)[9]
    cost_performance_avg_score = pipei(data)[4] / pipei(data)[10]
    total_avg_score = pipei(data)[5] / pipei(data)[11]
    return [hygiene_avg_score, serive_avg_score, position_avg_score,
            facilities_avg_score, cost_performance_avg_score, total_avg_score]
```

4. 评分预测

根据5个主题的平均情感倾向和平均整体情感倾向的分布区间，赋予权重。情感倾向与权重的关系如表9-10所示。

表9-10 情感倾向与权重的关系

情感倾向	权重	情感倾向	权重
[0.95, 1.00]	0.98	[0.75, 0.80]	0.90
[0.90, 0.95]	0.96	[0.70, 0.75]	0.88
[0.85, 0.90]	0.94	小于0.70	0.86
[0.80, 0.85]	0.92		

通过5个主题的平均情感倾向和权重预测各个景区/酒店的评分，如代码清单9-12所示。

代码清单9-12 评分预测（景区）

```
# 按照倾向赋予权重
def rate(num):
    rate = 0
    if num >= 0.95:
        rate = 0.98
    if num >= 0.90 and num < 0.95:
        rate = 0.96
    if num >= 0.85 and num < 0.90:
        rate = 0.94
    if num >= 0.80 and num < 0.85:
        rate = 0.92
    if num >= 0.75 and num < 0.80:
        rate = 0.90
    if num >= 0.70 and num < 0.75:
        rate = 0.88
    if num < 0.70:
        rate = 0.86
    return rate*5

# 定义评分预测函数
def pingfen():
```

```
    # 计算5个主题情感倾向的比重，最终得到分数
    hugiene_score = rate(avg_topic_tendency()[0])
    serive_score = rate(avg_topic_tendency()[1])
    position_score = rate(avg_topic_tendency()[2])
    facilities_score = rate(avg_topic_tendency()[3])
    cost_performance_score = rate(avg_topic_tendency()[4])
    total_score = rate(avg_topic_tendency()[5])
    # 评论得分列表
    score = []
    score.append(total_score)
    score.append(serive_score)
    score.append(position_score)
    score.append(facilities_score)
    score.append(hugiene_score)
    score.append(cost_performance_score)
    scenic_score.append(score)

# 评分预测
scenic_score = []
for i in range(1, 51):
    i = ('A0' if i < 10 else 'A') + str(i)
    data = pd.read_excel('../tmp/已拆分数据/{}景区2.xlsx'.format(i))
    pingfen()

scenic_score = pd.DataFrame(scenic_score, columns=['总得分', '服务得分', '位置得
    分', '设施得分', '卫生得分', '性价比得分'])
temp = pd.read_csv('../tmp/预处理后的景区评论.csv')
temp = temp['景区名称'].drop_duplicates()
temp = pd.DataFrame(temp.reset_index(drop=True), columns=['景区名称'])
scenic_score['景区名称'] = temp['景区名称']
scenic_score.to_csv('../tmp/预测后的景区评分.csv', index=False, encoding='utf-8
    sig')
```

5. 模型评估

为了查看模型的预测效果，分别计算景区 / 酒店的评分 MSE，即计算景区 / 酒店的专家评分与预测评分的 MSE 均值，如代码清单 9-13 所示。

代码清单 9-13　计算专家评分和预测评分的 MSE 均值（景区）

```
# 模型评估
real = pd.read_excel('../data/景区评分.xlsx')
# 自定义计算MSE值的函数
def mse_cal(x, y):
    return 0.5 * (x - y) ** 2

# 获取预测评分
total_score = scenic_score['总得分']
serive_score = scenic_score['服务得分']
position_score = scenic_score['位置得分']
```

```
    facilities_score = scenic_score['设施得分']
    hugiene_score = scenic_score['卫生得分']
    cost_performance_score = scenic_score['性价比得分']

    # 获取专家评分
    real_total_score = real['总得分']
    real_serive = real['服务得分']
    real_position = real['位置得分']
    real_facilities = real['设施得分']
    real_hugiene = real['卫生得分']
    real_cost_performance = real['性价比得分']

    # 计算MSE值
    mse_score = mse_cal(real_total_score, total_score)
    mse_serive = mse_cal(real_serive, serive_score)
    mse_position = mse_cal(real_position, position_score)
    mse_facilities = mse_cal(real_facilities, facilities_score)
    mse_hugiene = mse_cal(real_hugiene, hugiene_score)
    mse_cost_performance = mse_cal(real_cost_performance, cost_performance_score)

    # 计算平均MSE值
    print('总得分的MSE均值为：', mse_score.mean())
    print('服务得分的MSE均值为：', mse_serive.mean())
    print('位置得分的MSE均值为：', mse_position.mean())
    print('设施得分的MSE均值为：', mse_facilities.mean())
    print('卫生得分的MSE均值为：', mse_hugiene.mean())
    print('性价比得分的MSE均值为：', mse_cost_performance.mean())
```

运行模型评估代码，所得的结果如表9-11和表9-12所示。（注意：MSE均值统一取到小数点后4位。）

表9-11　景区主题评分MSE均值

名称	总得分	服务	位置	设施	卫生	性价比
MSE均值	0.0901	0.3336	0.0674	0.1548	0.0710	0.0990

表9-12　酒店主题评分MSE均值

名称	总得分	服务	位置	设施	卫生	性价比
MSE均值	0.0440	0.0377	0.0276	0.0503	0.0463	0.3344

由表9-11和表9-12可知，景区总得分的MSE均值为0.0901，酒店总得分的MSE均值为0.0440，而且大部分评论主题预测评分的MSE均值也相对比较低，说明模型性能较好，本节所提出的模型得到的评分较为合理。

综上所述，基于关键词匹配的评分算法具备良好的可解释性，因为特定场景的评论使用的词汇是相对稳定的，基于统计的方法可以较为准确地捕捉到评论的评论倾向。同时，基于大量数据统计下的主题情感倾向往往能够忽略极端个体的影响，更真实地反映现实情况，更具有代表性。

9.5 目的地特色分析

对于评分相近的景区 / 酒店，游客很难根据其评分进行取舍。但由现实可知，如果景区或酒店具有十分独特的旅游特色，那么可能会更加吸引消费者，且往往会在评论文本中表现出来。如果某个关键词在大量的评论文本中频繁出现，那么它很有可能就是景区或酒店的特色。

为此，可以将特色分析看作大量文本的特征词聚类问题，通过挖掘、统计、分类等技术找出评论文本中出现频率较高的关键词，进而人工判别和挖掘景区 / 酒店的旅游特色。根据相关研究成果，K-Means 聚类算法对于文本关键词聚类具有良好的效果。因此，本节将使用 K-Means 聚类算法对评论文本进行特征词聚类，分析聚类关键词，根据各景区 / 酒店的有效评论，综合分析与挖掘各景区 / 酒店的特色，从而吸引游客，提升目的地的竞争优势。景区 / 酒店特色分析流程图如图 9-9 所示。

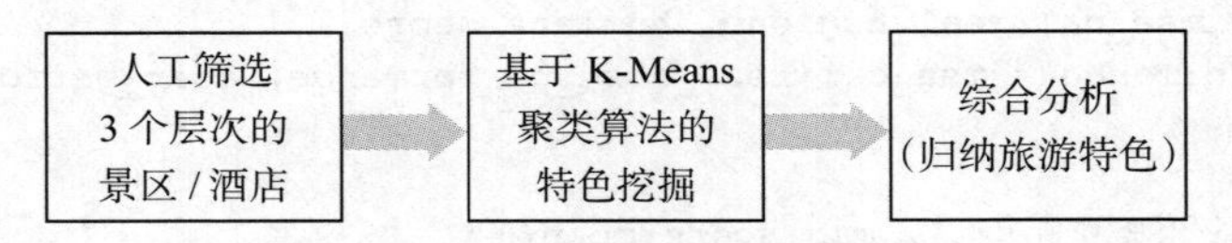

图 9-9 景区 / 酒店特色分析流程图

9.5.1 筛选各层次的景区和酒店

首先，对景区评分 .xlsx 文件和酒店评分 .xlsx 文件的所有景区和酒店的评分进行自定义排序，排序条件的重要性依次是“总得分—服务得分—位置得分—设施得分—卫生得分—性价比得分”。

然后，按照等距法将景区 / 酒店分为高、中、低 3 个层次，并通过人工筛选，在高、中、低层次中各随机筛选出 3 家景区和酒店，如代码清单 9-14 所示。（注意，本案例仅以 9 个景区和 9 个酒店为例进行特色聚类分析。）

代码清单 9-14 景区 / 酒店筛选

```
import pandas as pd

hotel = pd.read_excel('../data/酒店评分.xlsx', index_col='序号')
scenic = pd.read_excel('../data/景区评分.xlsx')

# 排序顺序
sort_by = ['总得分', '服务得分', '位置得分', '设施得分', '卫生得分', '性价比得分']

# 得分排序
hotel_sort = hotel.sort_values(by=sort_by, ascending=False)
scenic_sort = scenic.sort_values(by=sort_by, ascending=False)

# 酒店和景区分层
```

```
h_high = hotel_sort['酒店名称'][0:17]
h_middle = hotel_sort['酒店名称'][17:34]
h_low = hotel_sort['酒店名称'][34:]

s_high = scenic_sort['景区名称'][0:17]
s_middle = scenic_sort['景区名称'][17:34]
s_low = scenic_sort['景区名称'][34:]
```

运行代码清单 9-14，景区和酒店编号的筛选结果如表 9-13 所示。

表 9-13　景区和酒店编号的筛选结果

景区	编号	酒店	编号
高层次	A39、A23、A06	高层次	H37、H06、H11
中层次	A12、A34、A01	中层次	H10、H41、H35
低层次	A42、A04、A27	低层次	H17、H50、H43

9.5.2　目的地特色挖掘

针对目的地特色挖掘，本节将重点采用 K-Means 聚类算法挖掘各个景区 / 酒店的独有特点。在进行数据挖掘之前，我们需要先了解 K-Means 算法的基本内容，再对景区 / 酒店特征进行聚类，并分析其聚类结果。

1. K-Means 聚类算法

假设有一个含有 m 个 s 维数据点的数据集 $U=\{\rho_1,\rho_2,\cdots,\rho_i,\cdots,\rho_m\}$。K-Means 聚类将数据集 U 聚类成 K 个划分 $U=\{d_j, j=1,2,\cdots,K\}$。每个划分表示一个类 d_j，每个类 d_j 有一个聚类中心 σ_j；将欧氏距离作为相似性和距离判断标准，由式（9-7）计算该类的各点到聚类中心 σ_j 的距离平方和。

$$J(d_j)=\sum_{\rho_i\in d_j}\|\rho_i-\sigma_i\|^2 \tag{9-7}$$

聚类目标是使各类的距离平方和的总和最小，如式（9-8）所示。

$$J(D)=\sum_{j=1}^{K}J(d_j)=\sum_{j=1}^{K}\sum_{\rho_i\in d_j}\|\rho_i-\sigma_i\|^2=\sum_{j=1}^{K}\sum_{m=1}^{m}\Delta_{ji}\|\rho_i-\sigma_i\|^2 \tag{9-8}$$

其中 $\Delta_{ji}\begin{cases}1, & 若\rho_i\in d_i\\ 0, & 若\rho_i\notin d_i\end{cases}$，因此，根据最小二乘法和拉格朗日原理，聚类中心 σ_j 为类 d_j 内所有数据点的平均值。

K-Means 聚类算法的实现流程如下，流程图如图 9-10 所示。

1）从 U 中随机取 K 个元素，作为 K 个簇的各自的中心。

2）分别计算剩下的元素到 K 个簇中心的相异度，并将这些元素分别划归到相异度最低的簇。

3）根据聚类结果，重新计算 K 个簇各自的中心。

4）将 U 中全部元素按照新的中心重新聚类。

5）重复步骤 4），直到聚类结果不再变化。

6）输出聚类结果。

在 K-Means 聚类算法中，K 值决定了算法的好坏。但 K 值往往是不能提前测定的，只能通过实验验证。因此引入轮廓系数 S，计算公式如式（9-9）所示。

$$S=\frac{b-a}{\max(a,b)} \tag{9-9}$$

其中，a 表示样本点与同一簇中所有其他点的平均距离，即样本点与同一簇中其他点的相似度；b 表示样本点与下一个最近簇中所有点的平均距离，即样本点与下一个最近簇中其他点的相似度。通常情况下，轮廓系数越大，聚类的效果越好。

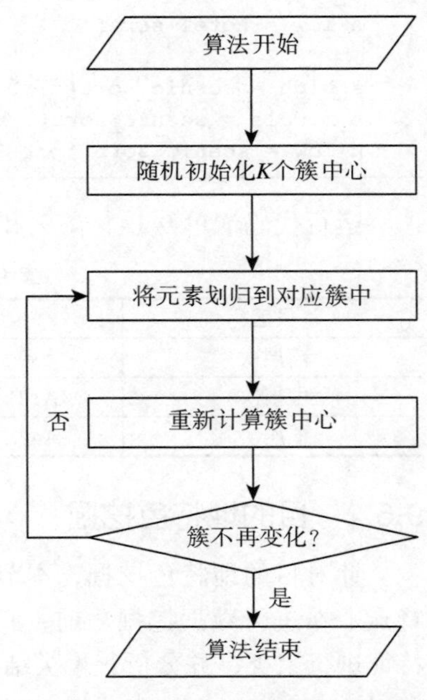

图 9-10 K-Means 聚类算法流程图

2. 各景区 / 酒店特征聚类

使用 K-Means 聚类算法对数据预处理后的景区 / 酒店特征进行聚类。首先，创建、训练 K-Means 模型，其次通过轮廓系数法进行 K 值的选取。这里将 K 值的尝试范围定为 3~9，通过调用 metrics 模块中的 silhouette_score 函数，计算轮廓系数，寻找最佳 K 值。需要注意的是，在进行聚类时默认从 3 开始，而返回的 K 值索引是从 0 开始，因此索引加上 3 才能得到真实的 K 值。最后，使用 K-Means 聚类算法提取特征词，即进行聚类特征分析。对各景区 / 酒店特征进行聚类，如代码清单 9-15 所示。

代码清单 9-15 对各景区 / 酒店特征进行聚类

```
import os
import pandas as pd
from sklearn.feature_extraction.text import TfidfVectorizer
import matplotlib.pyplot as plt
from sklearn.cluster import KMeans
import sklearn
import re

def k_means(data_dir, save_dir, spot_name, hotel_name):
    # 确定景区的聚类个数
    for i in range(len(spot_name)):
        file_name = spot_name[i] + '景区 2.xlsx'
        cutword_name = spot_name[i] + 'cutword.txt'

        print('----------------------------------------')
        print(spot_name[i] + '  K-Means 聚类结果 ')
```

```
        # 文件路径拼接
        data_file_path = os.path.join(data_dir, file_name)
        cut_word_path = os.path.join(save_dir, cutword_name)
        # 分词 - 去掉停用词，先确定是否已经存在分词文件，没有则进行分词
        if os.path.exists(cut_word_path) == False:
            fileCut(data_file_path, cut_word_path)
        # 加载分词之后的数据
        dataset = loadDataSet(cut_word_path, fileType='str')
        # 数据类型转化
        for j in range(len(dataset)):
            dataset[j] = str(dataset[j])
        # 确定聚类的个数
        k_determin(dataset)

    # 确定酒店的聚类数量
    for i in range(len(hotel_name)):
        file_name = hotel_name[i] + '酒店2.xlsx'
        cutword_name = hotel_name[i] + 'cutword.txt'

        print('----------------------------------------')
        print(hotel_name[i] + ' K-Means 聚类结果')
        data_file_path = os.path.join(data_dir, file_name)
        cut_word_path = os.path.join(save_dir, cutword_name)
        if os.path.exists(cut_word_path) == False:
            fileCut(data_file_path, cut_word_path)
        dataset = loadDataSet(cut_word_path, fileType='str')
        for j in range(len(dataset)):
            dataset[j] = str(dataset[j])
        # 确定聚类的个数
        k_determin(dataset)

if __name__ == '__main__':
    data_dir = '../tmp/已拆分数据'  # 预处理后数据的存储位置
    save_dir = '../tmp/已拆分评论内容'  # 切分评论内容后的存储位置

    # 在高、中、低3个层次中选择景区和酒店
    spot_name = ['A39', 'A23', 'A06', 'A12', 'A34', 'A01', 'A41', 'A04', 'A27']
    hotel_name = ['H37', 'H06', 'H11', 'H10', 'H41', 'H35', 'H17', 'H50', 'H43']

    # 使用K-Means模型进行聚类
    k_means(data_dir, save_dir, spot_name, hotel_name)
```

注意　此处仅展示部分代码，更详细的代码见本书配套资源中的相关文件。

通过运行上述代码，发现景区 / 酒店的最优 K 值计算结果如表 9-14 所示。

表 9-14　景区 / 酒店的最优 K 值计算结果

景区编号	*K* 值	酒店编号	*K* 值	景区编号	*K* 值	酒店编号	*K* 值
A39	9	H37	6	A06	9	H11	9
A23	5	H06	9	A12	9	H10	9

（续）

景区编号	K值	酒店编号	K值	景区编号	K值	酒店编号	K值
A34	9	H41	3	A04	8	H50	7
A01	7	H35	8	A27	9	H43	9
A41	8	H17	5				

3. 聚类结果分析

由于针对9个景区和9个酒店进行特色聚类挖掘的挖掘结果篇幅较大，所以此处仅展现综合评价为高、中、低3个层次中各一个景区和酒店的分析结果。其中，景区选择A23（高层次）、A34（中层次）和A04（低层次）；酒店选择H06（高层次）、H35（中层次）、H43（低层次），如表9-15~表9-20所示。

表9-15 A23景区的特色聚类结果

主题1	取票 苏州园林 景点 便宜 一去 感觉 游玩 好玩 味道 江南
主题2	风景 门票 小贵 好看 舒服 好玩 清净 便宜 太贵 一点
主题3	景色 环境 门票 优雅 一去 感觉 很美 好玩 优美 古色古香
主题4	岭南 私家 苏州园林 庭园 建筑 名园 大宅门 古典 又名 母亲
主题5	很大 很漂亮 票价 园子 公园 园区 一去 景点 不值 确实

表9-15的结果分析：根据K-Means聚类结果，提取特征词中体现特色的关键词，如“苏州园林”“古色古香”“舒服”“清净”等，同时对比原评论进行分析，得到A23景区的特色与亮点是古典园林、占地较大、风景优美，值得一去。

表9-16 A34景区的特色聚类结果

主题1	环境 好玩 旅行 干净 好看 游玩 下雨 节目 前去 门票价格
主题2	东西 小孩子 喜欢 没什么 偏少 玩得 游乐 便宜 取票 公交
主题3	排队 不用 小朋友 买票 节目 好玩 安排 开放 门票 天气
主题4	游戏 机动 惊险刺激 欢乐 一般般 恐龙危机 刺激 好玩 维修 大人
主题5	门票 小孩 刺激 小朋友 游乐 孩子 取票 感觉 景色 便宜
主题6	好玩 喜欢 下次 景色 刺激 孩子 真实 干净 导游 便宜
主题7	去过 女朋友 想要 门票价格 挺好玩 好玩 喜欢 外面 外地人 垃圾
主题8	春游 学生 赶上 小儿 那天 好多 小孩子 游乐 开心 龙湖区
主题9	开心 玩得 孩子 大人 晚上 下次 小孩子 第三次 一整天 刺激

表9-16的结果分析：根据K-Means聚类结果，提取特征词中体现特色的关键词，如“小孩子”“大人”“惊险刺激”“门票价格”“便宜”等，同时对比原评论进行分析，得到A34景区特色与亮点是机动游戏乐园、项目刺激、大人和小孩均适合，但人比较多，影响游玩体验。

表9-17 A04景区的特色聚类结果

主题1	刺激 晚上 挺好玩 过山车 取票 好多 便宜 夜场 下次 喜欢
主题2	开心 玩得 好玩 孩子 刺激 下次 小孩 取票 女朋友 过山车

（续）

主题 3	感觉 乐园 水上 好玩 刺激 玛雅 表演 东西 真的 总体
主题 4	排队 不用 小时 过山车 好玩 刺激 人多 太久 取票 太多人
主题 5	人太多 排队 好玩 小时 刺激 几个 好久 鬼屋 还好 万圣节
主题 6	身份证 取票 入园 不用 买票 就行了 订票 好玩 排队 入场
主题 7	好玩 刺激 下次 景色 过山车 还会 晚上 很美 超级 东西
主题 8	节假日 排队 人多 人太多 建议 周末 小时 好玩 太久 平时

表 9-17 的结果分析：根据 K-Means 聚类结果，提取特征词中体现特色的关键词，如“取票”“人太多”“排队”“万圣节”等，同时对比原评论进行分析，得到 A04 景区的特色与亮点是可以凭身份证直接取票入园、项目好玩刺激、整体项目以夜场为主，总体不错，但节假日人多需要排队。

表 9-18 H06 酒店的特色聚类结果

主题 1	环境 喜欢 孩子 泡温泉 小孩 环境优美 度假 开心 真的 温泉
主题 2	早餐 味道 温泉 孩子 停车 好吃 环境 房间 丰盛 礼貌
主题 3	干净 卫生 环境 整洁 温泉 房间 舒适 早餐 真的 环境优美
主题 4	房间 亲子 服务员 隔音 晚上 温泉 孩子 环境 喜欢 硬件
主题 5	小朋友 喜欢 开心 儿童 玩得 早餐 小孩 老人 大人 礼物
主题 6	入住 感受 游乐 工作人员 很棒 温泉 得体 晚餐 离开 喜欢
主题 7	感觉 总体 宾至如归 机会 房间 感受 山景 一种 孩子 温泉
主题 8	下次 还会 还来 环境 干净 早餐 很棒 小孩 卫生 服务员
主题 9	温泉 环境 舒服 房间 度假村 早餐 干净 流溪河 工作人员 很棒

表 9-18 的结果分析：根据 K-Means 聚类结果，提取特征词中体现特色的关键词，如“温泉”“舒适”“孩子”“干净”“度假村”等，同时对比原评论进行分析，得到 H06 酒店的特色与亮点是酒店设施不错、温泉干净舒适、环境安静舒适、小孩子很喜欢、适合家庭度假(居住)。

表 9-19 H35 酒店的特色聚类结果

主题 1	这家 每次 温馨 第几次 点赞 第二次 下次 舒服 舒适 宽敞
主题 2	舒适 房间 干净 很棒 安静 环境 温馨 环境卫生 通风 地理位置
主题 3	干净 卫生 房间 前台 智能化 感觉 很棒 舒适 交通 安静
主题 4	客房 服务员 好吃 干净 舒服 早餐 礼貌 床垫 入住 卫生
主题 5	停车场 位置 枕头 舒服 美食 窗帘 好找 出行 环境 宽敞
主题 6	下次 房间 前台 喜欢 感觉 小姐姐 入住 喷泉 真的 好好
主题 7	整洁 干净 环境 房间 环境卫生 入住 卫生 隔音 下次 舒服
主题 8	舒服 环境 宽敞 房间 卫生 挺不错 很大 优雅 前台 安静

表 9-19 的结果分析：根据 K-Means 聚类结果，提取特征词中体现特色的关键词，如“卫生”“舒服”“交通”“前台”等，同时对比原评论进行分析，得到 H35 酒店的特色与亮点

是客房干净卫生、前台服务好、地理位置好。

表 9-20 H43 酒店的特色聚类结果

主题 1	景观 干净 交通 江景 位置 超级 下次 停车 很棒 卫生
主题 2	珠江 小蛮 一点 卫生 位置 新城 稍微 太老旧 绝佳 酒店设施
主题 3	出行 对面 便利店 评论 老牌 位置 星巴克 四星级 地铁站 小蛮
主题 4	老旧 位置 江景 安排 地理位置 风景 周边环境 窗外 小蛮 景观
主题 5	房间 江景 太旧 小蛮 干净 安静 江边 味道 窗户 空调
主题 6	环境 位置 珠江 早餐 陈旧 小蛮 空调 风景 还来 下次
主题 7	位置 装修 卫生 干净 早餐 空调 合适 总体 下次 陈旧
主题 8	入住 前台 早餐 陈旧 楼下 夜景 江景 装修 小蛮 下次
主题 9	泳池 感觉 景色 无敌 房间 入住 宽敞 早餐 旅行 一楼

表 9-20 的结果分析：根据 K-Means 聚类结果，提取特征词中体现特色的关键词，如“景观”“珠江”“陈旧”“夜景”等，同时对比原评论进行分析，得到 H43 酒店的特色与亮点是酒店临近珠江、风景优美、景观位置不错，但装修有些陈旧。

9.6 提升目的地美誉度的建议

美誉度可以代表一个目的地受游客信任、好感和喜爱的程度。本节将分别对景区、酒店提升目的地美誉度提供一些建议，供旅游企业和相关部门参考。

9.6.1 提升景区美誉度的建议

根据前面目的地评分分析结果和目的地特色分析结果，为旅游企业和相关部门提供提升景区美誉度的建议如下。

1）相关主管部门和旅游企业可以挖掘地域特色，将现代元素与传统元素相结合，打造独一无二的品牌效应。例如，A23 景区利用自身的文化资源，以建筑风格独特、文化底蕴深厚作为品牌效应，赢得了游客的好评。

2）完善和丰富景区基础设施，提升游客的体验感，提高景区的服务质量，从而提高游客满意度。现代化、科技化、自动化的游乐设施，可以让游客体验到自然的美丽、科技的神奇；完善的卫生设备、饮食支持，可以让游客在旅游的过程中享受到和谐、亲切的氛围，从而吸引到更多的游客。例如，A02 景区打造了现代化的海洋生物馆，以动物表演、烟花表演为特色，吸引游客。

3）打造亲子出游服务套餐，让游客不仅能独自出游、组团出游，还能家庭出游、亲子出游。例如，A39、A12 等景区均适合家庭出游、亲子出游，其综合评价处于较高的层次。

4）加强对门票价格的管理，对景区内收费进行科学管理，同时相关部门也要落实所有旅游收费的公开性，提升景区游玩的性价比。例如，A12、A34 景区的门票价格相对便宜，性价比较高，景区的综合评分也相对较高，而性价比较高的景区往往备受游客青睐。

9.6.2　提升酒店美誉度的建议

根据前面目的地评分分析结果和目的地特色分析结果，为旅游企业和相关部门提供提升酒店美誉度的建议如下。

1）发挥地理位置的优势，在交通便利的地区建造酒店。对游客而言，良好的地理位置意味着出行方便，可以节省大量的出行时间，因此，建议旅游相关企业在酒店的选址上慎重考虑，尽量在地理位置优越的位置建造酒店。例如，H35 酒店以地理位置的优越性在综合评价中位居第二。

2）充分利用自然资源风光的优势，升级酒店体验项目，打造独一无二的酒店风格，打造不一样的居住体验。企业需要在保证酒店卫生、完善和丰富酒店设施的基础上，打造酒店独一无二的风格，提高游客满意度。例如，H13 酒店靠近港珠澳大桥，游客可以近距离观赏海面风景和大桥风光，具有很强的吸引力。同时，H13 酒店积极升级服务，提供美味丰富的早餐，打造良好的服务能力，获得游客的一致好评。

3）企业要加强对酒店工作人员专业素养的培训，提升酒店服务水平。酒店人员良好的服务态度往往能够提高游客的满意度，优质的服务可以给游客的出行和生活带来便利，为酒店打造好口碑，提高酒店的知名度。例如，H06、H11、H10 等酒店的服务水平较高，其综合评价也处于较高的层次。

4）完善酒店卫生、居住舒适度等。整洁的卫生环境、舒适的居住环境仍然是决定游客选择酒店的重要因素。例如，综合评价为高层次的 H30 酒店因干净卫生、舒适度较高而收获无数好评。

9.7　小结

本章的主要目的是分析与挖掘各景区 / 酒店的评分情况，以及各目的地的特色和亮点，从而为相关企业与部门提供提升景区 / 酒店美誉度的建议。首先，针对景区 / 酒店的评论数据进行数据预处理，包括垃圾评论去除、无效评论去除和数据拆分等。其次，绘制目的地印象词云图，并对目的地评分进行分析，预测各景区 / 酒店的评分。最后，对各景区 / 酒店的特色进行聚类分析，并为相关部门和旅游企业提供提升目的地美誉度的建议。

第四篇

高阶篇

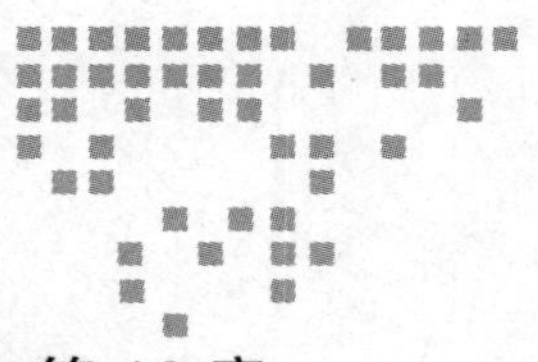

Chapter 10 第 10 章

智能阅读模型的构建

智能阅读模型的目标是使机器在能够理解原文的基础上，正确回答与原文相关的问题。由于文档、问题和答案均采用自然语言的形式，因此机器阅读理解属于自然语言处理的范畴，也是自然语言处理中比较热门的课题之一。智能阅读模型的发展对信息检索、问答系统、机器翻译等自然语言处理研究任务有积极作用，同时也能够改善搜索引擎、智能助手等产品的用户体验。

基于对智能阅读模型的理解和认识，本章将构建基于关键词匹配和神经网络的智能阅读模型，完成基于特定文本的阅读问答智能交互操作。

学习目标

- 了解智能阅读模型的背景。
- 熟悉构建智能阅读模型的步骤和流程。
- 掌握使用 TF-IDF 实现关键词匹配的方法。
- 掌握使用神经网络实现精准匹配的方法。

10.1 背景与目标

近年来，自然语言处理作为人工智能的一个重要领域得到了飞速发展，机器阅读理解作为自然语言处理的一个子领域也有了长足的进步，并在实际应用中崭露头角。本节主要讲解智能阅读模型的背景、数据说明、目标分析和项目工程结构。

10.1.1 背景

随着互联网的高速发展以及智能设备的普及，数字阅读以方便、快捷的优势，越来越被大众所接受和认可。人们在日常生活中也需要阅读各式各样的电子文档，如小说、教程、文集、词典等，很多情况下他仅需要查找文档中某些片段以获取关键信息。例如，当用户需要查找法律文献中的一些段落来解决法律疑惑时，只需要理解关键部分而无须精读整个法律文献；同样，在阅读小说时，如果用户仅需了解其中的某个情节，也不需要对整部小说进行精细化阅读。

智能阅读模型在电子文档中的应用为上述问题提供了解决方案，该模型对用户的问题进行处理，定位文档中的相关段落，并将答案直接反馈至用户。同时，智能阅读模型在信息检索、问答等系统中的应用也非常广泛。

早期的智能阅读模型大多基于检索技术，即根据问题在文章中进行搜索，找到相关的语句作为答案，常用的检索技术为关键词匹配。随着深度学习的发展，智能阅读模型进入神经网络时代，相关技术的进步给模型的效率和质量都带来了很大的提升。模型的准确率不断提高，在一些数据集上已经达到或超过了人类的平均水平。

10.1.2 数据说明

在本案例中，待分析的特定文本为“射雕英雄传.txt”。智能阅读模型数据集是使用JSON格式存储的问题与答案键值对，分为测试集和训练集两部分。测试集的每个文本条目以item_id字段进行唯一标识，分为passages答案部分和question问题部分，其中item_id、question以键值对的形式表示，passages以键值对数组的形式表示。测试集数据格式说明如表10-1所示。

表 10-1 测试集数据格式说明

键		说明
item_id		问题编号
passages	content	答案文本
	passage_id	答案编号
question		问题内容

训练集与测试集的结构大体一致，不同之处仅在于passages数组元素中增加了一个label字段，分别用0或者1表示错误/正确答案。训练集数据格式说明如表10-2所示。

表 10-2 训练集数据格式说明

键		说明
item_id		问题编号
passages	content	答案文本
	passage_id	答案编号
	label	0表示错误答案；1表示正确答案
question		问题内容

训练集数据示例如表10-3所示。

表 10-3 训练集数据示例

问题	答案	标签
高速占用应急车道扣多少分	高速占用应急车道行驶扣几分	0
	高速公路的应……“方便”、打电话、为	0
	6分	1
	违法占用应急车道扣几分？……快车小编为您提 ……	1

（续）

问题	答案	标签
高速占用应急车道扣多少分	高速上停车给孩子换尿 ^ 的，均罚款 200 元，记 6 分……	1
	占用高速应急车 ^ 百元以下罚款……	1
	5 分	0
	2017 高速公路占用……占用应急车道扣几分呢……	0
	依据新交规，机动车……急车道上临时停车……	0
	占用应急车道扣几……惑，换驾驶员、困了想临……	0

10.1.3 目标分析

本案例的目标是构建一个模型，能够根据问题从文档识别相应的答案。如问题“高速占用应急车道扣多少分”中包含关键词“多少分”，可确定答案应该是一个数值。构建智能阅读模型的总流程如图 10-1 所示，主要步骤如下。

1）数据探索，探索智能阅读模型数据集的文本情况。

2）关键词匹配，对特定文本进行预处理，得到某一个问题的候选答案。

3）精准匹配，搭建 3 个神经网络模进行训练，并进行模型评价。

4）模型应用，选取 3 个模型中较好的一个，从候选答案中获得最终答案。

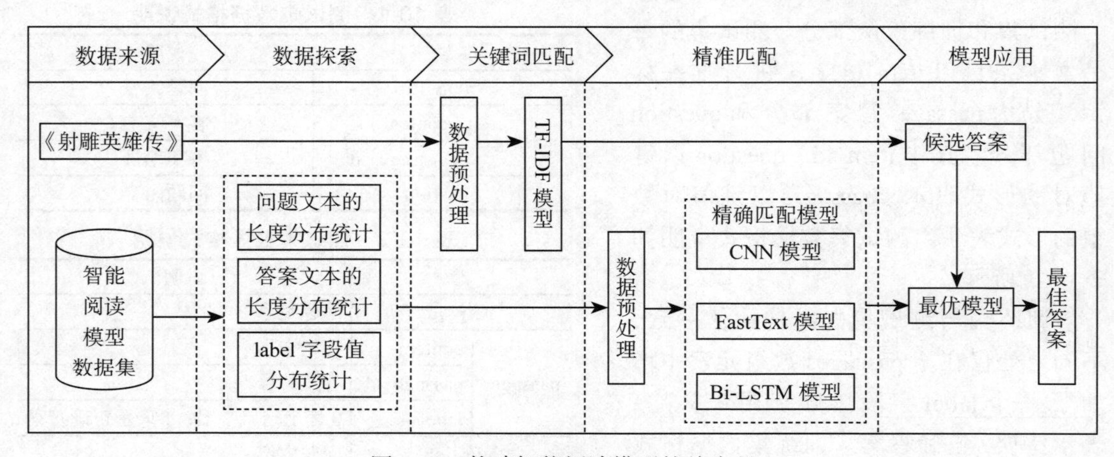

图 10-1 构建智能阅读模型的总流程

10.1.4 项目工程结构

本案例目录包含 3 个文件夹，其中 code 文件夹用于存放代码相关文件，data 文件夹用于存放数据相关文件，tmp 文件夹用于存放中间输出文件，如图 10-2 所示，具体介绍如下。

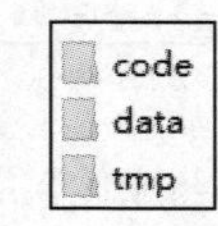

图 10-2 本案例目录

1）code 文件夹如图 10-3 所示。其中 bilstm.py、cnn.py、fasttext.py 文件为模型训练文件，models.py 文件用于搭建模型。

2）data 文件夹如图 10-4 所示。其中 stopword.txt 文件用于存放停用词，submit_sample.txt 文件用于存放测试数据的类别标签，test_data_sample.json 文件为智能阅读模型测试集，train_data_complete.json 文件为智能阅读模型训练集，wiki.vector 文件为词向量预训练文件。

图 10-3　code 文件夹

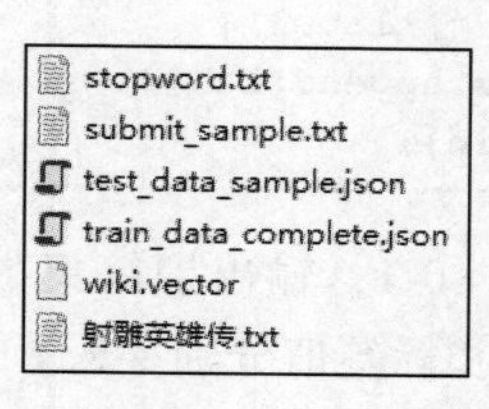

图 10-4　data 文件夹

3）tmp 文件夹如图 10-5 所示。其中 log 文件夹用于存放精确匹配模型训练中的日志，model 文件夹用于存放精确匹配模型的权重文件，predict 文件夹用于存放精确匹配模型预测结果，embedding_matrix.npy 用于存放嵌入矩阵，tokenizer.pkl 用于存放文本向量化的映射关系。此外，train_a.npy（训练问题集）、test_a.npy（测试问题集）、train_q.npy（训练回答集）、test_q.npy（测试回答集）、train_y.npy（训练标签集）、test_y.npy（测试标签集）和 test_id.npy（测试集 id）为精确匹配模型中数据预处理输入的文件。

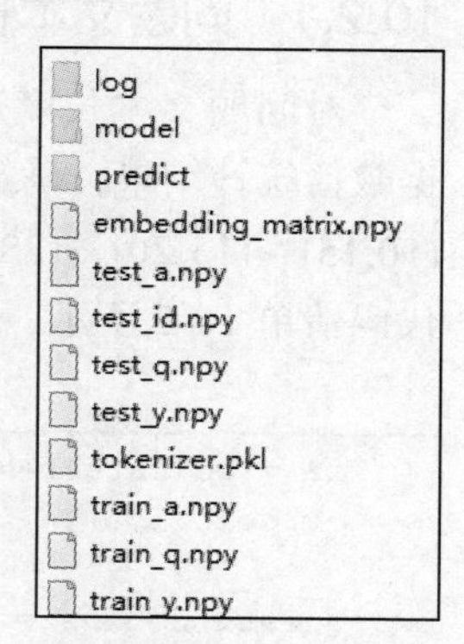

图 10-5　tmp 文件夹

10.2　数据探索

数据探索的目的是进一步了解训练数据集的基本情况，包括问题及答案文本的长度及分布，标签 0/1 的取值分布等。首先加载训练集数据并存入数组中，分别读取问题文本长度、答案文本长度和标签值，同时输出训练集数据条目数量，如代码清单 10-1 所示。

代码清单 10-1　加载训练集数据并存入数组中

```
import json
import numpy as np
import pandas as pd
import matplotlib.pyplot as plt

# 读取训练数据
path = '../data/train_data_complete.json'
with open(path,'r',encoding='utf-8') as f:
    train = json.load(f)
questions = []
answers = []
labels = []
```

```
for i in train:
    q1 = len(i['question'])
    questions.append(q1)
    for j in i['passages']:
        a1 = len(j['content'])
        answers.append(a1)
        lab = j['label']
        labels.append(lab)
print(len(train))
```

运行代码清单 10-1，输出训练集数据条目数量为 30000，并将每个条目的问题文本长度、答案文本长度和标签值分别存入 q1、a1 和 lab 三个数组中，便于展开后续分析。

10.2.1 问题文本长度的分布统计

对问题文本长度进行数值统计，可以得到问题文本长度的均值、方差、最小值等。根据数值统计结果，确定问题文本长度统计区间的间隔为 5 个字符，所以划分为 (0,5]、(5,10]、(10,15]、(15,20]、(20,25]5 个区间。绘制饼图来分析训练集中问题文本长度的分布情况，如代码清单 10-2 所示，得到的问题文本长度的分布饼图如图 10-6 所示。

代码清单 10-2 问题文本长度的分布统计

```
q2 = pd.DataFrame(questions)
q2.describe()

question_bins = [0, 5, 10, 15, 20, 25]
question_cut = pd.cut(questions, question_bins)
question_cut_num = pd.Series(question_cut).value_counts()

plt.pie(question_cut_num,labels=question_cut_num.index, autopct='%.2f%%')
plt.show()
```

由图 10-6 可知，训练集中问题文本长度在 5 到 10 个字符之间的比例为 48.06%，问题文本长度在 10 到 15 个字符之间的比例为 32.00%，可见大多数问题的文本长度小于 15 个字符。

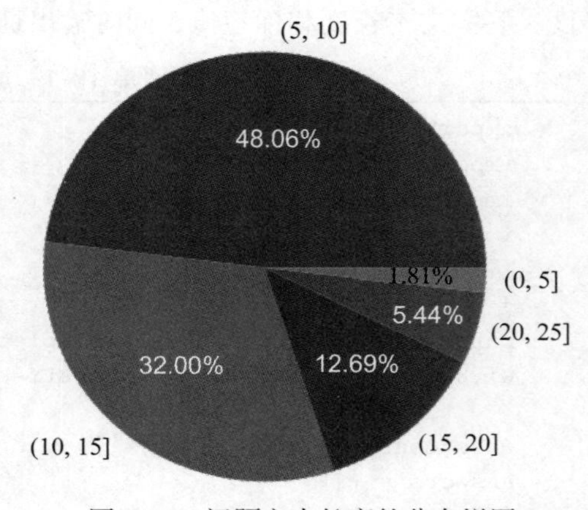

图 10-6 问题文本长度的分布饼图

10.2.2 答案文本长度的分布统计

同样对答案文本长度进行数值统计，确定答案文本长度统计区间的间隔为 50 个字符，所以划分为 (0,50]、(50,100]、(100,150]、(150,200]、(200,250]5 个区间。绘制饼图来分析训练集中答案文本长度的分布情况，如代码清单10-3所示，得到的答案文本长度的分布饼图如图10-7所示。

代码清单 10-3 答案文本长度的分布统计

```
a2 = pd.DataFrame(answers)
a2.describe()

answer_bins = [0, 50, 100, 150, 200, 250]
answer_cut = pd.cut(answers, answer_bins)
answer_cut_num = pd.Series(answer_cut).value_counts()

plt.pie(answer_cut_num,labels=answer_cut_num.index, autopct='%.2f%%')
plt.show()
```

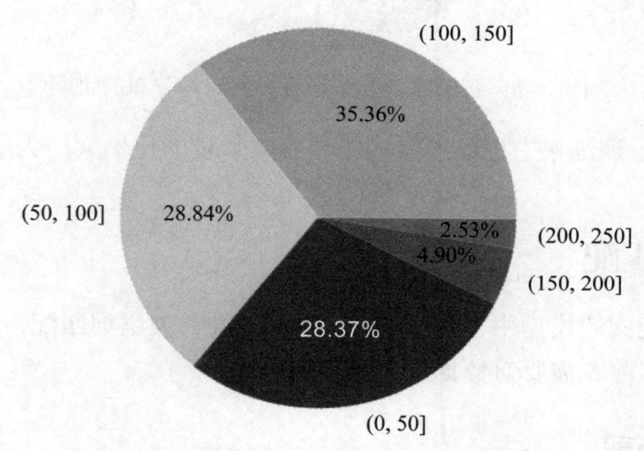

图10-7 答案文本长度的分布饼图

由图10-7可知，训练集中绝大多数答案文本长度小于150个字符，其中有35.36%的答案文本长度在100到150字符之间。

10.2.3 label 字段值分布统计

label字段标识了答案是正确答案（值为1）还是错误答案（值为0），对label字段值分布情况进行统计，如代码清单10-4所示。正确答案和错误答案的数量分布的饼图如图10-8所示。

代码清单 10-4 label 字段值分布统计

```
labels_num = pd.Series(labels).value_counts()
def show_label(pct, allvals):
    ''' 显示标签 '''
    absolute = int(pct/100.*np.sum(allvals))
    return "{:.1f}%\n({:d} )".format(pct, absolute)
```

```
plt.pie(labels_num,labels=labels_num.index, autopct=lambda x: show_
    label(x,labels_num))
plt.show()
```

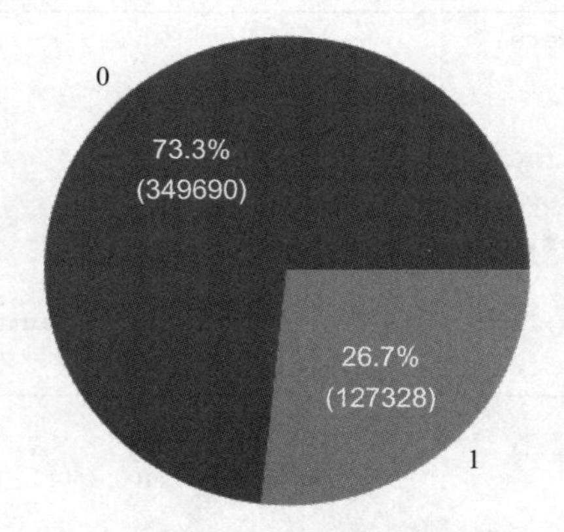

图 10-8 正确答案和错误答案的数量分布的饼图

由图 10-8 可知，训练集中正确答案和错误答案数量的比例大约为 1:3。

10.3 关键词匹配

在本案例的智能阅读模型中，根据 TF-IDF 模型进行关键词匹配，获得问题的候选答案集。在进行模型训练前，需要对数据进行预处理。

10.3.1 数据预处理

数据预处理的目的是规范数据，提高数据质量，使数据能够符合模型所需的输入形式。TF-IDF 模型需要的数据预处理包括分词、去停用词和文本向量化三部分。

1. 分词

汉语是以字为基本书写单位的，词语之间没有明显的区分标记，完整的句子难以进行信息提取，因此在中文自然语言处理中通常需要先将汉语文本中的字符串切分成合理的词语序列。

本节采用基于 Python 开发的一个中文分词库——jieba 分词，对《射雕英雄传》的文本进行分词如代码清单 10-5 所示。

代码清单 10-5 对《射雕英雄传》使用 jieba 分词

```
words = jieba.cut(doc)
```

分词前后的文本内容对比示例如表 10-4 所示。

表 10-4　分词前后的文本内容对比示例

分词前	分词后
走到门口，洪七公道："毒兄，明年岁尽，又是华山论剑之期，你好生将养气力，咱们再打一场大架。"	['走','到','门口','，','洪七公','道','：','"','毒兄','，','明年','岁','尽','，','又','是','华山论剑','之期','，','你','好生','将养','气力','，','咱们','再','打','一场','大架','。','"']

2. 去停用词

本节使用四川大学机器智能实验室停用词表（stopword.txt）进行去停用词，如代码清单 10-6 所示。

代码清单 10-6　去停用词

```
for word in words:
    if word != '' and word not in stopwords:
        result.append(word)
```

经过去停用词处理后，观察某条数据，发现"你""咱们""是"等虚词以及标点符号等内容均被过滤，如表 10-5 所示。

表 10-5　去停用词示例

去停用词前	去停用词后
['走','到','门口','，','洪七公','道','：','"','毒兄','，','明年','岁','尽','，','又','是','华山论剑','之期','，','你','好生','将养','气力','，','咱们','再','打','一场','大架','。','"']	['走','门口','洪七公','道','毒兄','明年','岁','华山论剑','之期','好生','将养','气力','再','一场','大架']

3. 文本向量化

本案例主要采用将自然语言处理的问题要转化为机器能够认知的方式来进行学习，需要将文本进行向量化。

在语音处理中，需要将音频文件转化为音频信号向量；在图像处理中，需要将图片文件转化为图片像素矩阵。但是在这两种应用场景中，音频数据和图像数据都可以采用连续数字的方式进行表示，而由于自然语言本身的多样性，利用连续数字可以完成英文字母的 ASCII 码序列表示，但是这种方法无法表示其他国家的语言，如中文、日文、韩文等。此外，自然语言的文字类型也多种多样，包括形意文字、意音文字以及拼音文字，每种类型都具有高度抽象的特征。特别地，在自然语言处理中任意两个互为近义词或者反义词的词语，也可能出现在拼写上毫无关系但是在语义上高度相关的情况。

为了解决这个问题，可以采用独热表示（One-Hot Representation）和分布式表示（Distributed Representation）来完成自然语言处理的数字化表示。独热编码是将每个词用 0 和 1 构成的稀疏向量来进行表示，其向量维度是词典大小，且所有维度中只有一个元素为 1。然而这种表示方法主要存在两个问题，第一个问题是容易导致"维度灾难"，当维度增加时，所需存储空间呈指数增长。另一个问题是"词汇鸿沟"，也就是说任意两个词之间都是孤立的，仅从这两个词向量来看，看不出两个词是否存在关系。

分布式表示是指一类将词的语义映射到向量空间中的自然语言处理技术，每一个词用特定的向量来表示，向量之间的距离在一定程度上表示了词与词之间的语义关系，即两个词语义相近，在向量空间的位置也相近。例如，“小狗”和“小猫”都是动物的，所以两者的词向量在向量空间的距离会很相近；而“男人”和“大树”在语义上是完全不同的词，所以两者的词向量在向量空间的距离会相对远。

对去停用词后的数据建立字典，如代码清单 10-7 所示。

代码清单 10-7 建立字典

```
dictionary = corpora.Dictionary(all_docs)
dic = dictionary.token2id
```

获得的词典信息示例如表 10-6 所示。

表 10-6 词典信息示例

某条答案文本的词典信息
{'1': 0, '\u3000': 1, '惊变': 2, '第一回': 3, '风雪': 4, '东': 5, '临安': 6, '无休': 7, '无穷': 8, '日日夜夜': 9, '江水': 10, '流入': 11, '浩浩': 12, '海': 13, '牛家村': 14, '绕过': 15, '钱塘江': 16, '一堆': 17, '一抹': 18, '一排': 19, '下': 20, '两株': 21, '之下': 22, '乌': 23, '似': 24, '八月': 25, '几分': 26, '刚': 27, '十几个': 28, '变黄': 29, '叶子': 30, ……}

基于代码清单 10-7 获得的词典，将问题文本和《射雕英雄传》均转换为稀疏向量，如代码清单 10-8 所示。

代码清单 10-8 转换为稀疏向量

```
#《射雕英雄传》向量化
corpus = [dictionary.doc2bow(doc) for doc in all_docs]
# 问题向量化
test = '射雕英雄传中谁的武功天下第一'
test_list = [word for word in jieba.cut_for_search(test) if word not in
    stopwords]
test_vec = dictionary.doc2bow(test_list)
```

得到《射雕英雄传》部分文本向量和问题文本向量，如表 10-7 所示。

表 10-7 向量示例

《射雕英雄传》部分文本向量	问题文本向量
[[(69, 1), (178, 1)], [(35, 1), (178, 1)], [(33, 1), (35, 1), (102, 1), (139, 2)], [(20, 1), (72, 1), (144, 1)], [(66, 1), (102, 1), (117, 3), (146, 1), (170, 1), (180, 1)], [(66, 1), (139, 1)], ...]	[(61, 1), (282, 1), (1081, 1), (2673, 1), (4402, 1), (11505, 1), (15710, 1)]

10.3.2 TF-IDF 模型

针对问题“射雕英雄传中谁的武功天下第一”，运用 TF-IDF 模型训练后，通过相似度计算相似度排名前 5 的候选答案集，如代码清单 10-9 所示，得到的相似度排名前 5 的候选答案集如表 10-8 所示。

代码清单 10-9 TF-IDF 模型代码

```
tfidf = models.TfidfModel(corpus)
similarity = similarities.Similarity('Similarity-TFIDF-index',
                                     corpus,
                                     num_features=len(dictionary.keys()),
                                     num_best=20)

test_tfidf = tfidf[test_vec]
result = similarity[test_tfidf]

for idx, confidence in result[:5]:
    print(idx, confidence, docs[idx])
```

表 10-8 相似度排名前 5 的候选答案集

相似度	答案文本
0.19	郭靖涨红了脸，答道：“我想，王真人的武功既已天下第一，他再练得更强，仍也不过是天下第一。我还想，他到华山论剑，倒不是为了争天下第一的名头，而是要得这部《九阴真经》。他要得到经书，也不是为了要练其中的功夫，却是想救普天下的英雄豪杰，教他们免得互相所杀，大家不得好死。”
0.17	武功天下第一的王真人已经逝世，剩下我们四个大家半斤八两，各有所忌。
0.17	“你上得华山来，妄想争那武功天下第一的荣号，莫说你武功未必能独魁群雄，纵然是当世无敌，天下英雄能服你这卖国好徒么？”
0.17	“天下英雄，唯使君与叫化啦。我见了你女儿，肚里的蛔虫就乱钻乱跳，馋涎水直流。咱们爽爽快快地马上动手，是你天下第一也好，是我第一也好，我只等吃蓉儿烧的好菜。”
0.16	“令郎更是英雄人物，老英雄怎么不提？”王罕笑道：“老汉死了之后，自然是他统领部众。但他怎比得上他的两个义兄？札木合足智多谋。铁木真更是刚勇无双，他是赤手空拳，自己打出来的天下。蒙古人中的好汉，哪一个不甘愿为他卖命？”完颜洪烈道：“难道老英雄的将士，便不及铁木真汗的部下吗？”

10.4 精准匹配

为了从候选答案集合中选取更为精准的答案，本案例引入基于卷积神经网络的模型进行二次优化精准匹配，并对候选回答进行排序。

10.4.1 数据预处理

与关键词匹配中的数据预处理相同，对智能阅读模型数据集中的文本同样进行分词、去停用词、向量化。但是，关键词匹配中的向量化只是单纯地将对应的文本转为数字的形式，不包含文本的语义信息，且向量化的数据具有不同的长度，不符合神经网络的输入格式。

因此，精确匹配的数据预处理中选用了词嵌入的向量化方法，对词向量进行填充或截断操作，使其固定到相同的长度。针对小于固定长度的序列，用 0 填充，针对大于固定长度的序列，按固定长度进行截断。最后获取嵌入矩阵，用于嵌入层的初始化，从而保留文本的语义信息。

加载训练集 train_data_complete.json，并进行数据预处理，如代码清单 10-10 所示。

代码清单 10-10 加载训练集并进行数据预处理

```
import numpy as np
import json
import jieba
import pickle

# 加载训练集
train_path = '../data/train_data_complete.json'

with open(train_path,'r',encoding='utf-8') as f:
    train = json.load(f)

train_q = []
train_a = []
train_y = []
qlen1 = []
qlen2 = []
alen1 = []
alen2 = []
# 获取训练集中的数据
for item in train:
    q = item['question']  # 获取问题
    qq = list(jieba.cut(q)) # 对问题进行 jieba 分词

    # qlen1.append(len(q))
    # qlen2.append(len(qq))
    qqq = ' '.join(qq)
    for passage in item['passages']:
        a = passage['content']  # 获取答案
        aa = list(jieba.cut(a)) # 对答案进行 jieba 分词
        # alen1.append(len(a))
        # alen2.append(len(aa))
        aaa = ' '.join(aa)

        train_q.append(qqq)
        train_a.append(aaa)
        train_y.append(passage['label'])

id2label = {}  # 获取测试集中答案 id 对应的标签 (答案与问题是否对应)
sample_path = '../data/submit_sample.txt'
with open(sample_path) as f:
    for line in f.readlines():
        pro = line.split(',')
        id = int(pro[0])
        label = int(pro[1])
```

```
        id2label[id] = label

# 加载测试数据
test_path = '../data/test_data_sample.json'
with open(test_path,'r',encoding='utf-8') as f:
    test = json.load(f)

test_q = []  # 测试集问题
test_a = []  # 测试集答案
test_y = []  # 测试集答案标签
test_id = [] # 测试集答案id
for item in test:
    q = ' '.join(jieba.cut(item['question']))
    for passage in item['passages']:
        a = ' '.join(jieba.cut(passage['content']))
        test_q.append(q)
        test_a.append(a)
        test_id.append(passage['passage_id'])
        test_y.append(id2label[passage['passage_id']])

MAX_SEQUENCE_LENGTH = 200 # 问题/答案 上限是200个词

from keras.preprocessing.text import Tokenizer
from keras.preprocessing.sequence import pad_sequences

# Tokenizer  构建文本转化为序列的映射
texts = train_q + train_a + test_q + test_a
tokenizer = Tokenizer()
tokenizer.fit_on_texts(texts)
word_index = tokenizer.word_index  # 映射
print('Found %s unique tokens.' % len(tokenizer.word_index))

# Sequences  # 文本序列化
sequences_train_q = tokenizer.texts_to_sequences(train_q)
sequences_train_a = tokenizer.texts_to_sequences(train_a)
sequences_test_q = tokenizer.texts_to_sequences(test_q)
sequences_test_a = tokenizer.texts_to_sequences(test_a)

# Padding  #固定长度
data_train_q = pad_sequences(sequences_train_q, maxlen=MAX_SEQUENCE_LENGTH)
data_train_a = pad_sequences(sequences_train_a, maxlen=MAX_SEQUENCE_LENGTH)
data_test_q = pad_sequences(sequences_test_q, maxlen=MAX_SEQUENCE_LENGTH)
data_test_a = pad_sequences(sequences_test_a, maxlen=MAX_SEQUENCE_LENGTH)

print('Shape of data tensor:', data_train_q.shape)
print('Shape of data tensor:', data_train_a.shape)
print('Shape of data tensor:', data_test_q.shape)
print('Shape of data tensor:', data_test_a.shape)
# 词向量
embeddings_index = {}
```

```
with open('../data/wiki.vector','r',encoding='utf-8') as f:
    for line in f:
        values = line.split()
        word = values[0]
        coefs = np.asarray(values[1:], dtype='float32')
        embeddings_index[word] = coefs

print('Found %s word vectors.' % len(embeddings_index))

# 获取嵌入矩阵，用于嵌入层的初始化
embedding_matrix = np.zeros((len(word_index) + 1, 400))
for word, i in word_index.items():
    embedding_vector = embeddings_index.get(word)
    if embedding_vector is not None:
        # words not found in embedding index will be all-zeros.
        embedding_matrix[i] = embedding_vector

token_path = '../tmp/tokenizer.pkl' # 文本到向量的映射
pickle.dump(tokenizer, open(token_path, 'wb'))

np.save('../tmp/train_q.npy', data_train_q)
np.save('../tmp/train_a.npy', data_train_a)
np.save('../tmp/train_y.npy', train_y)
np.save('../tmp/test_q.npy', data_test_q)
np.save('../tmp/test_a.npy', data_test_a)
np.save('../tmp/test_y.npy', test_y)
np.save('../tmp/test_id.npy', test_id)
np.save('../tmp/embedding_matrix.npy', embedding_matrix)  # 嵌入矩阵
```

代码清单 10-10 完成了 tokenizer.pkl（语料字典）、train_a.npy（训练问题集）、test_a.npy（测试问题集）、train_q.npy（训练回答集）、test_q.npy（测试回答集）、train_y.npy（训练标签集）和 test_y.npy（测试标签集）的预处理。处理后的词向量数据集将用于训练后续的精确匹配模型。

10.4.2 精准匹配模型

卷积神经网络（Convolutional Neural Network，CNN）在图像处理方面已经取得瞩目的成绩，各种模型实现例如 VGG、Inception、ResNet、DesNet 等层出不穷。同时 CNN 在自然语言处理方面也大有用武之地，应用范围包括情感分析、文本分类、问答系统等。一个通用的面向自然语言处理的卷积神经网络主要包括嵌入层、卷积层、池化层、全连接层。

嵌入层常为模型的第一个网络层，其目的是将所有索引标号映射到低维稠密向量中。卷积层是 CNN 的重要组成部分，它利用词嵌入处理技术，可以将 CNN 运用于自然语言处理的各种任务，卷积核通常用于对文本所构成的词向量矩阵进行计算。池化层主要置于卷积层之后，对卷积后的输出做降采样，起到数据降维的作用，还可以防止模型过拟合。全连接层在整个卷积神经网络中起到“分类器”的作用。

FastText 是一款快速文本分类器，可以简单而高效地对文本进行分类，与 CNN 的主要区别在于，不使用卷积层进行特征提取。Bi-LSTM 是以循环神经网络为基础构建的网络，由于循环神经网络具有记忆性，因此在对序列的非线性特征进行学习时具有一定优势，使其在自然语言处理中颇具优势。

下面分别详细介绍这 3 种模型。

1. CNN 模型

首先，针对训练数据的格式搭建一个基于 CNN 的精准匹配模型，该模型拥有多输入（即成对输入的问题 Q 和回答 A）以及单输出（输出 0 到 1 之间的浮点数，其中 0 代表问答毫无关系，1 代表问答完全匹配），其模型架构如图 10-9 所示。

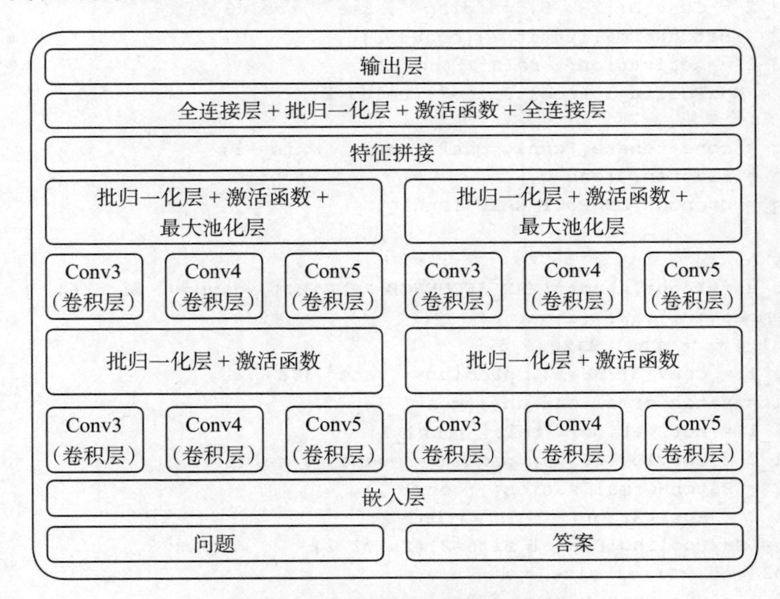

图 10-9　CNN 精准匹配模型架构

搭建 CNN 精准匹配模型，如代码清单 10-11 所示。

代码清单 10-11　搭建 CNN 精准匹配模型

```
def CNN():
    ##### Q
    input_q = Input(shape=(MAX_SEQUENCE_LENGTH,), dtype='float64')
    q = embedding_raw()(input_q)
    # cnn1 模块, kernel_size = 3
    conv1_1 = Conv1D(256, 3, padding='same')(q)
    bn1_1 = BatchNormalization()(conv1_1)
    relu1_1 = Activation('relu')(bn1_1)
    conv1_2 = Conv1D(128, 3, padding='same')(relu1_1)
    bn1_2 = BatchNormalization()(conv1_2)
    relu1_2 = Activation('relu')(bn1_2)
```

```
cnn1 = MaxPooling1D(pool_size=2)(relu1_2)
# cnn2 模块, kernel_size = 4
conv2_1 = Conv1D(256, 4, padding=' same' )(q)
bn2_1 = BatchNormalization()(conv2_1)
relu2_1 = Activation( 'relu' )(bn2_1)
conv2_2 = Conv1D(128, 4, padding=' same' )(relu2_1)
bn2_2 = BatchNormalization()(conv2_2)
relu2_2 = Activation( 'relu' )(bn2_2)
cnn2 = MaxPooling1D(pool_size=2)(relu2_2)
# cnn3 模块, kernel_size = 5
conv3_1 = Conv1D(256, 5, padding=' same' )(q)
bn3_1 = BatchNormalization()(conv3_1)
relu3_1 = Activation( 'relu' )(bn3_1)
conv3_2 = Conv1D(128, 5, padding=' same' )(relu3_1)
bn3_2 = BatchNormalization()(conv3_2)
relu3_2 = Activation( 'relu' )(bn3_2)
cnn3 = MaxPooling1D(pool_size=2)(relu3_2)
# 拼接 3 个模块
cnn_q = concatenate([cnn1, cnn2, cnn3], axis=-1)
cnn_q = Flatten()(cnn_q)
cnn_q = Dropout(DROPOUT_RATE)(cnn_q)

##### A
input_a = Input(shape=(MAX_SEQUENCE_LENGTH,), dtype=' float64' )
a = embedding_raw()(input_a)
# cnn1 模块, kernel_size = 3
conv1_1 = Conv1D(256, 3, padding=' same' )(a)
bn1_1 = BatchNormalization()(conv1_1)
relu1_1 = Activation( 'relu' )(bn1_1)
conv1_2 = Conv1D(128, 3, padding=' same' )(relu1_1)
bn1_2 = BatchNormalization()(conv1_2)
relu1_2 = Activation( 'relu' )(bn1_2)
cnn1 = MaxPooling1D(pool_size=2)(relu1_2)
# cnn2 模块, kernel_size = 4
conv2_1 = Conv1D(256, 4, padding=' same' )(a)
bn2_1 = BatchNormalization()(conv2_1)
relu2_1 = Activation( 'relu' )(bn2_1)
conv2_2 = Conv1D(128, 4, padding=' same' )(relu2_1)
bn2_2 = BatchNormalization()(conv2_2)
relu2_2 = Activation( 'relu' )(bn2_2)
cnn2 = MaxPooling1D(pool_size=2)(relu2_2)
# cnn3 模块, kernel_size = 5
conv3_1 = Conv1D(256, 5, padding=' same' )(a)
bn3_1 = BatchNormalization()(conv3_1)
relu3_1 = Activation( 'relu' )(bn3_1)
conv3_2 = Conv1D(128, 5, padding=' same' )(relu3_1)
bn3_2 = BatchNormalization()(conv3_2)
relu3_2 = Activation( 'relu' )(bn3_2)
cnn3 = MaxPooling1D(pool_size=2)(relu3_2)
# 拼接 3 个模块
cnn_a = concatenate([cnn1, cnn2, cnn3], axis=-1)
```

```
    cnn_a = Flatten()(cnn_a)
    cnn_a = Dropout(DROPOUT_RATE)(cnn_a)

    ###### Q-A
    merged = concatenate([cnn_q, cnn_a])
    merged = Dense(512)(merged)
    merged = BatchNormalization()(merged)
    merged = Activation( 'relu' )(merged)
    merged = Dropout(DROPOUT_RATE)(merged)
    merged = Dense(1, activation=" sigmoid" )(merged)

    model = Model([input_q, input_a], [merged])
    return model
```

2. FastText 模型

FastText 模型将整篇文档的词或 N-gram 向量叠加后求平均得到文档向量，然后使用文档向量训练模型，从而实现文档的分类。它适合海量数据和高速训练，能将训练时间由几小时缩短到几分钟。该模型进行词嵌入后，隐藏层只是一个简单的全局平均池化层，连接经过池化的问题和回答向量后，将得到的全连接层作为分类器使用。注意这里的输入可以是单词，也可以是 N-gram 组合。FastText 精准匹配模型架构如图 10-10 所示。

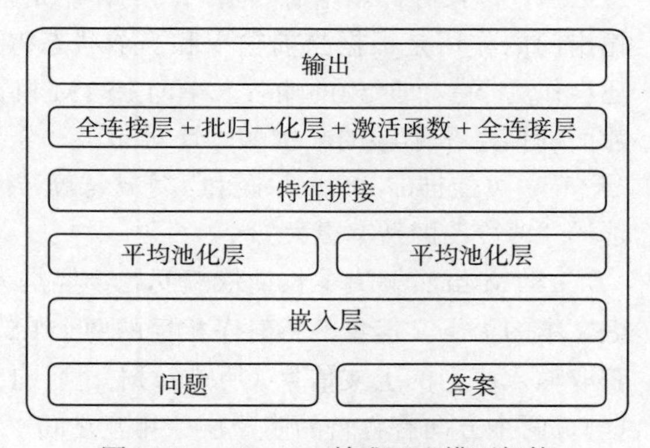

图 10-10 FastText 精准匹配模型架构

搭建 FastText 精准匹配模型，如代码清单 10-12 所示。

代码清单 10-12 搭建 FastText 精准匹配模型

```
def FastText():
    input_q = Input(shape=(MAX_SEQUENCE_LENGTH,), dtype='float64')
    q = embedding_raw()(input_q)
    q = GlobalAveragePooling1D()(q)
    q = Dropout(DROPOUT_RATE)(q)

    input_a = Input(shape=(MAX_SEQUENCE_LENGTH,), dtype='float64')
    a = embedding_raw()(input_a)
    a = GlobalAveragePooling1D()(a)
    a = Dropout(DROPOUT_RATE)(a)

    merged = concatenate([q, a])
    merged = Dense(64)(merged)
    merged = BatchNormalization()(merged)
    merged = Activation('relu')(merged)
```

```
    merged = Dropout(DROPOUT_RATE)(merged)
    merged = Dense(1, activation=" sigmoid" )(merged)

    model = Model([input_q, input_a], [merged])
    return model
```

3. Bi-LSTM 模型

近两年深度学习在自然语言处理领域取得了非常好的效果。深度学习模型可以直接进行训练，而无须进行传统的特征工程过程。在自然语言处理方面，主要的深度学习模型是RNN，以及基于RNN扩展出来的LSTM。

LSTM是一种带有选择性记忆功能的RNN，可以有效地解决长期依赖问题。它通过增加一条状态线，以记住从之前的输入学到的信息。另外LSTM增加了三个门（gate）来控制该状态，分别为忘记门、输入门和输出门。忘记门的作用是选择性地将之前不重要的信息丢掉，以便存储新信息。输入门的作用是根据当前输入学习到的新信息，更新当前状态。输出门的作用是根据当前输入和当前状态得到一个输出，该输出除了作为基本的输出外，还会作为下一个时刻的输入。单向LSTM根据前面的信息推出后面的信息，但有时候只看前面的信息是不够的。例如，针对句子“今天天气__，风刮在脸上仿佛刀割一样”，根据“天气”，可能推出“晴朗”“暖和”“寒冷”等，但是如果加上后面的形容，即可缩小选择范围，选择“寒冷”的概率更大。

LSTM虽然解决了长期依赖问题，但是无法利用文本的下文信息。Bi-LSTM则同时考虑文本的上下文信息，将时序相反的两个LSTM网络连接到同一个输出。前向LSTM可以获取输入序列的上文信息（历史数据），后向LSTM可以获取输入序列的下文信息（未来数据）。两个方向有各自的隐藏层，相互之间没有直接连接，只是最后一起连接到输出节点上，模型准确率得到大大提升。

Bi-LSTM精准匹配模型首先经过词嵌入，然后进入Bi-LSTM网络构建的隐藏层，接着连接问题和回答向量后，将得到的全连接层作为分类器使用。Bi-LSTM精准匹配模型架构如图10-11所示。

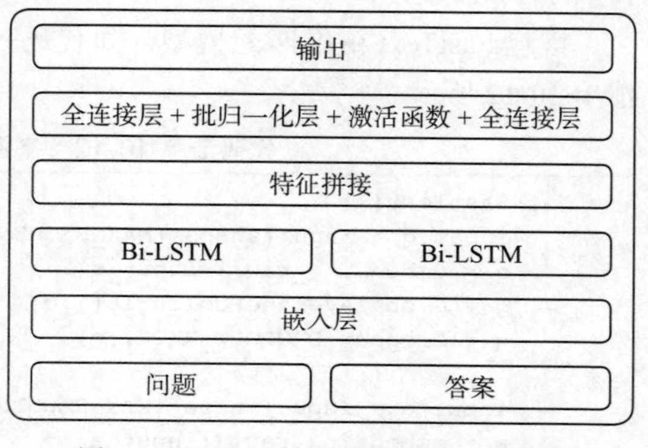

图 10-11 Bi-LSTM精准匹配模型架构

搭建Bi-LSTM精准匹配模型，如代码清单10-13所示。

代码清单 10-13 搭建 Bi-LSTM 精准匹配模型

```
def BiLSTM():
    input_q = Input(shape=(MAX_SEQUENCE_LENGTH,), dtype='float64')
    q = embedding()(input_q)
    q = Bidirectional(LSTM(QA_EMBED_SIZE, return_sequences=True, dropout=DROPOUT_
```

```
        RATE, recurrent_dropout=DROPOUT_RATE),
                     merge_mode="sum")(q)
    q = TimeDistributed(Dense(QA_EMBED_SIZE))(q)
    q = Flatten()(q)
    q = Dropout(DROPOUT_RATE)(q)

    input_a = Input(shape=(MAX_SEQUENCE_LENGTH,), dtype='float64')
    a = embedding()(input_a)
    a = Bidirectional(LSTM(QA_EMBED_SIZE, return_sequences=True, dropout=DROPOUT_
        RATE, recurrent_dropout=DROPOUT_RATE),
                     merge_mode="sum")(a)
    a = TimeDistributed(Dense(QA_EMBED_SIZE))(a)
    a = Flatten()(a)
    a = Dropout(DROPOUT_RATE)(a)

    merged = concatenate([q, a])
    merged = Dense(512)(merged)
    merged = BatchNormalization()(merged)
    merged = Activation('relu')(merged)
    merged = Dropout(DROPOUT_RATE)(merged)
    merged = Dense(1, activation="sigmoid")(merged)

    model = Model([input_q, input_a], [merged])
    return model
```

10.4.3 模型评价

在完成CNN、FastText、Bi-LSTM模型训练后使用MAP、MRR和TOP_1三个指标来评价模型。

MAP（Mean Average Precision）即单个主题的平均准确率，主要用于反映每篇相关文档检索的准确率平均值。MAP是反映系统在全部相关文档上性能的单值指标。系统检索出来的相关文档越靠前（置信度越高），MAP就可能越高。

使用MAP来评价模型对 m 个问题预测的平均准确率，其中问题 i 有 i_n 个备选答案，将模型对问题 i 的 i_n 个备选答案按预测置信度进行降序排列。MAP值的计算公式如式（10-1）所示。

$$MAP = \frac{\sum_{i=1}^{m} AP_i}{m}$$
$$AP_i = \sum_{j=1}^{n} (P(j)\mathrm{rel}(j)) \tag{10-1}$$

其中 AP_i 为模型对某个问题 i 的平均准确率；rel(j) 表示第 j 个答案是否相关，若相关则为1，否则为0；$P(j)$ 表示前 j 个答案的准确率。

MRR（Mean Reciprocal Rank）是国际通用的搜索算法评价机制，其假设评估是基于唯一的一个相关结果。即第一个结果匹配，分数为 1，第二个结果匹配，分数为 0.5，第 n 个结果匹配，分数为 $1/n$，如果没有结果匹配，则分数为 0。最终的分数为所有匹配得分之和。MAP 值的计算公式如式（10-2）所示。

$$\frac{1}{m}\sum_{j=1}^{m}\frac{1}{Rank_j} \tag{10-2}$$

其中 $Rank_j$ 是备选答案中的第一个正确答案的排名。

TOP_1 表示所有的答案预测中，置信度最高的预测答案恰好是正确答案的概率。

使用 MAP、MRR 和 TOP_1 指标分别对 CNN、FastText、Bi-LSTM 模型进行评价，如代码清单 10-14 所示。

代码清单 10-14 模型评价

```
import json

import numpy as np
# y_true = np.load('../tmp/test_y.npy')
# ids = np.load('../tmp/test_id.npy')

with open('../data/test_data_sample.json', 'r',encoding='utf-8') as f:
    data = json.load(f)
qIndex2aIndex = {}  # 问题到答案的映射
aIndex2qIndex = {}  # 答案到问题的映射

for qa in data:
    item_id = qa['item_id']
    qIndex2aIndex[item_id] = []
    for passage in qa['passages']:
        passage_id = passage['passage_id']
        qIndex2aIndex[item_id].append(passage_id)
        aIndex2qIndex[passage_id] = item_id

# 模型评价
class Evaluator(object):
    qIndex2aIndex2aLabel = {}  # 问题到答案到标签的映射
    qIndex2aIndex2aScore = {}  # 问题到答案到分数的映射
    MRRList = []
    MAPList = []
    TOP_1List = []

    def __init__(self, qaPairFile, scoreFile):
        self.loadData(qaPairFile, scoreFile)

    def loadData(self, qaPairFile, scoreFile):
        qaPairLines = open(qaPairFile, 'r').readlines()
        scoreLines = open(scoreFile, 'r').readlines()
        assert len(qaPairLines) == len(scoreLines)

        for idx in range(len(qaPairLines)):
```

```
            qaLine = qaPairLines[idx].strip()
            scLine = scoreLines[idx].strip()
            qaLineArr = qaLine.split(',')
            scLineArr = scLine.split(',')

            assert qaLineArr[0] == scLineArr[0]
            assert len(qaLineArr) == 2
            assert len(scLineArr) == 2

            label = int(qaLineArr[1])
            score = float(scLineArr[1])
            aIndex = int(qaLineArr[0])
            qIndex = aIndex2qIndex[aIndex]

            if not qIndex in self.qIndex2aIndex2aScore:
                self.qIndex2aIndex2aScore[qIndex] = {}
                self.qIndex2aIndex2aLabel[qIndex] = {}
            self.qIndex2aIndex2aLabel[qIndex][aIndex] = label
            self.qIndex2aIndex2aScore[qIndex][aIndex] = score

    def calculate(self):
        # 对同一个问题分析答案
        for qIndex, index2label in self.qIndex2aIndex2aLabel.items():
            index2score = self.qIndex2aIndex2aScore[qIndex]
            rankedList = sorted(index2score.items(), key=lambda b: b[1],
                reverse=True) # 按照降序排序
            rankIndex = 0
            collectNum = 0
            collectList = []
            top = 0
            for info in rankedList:
                aIndex = info[0]
                label = index2label[aIndex]
                rankIndex += 1
                if label == 1:
                    if rankIndex == 1: top = 1 # TOP-1
                    collectNum += 1
                    p = float(collectNum) / rankIndex
                    collectList.append(p)
            print('cllectList[0]');
            print(collectList[0])
            self.MRRList.append(collectList[0])
            self.MAPList.append(float(sum(collectList)) / len(collectList))
            self.TOP_1List.append(top)
    def MRR(self):
        return float(sum(self.MRRList)) / len(self.MRRList)
    def MAP(self):
        return float(sum(self.MAPList)) / len(self.MAPList)
    def TOP_1(self):
        return float(sum(self.TOP_1List)) / len(self.TOP_1List)
def evaluate(qaPairFile, scoreFile):
```

```
    testor = Evaluator(qaPairFile, scoreFile)
    testor.calculate()
    print(“MRR:%f \t MAP:%f \t TOP_1:%f\n” % (testor.MRR(), testor.MAP(),
        testor.TOP_1()))
    return testor.MRR(), testor.MAP(), testor.TOP_1()

qaPairFile = '../data/submit_sample.txt'
scoreFile_C = '../tmp/predict/CNN.txt'
scoreFile_B = '../tmp/predict/BiLSTM.txt'
scoreFile_F = '../tmp/predict/FastText.txt'
#+ 其他模型的路径，进行对比
mrr_C, map_C, top_C = evaluate(qaPairFile, scoreFile_C)
mrr_B, map_B, top_B = evaluate(qaPairFile, scoreFile_B)
mrr_F, map_F, top_F = evaluate(qaPairFile, scoreFile_F)
```

运行代码清单 10-14 得到的结果如表 10-9 所示。

表 10-9 模型评价结果

模型名称	MRR	MAP	TOP_1
CNN	0.747671	0.661263	0.610000
Bi-LSTM	0.752590	0.664696	0.615000
FastText	0.735781	0.648179	0.590000

通过比较 3 个模型在 3 个评价指标的表现，CNN 模型明显优于 FastText 模型，但稍逊于 Bi-LSTM 模型。

10.5 模型应用

对比 3 个模型的性能，应用其中表现较好的 Bi-LSTM 模型，基于问题“射雕英雄传中谁的武功天下第一”和表 10-8 中的候选答案集，得到最终的精准匹配结果，实现代码如代码清单 10-15 所示。

代码清单 10-15 模型应用

```
from keras.preprocessing.sequence import pad_sequences
import numpy as np
import json
import jieba
import pickle

token_path = '../tmp/tokenizer.pkl'
tokenizer = pickle.load(open(token_path, 'rb'))
word_index = tokenizer.word_index

qu_seq2=[]
question = '射雕英雄传中谁的武功天下第一'
qu = list(jieba.cut(question))
```

```
qu_seq = [word_index[i] for i in qu]

anser = ['郭靖涨红了脸，答道："我想，王真人的武功既已天下第一，他再练得更强，仍也不过是天下第一。
    我还想，他到华山论剑，倒不是为了争天下第一的名头，而是要得这部《九阴真经》。他要得到经书，也
    不是为了要练其中的功夫，却是想救普天下的英雄豪杰，教他们免得互相所杀，大家不得好死。"',
        '武功天下第一的王真人已经逝世，剩下我们四个大家半斤八两，各有所忌。',
        '你上得华山来，妄想争那武功天下第一的荣号，莫说你武功未必能独魁群雄，纵然是当世无敌，
        天下英雄能服你这卖国好徒么？"',
        '"天下英雄，唯使君与叫化啦。我见了你女儿，肚里的蛔虫就乱钻乱跳，馋涎水直流。咱们爽爽快
        快地马上动手，是你天下第一也好，是我第一也好，我只等吃蓉儿烧的好菜。"',
        '令郎更是英雄人物，老英雄怎么不提？"王罕笑道："老汉死了之后，自然是他统领部众。但他怎
        比得上他的两个义兄？札木合足智多谋。铁木真更是刚勇无双，他是赤手空拳，自己打出来的天下。
        蒙古人中的好汉，哪一个不甘愿为他卖命？"完颜洪烈道："难道老英雄的将士，便不及铁木真汗的
        部下吗？"']

au_seq2=[]
for a in anser:
    au = list(jieba.cut(a))
    au_seq = [word_index[i] for i in au if i in word_index.keys()]
    au_seq2.append(au_seq)

    qu_seq2.append(qu_seq)


qu_seq2 = pad_sequences(qu_seq2, maxlen=200)
au_seq2 = pad_sequences(au_seq2, maxlen=200)


from models import *
model = BiLSTM() # 实例化模型
model_path = '../tmp/model/BiLSTM.h5'
model.load_weights(model_path)
predicts = model.predict([qu_seq2, au_seq2], batch_size=1, verbose=1)

print('问题是：', question)
print('最佳匹配结果为：', anser[predicts.argmax()])
```

运行代码清单 10-15 得到匹配结果为“武功天下第一的王真人已经逝世，剩下我们四个大家半斤八两，各有所忌”。

10.6 小结

本章的主要目的是构建一个智能阅读模型，能够根据问题输出答案。首先使用 TF-IDF 模型进行关键词匹配，得到问题的答案候选集，然后搭建 CNN、FastText、Bi-LSTM 模型进行精确匹配，对 3 个模型的效果进行评价，最后选取其中效果较好的 Bi-LSTM 模型对答案候选集进行预测，得到最终的答案。

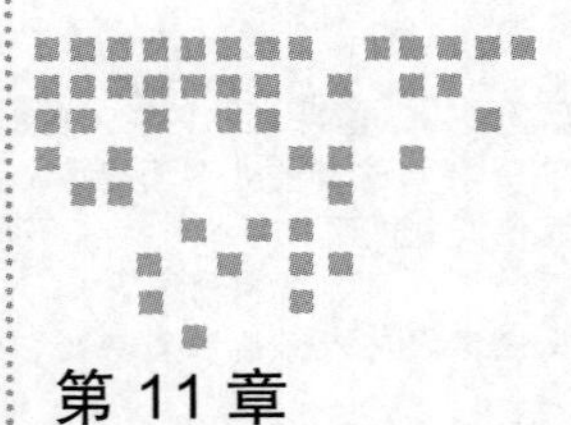

Chapter 11 第 11 章

岩石样本智能识别

岩石样本识别在矿产资源勘探中是一个既基础又重要的环节。尤其是在油气勘探中，根据不同的岩石类别，我们能够判断油气的含量。目前的岩石样本识别方法主要有重磁、测井、地震、遥感和薄片分析等，而通过深度学习建立岩石样本自动分类模型是一条新的途径。本章通过 EfficientNet-B0 模型对岩石图像进行分类，并评价模型的识别性能。

学习目标

- 了解岩石样本分类的相关背景。
- 熟悉岩石样本智能识别的步骤与流程。
- 掌握图像数据探索的方法。
- 掌握图像数据预处理的方法。
- 掌握基于 EfficientNet-B0 模型的迁移学习方法实现岩石样本分类。
- 掌握模型评价方法。

11.1 背景与目标

通过深度学习实现岩石样本的分类，在矿产资源勘探中是一种新的途径，有着重要的意义。本节主要讲解岩石样本智能识别案例的背景、数据说明和目标分析。

11.1.1 背景

油气勘探在广义上是指为了辨认和确定所要勘探的区域、探明所需要的油气资源和储量而组织进行的各种地质调查、球物理勘探、钻研等相关工作。对于储层非均质性较强的油田，岩石类型的分类研究是油藏精细描述的必要手段。例如，碎屑岩是重要的油气储集层。埋藏在地下的油、气、水之所以能够储存在碎屑岩中，是因为其中有孔隙和裂缝等储集空间。

近年来，国内诸多学者在岩石样本分类方面也取得了大量的研究成果，可以根据对岩心、物性、薄片、扫描电镜和毛管压力等数据的分析，精准地对岩石样本进行分类，也可以对油气的含量进行初步判断。但是，精准的岩石分类依赖各种高精度的设备，在需要跋山涉水进行勘探的场景中，携带大量的设备是不太现实的。

随着深度学习在图像识别领域的应用逐渐成熟，人们也在不断探索利用图像深度学习去实现岩石样本智能识别的方法。通过深度学习，我们能在野外通过岩石样本图像分析，简单、快捷地对岩石样本进行分类。

11.1.2　数据说明

本案例中的数据由两部分组成，图像数据集 images 和标签表 rock_label.csv，具体说明如下。

1）图像数据集 images。数据包含 .bmp 和 .jpg 两种图像格式，共 315 张。其中，图像编号在 1~321 之间的图像为 .bmp 格式，图像编号在 322~350 之间的图像为 .jpg 格式，如图 11-1 所示。注意，图像编号是非连续的。

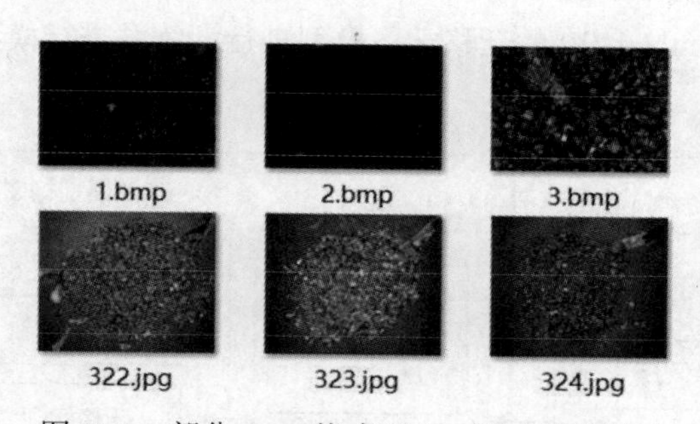

图 11-1　部分 .bmp 格式和 .jpg 格式图像展示

2）标签表 rock_label.csv。标签表的内容为图像数据集中每个图像样本的编号所对应的岩性类别，包括样本类别和样本编号两列，如表 11-1 所示。各岩石样本类别示例如图 11-2 所示。

表 11-1　部分标签表 rock_label.csv 内容展示

样本类别	样本编号
深灰色泥岩	1、3、8、10、13、15、20、25、29……
黑色煤	2、66、79、83、95、98、104、193……
灰色细砂岩	4、23、28、34、35、95、96、122、134……
浅灰色细砂岩	5、6、9、16、19、26、27、31、41、46……
深灰色粉砂质泥岩	12、33、47、49、56、57、61、62、68……
灰黑色泥岩	14、18、21、40、42、51、53、76、93……
灰色泥质粉砂岩	17、22、30、37、39、44、48、55、64……

图 11-2 各岩石样本类别示例

11.1.3 目标分析

本案例根据岩石样本智能识别的业务需求，需要基于深度学习算法实现岩石样本智能识别。岩石样本智能识别的总流程如图 11-3 所示，主要步骤如下。

1）对图像进行探索，分析图像尺寸和数据分布。

2）对图像进行目标提取、数据增强、标签处理和归一化等操作。

3）构建基于 EfficientNet-B0 的迁移学习模型进行训练并进行模型微调。

4）模型评价。

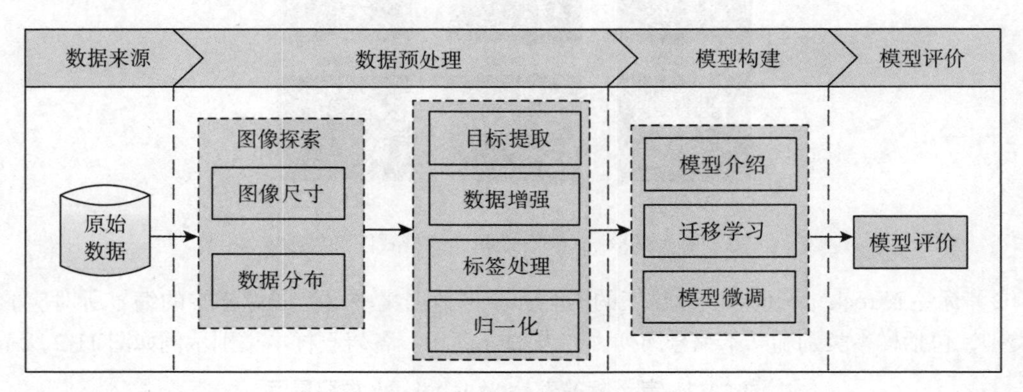

图 11-3 岩石样本智能识别的总流程

11.2 数据预处理

数据预处理的目的是规范数据，提高数据质量，使数据能够符合模型所需的输入形式，从而使模型能够正常训练，提高模型训练的准确率。数据预处理包括数据探索、目标提取、数据增强、图像标签处理与图像尺寸更改、数据集划分与归一化五部分。

11.2.1　数据探索

数据探索的目的是了解图像数据集的整体情况，检查图像中是否存在异常的图像等。本节主要是对图像尺寸和数据分布进行探索。

1. 图像尺寸

图像的尺寸包括图像的高、宽和通道数，每张图像的高、宽和通道数都有可能不同。通过循环获取图像的尺寸（包括高、宽和通道数），再使用 describe() 方法对获取的数据进行分析，观察图像的尺寸分布情况，如代码清单 11-1 所示，结果如图 11-4 所示。

代码清单 11-1　图像尺寸描述性分析

```
import numpy as np
import cv2
import os
import pandas as pd
# 图像路径
file_path = '../data/images/'
data_label = pd.read_csv('../data/rock_label.csv', encoding='gbk')
img_width = []
img_hight = []
dimen = []
for i in os.listdir(file_path):
    image = cv2.imread(file_path + i)
    # 查看图像尺寸
    h,w,d = image.shape
    # 依次保存所有图像的高、宽
    img_hight.append(h)  # 高
    img_width.append(w)  # 宽
    dimen.append(d)
# 图像像素大小探索数据
img_hight = pd.DataFrame(img_hight, columns={'hight'})
img_width = pd.DataFrame(img_width, columns={'width'}) # 保存为数据框形式并设置列索引
img_dimen = pd.DataFrame(dimen, columns={'dimension'})
Imgdata = pd.concat([img_hight,img_width, img_dimen],axis=1)  # 合并数据
# 对数据进行描述性分析，探索数据
Imgdata.describe()
```

通过图 11-4 可知，图像的高最大为 3000 像素，最小为 2048 像素，图像的宽最大为 4096 像素，最小为 2448 像素，并且图像的通道数全部为 3。所以对图像进行处理时，只需要将图像的高和宽进行统一，即将图像剪切或缩放为正方形图像即可。

	hight	width	dimension
count	315.000000	315.000000	315.0
mean	2921.422222	3959.974603	3.0
std	262.393120	454.226745	0.0
min	2048.000000	2448.000000	3.0
25%	3000.000000	4096.000000	3.0
50%	3000.000000	4096.000000	3.0
75%	3000.000000	4096.000000	3.0
max	3000.000000	4096.000000	3.0

图 11-4　图像尺寸描述性分析结果

2. 数据分布

11.1.2 节仅提供了图像的数量，并没有说明图像所含类别数量和每一类岩石样本类别的图像数量。对数据分布进行探索的目的是了解数据所含的岩石类别数和每一个岩石类别数

据所占的比值，观察岩石样本的类别分布是否均衡。

对标签表 rock_label.csv 进行分析后，统计并绘制每一类岩石的数量分布情况饼图，如代码清单 11-2 所示，结果如图 11-5 所示。

代码清单 11-2 数据分布

```
import numpy as np
import matplotlib.pyplot as plt
plt.rcParams['font.sans-serif'] = 'SimHei'  # 设置字体为 SimHei
data_class = data_label['样本类别'].unique()
for d in data_class:
    dt = pd.DataFrame(data_label['样本类别'].value_counts())
# 绘制饼图
plt.pie(dt['样本类别'].values,labels=dt.index, autopct='%1.2f%%')  # 绘制饼图，百分
    比保留小数点后两位
plt.title('各岩石样本类别百分比饼图')
plt.savefig('../tmp/饼图.jpg', dpi=3090)
```

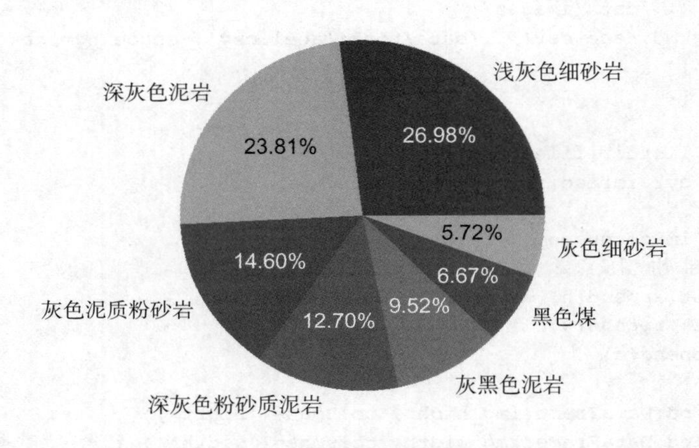

图 11-5 各岩石样本类别百分比饼图

通过图 11-5 可知，数据集包含 7 个岩石类别，并且数据十分不均衡，图像数量最多的是浅灰色细沙岩类别，占整个数据集的 26.98%，而图像数量最少的灰色细沙岩类别只占数据集的 5.71%，两个类别的图像数量相差很大。

11.2.2 目标提取

目标提取是数据预处理的操作之一，通过提取图像中含有岩石的区域，减少非岩石背景对模型训练过程的干扰，从而达到提高模型训练的准确率的目的。

通过对数据集的初步浏览，可以得出 .jpg 格式的图像并不是全部含有岩石的，存在较多区域的非岩石背景，需要将含有岩石的区域提取出来。本案例采用的方法是在图像中固定一个图像区域范围，对图像进行剪切。目标提取的实现代码如代码清单 11-3 所示，部分

图像目标提取前后对比图如图 11-6 所示。

代码清单 11-3　目标提取

```
# 目标提取
def getMB(image):
    image1 = image[620:1650, 645:1650]
    return image1
```

图 11-6　部分图像目标提取前后对比图

11.2.3　数据增强

数据增强的目的是将少量的数据增加到可基本满足深度学习所需的数据量，使每一类图像的数据量达到均衡。本案例中的数据增强包括随机裁剪与分类存储、数据平衡两部分。

1. 随机裁剪与分类存储

创建类别文件夹的目的是为后续的随机裁剪与分类存储做准备，下面首先创建类别文件夹。

在原始的数据集中，岩石样本类别保存在标签表中，不利于后续的标签处理等操作，需要根据岩石样本的类别创建类别文件夹。首先通过读取标签表，对标签表中的“样本类别”列进行去重，通过 os 库中的 mkdir 函数创建相应的类别文件夹，如代码清单 11-4 所示，结果如图 11-7 所示。

代码清单 11-4　创建类别文件夹

```
import os
import pandas as pd
# 导入标签值
data_label = pd.read_csv('../data/rock_label.csv', encoding='gbk')
file_path = '../data/images/'  # 原始数据文件夹
# 创建类别文件夹
save = '../tmp/class_data/'
for i in list(data_label['样本类别'].unique()):
    # 生成相应文件夹
    lei_path = save + str(i)
```

```
    if not os.path.exists(lei_path):
        os.mkdir(lei_path)
```

名称	修改日期	类型
黑色煤	2021/12/27 15:34	文件夹
灰黑色泥岩	2021/12/27 15:37	文件夹
灰色泥质粉砂岩	2021/12/27 16:07	文件夹
灰色细砂岩	2021/12/27 13:51	文件夹
浅灰色细砂岩	2021/12/27 16:06	文件夹
深灰色粉砂质泥岩	2021/12/27 15:54	文件夹
深灰色泥岩	2021/12/27 16:02	文件夹

图 11-7 创建类别文件夹

由于数据集只有 315 张图像，远远不够深度学习所需要的图像数量，所以我们通过随机裁剪的方法增加数据量。随机裁剪也是一种弱化数据噪声与增加模型稳定性的方法。

下面通过 Tensorflow 库中的 image.random_crop 函数对图像进行随机裁剪。从每一张 .bmp 格式的图像中随机裁剪出 15 张 512 × 512（像素）大小的图像，而 .jpg 格式的图像固定从窗口大小为 [620:1650,645:1650] 的图像区域中随机裁剪出 15 张 512 × 512（像素）大小的图像，最后将裁剪的图像按照类别保存到图 11-7 所示的相应文件夹中，如代码清单 11-5 所示。随机裁剪图像结果示例如图 11-8 所示。

代码清单 11-5 随机裁剪图像

```
# 随机裁剪图像
data_class = data_label['样本类别'].unique()
for cla in list(data_class):
    label = data_label.loc[data_label['样本类别'] == cla,:]
    hsm1 = label['样本编号'].tolist()
    # 根据样本编号选取相应类别图片随机裁剪并保存到相应文件夹中
    for num in hsm1:
        if num<322:
            for i in range(15):
                image = cv2.imdecode(np.fromfile(file_path+str(num)+'.bmp',
                    dtype=np.uint8),-1)
                # 对图片进行随机裁剪
                size = int(512)
                crop_img = tf.image.random_crop(image,[size,size,3])
                crop_img = np.array(crop_img)
                name = cla+'-'+str(num)+'-'+str(i)+'.jpg'
                cv2.imencode('.jpg',crop_img)[1].tofile(save+cla+'/'+name)
        else:
            for j in range(15):
                image1 = cv2.imdecode(np.fromfile(file_path+str(num)+'.jpg',
                    dtype=np.uint8),-1)
                image1 = getMB(image1)
                # 随机裁剪
                size1 = int(512)
                crop_img1 = tf.image.random_crop(image1, [size1, size1,3])
```

```
                crop_img1 = np.array(crop_img1)
                name1 = cla+'-'+str(num)+'-'+str(j)+'.jpg'
                cv2.imencode('.jpg',crop_img1)[1].tofile(save+cla+'/'+name1)
```

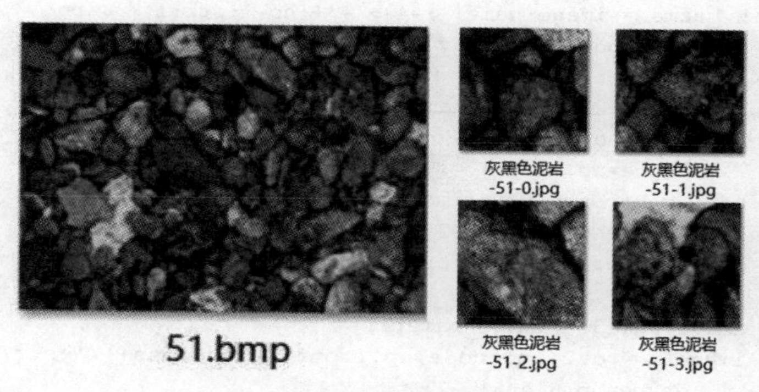

图 11-8　随机裁剪图像结果示例

2. 数据平衡

随机裁剪虽然将图像数据增加到了 3150 张，但每一类的图像数量并不均衡，如存在两个类别图像数量的比值为 6/25，如果不对数据进行平衡，在模型训练时将有可能导致模型无法充分考察不平衡的类别样本，从而不能及时有效地优化模型参数，影响模型的泛化能力。

数据平衡既是增加数据集的方法，又是均衡数据的方法。通过随机选取已经裁剪好的图像进行翻转（包括水平、垂直和水平垂直翻转）和旋转，达到增加数据和平衡数据的目的，如代码清单 11-6 所示，结果如图 11-9 所示。

代码清单 11-6　数据平衡

```
from pre_model import horizon_flip, vertical_flip, rotate,horandver
import random
# 数据增强
image_num = int(2000)  # 输入需要数据增强的数量
path = '../tmp/class_data/'
for cl in list(os.listdir(path)):
    # 获取类别图像路径
    adrss = os.path.join(path,cl)
    # 读取路径下的所有图片
    images = os.listdir(address)
    # 查看每种类别文件夹的图像数量
    num = int(len(images))
    if num <= int(image_num):
        num_pre = (int(image_num)-num)/4
        i = 0
        for i in range(int(num_pre)):
            image_name= random.sample(os.listdir(address), 4)  # 随机取 4 张图像进行
                增强
```

```
            image_name1 = image_name[0]
            image1 = cv2.imdecode(np.fromfile(address+'/'+str(image_name[0]),
                dtype=np.uint8), -1)
            hv_ = horandver(image1)
            hv_name = image_name1[:-4]+'-'+'ho-'+str(i)+'.jpg'
            cv2.imencode('.jpg',hv_)[1].tofile(address+'/'+hv_name)

            image_name2 = image_name[1]
            image2 = cv2.imdecode(np.fromfile(address+'/'+str(image_name[1]),
                dtype=np.uint8),-1)
            hor_ = horizon_flip(image2)
            hor_name = image_name2[:-4]+'-'+'ho-'+str(i)+'.jpg'
            cv2.imencode('.jpg',hor_)[1].tofile(address+'/'+hor_name)

            image_name3 = image_name[2]
            image3 = cv2.imdecode(np.fromfile(address+'/'+str(image_name[2]),
                dtype=np.uint8),-1)
            ver_ = vertical_flip(image3)
            ver_name = image_name3[:-4]+'-'+'ve-'+str(i)+'.jpg'
            cv2.imencode('.jpg',ver_)[1].tofile(address+'/'+ver_name)

            image_name4 = image_name[3]
            image4 = cv2.imdecode(np.fromfile(address+'/'+str(image_name[3]),
                dtype=np.uint8),-1)
            ro_ = rotate(image4)
            ro_name = image_name4[:-4]+'-'+'ro-'+str(i)+'.jpg'
            cv2.imencode('.jpg',ro_)[1].tofile(address+'/'+ro_name)

            i = i + 1
    else:
        pass
```

通过图 11-9 可以看出，经过数据平衡后，每种岩石类别图像的数量基本相等，且图像的总数量达到近 7000 张，基本满足了模型训练的数据需求。

浅灰色细砂岩:998张
深灰色泥岩:998张
深灰色粉砂质泥岩:1000张
灰色泥质粉砂岩:1000张
灰色细砂岩:1000张
灰黑色泥岩:1000张
黑色煤:998张

图 11-9 数据平衡结果

11.2.4 图像标签处理与图像尺寸更改

由于在创建类别文件夹时使用的样本类别是中文，不符合模型所需的输入形式，会导致模型训练失败，所以需要给图像添加数值型的标签，以便后续的模型训练。样本类别及对应的标签值如表 11-2 所示。

表 11-2 样本类别及对应标签值

样本类别	标签值
深灰色泥岩	0
黑色煤	1
灰色细砂岩	2
浅灰色细砂岩	3
深灰色粉砂质泥岩	4
灰黑色泥岩	5
灰色泥质粉砂岩	6

11.2.3 节对原始数据进行随机裁剪时的图像尺寸为 512 × 512（像素），而构建模型时对输入模型的图像尺寸要求是 128 × 128（像素），所以需要对数据增强后的图像进行缩放，将其缩小到模型所需的图像尺寸。

循环读取每一个类别文件夹下的图像，给图像添加相应的标签值，然后将图像缩放为模型需要的图像尺寸，最后分别将数据和标签取出，如代码清单 11-7 所示。

代码清单 11-7 标签处理与图像尺寸更改

```
# 归一化、标签热编码等
import pandas as pd
import os
import cv2
import numpy as np
from shutil import rmtree
from sklearn.model_selection import train_test_split
from keras.utils import to_categorical  # 用于独热编码
from keras.preprocessing.image import img_to_array

data_file = '../tmp/class_data'
# 定义类别对应的标签，需要与类别文件夹名字一致
name_dic = {'深灰色泥岩':0, '黑色煤':1, '灰色细砂岩':2, '浅灰色细砂岩':3,
            '深灰色粉砂质泥岩':4, '灰黑色泥岩' : 5, '灰色泥质粉砂岩':6}
# 需要的图像尺寸输入大小
height = 128
width = 128
# 类别个数
class_num = 7
# 保存图像与标签数据的文件夹位置
data_save = '../tmp/data'

image_list = []  # 定义一个保存图像的空列表
label_list = []  # 定义一个保存标签的空列表
# 读取文件夹下的类别文件夹
for file in os.listdir(data_file):
    name = str(file)
    name_count = 0
    # 循环读取类别文件夹下的图像
    for key in os.listdir(data_file +'/'+ file):
        name_count += 1
        # 将图像所在地址依次添加到列表中
        image_list.append(data_file +'/' +file + '/' + key)
        # 按照定义的类别与对应标签，给图片打标签
        label_list.append(name_dic[file])
# 将图像地址和所对应类别标签合并
temp = np.array([np.hstack(image_list), np.hstack(label_list)])
data = temp.transpose()  # 对数据进行转置
# 取出训练和测试的图像的路径
data_address = list(data[:, 0])

data_image = []
# 依次循环读取图像地址并保存为数组形式
# 对训练图像进行循环并去除背景，更改图像大小
for m in range(len(data_address)):
    image = cv2.imdecode(np.fromfile(data_address[m], dtype=np.uint8),-1)
```

```
    re_img = cv2.resize(image,(height, width), interpolation=cv2.INTER_AREA)   #
        默认缩放
    data_image.append(re_img)

X = np.array(data_image, dtype="float")
label = list(data[:, 1])  # 取出数据所属的类别
Y = [int(i) for i in label]  # 顺序循环取出所属类别并保存为列表形式
```

11.2.5 数据集划分与归一化

数据集划分的目的是分出训练数据和用于模型评价的预测数据，训练集用于进行模型训练和验证，测试集用于模型预测。通过 train_test_split 函数按照 80% 的数据作为训练样本、剩下 20% 的数据作为测试样本的比例对数据集进行随机划分。

对图像的像素值进行归一化，在训练神经网络模型时，能够加速梯度下降求解最优解的速度，是常用的图像数据预处理步骤。最后将图像数据与标签分别保存为 .npy 文件，以便存储与读取预处理好的数据，如代码清单 11-8 所示，结果如图 11-10 所示。

代码清单 11-8　数据集划分与归一化

```
X_train, X_test, Y_train, Y_test = train_test_split(X, Y, test_size=0.2)

# 数据标准化：提高模型预测精准度，加快收敛
X_train = np.array(X_train, dtype="float") /255.0  # 数据归一化
X_test = np.array(X_test, dtype="float") /255.0  # 数据归一化

np.save(data_save+'/'+'Y_test(label)1.npy', Y_test)

Y_train = to_categorical(Y_train, num_classes=class_num)
Y_test = to_categorical(Y_test, num_classes=class_num)

# 创建保存数据的文件夹
if not os.path.exists(data_save):
    os.makedirs(data_save)

np.save(data_save+'/'+'X_train1.npy', X_train)
np.save(data_save+'/'+"Y_train1.npy", Y_train)

np.save(data_save+'/'+"X_test1.npy", X_test)
np.save(data_save+'/'+"Y_test1.npy", Y_test)
```

名称	修改日期	类型	大小
X_test.npy	2021/12/28 14:18	NPY 文件	537,217 KB
X_train.npy	2021/12/28 14:18	NPY 文件	2,148,481 KB
Y_test(label).npy	2021/12/28 14:17	NPY 文件	6 KB
Y_test.npy	2021/12/28 14:18	NPY 文件	39 KB
Y_train.npy	2021/12/28 14:18	NPY 文件	154 KB

图 11-10　保存的 .npy 文件

11.3 模型构建

EfficientNet-B0 是谷歌提出的 EfficientNet 框架的一种模型，常用于处理各种分类任务。本案例将基于 EfficientNet-B0 的迁移学习方法实现模型构建。

11.3.1 EfficientNet-B0 模型

EfficientNet 是谷歌于 2019 年提出的分类框架。EfficientNet-B0 模型是 EfficientNet 框架中的一种，其他的 EfficientNet-B1~EfficientNet-B7 模型都是基于 EfficientNet-B0 模型修改得到的。

表 11-3 为 EfficientNet-B0 模型结构，其中 Stage 表示网络的某一个阶段，Operator 表示每一个阶段所进行的操作，Resolution 表示输入张量大小，Channels 表示输出的通道数，Layers 表示层数。

EfficientNet-B0 的第一个阶段（Stage1）由一个卷积核大小为 3×3、步距为 2 的普通卷积层（包含 BN 和激活函数 Swish）组成，而阶段 2 到 8（Stage2 ～ Stage8）都是在重复堆叠 MBConv 结构，MBConv 是深度可分离卷积的倒置线性瓶颈层。最后的阶段（Stage9）由一个普通的 1×1 的卷积层（包含 BN 和激活函数 Swish）、一个池化层和一个全连接层组成。

表 11-3 中的 Operator 列表示的是对图像进行的操作，其中 MBConv1 或 MBConv6 后的数字 1 和 6 表示倍率因子 n，也就是 MBConv 中第一个 1×1 的卷积层会将输入特征矩阵的通道数扩充为 n 倍，其中 MBConv 后的 3×3 或 5×5 表示 MBConv 中逐通道卷积（Depthwise Conv）层所采用的卷积核大小。

表 11-3 EfficientNet-B0 模型

Stage (i)	Operator ($\hat{F}_i$)	Resolution ($\hat{H}_i \times \hat{W}_i$)	#Channels ($\hat{C}_i$)	#Layers ($\hat{L}_i$)
1	Conv 3×3	224×224	32	1
2	MBConv1，3×3	112×112	16	1
3	MBConv6，3×3	112×112	24	2
4	MBConv6，5×5	56×56	40	2
5	MBConv6，3×3	28×28	80	3
6	MBConv6，5×5	14×14	112	3
7	MBConv6，5×5	14×14	192	4
8	MBConv6，3×3	7×7	320	1
9	卷积层 1×1，池化层，全连接层	7×7	1280	1

11.3.2 基于 EfficientNet-B0 的迁移学习

如果直接从 0 开始训练 EfficientNet-B0 模型，需要付出较长的时间和较大的精力，所以本案例采用迁移学习的方法，对预训练过的 EfficientNet-B0 模型进行训练层数微调，从而搭建模型并进行训练。

搭建模型的实现代码如代码清单 11-9 所示，具体的模型搭建步骤如下。

1）首先下载 efficientnet 库，导入 EfficientNet-B0 官方预训练模型。

2）冻结 EfficientNet-B0 模型除最后 10 层以外的层，只训练最后的 10 层。

3）定义全局平均池化层和输出层。

代码清单 11-9 搭建模型

```
import tensorflow as tf
import os
from keras.layers import Flatten, Dense, Dropout, Input
import numpy as np
import matplotlib.pyplot as plt
from keras.utils import to_categorical   # 用于独热编码
from keras import utils
from tensorflow.keras.preprocessing.image import ImageDataGenerator
from keras.models import Model
from tensorflow import keras
import efficientnet.tfkeras as efn
epochs = 300
height = 128
width = 128
class_num = 7
batch_size = 32
# 训练集
X_train = np.load('../tmp/data/X_train.npy')
Y_train = np.load('../tmp/data/Y_train.npy')

base_model  = efn.EfficientNetB0(input_shape=[128, 128, 3], include_top=False,
    weights='imagenet')
base_model.trainable = True
# 冻结前面的卷积层，训练最后 10 层
for layers in base_model.layers[:-10]:
    layers.trainable = False
model = keras.Sequential([
    base_model,
    keras.layers.GlobalAveragePooling2D(),
    keras.layers.Dense(class_num,activation='softmax')
])
# 模型可视化，使用 model.summary() 方法
model.summary()
```

搭建后的模型结构如图 11-11 所示。

```
Model: "sequential"
_________________________________________________________________
Layer (type)                 Output Shape              Param #
=================================================================
efficientnet-b0 (Functional) (None, 4, 4, 1280)        4049564
_________________________________________________________________
global_average_pooling2d (Gl (None, 1280)              0
_________________________________________________________________
dense (Dense)                (None, 7)                 8967
=================================================================
Total params: 4,058,531
Trainable params: 902,199
Non-trainable params: 3,156,332
_________________________________________________________________
```

图 11-11 模型结构

模型训练时的速度、准确率和损失率等，容易受到输入图像大小、优化器、学习率和迭代次数等的影响，选择合适的优化器、学习率、学习率下降方法，可加快模型的训练速度，提升模型的识别准确率。模型

训练过程中需要设置的超参数与对应的参数值如表 11-4 所示。

表 11-4 超参数与对应的参数值

超参数	参数值	超参数	参数值
width	128	epochs	300
height	128	batch_size	32
learning_rate	0.001		

超参数的具体说明如下。

1）learning_rate：学习率，该参数的大小影响参数更新的幅度，学习率过大或过小都会影响网络的收敛情况。

2）epochs：迭代次数。通过多次迭代，损失率会逐渐降低，最后达到收敛。

3）batch_size：每次训练的图像数量。这个参数值受到网络的参数量和电脑的显存影响，当参数值过大时，如果电脑配置过低，显存可能溢出，进而致使训练中断。

选择随机梯度下降（Stochastic Gradient Descent，SGD）优化器，该优化器使用梯度下降来更新模型参数，解决了随机小批量样本问题。选择 K 折交叉验证法验证模型，设置 K 为 10，监视训练过程中验证集的损失，保存验证集损失最小时的模型参数，如代码清单 11-10 所示，结果如图 11-12 所示。

代码清单 11-10 迁移学习训练

```
model.compile(optimizer=tf.keras.optimizers.SGD(learning_rate=0.001,
    momentum=0.9, decay=1E-5),# 优化器
          loss=tf.keras.losses.CategoricalCrossentropy(from_logits=True),# 损
            失率计算
          metrics=["accuracy"])# 监视器，打印准确率
# 创建保存模型的文件夹
if not os.path.exists("../tmp/save_weights"):
    os.makedirs("../tmp/save_weights")
# 保存模型，回调函数
callbacks = [tf.keras.callbacks.ModelCheckpoint(filepath='../tmp/save_weights/
    EfficientNetB0.h5',
# 保存模型位置和命名
save_best_only=True,# 保存最佳参数
save_weights_only=False,# 为 True，则只保存模型权重，否则保存整个模型（包括模型结构、配置信
    息等）
monitor='val_loss')]# 监视验证集损失函数，判断最佳参数
# 开始训练
print(" 开始训练网络···")
from sklearn.model_selection import KFold
KF = KFold(n_splits =10)  # 建立 10 折交叉验证方法 查一下 KFold 函数的参数
for train1_index, val1_index in KF.split(X_train):
    x_train1, y_train1 = X_train[train1_index], Y_train[train1_index]
    x_val1, y_val1 = X_train[val1_index], Y_train[val1_index]
history=model.fit(  x_train1,
          y_train1,  # 训练集
```

```
                    shuffle=True,# 打乱数据
                    steps_per_epoch=len(X_train) // batch_size,  # 迭代频率
                    epochs=epochs,  # 迭代次数
                    validation_data=(x_vall,y_vall),
                    callbacks=callbacks)
```

```
Epoch 285/300
174/174 [==============================] - 6s 34ms/step - loss: 1.3126 - accuracy: 0.8753 - val_loss: 1.4161 - val_accuracy: 0.7549
Epoch 286/300
174/174 [==============================] - 6s 34ms/step - loss: 1.3133 - accuracy: 0.8767 - val_loss: 1.4172 - val_accuracy: 0.7549
Epoch 287/300
174/174 [==============================] - 6s 34ms/step - loss: 1.3158 - accuracy: 0.8747 - val_loss: 1.4167 - val_accuracy: 0.7549
Epoch 288/300
174/174 [==============================] - 6s 34ms/step - loss: 1.3148 - accuracy: 0.8717 - val_loss: 1.4167 - val_accuracy: 0.7531
Epoch 289/300
174/174 [==============================] - 6s 34ms/step - loss: 1.3145 - accuracy: 0.8745 - val_loss: 1.4169 - val_accuracy: 0.7531
Epoch 290/300
174/174 [==============================] - 6s 34ms/step - loss: 1.3113 - accuracy: 0.8801 - val_loss: 1.4169 - val_accuracy: 0.7549
Epoch 291/300
174/174 [==============================] - 6s 34ms/step - loss: 1.3120 - accuracy: 0.8785 - val_loss: 1.4155 - val_accuracy: 0.7567
Epoch 292/300
174/174 [==============================] - 6s 36ms/step - loss: 1.3092 - accuracy: 0.8787 - val_loss: 1.4151 - val_accuracy: 0.7549
Epoch 293/300
174/174 [==============================] - 6s 34ms/step - loss: 1.3112 - accuracy: 0.8779 - val_loss: 1.4159 - val_accuracy: 0.7585
Epoch 294/300
174/174 [==============================] - 6s 34ms/step - loss: 1.3114 - accuracy: 0.8799 - val_loss: 1.4169 - val_accuracy: 0.7496
Epoch 295/300
174/174 [==============================] - 6s 36ms/step - loss: 1.3120 - accuracy: 0.8785 - val_loss: 1.4149 - val_accuracy: 0.7657
Epoch 296/300
174/174 [==============================] - 6s 34ms/step - loss: 1.3068 - accuracy: 0.8848 - val_loss: 1.4150 - val_accuracy: 0.7549
Epoch 297/300
174/174 [==============================] - 6s 34ms/step - loss: 1.3089 - accuracy: 0.8795 - val_loss: 1.4168 - val_accuracy: 0.7513
Epoch 298/300
174/174 [==============================] - 6s 36ms/step - loss: 1.3101 - accuracy: 0.8813 - val_loss: 1.4148 - val_accuracy: 0.7621
Epoch 299/300
174/174 [==============================] - 6s 36ms/step - loss: 1.3099 - accuracy: 0.8803 - val_loss: 1.4135 - val_accuracy: 0.7603
Epoch 300/300
174/174 [==============================] - 6s 36ms/step - loss: 1.3087 - accuracy: 0.8813 - val_loss: 1.4129 - val_accuracy: 0.7603
```

图 11-12 迁移学习训练结果

11.3.3 基于训练模型的微调

在 11.3.2 节中，我们通过导入 EfficientNet-B0 官方预训练模型，应用迁移学习训练了一个新的模型。虽然模型在迭代 300 次之后的训练准确率和预测准确率分别达到了 0.88 和 0.76，但并没有达到较为理想的状态。可以通过对训练好的模型进行微调，提高模型的准确率。微调后模型的超参数与对应的参数值如表 11-5 所示。

表 11-5 微调后超参数与对应的参数值

超参数	参数值	超参数	参数值
width	128	epochs	100
height	128	batch_size	32
learning_rate	0.005		

对 11.3.2 节构建好的模型进行微调的步骤如下。

1）读取训练好的模型。

2）冻结模型的所有层。

3）定义 Dropout 层、全局平均池化层和输出层。

采用 K 折交叉验证法验证模型，设置 K 为 10，如代码清单 11-11 所示，结果如图 11-13 所示。

代码清单 11-11 模型微调

```
import tensorflow as tf
```

```
import os
from keras.layers import Flatten, Dense, Dropout, Input
import numpy as np
import matplotlib.pyplot as plt
from keras.utils import to_categorical # 用于独热编码
from keras import utils
from tensorflow.keras.preprocessing.image import ImageDataGenerator
from keras.applications import resnet50,mobilenet_v2,inception_resnet_v2
from keras.models import Model
from tensorflow import keras
import efficientnet.tfkeras as efn
epochs=100
height=128
width=128
class_num=7
batch_size=32

#训练集
X_train=np.load('../tmp/data/X_train.npy')
Y_train=np.load('../tmp/data/Y_train.npy')

base_model = efn.EfficientNetB0(input_shape=[128,128,3], include_
    top=False,weights='imagenet')
base_model.trainable = True
# 冻结前面的层，训练最后10层
for layers in base_model.layers[:-10]:
    layers.trainable =False
model = keras.Sequential([
    base_model,
    keras.layers.GlobalAveragePooling2D(),
    keras.layers.Dense(class_num,activation='softmax')
])
model.load_weights('../tmp/save_weights/EfficientNetB0.h5')
# 取消冻结模型的顶层
base_model.trainable = True
fine = 129
for layer in base_model.layers[:fine]:
    layer.trainable = False
model = keras.Sequential([
    base_model,
    keras.layers.Dropout(0.5),
    keras.layers.GlobalAveragePooling2D(),
    keras.layers.Dense(class_num,activation='softmax')
])
#模型可视化，使用model.summary()方法
model.summary()
model.compile(optimizer=tf.keras.optimizers.SGD(learning_
    rate=0.005,momentum=0.9, decay=1E-5),#优化器
              loss=tf.keras.losses.CategoricalCrossentropy(from_logits=True),#损
                  失率计算
```

```
                metrics=["accuracy"])# 监视器，打印准确率
#保存模型，回调函数
callbacks = [tf.keras.callbacks.ModelCheckpoint(filepath='../tmp/save_weights/
    EfficientNetB0_wt.h5',
#保存模型位置和命名
                                                save_best_only=True,# 保存最佳参数
                                                save_weights_only=False,# 为 True，则只保存模
                                                    型权重，否则将保存整个模型（包括模型结构、配置
                                                    信息等）
                                                monitor='val_loss')]# 监视验证集损失函数，判断
                                                    最佳参数
```

```
Model: "sequential_1"
_________________________________________________________________
Layer (type)                 Output Shape              Param #
=================================================================
efficientnet-b0 (Functional) (None, 4, 4, 1280)        4049564
_________________________________________________________________
dropout (Dropout)            (None, 4, 4, 1280)        0
_________________________________________________________________
global_average_pooling2d_1 ( (None, 1280)              0
_________________________________________________________________
dense_1 (Dense)              (None, 7)                 8967
=================================================================
Total params: 4,058,531
Trainable params: 3,505,243
Non-trainable params: 553,288
_________________________________________________________________
开始训练网络・・・
```

图 11-13 模型微调结果

在微调模型中使用相同的优化器以及 K 折交叉验证，进行模型微调训练，如代码清单 11-12 所示，模型微调训练结果如图 11-14 所示。

代码清单 11-12 模型微调训练

```
# 开始训练
print("开始训练网络・・・")
from sklearn.model_selection import KFold
KF = KFold(n_splits = 10)  #建立 10 折交叉验证方法 查一下 KFold 函数的参数
for train2_index, val2_index in KF.split(X_train):
    x_train2, y_train2 = X_train[train2_index], Y_train[train2_index]
    x_val2, y_val2 = X_train[val2_index], Y_train[val2_index]
history= model.fit(x_train2,
                   y_train2,  #训练集
                   shuffle=True,# 打乱数据
                   epochs=epochs,  #迭代次数
                   steps_per_epoch=len(X_train) // batch_size,  #迭代频率
                   validation_data=(x_val2,y_val2),
                   callbacks=callbacks)
#解决中文显示参数设置
plt.rcParams['font.sans-serif']=['SimHei'] #用来正常显示中文标签
plt.rcParams['axes.unicode_minus'] = False #用来正常显示负号

train_loss = history.history["loss"]
```

```
train_accuracy = history.history["accuracy"]

val_loss = history.history["val_loss"]
val_accuracy = history.history[ “val_accuracy” ]

# 绘制损失和准确率变化图像
# figure 1
plt.figure()
plt.plot(range(epochs), train_loss, label='train_loss')
plt.plot(range(epochs), val_loss, label='val_loss')
plt.legend()
plt.xlabel('epochs')
plt.ylabel('loss')
plt.savefig('../tmp/loss.png')

plt.figure()
plt.plot(range(epochs), train_accuracy, label='train_accuracy')
plt.plot(range(epochs), val_accuracy, label='val_accuracy')
plt.legend()
plt.xlabel('epochs')
plt.ylabel('accuracy')
plt.savefig('../tmp/accuracy.png')
plt.show()
```

```
174/174 [==============================] - 9s 52ms/step - loss: 1.1836 - accuracy: 0.9829 - val_loss: 1.3491 - val_accuracy: 0.8140
Epoch 93/100
174/174 [==============================] - 9s 52ms/step - loss: 1.1795 - accuracy: 0.9879 - val_loss: 1.3473 - val_accuracy: 0.8122
Epoch 94/100
174/174 [==============================] - 9s 52ms/step - loss: 1.1814 - accuracy: 0.9855 - val_loss: 1.3495 - val_accuracy: 0.8157
Epoch 95/100
174/174 [==============================] - 9s 52ms/step - loss: 1.1804 - accuracy: 0.9867 - val_loss: 1.3477 - val_accuracy: 0.8157
Epoch 96/100
174/174 [==============================] - 9s 52ms/step - loss: 1.1808 - accuracy: 0.9871 - val_loss: 1.3464 - val_accuracy: 0.8122
Epoch 97/100
174/174 [==============================] - 9s 52ms/step - loss: 1.1805 - accuracy: 0.9865 - val_loss: 1.3463 - val_accuracy: 0.8193
Epoch 98/100
174/174 [==============================] - 9s 52ms/step - loss: 1.1785 - accuracy: 0.9881 - val_loss: 1.3476 - val_accuracy: 0.8175
Epoch 99/100
174/174 [==============================] - 9s 52ms/step - loss: 1.1805 - accuracy: 0.9871 - val_loss: 1.3441 - val_accuracy: 0.8265
Epoch 100/100
174/174 [==============================] - 9s 52ms/step - loss: 1.1791 - accuracy: 0.9881 - val_loss: 1.3457 - val_accuracy: 0.8193
```

图 11-14　模型微调训练结果

11.4　模型评价

为衡量模型的分类能力，除了准确率之外，模型的评价指标还应包括精确率、召回率、f1-scroe 值和 ROC 等。首先导入训练好的模型权重和测试集数据，对测试集进行预测，得到的预测结果准确率为 81.93%。导入 sklearn 库中的 confusion_matrix 函数，计算混淆矩阵并将混淆矩阵可视化，如代码清单 11-13 所示，得到的混淆矩阵如图 11-15 所示，分类指标报告如图 11-16 所示。其中，0、1、2、3、4、5、6 类别分别代表深灰色泥岩、黑色煤、灰色细砂岩、浅灰色细砂岩、深灰色粉砂质泥岩、灰黑色泥岩、灰色泥质粉砂岩。

代码清单 11-13 计算混淆矩阵并将混淆矩阵可视化

```
import matplotlib.pyplot as plt
import numpy as np
import tensorflow as tf
from sklearn.metrics import confusion_matrix,classification_report # 导入混淆矩阵函数
import matplotlib
from keras.applications import resnet50,mobilenet_v2
from keras.models import Model
from tensorflow import keras
import efficientnet.tfkeras as efn
# 输入图像的大小，需要与存储的图像大小一致
height=128
width=128
# 输入模型类别个数
class_num = 7
# 测试集和测试集标签所在位置
test_X='../tmp/data/X_test.npy'
test_Y='../tmp/data/Y_test(label).npy'

base_model = efn.EfficientNetB0(input_shape=[height,width,3], include_
    top=False,weights='imagenet')
base_model.trainable = True
# 冻结前面的卷积层，训练最后 10 层
for layers in base_model.layers[:-10]:
    layers.trainable =False
model = keras.Sequential([
    base_model,
    keras.layers.GlobalAveragePooling2D(),
    keras.layers.Dense(class_num,activation='softmax')
])
model.load_weights('../tmp/save_weights/EfficientNetB0.h5')

# 取消冻结模型的顶层
base_model.trainable = True
fine = 129
for layer in base_model.layers[:fine]:
    layer.trainable = False
model = keras.Sequential([
    base_model,
    #keras.layers.Dropout(0.25),
    keras.layers.GlobalAveragePooling2D(),
    keras.layers.Dense(class_num,activation='softmax')
])
# 导入模型权重文件
model.load_weights('../tmp/save_weights/EfficientNetB0_wt.h5')

# 导入测试数据
test_X=np.load(test_X)
# 导入测试类别标签
test_Y_True=np.load(test_Y)
```

```
# 对测试集进行预测
pre_result = model.predict_classes(test_X)
# 预测结果 - 真实结果
Z=pre_result-test_Y_True
# 预测正确的结果 / 所有的预测值
test_acc=len(Z[Z==0])/len(Z)
print(' 预测准确率为: ',test_acc)

cm = confusion_matrix(test_Y_True, pre_result) # 混淆矩阵
plt.matshow(cm, cmap=plt.cm.Greens) # 画混淆矩阵图，配色风格使用 cm.Greens，更多风格请参
    考官网
plt.colorbar() # 颜色标签
# 设置 matplotlib 正常显示中文和负号
matplotlib.rcParams['font.sans-serif']=['SimHei']    # 用黑体显示中文
matplotlib.rcParams['axes.unicode_minus']=False     # 正常显示负号
for x in range(len(cm)): # 数据标签
    for y in range(len(cm)):
        plt.annotate(cm[x,y], xy=(x, y), horizontalalignment='center',
            verticalalignment='center')
        plt.ylabel('True label') # 坐标轴标签
        plt.xlabel('Predicted label') # 坐标轴标签
# 显示混淆矩阵可视化结果
plt.savefig('../tmp/ 混淆矩阵 .jpg',dpi=3090)
plt.show()
print(classification_report(test_Y_True,pre_result))
```

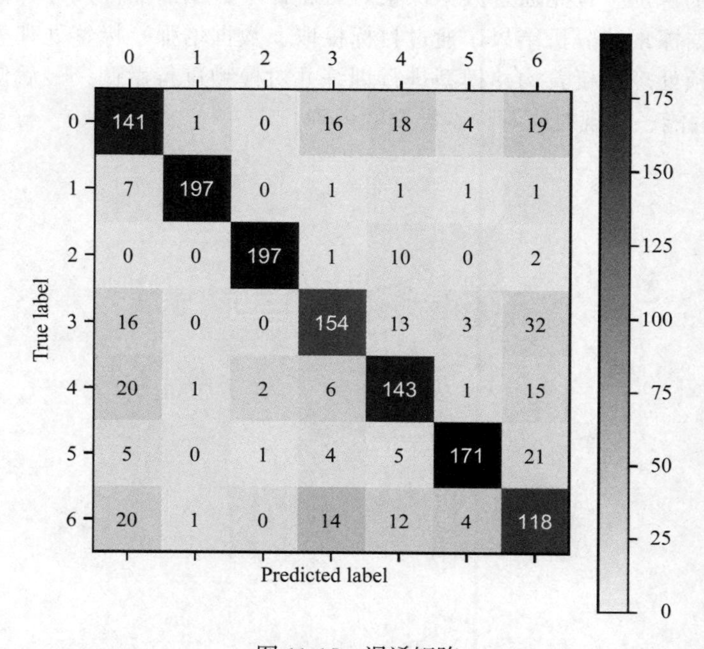

图 11-15　混淆矩阵

由图 11-16 可知，通过 sklearn 库的 classification_report() 函数输出的分类指标报告包括模型的精确率（precision）、召回率（recall）、f1-score 值和样本数（support）。其中，模型的精确率、召回率、f1-scroe 值的平均值为 0.80，说明经过微调后，模型的效果较好。

	precision	recall	f1-score	support
0	0.71	0.67	0.69	209
1	0.95	0.98	0.97	200
2	0.94	0.98	0.96	200
3	0.71	0.79	0.74	196
4	0.76	0.71	0.73	202
5	0.83	0.93	0.87	184
6	0.70	0.57	0.63	208
accuracy			0.80	1399
macro avg	0.80	0.80	0.80	1399
weighted avg	0.80	0.80	0.80	1399

图 11-16 分类指标报告

11.5 小结

本章的主要目的是基于 EfficientNet-B0 模型，使用迁移学习对模型进行训练和微调，实现岩石样本类别识别。首先通过数据探索对岩石样本数据的图像尺寸和数据分布进行分析，然后根据数据探索的分析结果，通过目标提取、数据增强、标签处理等数据预处理方法对数据集进行预处理，接着构建模型进行训练并对模型进行微调，最后使用多种评价指标评价该模型的性能，实现对岩石样本类别的识别。

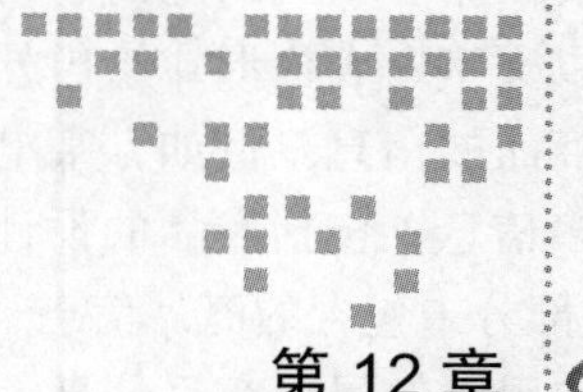

第 12 章 Chapter 12

电商平台图像中文字的识别

在互联网日渐融入个人生活的今天，网络购物已经成为生活中必不可少的一部分。随着消费者的需求变化，各类电商不断推陈出新，并通过图文结合的方式快速介绍产品从而吸引消费者。为了保障消费者的权益，电商平台需要对商品图像进行审核。图文识别的目的是针对电商商品宣传图像，实现图像文字的快速识别，这在违规广告识别、信息审核管理和网络安全治理等场景下具有极大应用价值。

本章将使用最大稳定极值区域、垂直投影分割等方法获取图像中文字所在的区域，然后通过神经网络对文字图像进行文字分类，从而实现对电商平台图像中文字的识别。

学习目标

- 了解电商平台图像中文字识别的相关背景。
- 熟悉电商平台图像中文字识别的步骤与流程。
- 掌握获取文字区域的方法。
- 掌握使用神经网络对文字区域实现文字识别的方法。

12.1 背景与目标

随着深度学习在视觉领域的发展，其在检测和识别领域的应用也愈加成熟。在电商平台，图像文字识别技术可以辅助审核人员快速实现图像审核，有效对电商进行监管。本节主要讲解电商平台图像中文字识别案例的背景、数据说明、目标分析和项目工程结构。

12.1.1 背景

在电子商务环境下用户无法接触商品实物，电商网站提供的商品信息成为用户做出购买决定的重要依据。不同的电商平台展现商品信息的风格各有不同，总体来说，商品信息除了一部分以文字、表格形式给出外，越来越多地以图像的形式呈现，以便客户可以更为直观地了解商品的信息。例如，某电商平台的“商品介绍”部分主要以图像的形式提供有关商品的更多信息，包括商品的设计特点、优势、适用场景等。商品信息图像提供了很多“规格参数”部分未包含的商品信息，这些信息是顾客了解和选择商品的重要参考。

但是，使用图像展示商品信息，也衍生出了商品信息图像中的内容和规格参数中的内容不一致的问题，如利用虚假广告引人误解，造成虚假宣传等，同时可能出现采用图像的方式来规避对敏感或违禁词的检测的问题。通过电商平台图像文字识别系统自动地从商品信息图像中提取文字信息，有助于电商平台更好地提供商品推荐、信息监管和售后服务。

12.1.2 数据说明

本案例使用的数据包括采集自某电商平台的图像和对应图像中的文字标注信息（文字、左下角 x 坐标、左下角 y 坐标、右上角 x 坐标、右上角 y 坐标），如图 12-1 所示。

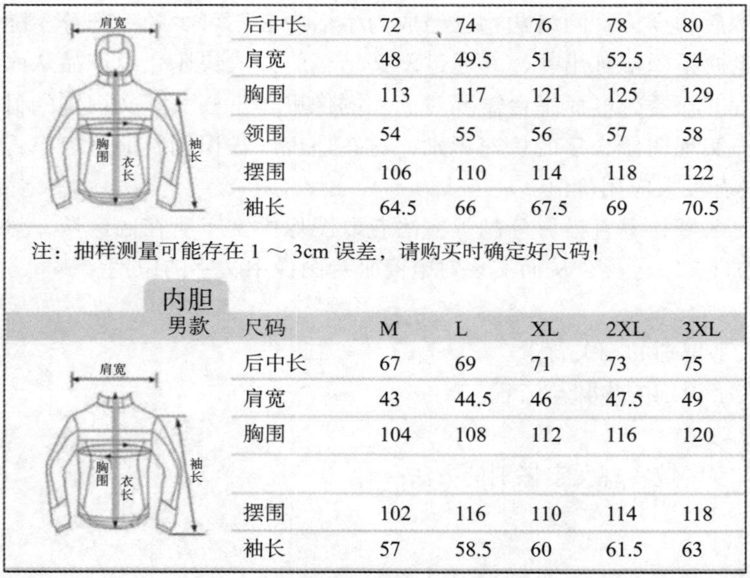

后中长	72	74	76	78	80
肩宽	48	49.5	51	52.5	54
胸围	113	117	121	125	129
领围	54	55	56	57	58
摆围	106	110	114	118	122
袖长	64.5	66	67.5	69	70.5

注：抽样测量可能存在 1 ～ 3cm 误差，请购买时确定好尺码！

内胆
男款

尺码	M	L	XL	2XL	3XL
后中长	67	69	71	73	75
肩宽	43	44.5	46	47.5	49
胸围	104	108	112	116	120
摆围	102	116	110	114	118
袖长	57	58.5	60	61.5	63

a）电商图像

后	256	962	271	975
中	272	962	285	975
长	286	962	301	975
7	383	963	391	974
2	392	963	400	974
7	464	963	472	974
4	472	963	481	974
7	539	963	547	974
6	548	963	556	974
7	613	963	621	974
8	622	963	630	974
8	692	963	700	974
0	701	963	709	974
肩	264	920	278	935
宽	279	920	294	935
4	383	922	391	933
8	392	922	400	933
4	457	922	466	933
9	467	922	474	933
.	476	922	478	924
5	480	922	487	933

b）文字标注信息

图 12-1 电商图像及其文字标注信息

其中，电商图像文件为 .jpg 格式，标注文件为 .box 格式，对应的电商图像文件和标注文件的文件名相同。部分图像文件与标注文件如图 12-2 所示。

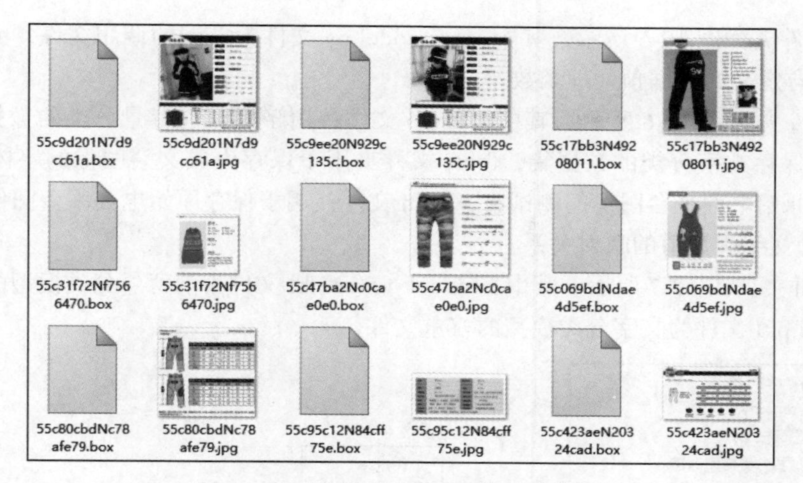

图 12-2　部分图像文件与标注文件展示

12.1.3　目标分析

本案例根据商品信息图像中字符和背景的特点，构建模型以实现对图像中字符的检测。电商平台图像文字识别的总体流程如图 12-3 所示，主要步骤如下。

1）获取电商平台图像数据。

2）数据预处理：对原始的电商平台图像进行处理，获取图像中的文字区域。

3）模型构建：构建前背景分类和文字分类的模型，并训练模型识别文字区域中的文字。

4）模型评价：计算文字识别准确率。

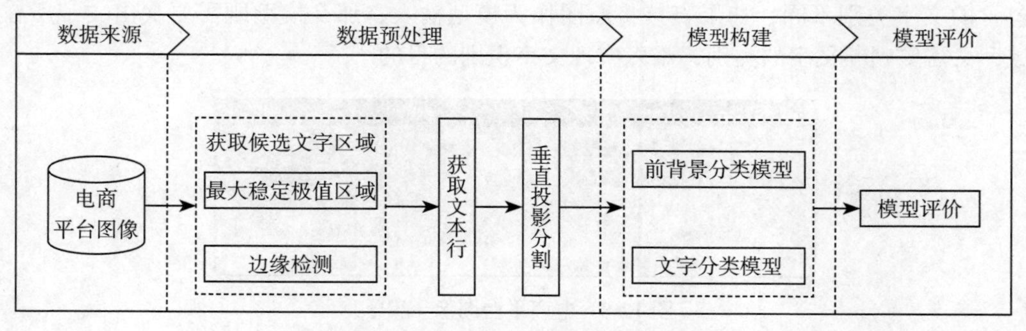

图 12-3　电商平台图像文字识别流程

12.1.4　项目工程结构

本案例基于 Keras 2.4.3 环境运行。目录包含 3 个文件夹，其中 code 文件夹存放代码相关文件，data 文件夹存放数据相关文件，tmp 文件夹存放中间输出文件，如图 12-4 所示，具体介绍如下。

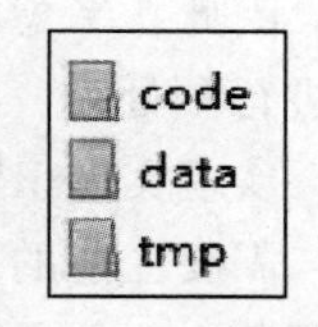

图 12-4　本案例目录

code 文件夹如图 12-5 所示。其中，mymodel.py 文件为模型的调用文件，mynms.py 文件用于存放自定义的数据预处理函数。

data 文件夹如图 12-6 所示。其中，fenge 文件夹用于保存前背景分类的数据集，fenlei 文件夹用于保存文字分类的数据集，fonts 文件夹用于保存生成文字图像的字体，test 文件夹用于保存原始电商平台图像的测试集，train 文件夹用于保存原始电商平台图像的训练集，yingse.csv 为文字到数值的映射关系。

tmp 文件夹如图 12-7 所示。其中，model_fenge.pkl 文件为前背景分类模型的权重文件，model_fenlei.pkl 文件为文字分类模型的权重文件。

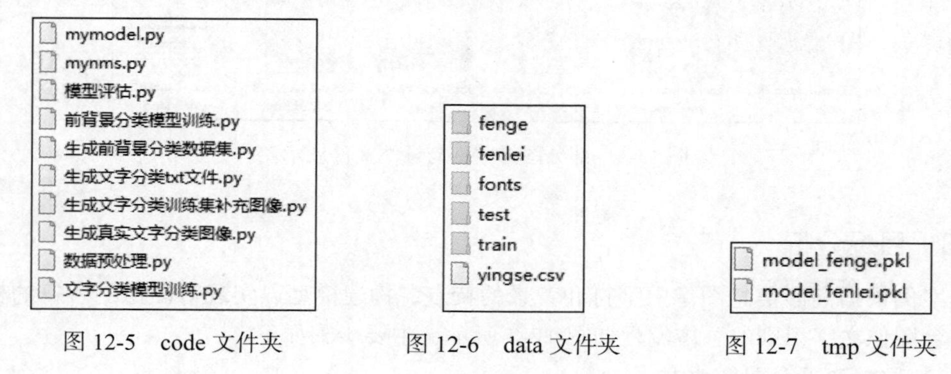

图 12-5 code 文件夹　　图 12-6 data 文件夹　　图 12-7 tmp 文件夹

12.2 数据预处理

由于一张电商平台图像（部分）中包含不少文字，如图 12-8 所示，同时，不同的图像中包含的文字类别不同，如果直接将原图作为模型输入，那么模型既需要找出文字所在的区域，又需要判断文字的类别，难以实现文字识别的目的。

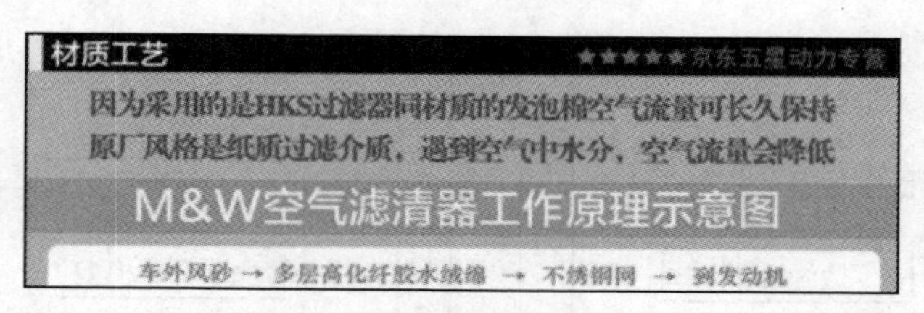

图 12-8 电商平台图像（部分）

注：图中的“风砂”应为“风沙”，“绵”应为“棉”，“不绣钢”应为“不锈钢”，后同。

因此，考虑将文字区域获取和文字分类分为两个步骤分开处理。首先对原始的电商图像进行预处理，得到一个个仅包含一个文字的区域，然后使用文字区域作为后续模型的输入，实现文字识别。

需要注意的是，图 12-8 中存在文字模糊现象，且本章内基于该图像的处理结果也存在该现象，这是由图像质量不高导致的，读者可运行代码观察实际结果。

12.2.1　获取文字候选区域

最大稳定极值区域（Maximally Stable Extremal Region，MSER）是一种检测图像中文字区域的传统图像算法。MSER 主要基于分水岭的思想来对图像进行斑点区域检测。在一张含有文字的图像上，由于文字区域的灰度值基本一致，而且和文字周边像素的灰度值存在差异，因此在阈值（水平面）持续增长的一段时间内文字都不会被覆盖，直到阈值涨到文字本身的灰度值时才会被淹没，所以文字区域可以作为最大稳定极值区域。

MSER 对灰度图像取阈值进行二值化处理，阈值从 0 到 255 依次递增，阈值的递增类似于分水岭算法中水平面的上升，随着二值化阈值的上升，图像中像素值大于阈值的部位会变为白色，每个阈值都会生成一个二值图。不同二值化阈值的二值图如图 12-9 所示。

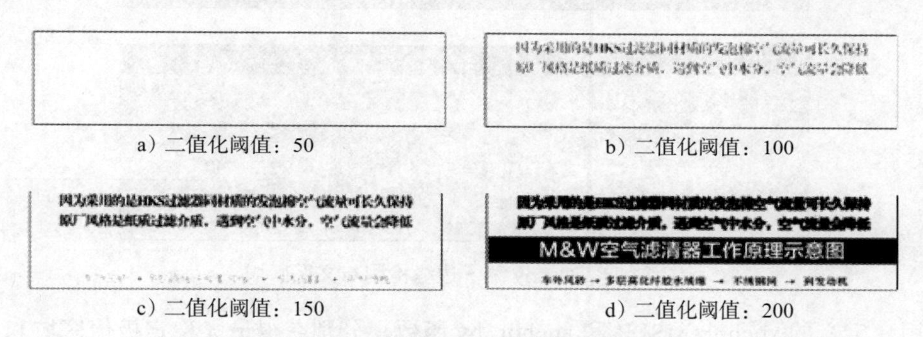

a）二值化阈值：50　b）二值化阈值：100

c）二值化阈值：150　d）二值化阈值：200

图 12-9　不同二值化阈值的二值图

在使用较小的二值化阈值时，会先得到一个全白图像，随着阈值逐渐增加，二值化图中出现小黑点，且黑色部分会逐渐增大，直到整个图像变成黑色。在得到的所有二值图中，如果某些连通区域在给定的阈值范围内保持其形状和大小基本稳定不变，而不会与其他区域合并，则该区域就被称为最大稳定极值区域。

在获取最大稳定极值区域后，求该区域的最小外接矩形，即可得到文字区域的候选区域，如图 12-10 所示。

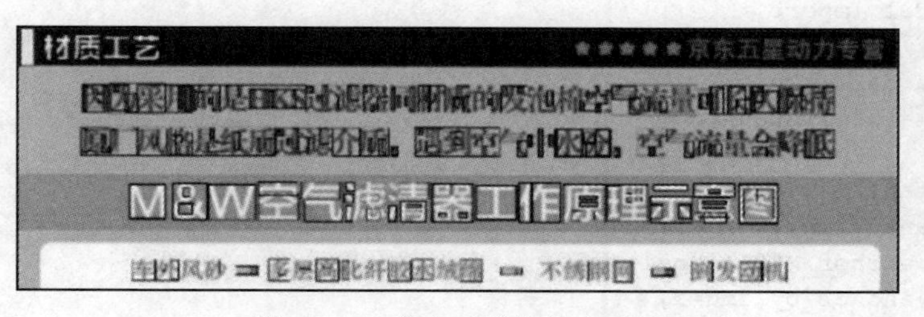

图 12-10　文字区域的候选区域

观察图 12-10 可以发现，仍然有少量的文字区域没能被检测到。这是由于文字的边界较为模糊，在设定的阈值间隔范围内，文字区域产生了较大的变化，因此没能识别。对此，可以使用边缘检测的方法获取文字区域进行候选区域的补充。

边缘可以理解为图像局部特征的不连续性，如灰度的突变、纹理结构的突变等。边缘常意味着一个区域的终结和另一个区域的开始。而图像中的文字必然与背景间存在像素值的差异，因此文字区域可以通过边缘检测得到。使用 Canny 算子对图像进行边缘检测以及得到的文字区域如图 12-11 所示。

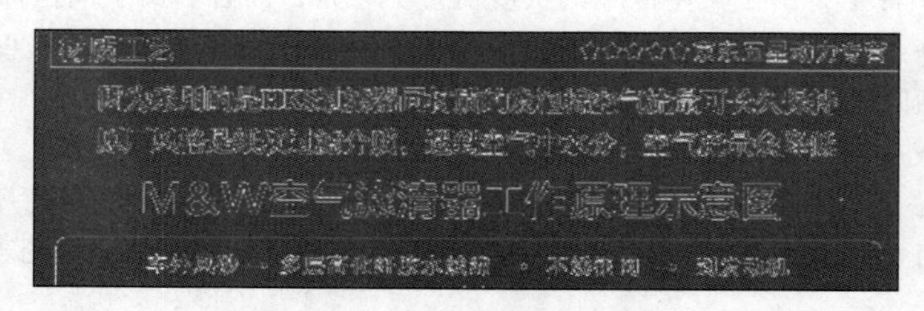

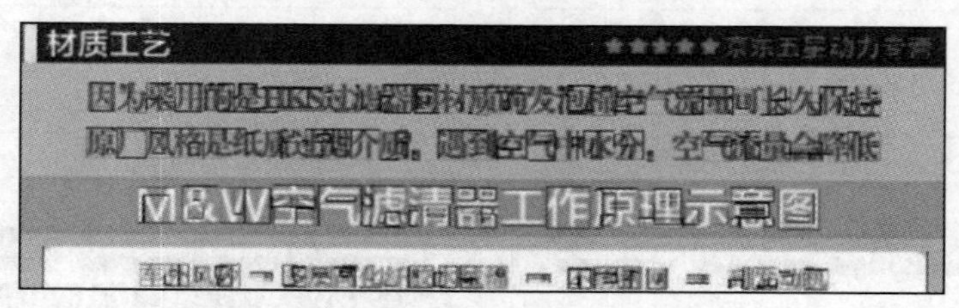

图 12-11 Canny 算子边缘检测与文字区域

使用自定义的 anchor_MSER 和 anchor_by 函数，分别获得最大稳定极值区域和边缘检测的文字候选区域，如代码清单 12-1 所示。anchor_MSER 和 anchor_by 函数均仅包含一个参数 img，该参数接收待检测文字的图像。

代码清单 12-1 获取最大稳定极值区域和边缘检测的文字候选区域

```
import os
import cv2
import pandas as pd
import numpy as np
from mynms import *
from mymodel import *

root = '../data/train/'
file_list = os.listdir(root)

i,t = MyRead(filename=file_list[2], root=root)
# draw_yuantu(img=i, tabel=t)  # 将框绘制在原图
anchor1 = anchor_MSER(img=i)  # 最大稳定极值区域
anchor2 = anchor_by(img=i)  # 边缘检测
# anchor3 = anchor_th(img=i)
anch_all = np.vstack((anchor1, anchor2))  # 合并两个检测的结果
```

查看获取文字候选区域的结果，如图 12-12 所示，可以发现图像中的文字区域基本被识别出。

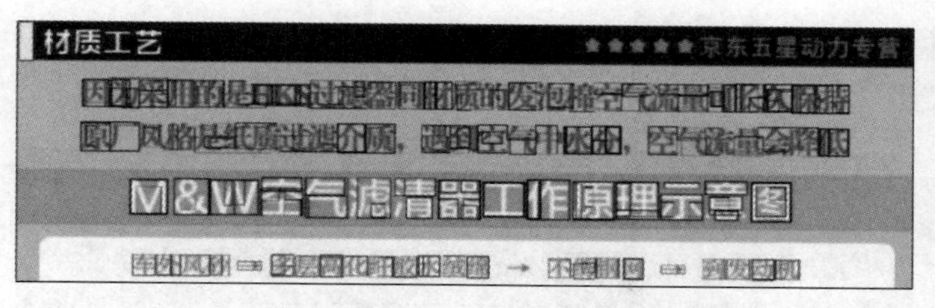

图 12-12　获取文字候选区域的结果

12.2.2　利用形态学处理获取文本行

观察图 12-12，发现在文字候选区域中，一个文字可能被分为多个相互独立的区域，如“空”“气”，或者一个区域内包含大量的其他区域，如“图”。使用这样的文字区域得到的文字图像无法进行文字识别，因此需要对区域进行合并，得到单行的文字区域。将候选区域作为图像的掩模，如图 12-13 所示，可以快速合并重叠的候选区域。

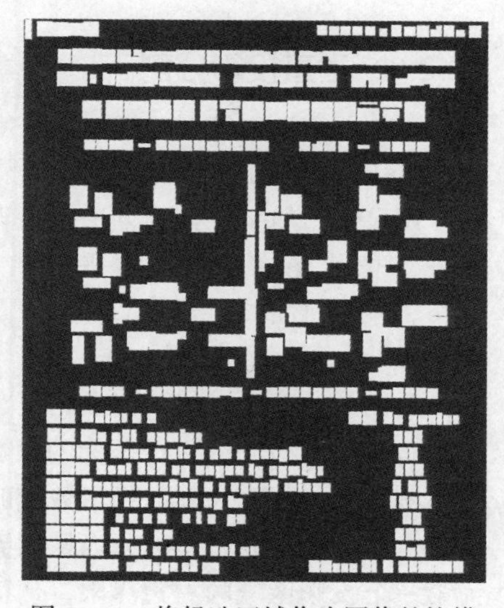

图 12-13　将候选区域作为图像的掩模

同时，取掩模的另一个目的是使用形态学中的膨胀运算，尽可能将文字区域“黏合”。由于文字主要为横向排版，所以膨胀的主要方向为水平方向。通过形态学处理可以将相近的文字区域进行融合得到文本行。

结构元对集合 A 进行膨胀运算的过程如图 12-14 所示。图 12-14a 所示为待膨胀的集合 A，图 12-14b 所示为结构元，图 12-14c 所示为膨胀后的集合 A。结构元（图 12-14b）表示在水平和垂直方向上进行相同的膨胀运算。

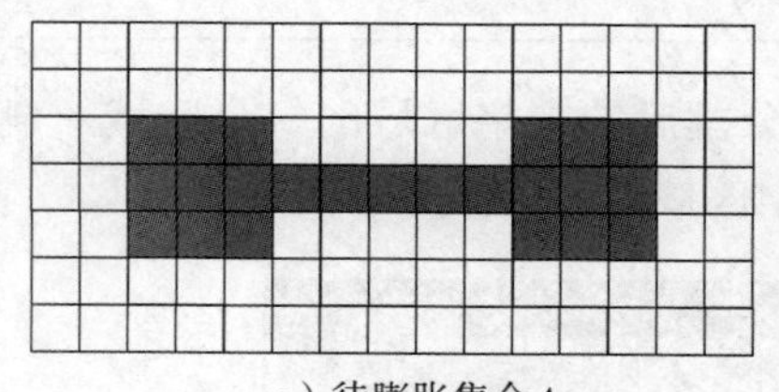

a）待膨胀集合 A

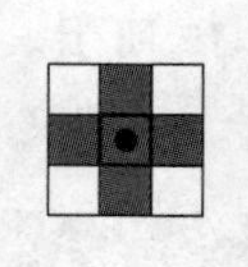

b）结构元

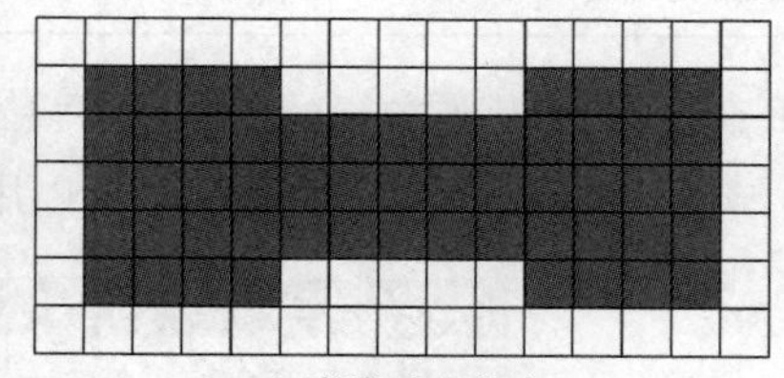

c）膨胀后的集合 A

图 12-14　膨胀过程

通过形态学处理得到文本行，如代码清单 12-2 所示。

代码清单 12-2　通过形态学处理得到文本行

```
anch_data = get_mask(img = i, box = anch_drop)
```

通过形态学处理后，候选区域合并为文本行，如图 12-15 所示，在极大程度上消减了噪声，同时，保证了大部分文本均在文本行区域内。

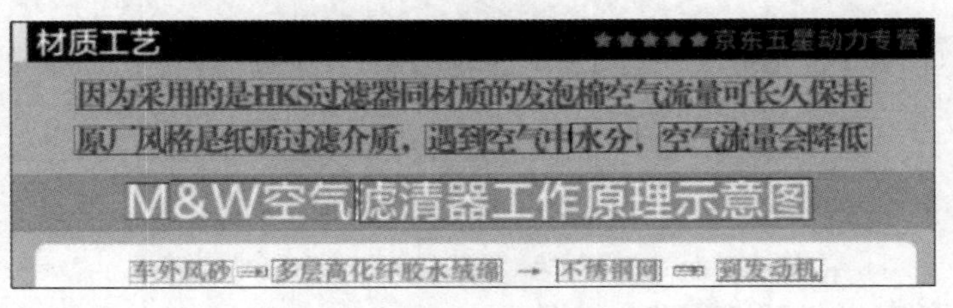

图 12-15 通过形态学处理得到文本行

12.2.3 垂直投影分割

由于文字识别模型是针对单个字符建立的，所以在使用形态学获得单行的文本后，需要将单行的文本分割为单个字符。

较为常用的字符分割方法是垂直投影分割，该方法先将待分割的图像进行二值化，然后把二值化图在垂直或水平方向上进行投影，从而形成二值统计图，如图 12-16 所示。

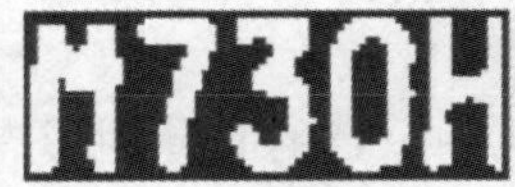

二值化图

二值统计图（垂直投影）

图 12-16 二值化图和垂直投影

在图 12-16 的二值统计图中，横向从左到右依次为检测的每个坐标的投影数值，当检测到第一个不为零的投影数值时，将该投影数值所属的列视为第一个字符区域的左边界限，然后继续向右检测，当检测到第一个为零的投影数值时，将该投影数值所属的列视为第一个投影区域的右边界限，从而确定第一个字符的位置。以此类推，将文本行进行分割得到全部的字符。垂直投影分割文本行的代码如代码清单 12-3 所示。

代码清单 12-3 垂直投影分割文本行

```
anch_data = change_rec(img = i, box=anch_data)
```

垂直投影分割文本行的结果如图 12-17 所示。分割后的文字区域的每个区域一般仅包含一个文字，即最终的文字区域，可以用于后续文字区域内的图像文字识别。

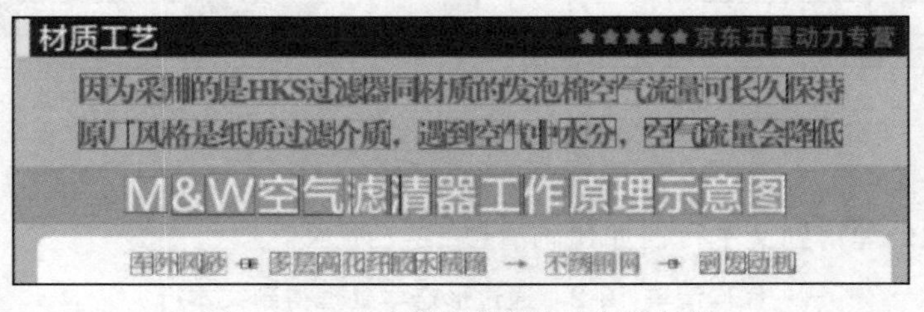

图 12-17 垂直投影分割文本行的结果

12.3 文字识别

构建 LeNet 神经网络，训练前背景分类模型和文字分类模型。分割文字区域中的图像，对分割的图像进行前背景的分类和文字的分类。建立评价指标对训练完毕的模型进行评价，得到电商平台图像中的文字及其位置。

12.3.1 构建训练数据集

在训练前背景分类模型和文字分类模型之前，需要针对两个模型构建不同的训练数据集。

1. 前背景分类数据集

基于“候选区域→文本行→文字区域”的文字区域获取方法，不可避免地存在非文字区域的噪声数据。为了降低噪声对文字识别的影响，借鉴目标检测的区分目标和背景的核心思想，将非文字的区域视为背景（负样本），将存在文字的区域视为前景（正样本）。

由于原始数据包含商品信息图像的标注信息，因此可以利用标注信息获得的真实字符区域作为前景。采用随机生成的方法获取大量的候选区域，然后计算候选区域与真实区域的重叠度，重叠度为 0 的候选区域即为背景。

构建前背景分类数据集（部分），如代码清单 12-4 所示。生成的前景和背景的示例如图 12-18 所示。

代码清单 12-4　构建前背景分类数据集（部分）

```
# 获取图像名
root = '../data/train/'
file_list = os.listdir(root)

aa = set([i.split('.')[-2] for i in file_list])
aa = list(aa)

# 生成真实框
k = 0
for q in aa:
    # if k >= 30:
    #     break
    i, t = MyRead2(q)
    true_box = get_true_box(i, t)

    for a in true_box:
        img = i[a[1]:a[3], a[0]:a[2], :]
        rows,cols, _ = img.shape
        if (rows != 0) & (cols != 0):
            # print('../data/fenge/qian/' + str(k) + '.jpg')
            cv2.imwrite('../data/fenge/qian/' + str(k) + '.jpg', img)
            k += 1
```

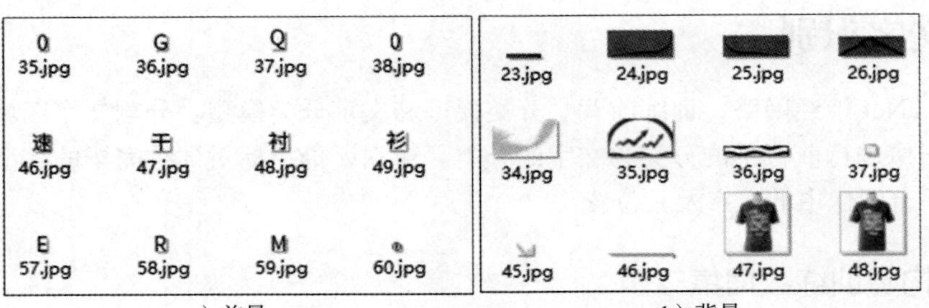

图 12-18 生成的前景和背景的示例

2. 文字分类数据集

文字分类模型的目的在于识别区域中文字，对标注信息中的文字进行统计，本案例共包含 2549 类字符（汉字、英文、符号），即文字分类模型的类别为 2549。

同样使用标注信息获得的真实字符区域作为训练集，观察训练集发现，存在部分类别样本数量极多、部分类别样本数量极少的样本不均衡问题。为避免样本不均衡导致模型倾向样本多的类别，需要对训练集进行扩充，使样本数量趋于平衡。因此，需要使用字体生成图像的方式补充数据集，这里使用 22 种常见字体，每种字体生成 5 种不同大小的图像对数据集进行补充，如代码清单 12-5 所示。

代码清单 12-5 使用字体生成图像的方式补充数据集

```
import os
import pandas as pd
from PIL import Image,ImageFont,ImageDraw

aaa = pd.read_csv('../data/yingse.csv', encoding='gbk')
map_dic1 = dict(zip(aaa['zhuan'], aaa['zhong']))
map_dic_T = dict(zip(aaa['zhong'], aaa['zhuan']))

# 生成训练集补充图像
fon = os.listdir('../data/fonts')

def add_fon(iii):
    print(iii)
    h = 0
    for k in fon:
        for i in [10,15,20,25,29]:
            h += 1
            text = map_dic1[iii]
            # text = 'A'
            im = Image.new("RGB", (i, i), (255, 255, 255))
            dr = ImageDraw.Draw(im)
            font = ImageFont.truetype("../data/fonts/" + k, i)
            dr.text((0, 0), text, font=font, fill=” #000000” )
            # im.show()
```

```
            # img =  np.array(im)
            im.save('../data/fenlei/fenlei_train/'+str(iii)+'_add'+str(h)+'.
                png')
            # cv2.imshow(','+str(i), img)

# map_dic_T.keys()
# map_dic_T.values()

for i in range(len(map_dic_T)):
    add_fon(int(i))
```

以“对”为例，使用字体生成图像补充数据集的示例如图 12-19 所示。

对	对	对	对	对	对
0_add1.png	0_add10.png	0_add100.png	0_add101.png	0_add102.png	0_add103.png
对	對	对	對	對	對
0_add109.png	0_add11.png	0_add110.png	0_add12.png	0_add13.png	0_add14.png
对	对	对	对	对	对
0_add2.png	0_add20.png	0_add21.png	0_add22.png	0_add23.png	0_add24.png
对	对	对	对	对	对
0_add3.png	0_add30.png	0_add31.png	0_add32.png	0_add33.png	0_add34.png

图 12-19　使用字体生成图像补充数据集的示例

12.3.2　模型训练

LeNet5 是杨立昆（Yann LeCun）设计的用于手写数字识别的卷积神经网络，它是早期卷积神经网络中最有代表性的网络结构之一。LeNet5 神经网络主要有 2 个卷积层、2 个下采样层（池化层）、2 个全连接层、1 个输入层。LeNet5 的网络结构如图 12-20 所示。

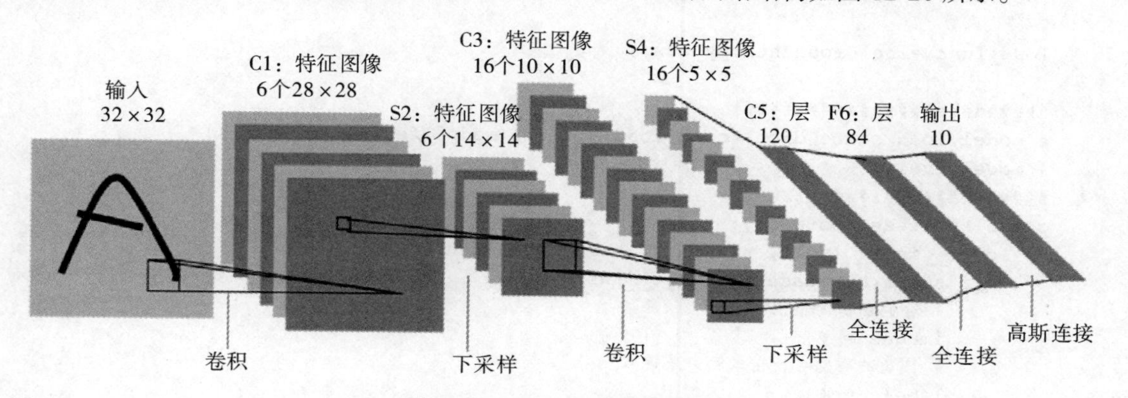

图 12-20　LeNet5 的网络结构

本案例参考 LeNet5 搭建前背景分类和文字分类的模型。由于前背景分类模型和文字分类模型的输入图像的维度相同，所以网络特征提取部分的参数相同，仅在全连接层和输出层进行调整。其中，因为前背景分类模型属于二分类模型，所以网络最后的输出层的神经元个数为 2，文字分类模型属于多分类模型，最后的输出层的神经元个数为 2549。

构建并训练文字分类模型，如代码清单 12-6 所示。

代码清单 12-6 构建并训练文字分类模型

```
class LeNet(nn.Module):
    def __init__(self):
        super(LeNet,self).__init__()
        self.cov1 = nn.Conv2d(3,16,3)  # 3、6 为通道，3 为核
        self.pool1 = nn.MaxPool2d(2,2)
        self.cov2 = nn.Conv2d(16,32,3)
        self.pool2 = nn.MaxPool2d(2,2)
        self.fc1 = nn.Linear(32*2*2,1000)
        self.fc2 = nn.Linear(1000,2000)
        self.fc3 = nn.Linear(2000,2549)

    def forward(self, x):
        x = F.relu(self.cov1(x))
        x = self.pool1(x)
        x = F.relu(self.cov2(x))
        x = self.pool2(x)
        x = x.view(-1,32*2*2)
        x = F.relu(self.fc1(x))
        x = F.relu(self.fc2(x))
        x = self.fc3(x)
        return x

model = LeNet()# 实例化
##
# 编译网络
# 优化器
optimizer = torch.optim.Adam(model.parameters(), lr=0.001)  # 0.001
# 损失函数
loss_func = nn.CrossEntropyLoss()

###########################
# model.load_state_dict(torch.load('../tmp/model_fenlei_add.pkl'))
# model.eval()
#################
class MyDataset(Dataset):
    def __init__(self, txt_path, transforms=None):
        super(MyDataset, self).__init__()
        # 存储图像的路径
        images = []
        # 图像的类别名，在本例中是数字
        labels = []
```

```
        # 打开上一步生成的txt文件
        with open(txt_path, 'r') as f:
            for line in f:
                # print(line)
                line = line.strip('\n')  # 划分txt中的路径
                images.append(line) # 将每个路径添加到列表
                a = self.tran_int(line)
                labels.append(a)  # 对路径名进行分割，得到图像类别
        self.images = images  # 赋值给属性变量
        self.labels = labels
        # 图像需要进行的格式变换，比如ToTensor()等
        self.transforms = transforms


    def __getitem__(self, index):
        # 用PIL.Image读取图像
        image = Image.open(self.images[index]).convert('RGB')
        label = self.labels[index]  # 获取对应路径的类别标签
        if self.transforms is not None:
            # 进行格式变换
            image = self.transforms(image)
        return image, label # 返回图像和标签


    def __len__(self):
        return len(self.labels)  # 只返回标签

    def tran_int(self, strs):
        la = strs.split('/')[-1].split('_')[0]
        return int(la)

class mytrans(object):
    def __init__(self, ):
        pass

    def __call__(self, img):
        img = np.array(img)
        img = cv2.cvtColor(img, cv2.COLOR_BGR2GRAY)
        # _, img=cv2.threshold(img, 0, 255, cv2.THRESH_OTSU)
        img = torch.from_numpy(img)
        img_new = torch.stack([img,img,img],dim=0)
        img_new = np.array(img_new)
        img_new = np.transpose(img_new,[1,2,0])
        return img_new
        # return img

transform = transforms.Compose([transforms.Resize((16, 16)),  # 图像变换为64×64的
  大小
                                # mytrans(),
                                transforms.RandomRotation(degrees=15),
```

```
                                    transforms.ColorJitter(brightness=0, contrast=2,
                                        saturation=0, hue=0),
                                    transforms.ColorJitter(brightness=0, contrast=0,
                                        saturation=0, hue=0.5),
                                    transforms.GaussianBlur(kernel_size=5, sigma=
                                        (10.0, 10.0)),
                                    transforms.ToTensor()
                                    ])  # 向量化
#
trainnew_set = MyDataset('../data/fenlei/train_new.txt', transforms = transform)
trainnew_loader = DataLoader(trainnew_set, batch_size=1024, shuffle=True)


test_set = MyDataset('../data/fenlei/test.txt', transforms = transform)
test_loader = DataLoader(test_set, batch_size=6000, shuffle=True)
for step, (x,y) in enumerate(test_loader):
    test_x, labels_test = x, y


EPOCH = 10
for epoch in range(EPOCH):
    for step, (x,y) in enumerate(trainnew_loader):
        print(step)
        picture, labels = x, y
        output = model(picture)
        loss = loss_func(output, labels)
        optimizer.zero_grad()
        loss.backward()
        optimizer.step()
        pred_y = torch.max(output, 1)[1].data.squeeze()
        accuracy = ((pred_y == labels).sum().item() / labels.size(0))
        #
        output1 = model(test_x)
        pred_yy = torch.max(output1, 1)[1].data.squeeze()
        accuracy1 = ((pred_yy == labels_test).sum().item() / labels_test.size(0))

        print('| epoch:' , epoch,
              '| 训练损失 :%.4f' % loss.data,
              '| 训练准确率 :', accuracy,
              '| 测试准确率 :', accuracy1,)
```

12.3.3 模型调用

调用前背景分类模型和文字分类模型，对图像进行识别，同时得到图像的前背景分类和文字分类。根据前背景分类的结果对文字分类的结果进行筛选，去除分类为背景的数据。由于模型训练所用到的图像中，每个图像仅包含一个文字，所以模型预测时输入的图像需要为文本行分割后的图像。

文字分类模型的输出为文字所属的类别，该类别为数值类型，不利于电商平台对电商图像进行审核，所以需要将数值映射成文字。

调用模型对文字图像进行识别，如代码清单 12-7 所示。待识别文字的电商图像（部分）和部分识别结果如图 12-21 所示。

代码清单 12-7　调用模型对文字图像进行识别

```
label = []
label2 = []
aa = 0
for a in anch_data:
    img = i[a[1]:a[3], a[0]:a[2], :]  # 根据框分割图像
    label.append(fenlei(img=img))  # 调用模型实现文字分类
    label2.append(fenge(img=img))  # 调用模型实现前背景分类
ind = [l2==1 for l2 in label2]
label = np.array(label)[ind]
anch_data = anch_data[ind]

yingshe_csv = pd.read_csv('../data/yingse.csv', encoding='gbk')  # 读取映射表
map_dic1 = dict(zip(yingshe_csv['zhuan'], yingshe_csv['zhong']))

wenzhi = [map_dic1[u] for u in label]  # 调用映射表获取文字
```

a）待识别文字的电商图片（部分）

```
'司',
'织',
'营',
'腾',
'材',
'质',
'工',
'艺',
'东',
'五',
'星',
'动',
'力',
'考',
'★',
'★',
'★',
'★',
'★',
```

b）部分识别结果

图 12-21　待识别文字的电商图像（部分）和部分识别结果

观察图 12-21 可以看出，电商图像中上方的文字基本能正确识别。

12.4　模型评价

使用交并比（Intersection over Union，IoU）作为判定文字是否被检测到的依据，IoU 是指计算得到的文字区域与真实的文字区域的交集和并集面积的比值。IoU 的示例如图 12-22 所示，IoU 的计算公式如式（12-1）所示，P 为计算得到的文字区域，G 为真实的文字区域。

$$\mathrm{IoU}=\frac{P\bigcap G}{P\bigcup G} \tag{12-1}$$

在本案例中，如果文字区域满足 IoU>0.5，则可以认为该模型成功检测出文字在图像中的位置。

由于案例的目标是对图像中的文字进行识别并获取其位置，所以模型评价还需兼顾模型对文字的分类能力。获取文字分类模型对 IoU>0.5 的文字区域的文字分类结果，当且仅当分类结果与真实值相同时，才视为文字被正确识别。以文字识别的准确率为模型的评价指标，如代码清单 12-8 所示。

图 12-22 IoU 的示例

代码清单 12-8 模型评价

```
        sum_ = 0
        for r in range(len(anch_data)):
            r1 = anch_data[r]

            a = [compute_IOU(r1,r2) for r2 in box_true]

            if max(a) >0.5
                if true_wenzi[a.index(max(a))] == wenzhi[r]:
                    sum_ += 1

        print('区域被识别：', sum_ / len(box_true))
        abcd.append(sum_ / len(box_true))

    print('测试集识别准确率：', sum(abcd)/len(abcd))
```

对测试集中的图像进行识别，得到的准确率为 0.5022。

12.5 小结

本案例的主要目的是实现电商平台图像中文字的识别，首先使用最大稳定极值区域和边缘检测获取候选文字区域，然后使用形态学和垂直投影分割获得较为精细的文字区域，其次使用前背景分类模型和文字分类模型对文字区域进行识别，最后对模型的效果进行评价。

第 13 章 Chapter 13

电力巡检智能缺陷检测

随着我国经济的高速发展，国民用电量逐年增加，对电力输电网设备等基础设施的安全运营提出了更高的要求。为了保证输电线路的安全、可靠运行，电网运行部门需要定期对输电线路进行巡检、维修和维护以确保消除电力安全隐患。然而在实际生活中，输电线路会穿越各种复杂地形，使得巡检工作难以开展。因此如何提高输电线路检测的精度和效率，是电力行业亟待解决的重大难题。本章将通过 U-Net 对航拍图像进行绝缘子区域自动分割，并通过 YOLOv3 网络对分割图像进行自爆绝缘子的目标位置检测，从而实现智能化的检测功能。

学习目标

- 了解电力巡检智能缺陷检测的相关背景。
- 熟悉电力巡检智能缺陷检测的步骤与流程。
- 掌握图像探索的方法。
- 掌握图像预处理方法。
- 掌握使用 U-Net 进行图像分割的方法。
- 掌握使用 YOLOv3 网络进行目标检测的方法。

13.1 背景与目标

随着深度学习的不断发展，其在识别、检测等领域的应用越来越广泛。使用深度学习技术代替人工进行电力线路缺陷检测能够大大减少工作人员的工作难度，并且能够保障工作人员的安全，提升工作效率。本节主要讲解电力巡检智能缺陷检测案例的背景、数据说明、目标分析和项目工程结构。

13.1.1 背景

如今科技飞速发展，云服务器、大型数据仓库随之兴起，国家大力推进的新能源汽车充电桩也在不断建设，整个社会的用电需求不断上升，供电压力越来越大，电力线路出现故障会严重影响工厂生产用电和居民生活用电。目前我国已形成华北、东北、华东、华中、西北和南方电业共6个跨省区电网，110 kV以上输电线路已达到近514 000km，为满足社会需求，国家电网正在进行超高压大容量电力线路扩建，线路将穿越各种复杂地形。针对高压输电线路的传统巡检线路方式往往存在以下问题。

- 劳动强度大。
- 巡线效率低。
- 巡检不到位。
- 巡检结果难以数字化展现。
- 巡检工作人员有安全风险。

传统输配电线路巡检普遍采用巡检人员现场勘测，手工纸质记录线路缺陷，再人工进行统计的方式。这种方式出错率高、数据难以整理，已经不能满足现代化电网建设与发展的需求。近年来由于无人机和智能机器人技术的飞速发展，考虑通过无人机拍摄的大量电力设备及线路的现场图像代替人工巡检。但是无人机拍摄的图像数目多、尺寸大，人工对一张图像中的电力缺陷位置进行标注就需要5～10分钟，工作量巨大，同时执行标注工作的相关人员极易用眼疲劳，从而导致漏标、错标，所以人工检测图像的检测效率依然不高。如今深度学习在图像处理方向发展迅速，已取得较好的应用成果，在医学影像、自动驾驶、人脸识别等方向更是起到重要作用。鉴于以上情况，本案例考虑使用深度学习的方法，对无人机拍摄图像进行智能缺陷检测。

13.1.2 数据说明

本案例使用的图像数据为无人机在巡检过程中拍摄的照片，并且大部分已经进行了掩模图标注与自爆绝缘子的位置标注，所以可以将数据集划分为三类，分别是绝缘子拍摄原图、基于原图的标准掩模图和自爆绝缘子位置信息标签文件。以下是三类数据的说明。

1）绝缘子拍摄原图。绝缘子拍摄原图是无人机在电力线路附近拍摄的包含绝缘子的高清图像，一共有45张，其中仅有前40张图像进行了人工标注，可以将这40张用于训练，其余5张用于检测。图像中可能存在绝缘子自爆点，每张图像的像素尺寸都非常大，由于拍摄距离、拍摄角度都不一样，并且受环境因素影响导致图像中同种绝缘子的大小与颜色都有较大差距，因此更加能够考察模型的性能。部分绝缘子拍摄原图如图13-1所示。

2）基于原图的标准掩模图。基于原图的标准掩模图是对拍摄图像中绝缘子区域进行人工标注后的黑白图像，已进行人工标注的40张绝缘子拍摄原图都各自对应一张掩模图。掩模图去除了背景区域，更容易发现绝缘子自爆点，但是人工标注难度很大，花费时间较多。部分基于原图的标准掩模图如图 13-2 所示。

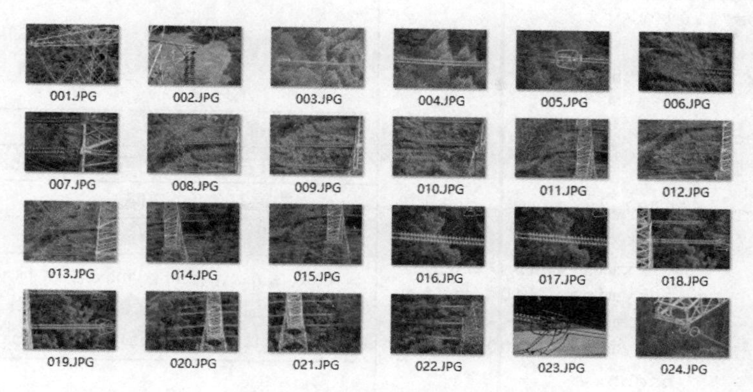

图 13-1　部分绝缘子拍摄原图

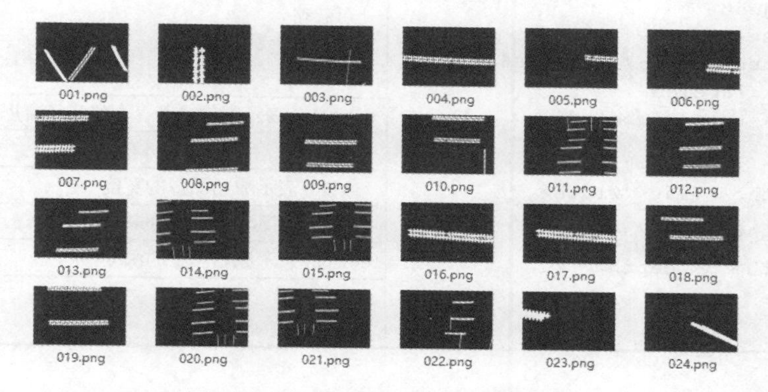

图 13-2　部分基于原图的标准掩模图

3）自爆绝缘子位置信息标签文件。自爆绝缘子位置信息标签文件是工作人员在原图中标注自爆绝缘子位置后产生的文件，已进行人工标注的 40 张绝缘子拍摄原图都各自对应一个标签文件，以 xml 的形式存放，如图 13-3 所示。每个 xml 标签文件都说明了图像是否存在自爆绝缘子，以及自爆绝缘子的位置信息，如表 13-1 所示。

图 13-3　xml 标签文件

表 13-1 xml 标签文件内容介绍

标签文件内容	解释
<?xml version="1.0" ?> <doc> <path>.\2.JPG</path> <outputs>	可忽略
<object>	object 内部存放标签
<item>	item 代表一个标签，可存在多个 item
<name> 1</name>	name 为标签名（可忽略）
<bndbox>	bndbox 内部存放标记位置
<xmin>4045</xmin> <ymin> 2440</ymin> <xmax>4276</xmax> <ymax> >2700</ymax>	xmin、xmax、ymin、ymax 表示标记方框的 x、y 坐标位置，可组成标记框的 4 个点，分别为 (xmin,ymin)、(xmin,ymax)、(xmax,ymin)、(xmax,ymax)
</bndbox> </item> </object> </outputs> <time_ labeled> 1577170405866</ time_ labeled>	可忽略
<labeled> true</labeled>	labeled 表示图像是否存在绝缘子自爆点
<size>	size 用于存放图像尺寸信息
<width> >7360</width>	width 表示原始图像的宽度
<height>4912</height>	height 表示原始图像的高度
<depth> 3</depth>	depth 表示原始图像的深度
</size> </doc>	可忽略

13.1.3 目标分析

如何对无人机拍摄的输电线路的图像进行智能缺陷检测，是排除电网设备缺陷及重大隐患急需解决的重要问题。本案例根据电力巡检智能缺陷检测的背景和业务需求，需要实现的目标如下。

1）分割出无人机拍摄的巡视照片中的绝缘子区域。

2）检测出分割后的图像中自爆绝缘子的位置。

电力巡检智能缺陷检测的总体流程如图 13-4 所示，主要步骤如下。

1）图像探索，即自爆绝缘子原图探索以及基于原图的标准掩模图探索。

2）图像预处理，即目标检测模型预处理及图像分割模型预处理。

3）构建图像分割模型，并进行模型训练、模型预测、模型评价及图像优化。

4）构建目标检测模型，并进行模型训练、模型预测、模型评价。

5）对检测数据进行图像切分、绝缘子区域分割及自爆绝缘子位置检测。

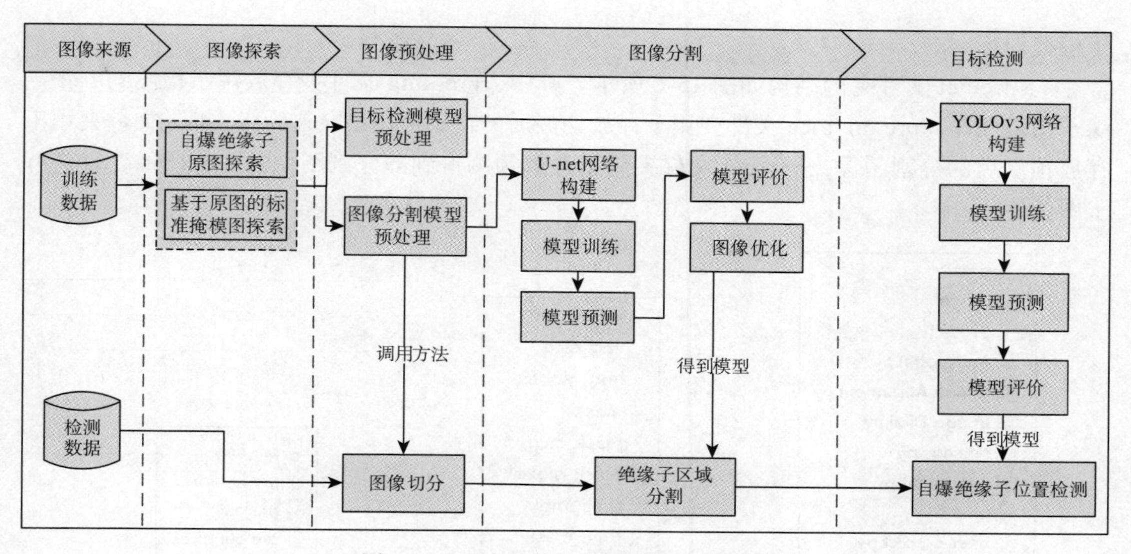

图 13-4　电力巡检智能缺陷检测流程图

13.1.4　项目工程结构

本案例基于 Keras 2.4.3 环境运行。目录包含两个文件夹，其中 Unet 文件夹用于存放图像分割模型相关文件，YOLOv3 文件夹用于存放目标检测模型相关文件，如图 13-5 所示，具体介绍如下。

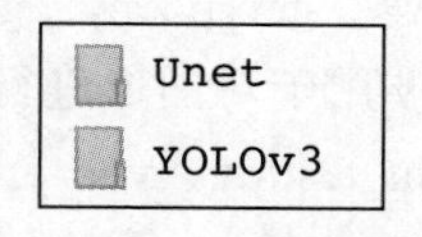

图 13-5　本案例目录

1. Unet 文件夹

图像分割相关代码、图像、模型全部存放在 Unet 文件夹下，如图 13-6 所示。其中，data 文件夹用于存放训练图像，model 文件夹用于存放保存的模型，predict 文件夹用于存放预测图像，get_global.py 用于对图像进行数据筛选，Image_Augument.py 用于对图像进行数据增强，Image_Dice.py 用于对图像进行二值化与切分，settings.py 存放了相关配置信息，unet_creat.py 用于创建图像分割模型，unet_fit.py 用于模型训练，unet_predict.py 用于模型预测。data 文件夹和 predict 文件夹的结构具体介绍如下。

1）data 文件夹的结构如图 13-7 所示。其中，img 文件夹和 mask 文件夹用于存放绝缘子拍摄原图和基于原图的标准掩模图，img_dice 文件夹和 mask_dice 文件夹用于存放切分后的原图及掩模图，img_global 文件夹和 mask_global 文件夹用于存放数据筛选后的原图及掩模图，train_img 文件夹和 train_mask 文件夹用于存放数据增强后的原图及掩模图，并用于模型训练。

2）predict 文件夹的结构如图 13-8 所示。其中，pre_img 文件夹存放用于检测的 5 张绝缘子拍摄原图，pre_in_dice 文件夹用于存放切分后的待预测图像，pre_out_dice 文件夹用于存放预测后的分割图像，pre_out 文件夹用于存放预测得到的分割图像的合并图像，且进行了图像优化。

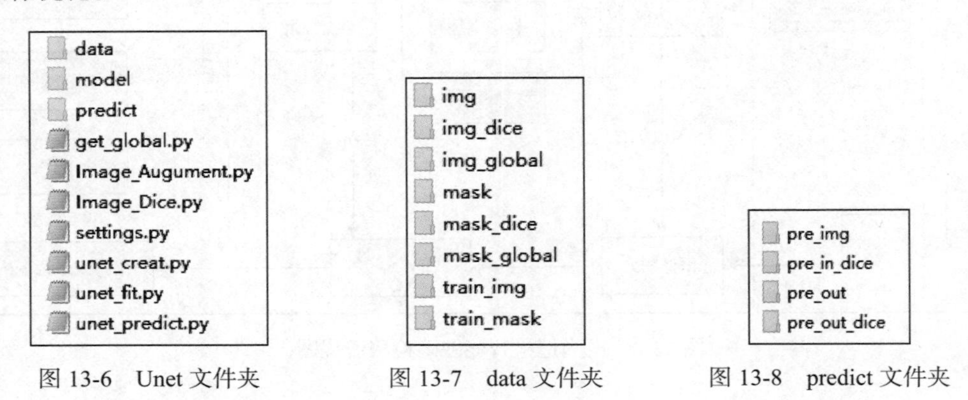

图 13-6 Unet 文件夹　　图 13-7 data 文件夹　　图 13-8 predict 文件夹

2. YOLOv3 文件夹

目标检测相关代码、图像、模型全部存放在 YOLOv3 文件夹下，如图 13-9 所示。其中，data 文件夹用于存放训练用到的原图、进行预测的图像以及标签文件，tmp 文件夹用于存放运行代码产生的中间文件、数据增强后的训练数据以及检测产生的数据，yolo3 文件夹用于存放构建目标检测模型的相关代码，get_jyz.py、get_jyz_test.py 用于提取训练和检测图像的绝缘子区域，Image_augument.py 用于对图像进行数据增强，IOC.py 用于展示 IOU 指标的计算方法，kmeans.py、split_train_test.py、voc_annotation.py 用于划分训练集与测试集并生成存有模型训练参数的文本文件，train.py 用于训练模型，xml_reset.py 用于根据 XML 文件去除绝缘子没有发生自爆的图像，yolo.py、yolo_ 批量检测 .py、test.py 用于对图像进行目标检测预测并计算目标检测模型的评价指数。data 文件夹和 tmp 文件夹的结构具体如下。

1）data 文件夹的结构如图 13-10 所示。其中，img 文件夹和 mask 文件夹用于存放绝缘子拍摄原图和标准掩模图，predict 文件夹存放用于检测的 5 张绝缘子拍摄原图和图像分割模型预测后的掩模图，xml 文件夹用于存放标签文件。

2）tmp 文件夹的结构图 13-11 所示。其中，font 文件夹用于存放模型预测所用到的字体文件，logs 文件夹用于存放训练模型的结果以及训练过程信息，onlyjyz 文件夹用于存放提取训练图像绝缘子区域后的分割图像，result 文件夹用于存放预测图像的预测结果，test 文件夹用于存放预测的图像，train_img、train_xml 文件夹用于存放训练图像及标签文件，voc_classes.txt 为目标检测模型中定义的类别名称及数目，本案例的类别只有一类，其余文本文件存放训练模型所用到的参数，由父目录文件夹中的代码文件产生。

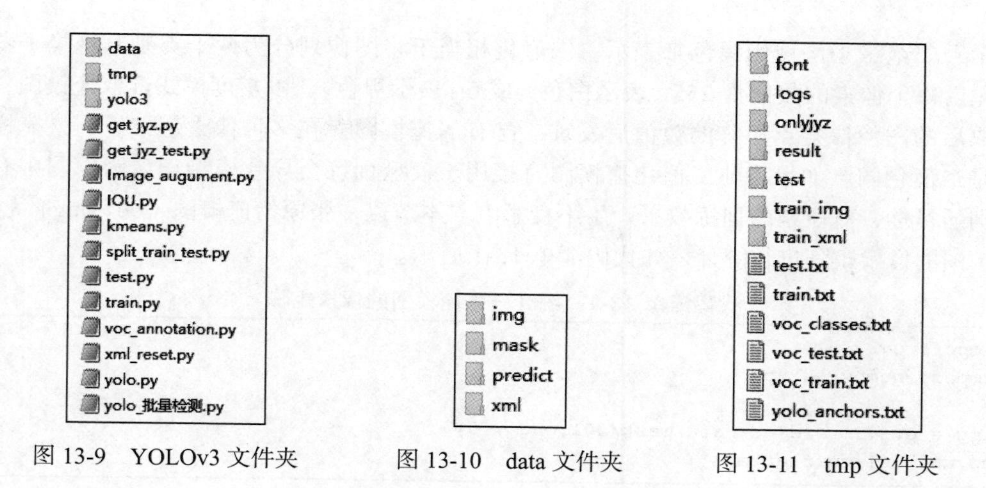

图 13-9　YOLOv3 文件夹　　图 13-10　data 文件夹　　图 13-11　tmp 文件夹

13.2　图像探索

查看图像的基本信息，对图像预处理的方式进行探索性分析。图像数据包含绝缘子拍摄原图和基于原图的标准掩模图，我们需要在图像探索的过程中了解这两种类型图像的基本信息。

13.2.1　绝缘子拍摄原图探索

训练深度学习模型时要求输入图像的分辨率是统一的，且分辨率不能太大。通常深度学习的训练图像尺寸较小，并且固定为正方形。输入小尺寸的图像可以使用更小的卷积核，减小运算量，并且可以防止模型复杂度过高，降低过拟合风险。

绝缘子拍摄原图的基本信息如图 13-12 所示，图像的尺寸和分辨率都非常大，而且分辨率不统一，不适合直接输入深度学习模型进行训练，因此需要对图像的尺寸进行修改。常见的图像尺寸修改方法有图像切分、图像压缩，这里需要根据绝缘子图像的特征选取合适的方法，在减小图像尺寸的同时还可以保留绝缘子图像的特征，不会丢失原图像中的信息。

图 13-12　绝缘子拍摄原图基本信息

13.2.2　基于原图的标准掩模图探索

掩模图作为划分原图中绝缘子区域的指标，应该是一张二值化图，绝缘子区域用白色来表示，非绝缘子区域用黑色来表示。二值化相当于将图像划分为两个类别，绝缘子图像灰度化后每个像素的数值为 255（表示白色）或 0（表示黑色）。以灰度模式读取掩模图，统计读取后的图像像素点矩阵的数值后发现，已有的掩模图存在多种像素值，说明该掩模图并不是二值化图。如果将非二值化掩模图直接用于模型训练会导致模型误认为原图中有多个类别的目标，对模型的训练效果产生不良影响。本节以一张原始掩模图（001.png）为例，对掩模图的像素矩阵进行统计，如代码清单 13-1 所示。

代码清单 13-1　统计一张掩模图的像素矩阵

```
import cv2
import numpy as np

img = cv2.imread('./data/mask/001.png', 0)
np.unique(img.flatten())
```

读取掩模图的像素矩阵中的数值后发现，掩模图的图像矩阵中含有 0 ～ 255 的多种像素值，如图 13-13 所示，说明读取的掩模图不是二值化图，在后续使用前需要进行预处理。

```
array([  0,   1,   2,   3,   4,   5,   6,   7,   8,   9,  10,  11,  12,
        13,  14,  15,  16,  17,  18,  19,  20,  21,  22,  23,  24,  25,
        26,  27,  28,  29,  30,  31,  32,  33,  34,  35,  36,  37,  38,
        39,  40,  41,  42,  43,  44,  45,  46,  47,  48,  49,  50,  51,
        52,  53,  54,  55,  56,  57,  58,  59,  60,  61,  62,  63,  64,
        65,  66,  67,  68,  69,  70,  71,  72,  73,  74,  75,  76,  77,
        78,  79,  80,  81,  82,  83,  84,  85,  86,  87,  88,  89,  90,
        91,  92,  93,  94,  95,  96,  97,  98,  99, 100, 101, 102, 103,
       104, 105, 106, 107, 108, 109, 110, 111, 112, 113, 114, 115, 116,
       117, 118, 119, 120, 121, 122, 123, 124, 125, 126, 127, 128, 129,
       130, 131, 132, 133, 134, 135, 136, 137, 138, 139, 140, 141, 142,
       143, 144, 145, 146, 147, 148, 149, 150, 151, 152, 153, 154, 155,
       156, 157, 158, 159, 160, 161, 162, 163, 164, 165, 166, 167, 168,
       169, 170, 171, 172, 173, 174, 175, 176, 177, 178, 179, 180, 181,
       182, 183, 184, 185, 186, 187, 188, 189, 190, 191, 192, 193, 194,
       195, 196, 197, 198, 199, 200, 201, 202, 203, 204, 205, 206, 207,
       208, 209, 210, 211, 212, 213, 214, 215, 216, 217, 218, 219, 220,
       221, 222, 223, 224, 225, 226, 227, 228, 229, 230, 231, 232, 233,
       234, 235, 236, 237, 238, 239, 240, 241, 242, 243, 244, 245, 246,
       247, 248, 249, 250, 251, 252, 253, 254, 255], dtype=uint8)
```

图 13-13　像素值统计输出

13.3　图像预处理

对原始图像进行图像探索后，采用图像分割模型以及目标检测模型实现电力巡检智能缺陷检测。由于模型对训练图像有硬性要求，原始图像数据无法直接用于深度学习网络的训练，所以进行模型训练前需要对原始图像进行预处理操作。在此根据网络的输入要求，分别针对图像分割、目标检测两个模型进行不同的图像预处理。

13.3.1　图像分割模型预处理

在模型训练前，由于原始图像尺寸不一、掩模图并未二值化、数据量过少，需要对训练图像进行图像二值化、图像切分、数据筛选和数据增强操作。本节进行预处理后得到的图像将用于训练图像分割模型。

1. 图像二值化

前文提到，经过对基于原图的标准掩模图进行探索后发现掩模图并非二值化图，不能作为训练数据输入图像分割模型进行训练，因此需要先进行图像二值化操作。图像二值化运用到OpenCV库中的threshold函数，设置200为阈值，将小于或等于200的像素值更改为0，将大于200的像素值更改为255。

由于掩模图的图像二值化是一个循环处理的过程，且后面的图像切分也是一个循环处理的过程，为保证代码的简洁性、复用性，本案例会将图像二值化与图像切分封装至同一个函数中，所以此处仅展示图像二值化的具体实现方法，即图像二值化示例，如代码清单13-2所示。

代码清单 13-2 图像二值化示例

```
mask = cv2.imread('./data/mask/001.png', 0)
_, mask = cv2.threshold(mask, 200, 255, cv2.THRESH_BINARY)  # 二值化
np.unique(mask.flatten())
```

通过numpy中的unique函数对图像（001.png）的像素矩阵进行统计，经过二值化后输出的像素值只含有0和255的数值，如图13-14所示。

```
array([  0, 255], dtype=uint8)
```

图 13-14 图像二值化后的像素值

2. 图像切分

上一节提到，通过图像探索发现绝缘子拍摄原图尺寸过大而且每张图像的分辨率不统一，不可以直接作为神经网络的训练图像使用。若是直接对原图像进行图像压缩操作会导致图像失真进而影响训练效果，因此采用图像切分的方法对原图像进行处理的效果更佳，并且能扩充数据集数量。

首先按照原图的分辨率大小，将原图的长宽放大为256（像素）的倍数，然后将图像切分为256 × 256（像素）的小图像，并以“原图像名 + 每幅图像的位置”的形式对切分后的图像进行重命名，以便后续对图像进行还原。同时也要对掩模图进行对应的图像切分操作，并注意掩模图被切分后每张小图像必须与切分后的拍摄原图一一对应。完成图像切分后，原先的40张图像将扩充至14459张图像，实现图像切分的具体方法如代码清单13-3所示。

代码清单 13-3 图像切分

```
def img_mask_dice(type):
    """
    将原图像进行切分
    :param type: 切分图像的类型, 'img' or 'mask'
    :return: None 储存切分后的图像
    """
    if type == 'img':
```

```
        img_dir = settings.IMG_DIR
    else:
        img_dir = settings.MASK_DIR
    img_list, filename_list = get_img_path(img_dir)
    for k in range(len(img_list)):
        img_name, _ = filename_list[k].split('.')
        img_path = img_list[k]
        img = cv2.imread(img_path)
        dice_path = './data/' + type + '_dice'
        if not os.path.exists(dice_path):  # 检验路径是否存在
            os.makedirs(dice_path)
        weight = img.shape[0]
        length = img.shape[1]
        length_num = length // settings.DICE_SIZE
        weight_num = weight // settings.DICE_SIZE
        length_new = length_num * settings.DICE_SIZE
        weight_new = weight_num * settings.DICE_SIZE
        img_new = cv2.resize(img, (length_new, weight_new))
        for i in range(weight_num):
            for j in range(length_num):
                dice_img = img_new[settings.DICE_SIZE * i:settings.DICE_SIZE * (i
                    + 1),
                                   settings.DICE_SIZE * j:settings.DICE_SIZE * (j
                                       + 1)]
                if type == 'mask':
                    dice_img = dice_img[:, :, 0]
                    ret, dice_img = cv2.threshold(dice_img, 200, 255, cv2.
                        THRESH_BINARY)  # 二值化
                print(dice_img.shape)
                if type == 'mask':
                    file_name = os.path.join(dice_path,
                                             img_name + '_' + str(i + 1) + '_' +
                                                 str(j + 1) + '.png')  # 以png格
                                                 式保存二值图像
                else:
                    file_name = os.path.join(dice_path, img_name + '_' + str(i +
                        1) + '_' + str(j + 1) + '.jpg')
                print(file_name, dice_img.shape)
                cv2.imwrite(file_name, dice_img)
```

查看图像切分后的小图像，可以看到拍摄原图中的绝缘子依然保留了原有的特征。图像切分前后分别如图 13-15、图 13-16 所示。

3. 数据筛选

观察切分后的图像，可以发现图像切分后无绝缘子区域的图像占绝大多数，使用这样的数据集进行训练可能会导致模型识别能力不好，使得训练后得到的模型更偏向于对背景区域的识别能力。因此需要对切分后的图像进行筛选，仅将含有绝缘子区域的图像作为模型训练数据集。

图 13-15　切分前图像

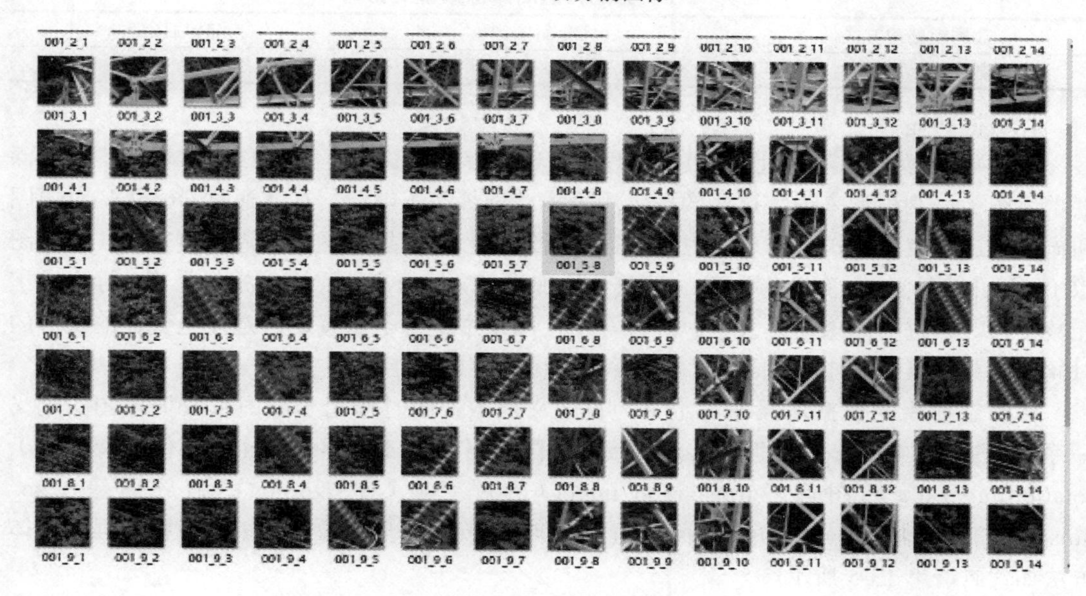

图 13-16　切分后图像

此处可以利用掩模图的特性筛选含有绝缘子的图像。读取掩模图的像素矩阵，由于在前期已经对掩模图进行了二值化，此时掩模图含有绝缘子区域的像素数值为 255，不含绝缘子区域的像素数值为 0。对掩模图的像素矩阵进行求和统计，若矩阵中的数值求和后为 0，则说明该掩模图及对应的原图不含绝缘子区域，应将该图像删除。实现绝缘子区域图像筛选的具体方法如代码清单 13-4 所示。

代码清单 13-4　图像筛选

```
img_root = settings.IMG_DICE
mask_root = settings.MASK_DICE
img_global = settings.GLOBAL_IMG
mask_global = settings.GLOBAL_MASK
img_path, _ = get_img_path(img_root)
mask_path, mask_filename = get_img_path(mask_root)
```

```
for i in range(len(mask_path)):
    img = cv2.imread(img_path[i])
    mask = cv2.imread(mask_path[i])[:, :, 0]
    print(mask.shape)
    if mask.sum() != 0:
        img_name = os.path.join(img_global, mask_filename[i])
        mask_name = os.path.join(mask_global, mask_filename[i])
        cv2.imwrite(img_name, img)
        cv2.imwrite(mask_name, mask)
```

进行数据筛选后，图像数量变化如表 13-2 所示。

表 13-2　数据筛选后图像数量变化

数据预处理方式	切分后图像	筛选后图像
数据集大小 / 张	14459	2350

4. 数据增强

将原始数据集图像进行图像切分和数据筛选之后，数据集共含有 2350 张图像。对于深度学习图像分割模型来说，这些数据集用于模型训练是不够的。在此通过 OpenCV 对原图和掩模图进行数据集扩张处理，主要有移动图像（让出边缘）、图像四周拼接边缘、旋转图像（随机角度）、仿射变换（平移）、缩放、添加噪声（加入高斯噪声、椒盐噪声）等方法扩充数据集。在进行图像调整大小、旋转等会使图像中绝缘子位置、形态发生变化的操作的时候，需要对掩模图进行相同的操作以保证原图与掩模图能够一一对应。

将确定使用的数据增强方法定义为自定义函数，同时作用于原图以及掩模图。定义一系列数据增强方法，分别为 move_img()（移动图像）、splicing_img()（图像四周拼接）、rotationImg()（旋转图像）、translation_img()（仿射变换）、resizeImg()（缩放图像）、sp_noiseImg()（椒盐噪声）、gauss_noiseImg()（高斯噪声），实现图像分割模型数据增强的具体方法如代码清单 13-5 所示。

代码清单 13-5　图像分割模型数据增强

```
# 移动图像，让出边缘，大小不变
def move_img(self, img_file1, out_file, border_position, border_width):
    """
    采用移动图像的方法进行数据扩增
    :param img_file1:          原始图像路径
    :param out_file:           改变后的图像的存储路径
    :param border_position:    图像移动的方向（top/left/right/bottom）
    :param border_width:       移动的像素值大小
    :return:                   存储移动后的图像，并返回像素值
    """
    print('Moving:' + img_file1)
    img1 = cv2.imread(img_file1)
    hight, width = img1.shape[0:2]
    # 初始化空图
    final_matrix = np.zeros((hight, width, 3), np.uint8)  # ,tunnel), np.uint8),
```

```
        高 * 宽 (y, x) 20*20*1
    # change
    x1 = 0
    y1 = hight
    x2 = width
    y2 = 0  # 图像高度，坐标起点从上到下
    # 上部增加边或空白
    if border_position == 'top':
        final_matrix[y2:y1 - border_width, x1:x2] = img1[y2 + border_width:y1,
            x1:x2]
    # 左侧增加边或空白
    if border_position == 'left':
        final_matrix[y2:y1, x1:x2 - border_width] = img1[y2:y1, x1 + border_
            width:x2]
    # 右侧增加边或空白
    if border_position == 'right':
        final_matrix[y2:y1, x1 + border_width:x2] = img1[y2:y1, x1:x2 - border_
            width]
    # 底部增加边或空白
    if border_position == 'bottom':
        final_matrix[y2 + border_width:y1, x1:x2] = img1[y2:y1 - border_width,
            x1:x2]
    cv2.imwrite(out_file, final_matrix)
    print('----------------success------------------------')

# 图像四周拼接边缘，大小不变
def splicing_img(self, img_file1, img_file2, out_file, border_position, border_
    width):
    print('Splicing:' + img_file1)
    img1 = cv2.imread(img_file1)
    img2 = cv2.imread(img_file2)
    # 第二个参数为如何读取图像，包括cv2.IMREAD_COLOR，读入一副彩色图像；cv2.IMREAD_
      GRAYSCALE，以灰度模式读入图像；cv2.IMREAD_UNCHANGED，读入一张图像，并包括其alpha通
      道
    hight, width = img1.shape[0:2]
    final_matrix = np.zeros((hight, width, 3), np.uint8)  # ,tunnel), np.uint8),
        高 * 款 (y, x) 20*20*1
    # change
    x1 = 0
    y1 = hight
    x2 = width
    y2 = 0  # 图像高度，坐标起点从上到下
    if border_position == 'top':
        final_matrix[y2 + border_width:y1, x1:x2] = img1[y2:y1 - border_width,
            x1:x2]
        final_matrix[y2:border_width, x1:x2] = img2[y1 - border_width:y1, x1:x2]
    # 左侧增加边或空白
    if border_position == 'left':
        final_matrix[y2:y1, x1 + border_width:x2] = img1[y2:y1, x1:x2 - border_
            width]
        final_matrix[y2:y1, x1:border_width] = img2[y2:y1, x2 - border_width:x2]
```

```
        if border_position == 'right':
            final_matrix[y2:y1, x1:x2 - border_width] = img1[y2:y1, x1 + border_
                width:x2]
            final_matrix[y2:y1, x2 - border_width:x2] = img2[y2:y1, x1:border_width]
            # 底部增加边或空白
        if border_position == 'bottom':
            final_matrix[y2:y1 - border_width, x1:x2] = img1[y2 + border_width:y1,
                x1:x2]
            final_matrix[y1 - border_width:y1, x1:x2] = img2[y2:border_width, x1:x2]
        if border_position == 'copy':
            final_matrix[y2:y1, x1:x2] = img1[y2:y1, x1:x2]
        cv2.imwrite(out_file, final_matrix)
        print('----------------success-----------------------')

    # 旋转图像，输入文件名，输出文件名，旋转角度
    def rotationImg(self, img_file1, out_file, ra):
        print('Rotation:' + img_file1)
        # 获取图像尺寸并计算图像中心点
        img = cv2.imread(img_file1)
        (h, w) = img.shape[0:2]
        center = (w / 2, h / 2)
        M = cv2.getRotationMatrix2D(center, ra, 1.0)
        rotated = cv2.warpAffine(img, M, (w, h))
        cv2.imwrite(out_file, rotated)
        print('----------------success-----------------------')

    # 仿射变换技术，平移图像，x_off 表示 x 方向平移的像素数；y_off 表示 y 方向平移的像素数，正数是右、
      下方移动，负数为左、上方移动
    def translation_img(self, img_file1, out_file, x_off, y_off):
        print('Translation:' + img_file1)
        img = cv2.imread(img_file1)
        rows, cols = img.shape[0:2]
        # 定义平移矩阵，需要是 numpy 的 float32 类型
        # x 轴平移 x_off，y 轴平移 y_off，2×3 矩阵
        M = np.float32([[1, 0, x_off], [0, 1, y_off]])
        dst = cv2.warpAffine(img, M, (cols, rows))
        cv2.imwrite(out_file, dst)
        print('----------------success-----------------------')

    # 缩放，输入文件名，输出文件名，放大高与宽，偏离度
    def resizeImg(self, img_file1, out_file, dstWeight, dstHeight, deviation):
        print('Resize:' + img_file1)
        img1 = cv2.imread(img_file1)
        imgshape = img1.shape
        h, w = imgshape[0:2]
        final_matrix = np.zeros((h, w, 3), np.uint8)
        x1 = 0
        y1 = h
        x2 = w
        y2 = 0  # 图像高度，坐标起点从上到下
        dst = cv2.resize(img1, (dstWeight, dstHeight))
```

```
    if h < dstHeight:
        final_matrix[y2:y1, x1:x2] = dst[y2 + deviation:y1 + deviation, x1 +
            deviation:x2 + deviation]
    else:
        if deviation == 0:
            final_matrix[y2:dstHeight, x1:dstWeight] = dst[y2:dstHeight,
                x1:dstWeight]
        else:
            final_matrix[y2 + deviation:dstHeight + deviation, x1 + deviation:
                dstWeight + deviation] = dst[y2:dstHeight, x1:dstWeight]
    cv2.imwrite(out_file, final_matrix)
    print('----------------success-----------------------')

# 添加椒盐噪声，prob 表示噪声比例
def sp_noiseImg(self, img_file1, out_file, prob):
    print('Sp_noise:' + img_file1)
    image = cv2.imread(img_file1)
    output = np.zeros(image.shape, np.uint8)
    thres = 1 - prob
    for i in range(image.shape[0]):
        for j in range(image.shape[1]):
            rdn = random.random()
            if rdn < prob:
                output[i][j] = 0
            elif rdn > thres:
                output[i][j] = 255
            else:
                output[i][j] = image[i][j]
    cv2.imwrite(out_file, output)
    print('----------------success-----------------------')

# 添加高斯噪声
# mean : 均值
# var : 方差
def gauss_noiseImg(self, img_file1, out_file, mean=0, var=0.001):
    print('Gauss_noise:' + img_file1)
    image = cv2.imread(img_file1)
    image = np.array(image / 255, dtype=float)
    noise = np.random.normal(mean, var ** 0.5, image.shape)
    out = image + noise
    if out.min() < 0:
        low_clip = -1.
    else:
        low_clip = 0.
    out = np.clip(out, low_clip, 1.0)
    out = np.uint8(out * 255)
    cv2.imwrite(out_file, out)
    print('----------------success-----------------------')
```

进行数据增强后，数据集扩增为 18800 张图像。数据增强后图像数量变化，如表 13-3

所示，数据增强后图像结果如图 13-17 所示。

表 13-3　数据增强后图像数量变化

数据预处理方式	筛选后图像	增强后图像
数据集大小 / 张	2350	18800

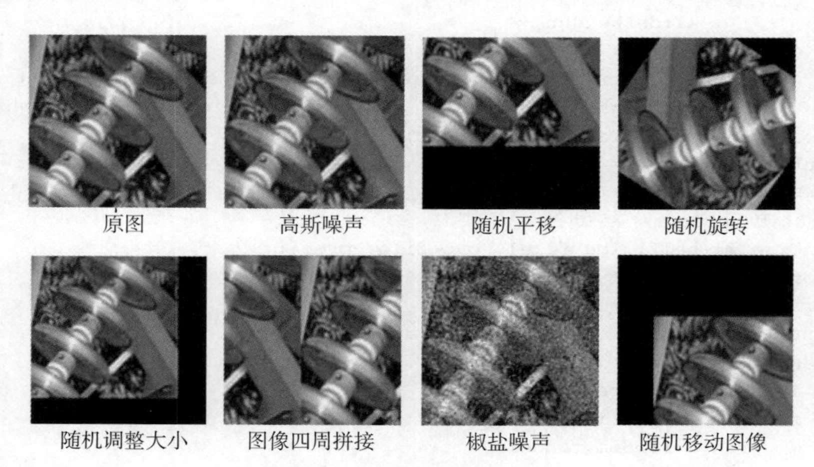

图 13-17　增强后图像结果

13.3.2　目标检测模型预处理

针对输入目标检测模型的训练图像，需要进行与图像分割模型不同的图像预处理方法。由于目标检测模型对训练图像无硬性要求，所以大尺寸的图像可以直接使用。目标检测模型需要用到的数据集为绝缘子拍摄原图以及 xml 标签文件，先将图像与标签文件中的无效样本剔除以确保数据集能够在模型训练中使用，然后对数据集进行数据增强操作。

1. 剔除无目标样本

训练自爆绝缘子的目标检测模型需要保证训练数据中的图像含有自爆的绝缘子。对人工标注的 xml 标签文件的内容进行读取，根据文件中的 labeled 标签判断绝缘子图像是否出现绝缘子自爆的情况。若读取的标签文件中 labeled 为 false 则说明对应原图中的绝缘子没有出现自爆情况，换句话说，这些图像没有需要被检测的目标，无法用于训练目标检测模型。因此在训练目标检测模型前，需要将这部分图像以及标签文件剔除。实现标签文件探索，并剔除无自爆绝缘子的图像和标签图像等无目标样本，如代码清单 13-6 所示。注意：由于本节的代码是直接在原数据上进行剔除的，所以读者在进行该操作前，最好先备份数据，以防后续再次运行代码时出现结果不一致等问题。

代码清单 13-6　探索标签文件并剔除无目标样本

```
import os
import xml.etree.ElementTree as ET
```

```
img_path = 'data/img'  # 拍摄原图的路径
mask_path = 'data/mask'  # 原掩模图的路径
xml_path = 'data/xml'  # 原来的 xml 文件路径

xml_list = os.listdir(xml_path)
for num in range(len(xml_list)):
    tree = ET.parse(os.path.join(xml_path, xml_list[num]))
    if tree.find('labeled').text == 'false':
        print(xml_list[num])
        # 剔除 labeled 为 false 的标签文件及其对应图像
        # 注意：由于代码是直接在原数据中进行删除，所以注意对数据进行备份
        os.remove(img_path + '/' + xml_list[num][:3] + '.jpg')
        os.remove(mask_path + '/' + xml_list[num][:3] + '.png')
        os.remove(xml_path + '/' + xml_list[num])
```

探索完所有标签文件后，可以发现在 22、23、24、26、36 号标签文件中 label 标签的值为“ false”。打开 22 号图像对应的标签文件可以看到标签文件内并没有自爆绝缘子的位置信息，如图 13-18 所示。

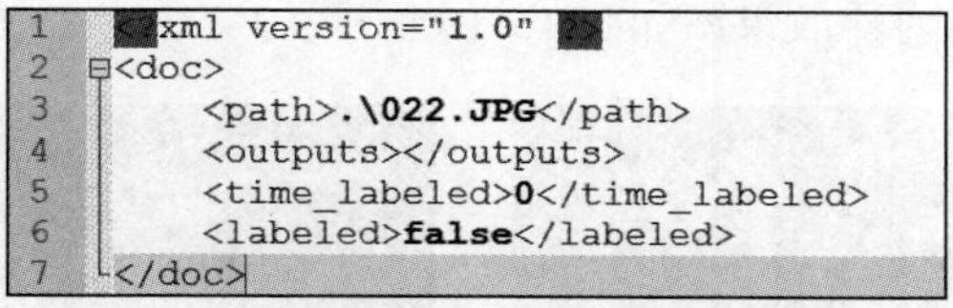

```
1  <?xml version="1.0" ?>
2  <doc>
3      <path>.\022.JPG</path>
4      <outputs></outputs>
5      <time_labeled>0</time_labeled>
6      <labeled>false</labeled>
7  </doc>
```

图 13-18 无自爆绝缘子图像对应的标签文件内容

2. 数据增强

将无自爆绝缘子的图像以及标签文件剔除后，数据集仅有 35 张图像，数量过少无法训练目标检测模型，因此需要对数据集进行数据增强。由于标签文件与图像是一一对应的，在图像发生形态变化的同时标签文件内自爆绝缘子的位置信息也要同步修改。数据增强的具体过程如下。

绝缘子区域分离。为了提高目标检测模型对绝缘子的识别效果，需要剔除背景区域对模型训练的影响。读取原始图像及掩模图，将像素矩阵进行相乘可以对绝缘子区域进行分离，矩阵相乘公式如式（13-1）所示。将绝缘子区域从图像中分离出来再作为训练数据进行训练。

$$new\_img = img \times \frac{mask}{255} \tag{13-1}$$

其中，img 表示原始图像像素矩阵，mask 表示掩模图像素矩阵，new_img 表示分离绝缘子后图像的像素矩阵。分离绝缘子区域的具体方法如代码清单 13-7 所示。

代码清单 13-7 分离绝缘子区域

```
import os
import cv2

img_path = 'data/img'
mask_path = 'data/mask'
only_jzy_path = 'tmp/onlyjyz'
all_img = os.listdir(img_path)
all_mask = os.listdir(mask_path)

for i in range(len(all_img)):
    img_eg = cv2.imread(os.path.join(img_path, all_img[i]))
    mask_eg = cv2.imread(os.path.join(mask_path, all_mask[i]), 0)
    _, mask_eg = cv2.threshold(mask_eg, 200, 255, cv2.THRESH_BINARY)  # 图像二值化
    mask_eg[mask_eg == 255] = 1
    only_jyz = cv2.bitwise_and(img_eg, img_eg, mask=mask_eg)
    cv2.imwrite(os.path.join(only_jzy_path, all_img[i].replace('JPG', 'jpg')),
        only_jyz)
```

分离绝缘子区域前后对比效果图如图 13-19 所示。

a）原始图像

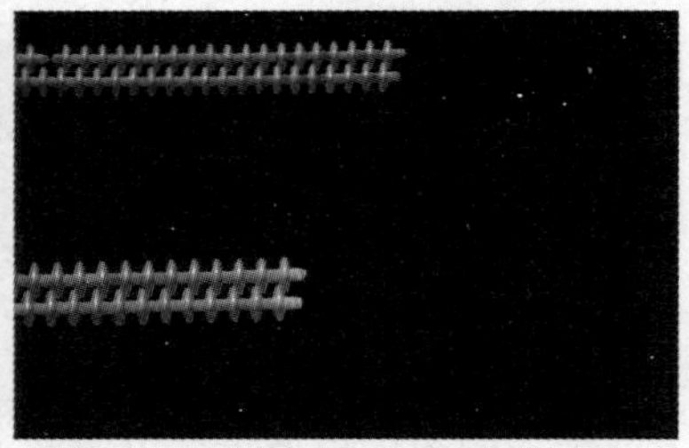

b）分离绝缘子后图像

图 13-19 分离绝缘子区域前后对比效果图

直接将分离前后的掩模图放入目标检测模型中进行对比，得到的模型结果对比如表 13-4 所示。

表 13-4 绝缘子分离前后的模型结果对比

方法	精确率 /%	IOU/%
分离出绝缘子	92.53	91.17
不分离出绝缘子	67.15	82.18

由表 13-4 可知，将绝缘子从原始图像中提取出来后，大大提高了模型检测的精确率和检测 IOU 值。注意：在后续对检测数据进行目标检测的时候也需要将原图进行绝缘子区域分离，分离中需要用到检测数据用图像分割模型预测得到的掩模图。

训练图像数据增强。此处采用的数据增强方法对绝缘子分离图像分别进行旋转 90 度、旋转 180 度、旋转 270 度、沿 x 轴翻转、沿 y 轴翻转、颜色通道变换，将数据集扩增 7 倍，实现目标检测训练数据增强的具体方法如代码清单 13-8 所示。

代码清单 13-8　目标检测训练数据增强

```
if __name__ == '__main__':
    data_ehancement = Data_Ehancement()
    img_dir = 'tmp/onlyjyz'
    img_path = 'tmp/train_img'  # 增强后保存路径
    xml_dir = 'data/xml'
    xml_path = 'tmp/train_xml/'
    img_list, filename_list = get_img_path(img_dir)
    xml_list = os.listdir(xml_dir)
    for i in range(len(img_list)):
        img_file1 = img_list[i]
        img_name, img_type = filename_list[i].split('.')
        xml_name = xml_list[i]
        xml_file = os.path.join(xml_dir, xml_list[i])

        # 图像旋转
        ratation_angle = [90, 180, 270]
        for j in ratation_angle:
            out_file = img_name + '_' + str(j) + '_ratation.' + img_type
            xml_out_file = xml_path + img_name + '_' + str(j) + '_ratation.xml'
            img_out_path = os.path.join(img_path, out_file)
            data_ehancement.rotationImg(img_file1, img_out_path, j)
            data_ehancement.xml_rotation(img_file1, xml_file, xml_out_file, j)

        # 延 x 轴翻转
        out_file = img_name + '_x.' + img_type
        xml_out_file = xml_path + img_name + '_x.xml'
        img_out_path = os.path.join(img_path, out_file)
        data_ehancement.fanzhuan(img_file1, img_out_path, 1)
        data_ehancement.xml_fanzhuan(img_file1, xml_file, xml_out_file, 1)

        # 延 y 轴翻转
        out_file = img_name + '_y.' + img_type
        xml_out_file = xml_path + img_name + '_y.xml'
        img_out_path = os.path.join(img_path, out_file)
        data_ehancement.fanzhuan(img_file1, img_out_path, 2)
        data_ehancement.xml_fanzhuan(img_file1, xml_file, xml_out_file, 2)

        # 颜色通道变换
        out_file = img_name + '_z.' + img_type
        xml_out_file = xml_path + img_name + '_z.xml'
        img_out_path = os.path.join(img_path, out_file)
        data_ehancement.fanzhuan(img_file1, img_out_path, 3)
        data_ehancement.xml_fanzhuan(img_file1, xml_file, xml_out_file, 3)
```

数据增强后的结果如图 13-20 所示。

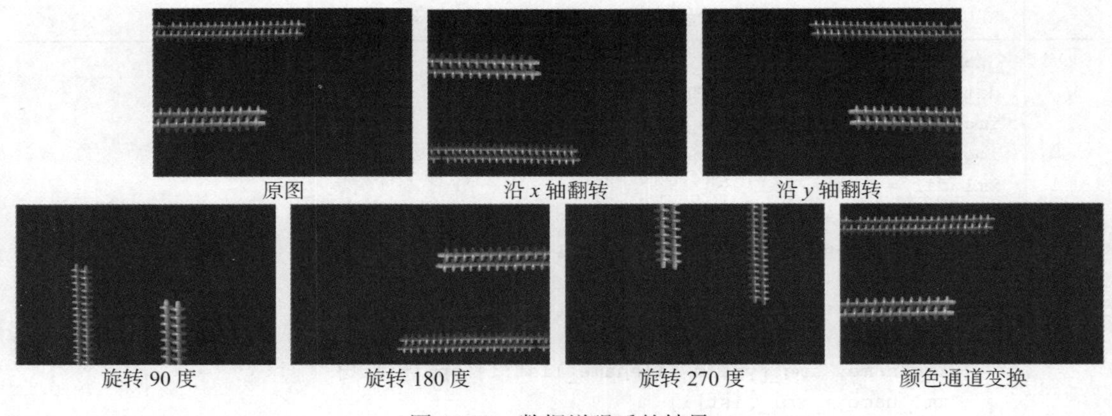

图 13-20 数据增强后的结果

注意 由于部分图像中自爆绝缘子的位置在图像的边缘，进行旋转后位置可能不在图像内，所以这类图像无法作为训练数据集输入目标检测模型内，需要进行删除，如图 13-21 所示。

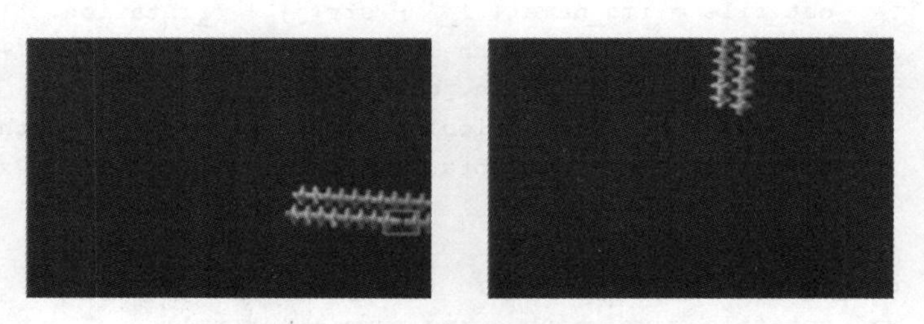

图 13-21 增强后的无效图像

13.4 图像分割

运用 U-net 神经网络，训练图像分割模型，从无人机拍摄的绝缘子巡视照片中将绝缘子区域与背景区域进行分割，建立评价指标对训练好的模型进行评价，并通过形态学矫正、连通域过滤的方法，进一步优化模型预测得到的图像。

13.4.1 U-Net

U-Net 属于全卷积神经网络，是一个有监督的端到端的图像分割网络，由弗莱堡大学的奥拉夫（Olaf）在 IEEE 生物医学成像国际会议（ISBI）举办的细胞影像分割比赛中提出。U-Net 的结构形似字母 U，共进行了 18 次 3 × 3 卷积、4 次下采样、4 次上采样和 1 次 1 × 1 卷积。U-Net 网络结构如图 13-22 所示。

U-Net 由两部分组成，分别为收缩路径（编码层）和扩展路径（解码层）。收缩路径用于提取图像的上下文信息，扩展路径用于对图像中的感兴趣区域进行精准定位。U-Net 基于

FCN 进行改进，采用数据增强的策略，可以实现对小样本数据的准确学习。不同于 FCN 对图像进行简单的编码和解码，U-Net 为了实现对分割目标的准确定位，在上采样的过程中采用堆叠的方式将收缩路径上提取的特征图与上采样得到的特征图进行特征图融合，最大程度地保留收缩路径中的特征信息。为了能使 U-Net 更高效地学习，其网络结构中没有全连接层，减少需要学习的参数。

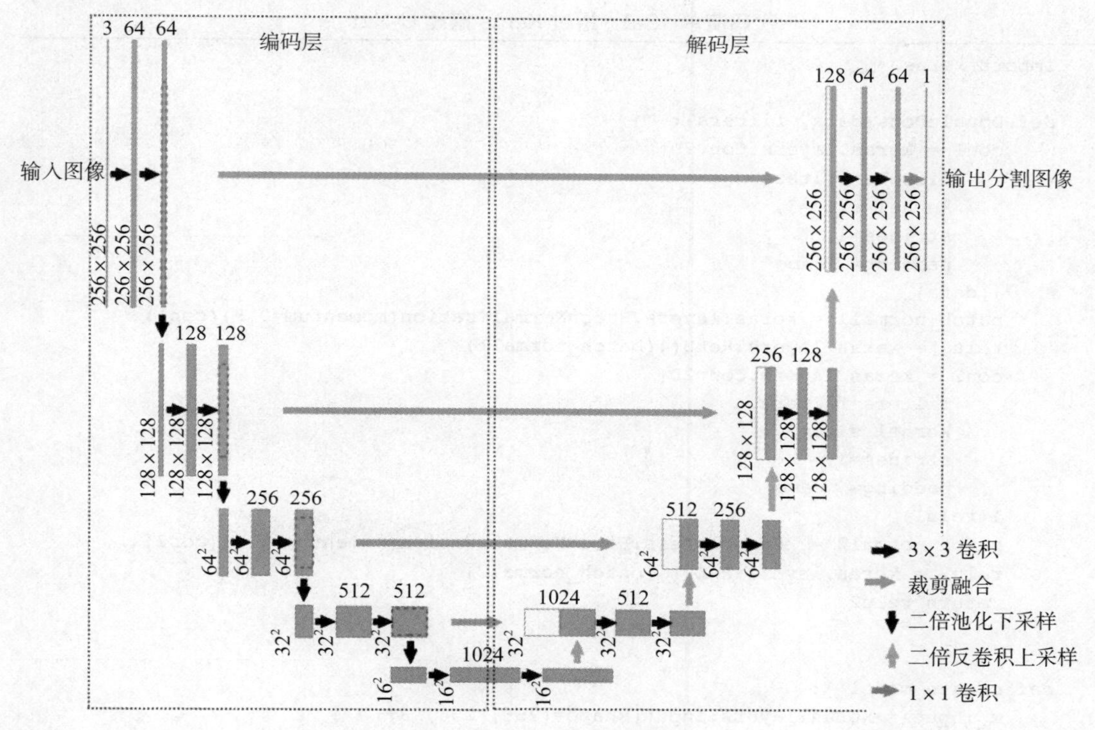

图 13-22　U-Net 网络结构

收缩路径上每两个卷积层后会连接池化窗为 2×2、步长为 2 的最大池化层以实现对特征图的下采样，卷积层中卷积核的尺寸为 3×3，步长为 1，每个卷积层后使用 ReLU 函数进行激活。每一次下采样处理后通道数增加一倍。下采样后通道数若保持不变，会让神经网络层间信息量减少，而增加一倍通道数可以保持层间流动的信息量与原来的差不多。

在扩展路径中，使用尺寸为 2×2 的卷积核进行反卷积，实现对特征图的上采样，并采用 ReLU 函数进行激活。每个反卷积层后连接两个卷积层，每个卷积层的卷积核尺寸为 3×3，步长为 1。反卷积的输出将与对应收缩路径下采样层输出的浅层局部特征进行裁剪融合，从而恢复特征图细节，并保证相应的空间信息维度不变。

U-Net 的最后一层采用卷积核尺寸为 1×1、步长为 1 的卷积，该层卷积将 64 通道的特征图转换为待分割种类数目的特征图。因为 U-Net 的提出者提出该网络用于分割细胞壁，只需要实现像素二分类，所以该卷积层的输出通道数为 2。在实际应用中，最后一个卷积层的输出通道数量应为训练数据的类别数。模型输出结果是一个与输入图像大小相同的 Mask（掩模），掩模的个数由需要分割的像素类别确定。例如，该模型训练的绝缘子分割图像仅有 1 个像素类别，则输出的张量大小为 [n, 256, 256, 1]，其中 n 为输入图像数量。

本案例以 VGG16 为基础特征网络，搭建 U-Net。通过 Keras 搭建 U-Net 的具体方法如代码清单 13-9 所示。

代码清单 13-9　通过 Keras 搭建 U-Net

```
import keras

def DoubleConv(data, filters):
    con1 = keras.layers.Conv2D(
        filters=filters,
        kernel_size=3,
        strides=1,
        padding='same'
    )(data)
    batch_normal1 = keras.layers.BatchNormalization(momentum=0.9)(con1)
    relu1 = keras.layers.ReLU()(batch_normal1)
    con2 = keras.layers.Conv2D(
        filters=filters,
        kernel_size=3,
        strides=1,
        padding='same'
    )(relu1)
    batch_normal2 = keras.layers.BatchNormalization(momentum=0.9)(con2)
    relu2 = keras.layers.ReLU()(batch_normal2)
    return relu2


def create_model():
    x_input = keras.layers.Input(shape=(256, 256, 3))
    # 编码部分
    conv1 = DoubleConv(x_input, 64)
    pool1 = keras.layers.MaxPool2D()(conv1)

    conv2 = DoubleConv(pool1, 128)
    pool2 = keras.layers.MaxPool2D()(conv2)

    conv3 = DoubleConv(pool2, 256)
    pool3 = keras.layers.MaxPool2D()(conv3)

    conv4 = DoubleConv(pool3, 512)
    pool4 = keras.layers.MaxPool2D()(conv4)

    # 解码部分
    conv5 = DoubleConv(pool4, 1024)
    conv2dtran_1 = keras.layers.Conv2DTranspose(512, kernel_size=2, strides=2)
        (conv5)
```

```
    concate1 = keras.layers.concatenate([conv2dtran_1, conv4], axis=3)

    conv6 = DoubleConv(concate1, 512)
    conv2dtran_2 = keras.layers.Conv2DTranspose(256, kernel_size=2, strides=2)
        (conv6)
    concate2 = keras.layers.concatenate([conv2dtran_2, conv3], axis=3)

    conv7 = DoubleConv(concate2, 256)
    conv2dtran_3 = keras.layers.Conv2DTranspose(128, kernel_size=2, strides=2)
        (conv7)
    concate3 = keras.layers.concatenate([conv2dtran_3, conv2], axis=3)

    conv8 = DoubleConv(concate3, 128)
    conv2dtran_4 = keras.layers.Conv2DTranspose(64, kernel_size=2, strides=2)
        (conv8)
    concate4 = keras.layers.concatenate([conv2dtran_4, conv1], axis=3)

    conv9 = DoubleConv(concate4, 64)
    conv10 = keras.layers.Conv2D(filters=1, kernel_size=1, strides=1,
        activation='sigmoid')(conv9)

    model = keras.models.Model(x_input, conv10)
    return model
```

13.4.2 模型训练

基于U-Net建立图像分割模型，定义模型的训练参数与损失函数，将训练数据按8：2的比例划分训练集和测试集，输入网络进行模型训练，并保存训练后的模型。模型的训练参数与损失函数说明如下。

学习率（Learning Rate）。学习率的大小影响参数更新的幅度，如果学习速率过大，那么可能会使网络不能收敛；如果学习率过小，那么会导致网络收敛的速度过慢。在深度学习中，网络参数进行更新时，开始的更新幅度较大，在接近收敛时更新幅度较小。因此将初始学习率设为0.001，采用adam优化器对学习率进行实时优化。

批次大小（Batch Size）。批次大小表示每次放入网络进行训练的图像数量，这个值受网络的参数量和GPU显存的影响，训练的精度会随着批次大小增大而增大，过大的批次大小会导致内存不足。综合考虑后，本案例将其设为14。

损失函数。U-Net最后一层卷积的激活函数为sigmoid函数，输出掩模中每个像素值的分布区间为0~1，表示该像素值属于某类别的概率。通过对掩模图的评价指标dice定义损失函数为1−dice。

定义好模型的训练参数后，调用构建好的图像分割网络进行模型训练，模型训练的具体方法如代码清单13-10所示。

代码清单 13-10 图像分割模型训练

```
# 数据路径
img_path = 'data/train_img'
mask_path = 'data/train_mask'

# 训练集与测试集的切分
img_files = np.array(os.listdir(img_path))
data_num = len(img_files)
train_num = int(data_num * 0.8)

# 随机选取训练集与测试集
train_ind = random.sample(range(data_num), train_num)
test_ind = list(set(range(data_num)) - set(train_ind))

train_ind = np.array(train_ind)
test_ind = np.array(test_ind)

train_img = img_files[train_ind]  # 训练的数据
train_mask = get_mask_name(train_img)
test_img = img_files[test_ind]  # 测试的数据
test_mask = get_mask_name(test_img)

# 模型的创建
model = create_model()

# 模型编译
model.compile(optimizer=tf.keras.optimizers.Adam(learning_rate=0.001),
    loss=dice_coef_loss,
             metrics=[dice_coef])

# 模型训练
batch_size = 14
history = model.fit_generator(generator(train_img, train_mask, batch_size),
                     steps_per_epoch=int(train_num / batch_size),
                     epochs=100,
                     validation_data=generator(test_img, test_mask, batch_size),
                     validation_steps=batch_size,
                     )

# 模型的保存
model.save('model/unet_model.h5')
```

13.4.3 模型预测

调用保存的模型，对绝缘子图像进行图像分割。由于模型训练所用到的图像是切分后的图像，因此模型预测时输入的图像也需要是切分后的图像。

首先将需要进行图像分割的图像切分为 256×256（像素）大小的小图像，然后读取已经训练好的模型文件，并将切分后的预测图像输入模型进行预测。由于模型最后一层卷积的激活函数是 sigmoid 函数，输出矩阵中每个像素值的分布区间为 0 ～ 1，如果直接将该矩阵保存为本地图像会得到一张全黑的图像，所以需要对矩阵进行还原处理。

在此可以设定一个阈值，将矩阵中小于该阈值的像素值调整为 0，大于或等于该阈值的像素值调整为 255。本案例中设定的阈值为 0.5，可以根据实际情况进行调整，图像分割模型预测的具体方法如代码清单 13-11 所示。

代码清单 13-11　图像分割模型预测

```
# 模型的读取（读取模型）
model = keras.models.load_model('model/unet_model.h5',
                                custom_objects={'dice_coef_loss': dice_coef_
                                    loss, 'dice_coef': dice_coef})

# 设置预测图像，读取参数
img_name_list = ['041', '042', '043', '044', '045']  # 预测图像的编号
kernel_size = 5  # 形态学矫正核大小
objects_size = 15000  # 连通域过滤面积

for img_name in img_name_list:
    pre_in_path = 'predict/pre_in_dice'  # 输入图像路径
    pre_out_path = 'predict/pre_out_dice'  # 模型预测图像输出位置（切分图像）
    img = cv2.imread('predict/pre_img/' + img_name + '.JPG')
    weight = img.shape[0]
    length = img.shape[1]
    length_num = length // settings.DICE_SIZE
    weight_num = weight // settings.DICE_SIZE
    length_new = length_num * settings.DICE_SIZE

    weight_new = weight_num * settings.DICE_SIZE
    result = np.zeros([weight_new, length_new])

    # 模型预测
    img_list = os.listdir(pre_in_path)
    all_img = []  # 从路径中获取当前所有预测图像
    for i in img_list:
        if img_name in i:
            all_img.append(i)
    pre_img = []
    for i in all_img:
        if img_name in i:
            temp_img = cv2.imread(os.path.join(pre_in_path, i))
            pre_img.append(np.array(temp_img))
    pre_img = np.array(pre_img)

    pre_mask = model.predict(pre_img)
    pre_mask = np.reshape(pre_mask, (length_num * weight_num, 256, 256))

    # 保存模型预测图像（切分图像）
```

```
    for i in range(len(pre_mask)):
        pre_mask[i][pre_mask[i] >= 0.5] = 255
        pre_mask[i][pre_mask[i] < 0.5] = 0
        pre_mask_temp_path = os.path.join(pre_out_path, all_img[i].replace('.
          jpg', '.png'))
        cv2.imwrite(pre_mask_temp_path, pre_mask[i])
```

将用作检测的图像进行切分，然后输入图像分割模型进行预测，得到的模型预测前后的结果对比（部分）如图 13-23 所示。

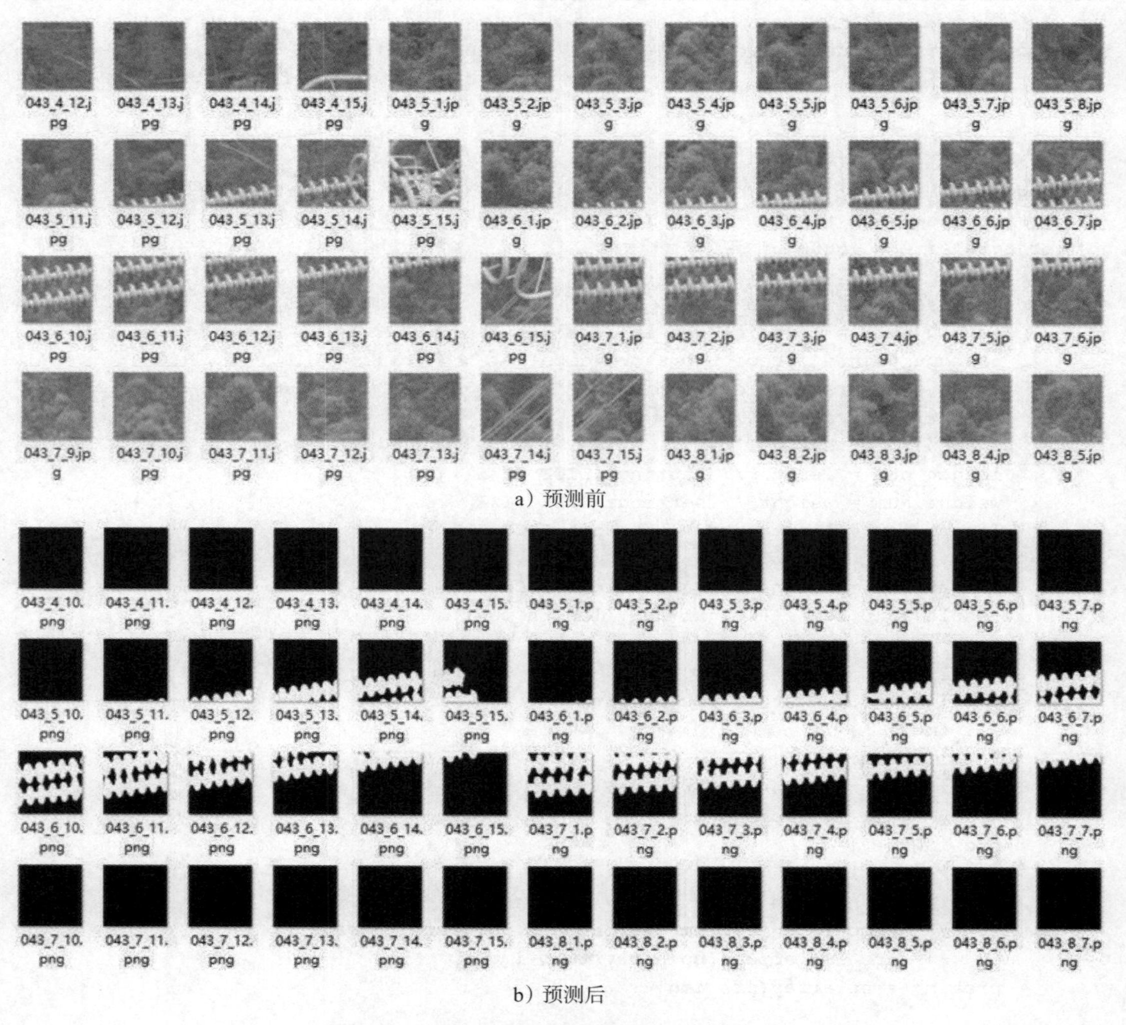

a）预测前

b）预测后

图 13-23　模型预测前后的结果对比（部分）

由于模型预测得到的图像是切分后的图像，并不能直接观察到整张图像中绝缘子的区域，所以图像需要进行合并还原。在前期进行图像切分的时候运用了图像的位置来定义每张图像的名字，因此可以根据图像的命名进行图像合并，实现图像合并的具体方法如代码清单 13-12 所示。

代码清单 13-12 图像合并

```
for i in range(length_num):
    for j in range(weight_num):
        mask_name = img_name + '_' + str(j + 1) + '_' + str(i + 1) + '.png'
        mask_path = os.path.join(pre_out_path, mask_name)
        mask = cv2.imread(mask_path, 0)
        result[256 * j:256 * (j + 1), 256 * i:256 * (i + 1)] = mask
result_new = cv2.resize(result, (length, weight))
```

将模型预测得到的分割图像进行合并后得到的部分结果如图 13-24 所示，可以通过合并后的图像观察到整个绝缘子区域已经被清晰地分割出来了。

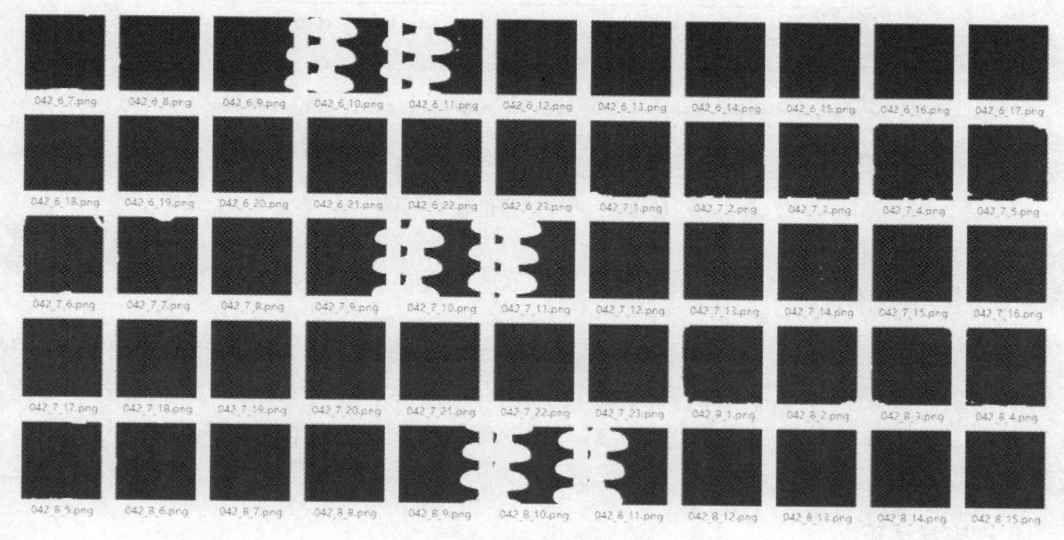

a）图像合并前

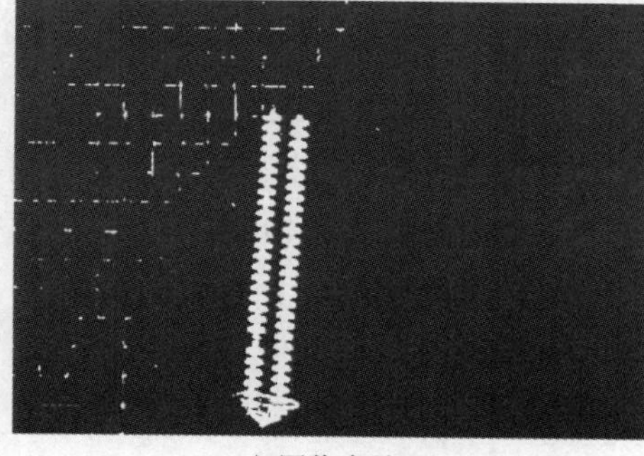

b）图像合并后

图 13-24 图像合并后得到的部分结果

13.4.4 模型评价

掩模图通常采用 Dice 系数（Dice_coef）进行模型评价，Dice 代表两个比较样本的相似度，其计算公式如式（13-2）所示。

$$\text{dice}(A,B)=\frac{2|A\cap B|}{|A|+|B|} \tag{13-2}$$

其中，A 为 GroundTruth 区域，即专业人士标注的区域，B 为模型分割所得到的区域。Dice 系数的取值范围是 [0,1]，取值越接近 1 则表明预测的结果与专业人士标注的结果越符合。

模型训练过程的输出参数如图 13-25 所示，Dice 系数逐渐收敛至 0.99 左右，可以看出模型分割绝缘子区域的整体效果良好。

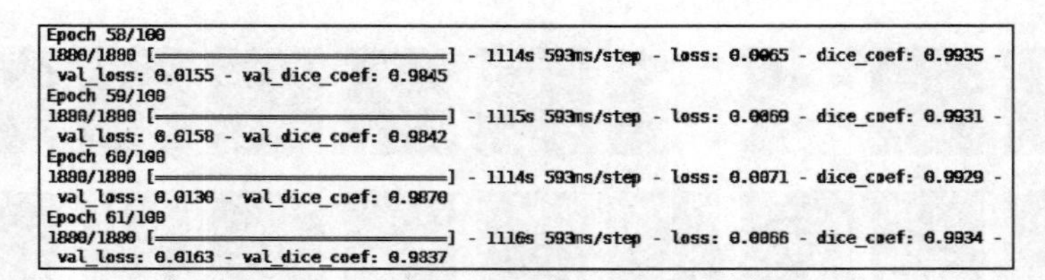

图 13-25 训练过程的输出参数

13.4.5 图像优化

在图像合并后进行观察可以看到，虽然绝缘子的区域已经被完整地分割了出来，但是周围有很多零散的细小区域也被错误地分割出来，还有部分图像含有空洞或裂缝。为此，我们还可以对图像的效果进一步优化，对周围的零散区域进行清除、填补图像中的空洞以及裂缝。

1. 形态学矫正

模型预测的图像合并后，每张小图像之间可能存在缝隙，模型进行分割得到的区域中也有可能存在小洞或者空洞，如图 13-26a 所示。考虑到 OpenCV 在图像处理方面应用非常广泛，可以运用其形态学变化中的闭运算操作对图像进行处理。闭运算的原理是先对图像进行膨胀，对图像中的空洞、裂缝进行填补，然后对图像进行腐蚀，将图像过度膨胀的区域进行还原。实现形态学矫正的具体方法如代码清单 13-13 所示。

代码清单 13-13 形态学矫正

```
kernel = np.ones((kernel_size, kernel_size), np.uint8)
result_new = cv2.dilate(result_new, kernel)
result_new = cv2.erode(result_new, kernel)
```

图像进行闭运算后与原始状态的对比结果如图 13-26 所示，进行形态学矫正后图像中的空洞及其裂缝已被填补，绝缘子区域更加完整。

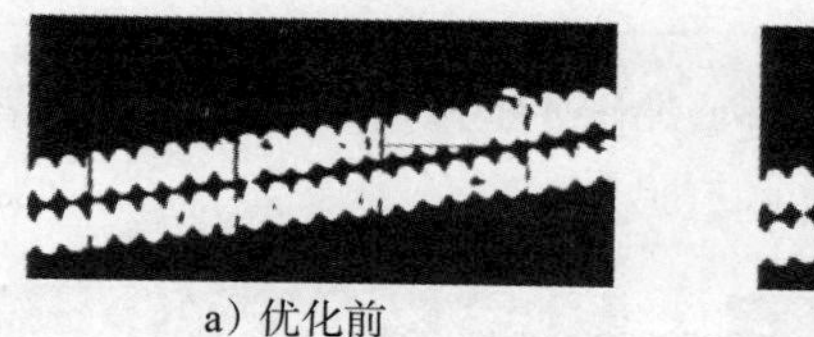

a）优化前

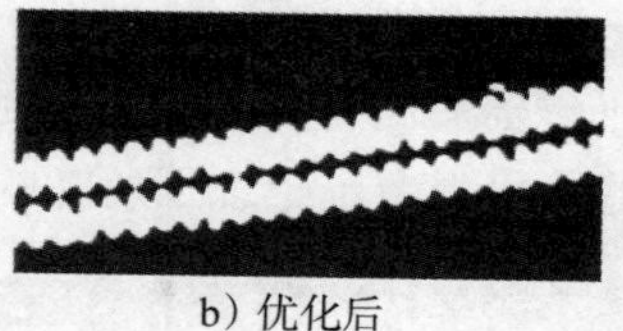

b）优化后

图 13-26　形态学矫正前后对比

2. 连通域过滤

将模型输出图像进行合并后可以发现，由于周围还有很多零散的细小区域也被错误地分割出来，所以图像还需要进一步优化。通过计算图像中所有连通域的面积，并设定阈值对连通域进行过滤，过滤后可以将零散的细小区域剔除，保留完整的绝缘子区域。

本案例采取时间复杂度为 0 的“小根堆”方法来确定过滤连通域的面积阈值大小。堆可以分为大根堆和小根堆，是一个完全二叉树，而堆排序是根据堆的这种数据结构设计的一种排序方法。每个节点的值都大于其父节点的值的这种结构称为小根堆，如图 13-27 所示。

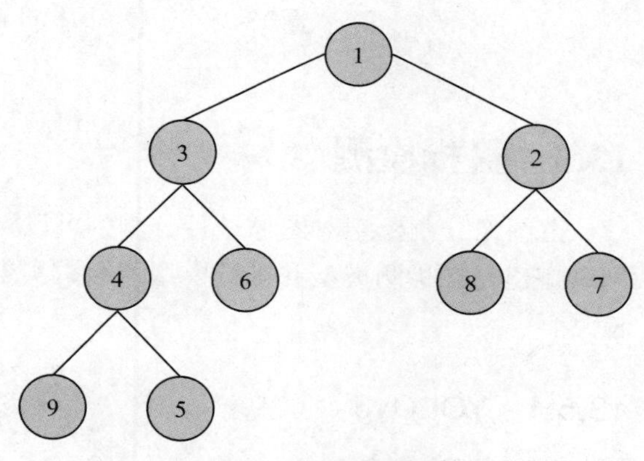

图 13-27　小根堆结构示意图

确定面积阈值的方法是首先计算图像中的所有连通域面积，在连通域面积数组中寻找出与绝缘子串个数保持一致或接近的 K 个最大值；然后从这 K 个值中选择合适的值，如平均值或中值作为设定的面积阈值。经过“小根堆”方法可以得到所需要的 K 值，此时可以对得到的 K 个值进行排序。确定面积阈值后利用 skimage 库实现连通域过滤，具体方法如代码清单 13-14 所示，此处设定的面积阈值为 64。

代码清单 13-14　连通域过滤

```
# 二值化
_, result_new = cv2.threshold(result_new, 127, 255, cv2.THRESH_BINARY)
# 连通域剔除
from skimage import measure, morphology

labels, num = measure.label(result_new, background=0, return_num=True,
    connectivity=2)
result1 = morphology.remove_small_objects(labels, min_size=64, connectivity=2,
    in_place=True)
```

```
    result1[result1 > 0] = 255
    cv2.imwrite('predict/pre_out/' + img_name + '.png', result1)
```

连通域面积过滤前后的对比效果（部分）如图 13-28 所示，可以明显看到图像中的零散区域已被全部过滤，仅保留了绝缘子所在的区域。

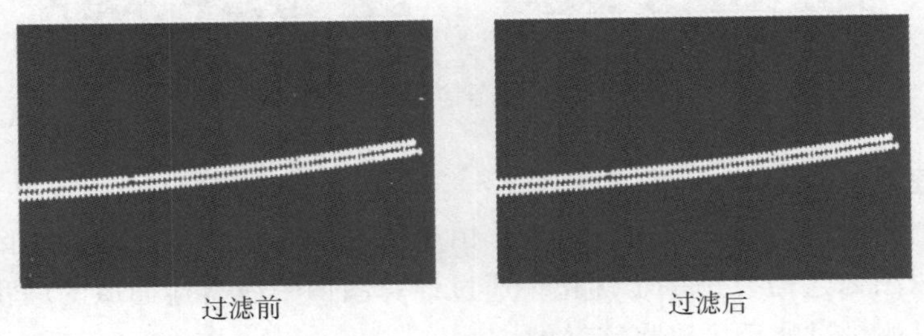

图 13-28 连通域面积过滤前后的对比效果（部分）

13.5 目标检测

由图像分割模型对图像进行分割，可以得到绝缘子区域分割图像。然后使用 YOLOv3 网络搭建目标检测模型并进行模型训练，实现对绝缘子区域分割图像的自爆绝缘子的位置检测。

13.5.1 YOLOv3

YOLO（You Only Look Once，YOLO）是一种基于深度神经网络算法的对象识别和定位算法，它将目标检测归类于回归问题，将图像划分为若干网格，在每个网格上通过候选框预测，最终输出每个候选框预测的类别概率和坐标。其特点是运行速度快，可以用于实时系统。在保持速度优势的前提下，提升了预测精度，尤其是加强了对小物体的识别能力，与绝缘子缺陷检测的需求场景极为契合。YOLOv3 网络结构如图 13-29 所示。

YOLOv3 使用 DarkNet-53 来提取网络的深层特征，并输出 3 个特征图，最终由 3 个特征图结合得到预测结果。DarkNet-53 是一个全卷积网络，大量使用残差的跳层连接进行特征提取以及下采样。YOLOv3 中定义了一个 DBL 模块，DBL 模块由卷积核、批标准化、Leaky ReLU 激活函数组成。残差组件是由一个卷积核大小为 1×1 的 DBL 模块和一个卷积核大小为 3×3 的 DBL 模块组成，并且进行了一次跳跃连接。DarkNet-53 由大量残差模块组成。残差模块由一次补零操作、一个卷积核大小为 3×3 的 DBL 模块和 n 个残差组件组成。resn 代表了该残差模块内共含有 n 个残差组件。图 13-29 中还有 5 个 DBL 模块组成的 DBL 模块集合，其中第 1、3、5 个 DBL 模块的卷积核大小为 1×1，第 2、4 个 DBL 模块的卷积核大小为 3×3。

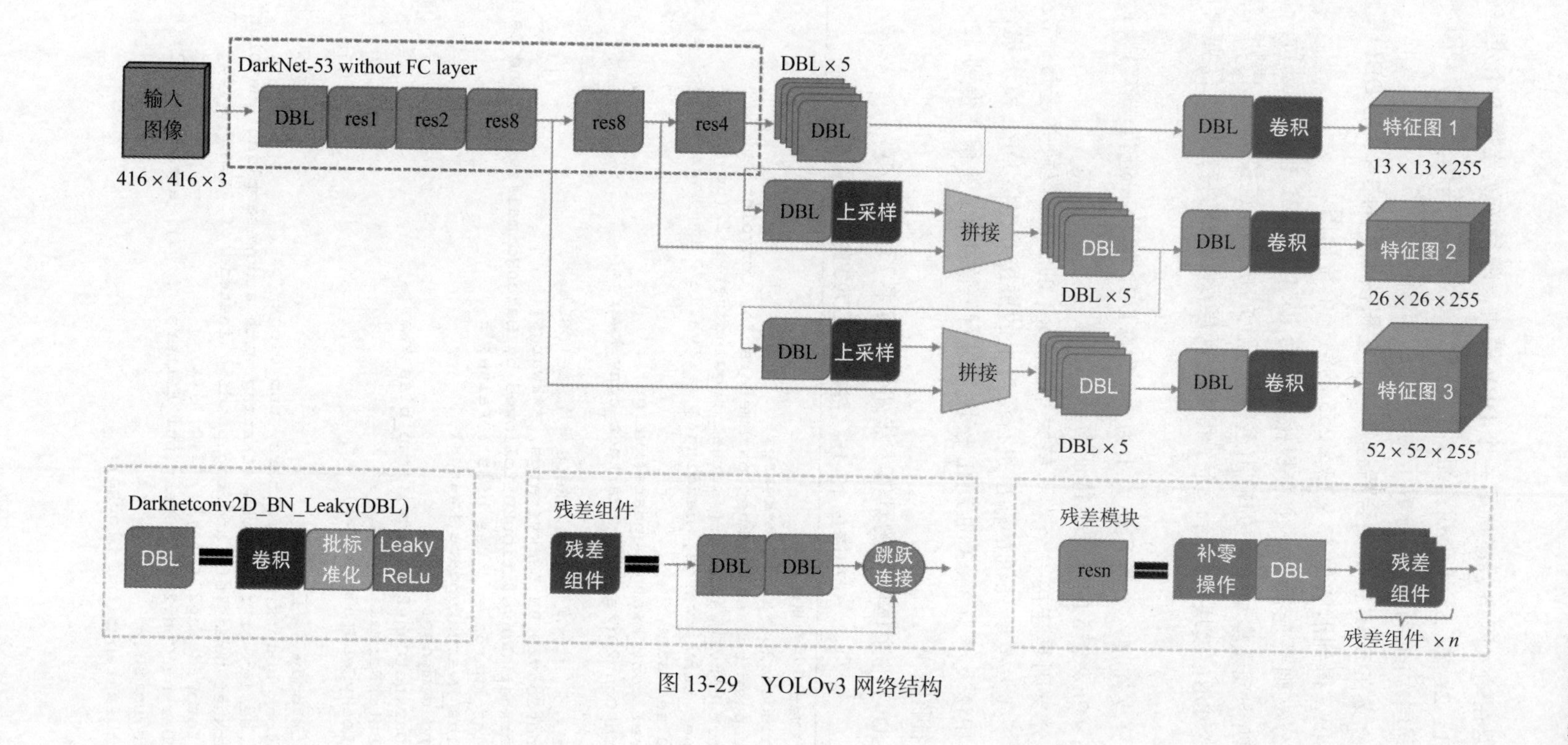

图 13-29 YOLOv3 网络结构

首先，数据在输入网络后连接了一个 DBL 模块，随后依次连接 5 个残差模块，残差模块中分别含有 1、2、8、8、4 个残差组件。第 5 个残差模块连接了 5 个 DBL 模块集合，随后为了得到不同层次的特征图，分成了两个分支，介绍如下。

- 第一个分支在 DBL 模块集合后连接一个卷积核大小为 3×3 的 DBL 模块并进行一次 1×1 卷积，得到形状为 $13\times13\times255$ 的第一个特征图。
- 第二个分支则是连接了一个卷积核大小为 1×1 的 DBL 模块并进行一次上采样，然后与第四个残差模块 res8 的输出进行深度上的拼接并连接 DBL 模块集合。

在连接 5 个 DBL 模块集合后，为了得到更深层次尺度的特征图，需要再次分成两个分支，介绍如下。

- 第一个分支连接一个卷积核大小为 3×3 的 DBL 模块并进行一次 1×1 卷积，得到形状为 $26\times26\times255$ 的第二个特征图。
- 第二个分支则是连接一个卷积核大小为 1×1 的 DBL 模块并进行一次上采样，然后与第三个残差模块 res8 的输出进行深度上的拼接并连接 DBL 模块集合，随后再连接一个卷积核大小为 3×3 的 DBL 模块并进行一次 1×1 卷积，得到 $52\times52\times255$ 的第三个特征图。

搭建 YOLOv3 的主体网络的具体方法如代码清单 13-15 所示。

代码清单 13-15 搭建 YOLOv3 的主体网络

```
# 定义 DarkNet 双层卷积函数
def DarknetConv2D(*args, **kwargs):
    """Wrapper to set Darknet parameters for Convolution2D."""
    darknet_conv_kwargs = {'kernel_regularizer': l2(5e-4)}
    darknet_conv_kwargs['padding'] = 'valid' if kwargs.get('strides')==(2,2)
        else 'same'
    darknet_conv_kwargs.update(kwargs)
    return Conv2D(*args, **darknet_conv_kwargs)

# DarkNet 卷积、批标准化、LeakyReLU 激活函数（DBL）
def DarknetConv2D_BN_Leaky(*args, **kwargs):
    """Darknet Convolution2D followed by BatchNormalization and LeakyReLU."""
    no_bias_kwargs = {'use_bias': False}
    no_bias_kwargs.update(kwargs)
    return compose(
        DarknetConv2D(*args, **no_bias_kwargs),
        BatchNormalization(),
        LeakyReLU(alpha=0.1))

# Resblock_body 模块函数
def resblock_body(x, num_filters, num_blocks):
    '''A series of resblocks starting with a downsampling Convolution2D'''
    # Darknet uses left and top padding instead of 'same' mode
    x = ZeroPadding2D(((1,0),(1,0)))(x)
    x = DarknetConv2D_BN_Leaky(num_filters, (3,3), strides=(2,2))(x)
    # res_unit 模块
    for i in range(num_blocks):
```

```
        y = compose(
                DarknetConv2D_BN_Leaky(num_filters//2, (1,1)),
                DarknetConv2D_BN_Leaky(num_filters, (3,3)))(x)
        x = Add()([x,y])
    return x

# DarkNet-53 网络主体
def darknet_body(x):
    '''Darknent body having 52 Convolution2D layers'''
    x = DarknetConv2D_BN_Leaky(32, (3,3))(x)
    x = resblock_body(x, 64, 1)
    x = resblock_body(x, 128, 2)
    x = resblock_body(x, 256, 8)
    x = resblock_body(x, 512, 8)
    x = resblock_body(x, 1024, 4)
    return x

# 定义输出特征图函数
def make_last_layers(x, num_filters, out_filters):
    '''6 Conv2D_BN_Leaky layers followed by a Conv2D_linear layer'''
    x = compose(
            DarknetConv2D_BN_Leaky(num_filters, (1,1)),
            DarknetConv2D_BN_Leaky(num_filters*2, (3,3)),
            DarknetConv2D_BN_Leaky(num_filters, (1,1)),
            DarknetConv2D_BN_Leaky(num_filters*2, (3,3)),
            DarknetConv2D_BN_Leaky(num_filters, (1,1)))(x)
    y = compose(
            DarknetConv2D_BN_Leaky(num_filters*2, (3,3)),
            DarknetConv2D(out_filters, (1,1)))(x)
    return x, y

# YOLOv3 网络主体
def yolo_body(inputs, num_anchors, num_classes):
    """Create YOLO_V3 model CNN body in Keras."""
    darknet = Model(inputs, darknet_body(inputs))
    x, y1 = make_last_layers(darknet.output, 512, num_anchors*(num_classes+5))

    x = compose(
            DarknetConv2D_BN_Leaky(256, (1,1)),
            UpSampling2D(2))(x)
    x = Concatenate()([x,darknet.layers[152].output])
    x, y2 = make_last_layers(x, 256, num_anchors*(num_classes+5))

    x = compose(
            DarknetConv2D_BN_Leaky(128, (1,1)),
            UpSampling2D(2))(x)
    x = Concatenate()([x,darknet.layers[92].output])
    x, y3 = make_last_layers(x, 128, num_anchors*(num_classes+5))

    return Model(inputs, [y1,y2,y3])
```

模型输出3个特征层还需要进行解码才能得到预测结果。三个特征图的形状分别为(N,13,13,255)、(N,26,26,255)、(N,52,52,255)，对应每个图分为13×13、26×26、52×52的网格上的3个预测框的位置。但这个预测结果并不对应着最终的预测框在图像上的位置，还需要解码才可以完成。YOLOv3的3个特征层分别将整张图分为13×13、26×26、52×52的网格，每个网格负责检测一个区域，如图13-30所示。

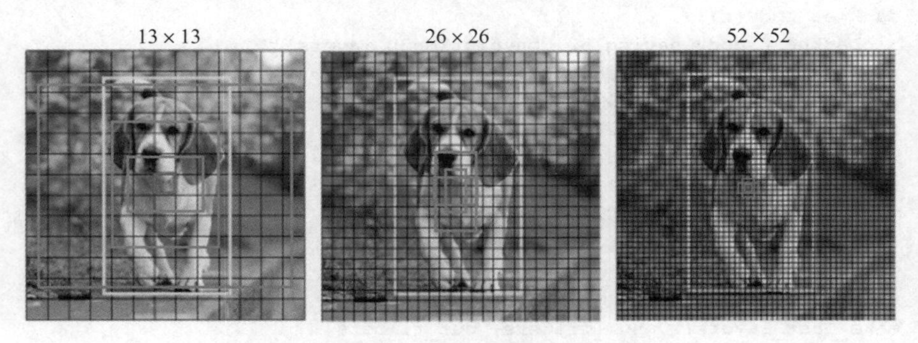

图13-30 将图像分为各类网格进行检测

将特征图的最后一个维度255划分为3×85，其中85可以再次划分为4+1+80，4对应的信息是预测框的中心点坐标x、y和中心点距离边框的距离w、h，1对应检测结果的置信度，80对应coco数据集的80个类别，在本案例中只有一个类别。通过得到预测框的中心点坐标和边框距离，可以计算出最终的预测框信息，再通过得分排序与非极大抑制筛选得到最终的预测结果。

实现特征图解码的具体方法如代码清单13-16所示。

代码清单13-16 特征图解码

```
# 将预测值的每个特征层调成真实值
def yolo_head(feats, anchors, num_classes, input_shape, calc_loss=False):
    num_anchors = len(anchors)
    # [1, 1, 1, num_anchors, 2]
    anchors_tensor = K.reshape(K.constant(anchors), [1, 1, 1, num_anchors, 2])

    # 获得x、y的网格
    # (13, 13, 1, 2)
    grid_shape = K.shape(feats)[1:3] # height, width
    grid_y = K.tile(K.reshape(K.arange(0, stop=grid_shape[0]), [-1, 1, 1, 1]),
        [1, grid_shape[1], 1, 1])
    grid_x = K.tile(K.reshape(K.arange(0, stop=grid_shape[1]), [1, -1, 1, 1]),
        [grid_shape[0], 1, 1, 1])
    grid = K.concatenate([grid_x, grid_y])
    grid = K.cast(grid, K.dtype(feats))

    # (batch_size,13,13,3,85)
    feats = K.reshape(feats, [-1, grid_shape[0], grid_shape[1], num_anchors,
        num_classes + 5])
```

```
    # 将预测值调成真实值
    # box_xy 对应框的中心点
    # box_wh 对应框的宽和高
    box_xy = (K.sigmoid(feats[..., :2]) + grid) / K.cast(grid_shape[..., ::-1],
        K.dtype(feats))
    box_wh = K.exp(feats[..., 2:4]) * anchors_tensor / K.cast(input_shape[...,
        ::-1], K.dtype(feats))
    box_confidence = K.sigmoid(feats[..., 4:5])
    box_class_probs = K.sigmoid(feats[..., 5:])

    # 在计算损失的时候返回如下参数
    if calc_loss == True:
        return grid, feats, box_xy, box_wh
    return box_xy, box_wh, box_confidence, box_class_probs

# 对框进行调整，使其符合真实图像的样子
def yolo_correct_boxes(box_xy, box_wh, input_shape, image_shape):
    box_yx = box_xy[..., ::-1]
    box_hw = box_wh[..., ::-1]

    input_shape = K.cast(input_shape, K.dtype(box_yx))
    image_shape = K.cast(image_shape, K.dtype(box_yx))

    new_shape = K.round(image_shape * K.min(input_shape/image_shape))
    offset = (input_shape-new_shape)/2./input_shape
    scale = input_shape/new_shape

    box_yx = (box_yx - offset) * scale
    box_hw *= scale

    box_mins = box_yx - (box_hw / 2.)
    box_maxes = box_yx + (box_hw / 2.)
    boxes =  K.concatenate([
        box_mins[..., 0:1],  # y_min
        box_mins[..., 1:2],  # x_min
        box_maxes[..., 0:1],  # y_max
        box_maxes[..., 1:2]  # x_max
    ])

    boxes *= K.concatenate([image_shape, image_shape])
    return boxes

# 获取每个框和它的得分
def yolo_boxes_and_scores(feats, anchors, num_classes, input_shape, image_
    shape):
    # 将预测值调成真实值
    # box_xy 对应框的中心点
    # box_wh 对应框的宽和高
    # -1,13,13,3,2; -1,13,13,3,2; -1,13,13,3,1; -1,13,13,3,80
    box_xy, box_wh, box_confidence, box_class_probs = yolo_head(feats, anchors,
```

```
            num_classes, input_shape)
        # 将box_xy和box_wh调节成y_min、y_max、xmin、xmax
        boxes = yolo_correct_boxes(box_xy, box_wh, input_shape, image_shape)
        # 获得得分和框
        boxes = K.reshape(boxes, [-1, 4])
        box_scores = box_confidence * box_class_probs
        box_scores = K.reshape(box_scores, [-1, num_classes])
        return boxes, box_scores

    # 图像预测
    def yolo_eval(yolo_outputs,
                  anchors,
                  num_classes,
                  image_shape,
                  max_boxes=20,
                  score_threshold=.6,
                  iou_threshold=.5):
        # 获得特征层的数量
        num_layers = len(yolo_outputs)
        # 特征层1对应的anchor是678
        # 特征层2对应的anchor是345
        # 特征层3对应的anchor是012
        anchor_mask = [[6,7,8], [3,4,5], [0,1,2]] if num_layers == 3 else[[3,4,5],
[1,2,3]]

        input_shape = K.shape(yolo_outputs[0])[1:3] * 32
        boxes = []
        box_scores = []
        # 对每个特征层进行处理
        for l in range(num_layers):
            _boxes,  _box_scores  = yolo_boxes_and_scores(yolo_outputs[l],
                anchors[anchor_mask[l]], num_classes, input_shape, image_shape)
            boxes.append(_boxes)
            box_scores.append(_box_scores)
        # 将每个特征层的结果进行堆叠
        boxes = K.concatenate(boxes, axis=0)
        box_scores = K.concatenate(box_scores, axis=0)

        mask = box_scores >= score_threshold
        max_boxes_tensor = K.constant(max_boxes, dtype='int32')
        boxes_ = []
        scores_ = []
        classes_ = []
        for c in range(num_classes):
            # 取出所有box_scores ≥ score_threshold的框和成绩
            class_boxes = tf.boolean_mask(boxes, mask[:, c])
            class_box_scores = tf.boolean_mask(box_scores[:, c], mask[:, c])

            # 非极大抑制，去掉重合程度高的那些框
            nms_index = tf.image.non_max_suppression(
                class_boxes, class_box_scores, max_boxes_tensor, iou_threshold=iou_
```

```
                threshold)

            # 获取非极大抑制后的结果
            # 下面三列分别是框的位置、得分与种类
            class_boxes = K.gather(class_boxes, nms_index)
            class_box_scores = K.gather(class_box_scores, nms_index)
            classes = K.ones_like(class_box_scores, 'int32') * c
            boxes_.append(class_boxes)
            scores_.append(class_box_scores)
            classes_.append(classes)
        boxes_ = K.concatenate(boxes_, axis=0)
        scores_ = K.concatenate(scores_, axis=0)
        classes_ = K.concatenate(classes_, axis=0)

        return boxes_, scores_, classes_
```

13.5.2 模型训练

搭建好目标检测模型后，将数据集按 8:1:1 的比例划分为训练数据、测试数据和验证数据，并生成 voc 格式的训练数据信息文本文件以及先验框聚类结果文本文件。

输入绝缘子图像及 xml 标签文件进行模型训练。采用 adam 优化器对学习率进行实时优化，其中，将初始学习率设置为 0.001，衰减系数设置为 0.0005，batch_size 设置为 4，迭代次数设置为 500，训练目标检测模型的具体方法如代码清单 13-17 所示。

代码清单 13-17　训练目标检测模型

```
def train(model, annotation_path, input_shape, anchors, num_classes, log_dir):
    model.compile(optimizer='adam', loss={
        'yolo_loss': lambda y_true, y_pred: y_pred})
    checkpoint = ModelCheckpoint(log_dir + "ep{epoch:03d}-loss{loss:.3f}-val_
        loss{val_loss:.3f}.h5",
                                 monitor='val_loss', save_weights_only=True,
                                     save_best_only=True, period=1)
    batch_size = 4
    val_split = 0.1
    with open(annotation_path) as f:
        lines = f.readlines()
    np.random.shuffle(lines)
    num_val = int(len(lines) * val_split)
    num_train = len(lines) - num_val
    print('Train on {} samples, val on {} samples, with batch size {}.'.format(num_
        train, num_val, batch_size))

    history1 = model.fit(data_generator_wrap(lines[:num_train], batch_size,
        input_shape, anchors, num_classes),
                         steps_per_epoch=max(1, num_train // batch_size),
                         validation_data=data_generator_wrap(lines[num_train:],
                             batch_size, input_shape, anchors,
```

```
                                            num_classes),
                    validation_steps=max(1, num_val // batch_size),
                    epochs=500,
                    initial_epoch=0,
                    callbacks=[checkpoint])
model.save_weights(log_dir + 'trained_weights.h5')
train_loss = history1.history['loss']
val_loss = history1.history['val_loss']
# reshape是为了能够跟别的信息组成矩阵一起存储
np_train_loss = np.array(train_loss).reshape((1, len(train_loss)))
np_val_loss = np.array(val_loss).reshape((1, len(val_loss)))
np_out = np.concatenate([np_train_loss, np_val_loss], axis=0)
np.savetxt('tmp/logs/save1.txt', np_out)
```

13.5.3 模型预测

调用训练好的目标检测模型，输入待检测的绝缘子拍摄原图进行自爆绝缘子位置检测。在进行检测前需要使用图像分割模型预测得到的掩模图和绝缘子拍摄原图，通过 12.3.2 节中的分离绝缘子区域方法，将绝缘子拍摄原图中的绝缘子区域分离，再进行自爆绝缘子位置检测。注意：待检测的绝缘子拍摄原图中绝缘子区域的分离代码详见 get_jyz_test.py 文件。

检测过程中会输出消耗时间、检测框数量、检测框位置等信息，需要将输出信息写入文本文件内。目标检测模型预测的具体方法如代码清单 13-18 所示。

代码清单 13-18 目标检测模型预测

```
def detect_image(self, image):
    start = timer()  # 开始计时

    if self.model_image_size != (None, None):
        assert self.model_image_size[0] % 32 == 0, 'Multiples of 32 required'
        assert self.model_image_size[1] % 32 == 0, 'Multiples of 32 required'
        boxed_image = letterbox_image(image, tuple(reversed(self.model_image_
            size)))
    else:
        new_image_size = (image.width - (image.width % 32),
                          image.height - (image.height % 32))
        boxed_image = letterbox_image(image, new_image_size)
    image_data = np.array(boxed_image, dtype='float32')

    print(image_data.shape)  # 打印图像的尺寸
    image_data /= 255.
    image_data = np.expand_dims(image_data, 0)  # Add batch dimension.

    out_boxes, out_scores, out_classes = self.sess.run(
        [self.boxes, self.scores, self.classes],
        feed_dict={
```

```
            self.yolo_model.input: image_data,
            self.input_image_shape: [image.size[1], image.size[0]],
            K.learning_phase(): 0
        })
    # 输出检测出的框的个数
    print('Found {} boxes for {}'.format(len(out_boxes), 'img'))

    font = ImageFont.truetype(font='tmp/font/FiraMono-Medium.otf',
                              size=np.floor(2e-2 * image.size[1] + 0.2).
                                  astype('int32'))
    thickness = (image.size[0] + image.size[1]) // 500

    # 保存框检测出的框的个数
    file.write('find ' + str(len(out_boxes)) + ' target(s):')

    for i, c in reversed(list(enumerate(out_classes))):
        predicted_class = self.class_names[c]
        box = out_boxes[i]
        score = out_scores[i]

        label = '{} {:.2f}'.format(predicted_class, score)
        draw = ImageDraw.Draw(image)
        label_size = draw.textsize(label, font)

        top, left, bottom, right = box
        top = max(0, np.floor(top + 0.5).astype('int32'))
        left = max(0, np.floor(left + 0.5).astype('int32'))
        bottom = min(image.size[1], np.floor(bottom + 0.5).astype('int32'))
        right = min(image.size[0], np.floor(right + 0.5).astype('int32'))

        # 写入检测位置
        file.write(str(left) + ',' + str(top) + ',' + str(right) + ',' +
            str(bottom) + ' ')

        print(label, (left, top), (right, bottom))

        if top - label_size[1] >= 0:
            text_origin = np.array([left, top - label_size[1]])
        else:
            text_origin = np.array([left, top + 1])

        # My kingdom for a good redistributable image drawing library.
        for i in range(thickness):
            draw.rectangle(
                [left + i, top + i, right - i, bottom - i],
                outline=self.colors[c])
        draw.rectangle(
            [tuple(text_origin), tuple(text_origin + label_size)],
            fill=self.colors[c])
        draw.text(text_origin, label, fill=(0, 0, 0), font=font)
```

```
        del draw

    file.write('\n')
    end = timer()
    print('time consume:%.3f s ' % (end - start))
    return image
```

此处以 043.jpg 图像为例，为读者详细介绍目标检测的结果。将待检测数据中的 043.jpg 图像的绝缘子区域进行分离，然后调用目标检测模型进行自爆绝缘子位置检测，得到的检测结果如图 13-31 所示。图 13-31b 中的标注框是模型对自爆绝缘子的位置预测结果，true 代表该位置为自爆绝缘子的位置，0.95 是预测结果的置信度，即模型输出标注框中出现自爆绝缘子的可信程度。模型预测的结果受置信度阈值的限制，仅输出置信度高于阈值的预测结果，读者可以根据实际情况自行修改置信度阈值。

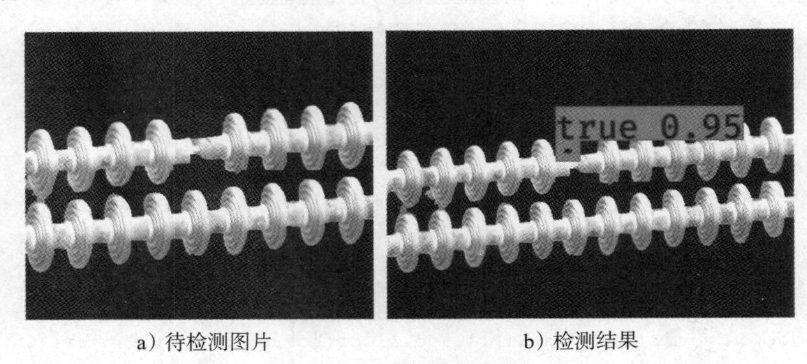

a）待检测图片　　b）检测结果

图 13-31　目标检测原图与检测结果

13.5.4　模型评价

定义评价指标，使用验证数据进行目标检测并计算其结果的指标，对目标检测模型进行评价。在本次评价中计算得到的所有指标数值都是基于置信度阈值为 0.6 的情况下得到的模型预测结果。

精确率（Precision）可计算出所有被预测为正的样本中实际为正的样本的概率。精确率的定义如式（13-3）所示。

$$\text{Precision} = \frac{\text{TP}}{\text{TP} + \text{FP}} \tag{13-3}$$

召回率（Recall）可计算出实际为正且预测为正的样本占实际为正的总样本的概率。召回率定义如式（13-4）所示。

$$\text{Recall} = \frac{\text{TP}}{\text{TP} + \text{FN}} \tag{13-4}$$

精确率与召回率公式中的参数说明具体如下。

1）TP（True Positive）：正确地将正样本预测为正的分类数。

2）FP（False Positive）：错误地将负样本预测为正的分类数。

3）FN（False Negative）：错误地将正样本预测为负的分类数。

对验证数据的预测结果进行评价指标计算，得到精确率为93.94%，召回率为91.18%。

自爆绝缘子的区域检测结果同样采用IOU进行评价。经过训练后，输入验证数据进行目标检测，得到验证数据所有图像的平均IOU为61.93%。IOU偏低的原因可能有以下两点。

- 模型训练的数据量较少，模型无法训练出比较好的目标检测效果。
- 由于模型输出的标记框大小是固定的，由训练数据标记框通过聚类定义，与人工标记框对比可能偏大或偏小，所以IOU指数会偏低。

13.6　小结

本章的主要目的是实现自爆绝缘子的位置检测，其中先用到U-Net构建图像分割模型，实现拍摄照片绝缘子与背景的分割，然后用到YOLOv3构建目标检测模型，实现绝缘子分割图像中自爆绝缘子的位置检测。训练过程具有随机性，读者训练得到的模型可能会与本章中的模型有偏差。由于训练数据较少，本章中所训练的模型的泛化能力较差，若能够扩充数据集则会提高模型效果。

第五篇

拓　展　篇

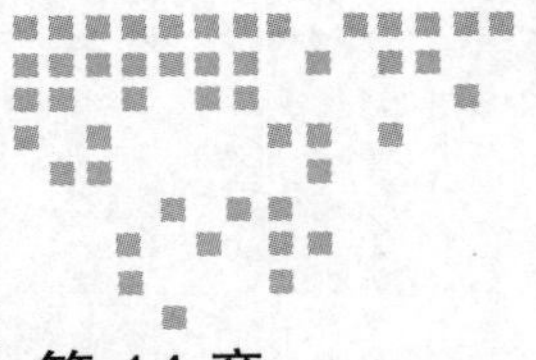

Chapter 14 第 14 章

基于 TipDM 大数据挖掘建模平台实现自动售货机销售数据分析

第 4 章已经介绍了自动售货机销售数据分析与应用的相关内容，本章将重点介绍一种数据挖掘工具——TipDM 大数据挖掘建模平台，并通过该平台实现自动售货机销售数据分析项目。相较于传统 Python 解析器，TipDM 大数据挖掘建模平台具有流程化、去编程化等特点，可满足不懂编程的用户使用数据挖掘技术的需求。

学习目标

- 了解 TipDM 大数据挖掘建模平台的相关概念和特点。
- 熟悉使用 TipDM 大数据挖掘建模平台配置项目的总体流程。
- 掌握使用 TipDM 大数据挖掘建模平台获取数据的方法。
- 掌握使用 TipDM 大数据挖掘建模平台进行字符串替换、数据筛选、分组聚合等操作。
- 掌握使用 TipDM 大数据挖掘建模平台进行柱形图绘制的操作方法。
- 掌握使用 TipDM 大数据挖掘建模平台进行 ARIMA 模型构建的操作方法。

14.1 平台简介

TipDM 大数据挖掘建模平台是由广东泰迪智能科技股份有限公司自主研发的，面向大数据挖掘项目的工具。平台使用 Java 语言开发，采用 B/S（Browser/Server，浏览器 / 服务器）结构，用户不需要下载客户端，通过浏览器即可进行访问。平台具有支持多种语言、操作简单、不需要编程语言基础等特点，以流程化的方式将数据输入输出、统计分析、数据预处理、挖掘与建模等环节进行连接，从而达到大数据挖掘的目的。平台界面如图14-1所示。

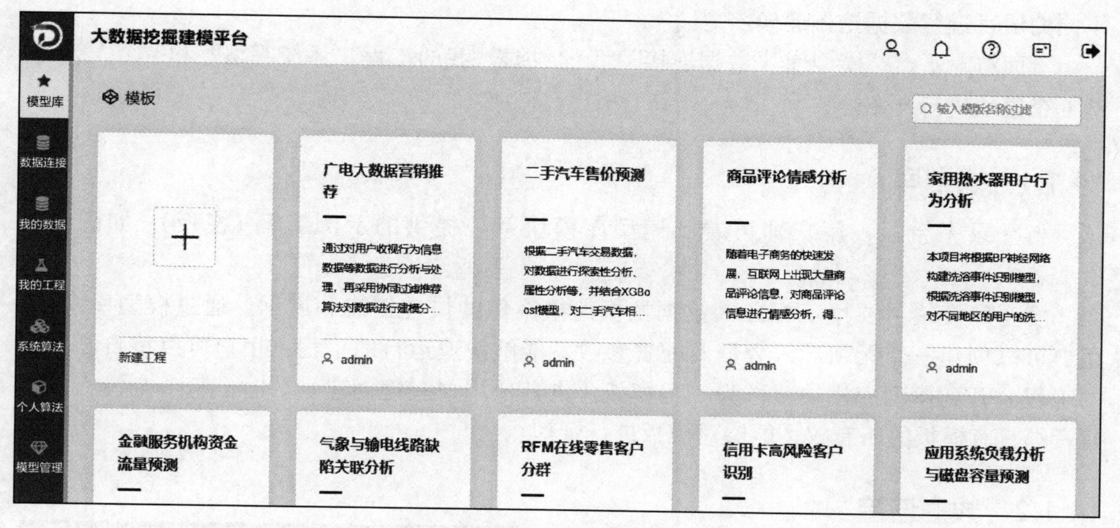

图14-1 平台界面

读者可通过访问平台查看具体的界面情况，获取访问平台方式的具体步骤如下。

1）微信搜索公众号“泰迪学社”或“TipDataMining”，关注公众号。

2）关注公众号后，回复“建模平台”，获取平台访问方式。

本章将以自动售货机销售数据分析项目为例，介绍如何使用平台实现案例的流程。在介绍之前，我们需要引入平台的几个概念，基本介绍如下。

- 算法：将建模过程中涉及的输入/输出、数据探索、数据预处理、绘图、建模等操作分别进行封装，每一个封装好的模块称为算法。算法分为系统算法和个人算法。系统算法可供所有用户使用，个人算法由个人用户编辑，仅供个人账号使用。
- 工程：为实现某一个数据挖掘目标，将各算法通过流程化的方式进行连接，整个数据流程称为一个工程。
- 参数：每个算法都有供用户自行设置的内容，这部分内容称为参数。
- 模型库：用户可以将配置好的工程公开到模型库中作为工程模板，分享给其他用户。其他用户可以使用模型库中的模板，创建一个无须配置算法便可运行的工程。

TipDM大数据挖掘建模平台主要有以下几个特点。

1）平台算法基于Python、R以及Hadoop/Spark分布式引擎，可用于数据分析与挖掘。Python、R以及Hadoop/Spark是目前较为流行的语言，高度契合行业需求。

2）用户可在没有Python、R或Hadoop/Spark编程基础的情况下，使用直观的拖曳式图形界面构建数据挖掘项目流程，无须编程。

3）提供公开可用的示例工程，一键创建，快速运行。支持可视化流程每个节点的结果在线预览。

4）平台包含 Python、Spark、R 三种编程工具的算法包，用户可以根据实际灵活选择不同的语言进行数据挖掘建模。

下面将对平台“模型库”“数据连接”“我的数据”“我的工程”“系统算法”和“个人算法”这 6 个模块进行介绍。

14.1.1 模型库

当登录平台后，用户即可看到模型库模块系统提供的示例工程（模板），如图 14-1 所示。

模型库模块主要用于标准大数据挖掘建模案例的快速创建和展示。通过模型库模块，用户可以创建一个无须导入数据及配置参数就能够快速运行的工程。用户可以将自己搭建的工程公开到模型库模块，作为工程模板，供其他用户一键创建。同时，每一个模板的创建者都具有模板的所有权，能够对模板进行管理。

14.1.2 数据连接

数据连接模块主要用于数据挖掘建模工程中数据库数据的导入与管理。平台支持从 DB2、SQL Server、MySQL、Oracle、PostgreSQL 等常用关系型数据库导入数据，如图 14-2 所示。

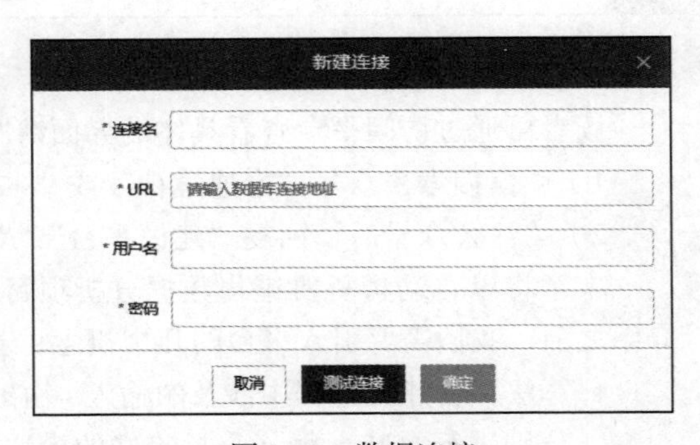

图 14-2 数据连接

14.1.3 我的数据

我的数据模块主要用于数据挖掘建模工程中数据的导入与管理。支持从本地导入任意类型的数据，如图 14-3 所示。

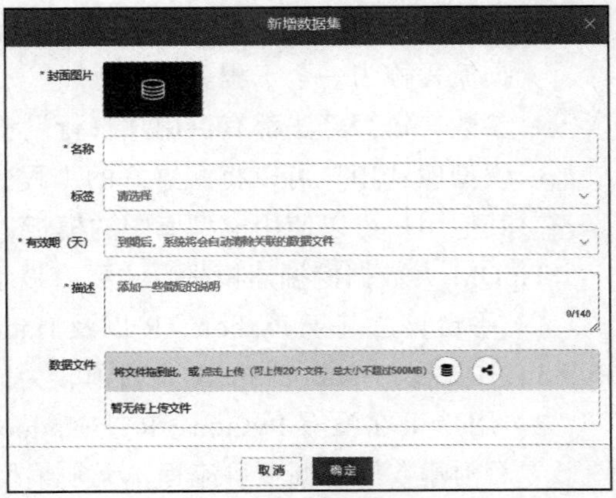

图 14-3 我的数据

14.1.4 我的工程

我的工程模块主要用于数据挖掘建模流程化的创建与管理，工程示例如图 14-4 所示。通过 （“新建工程”）按钮，用户可以创建空白工程，进行工程的配置，将数据输入输出、数据预处理、挖掘建模、模型评估等环节通过流程化的方式进行连接，达到数据挖掘与分析的目的。对于完成度优秀的工程，可以将其公开到模型库模块中，作为模板，让其他使用者学习和借鉴。

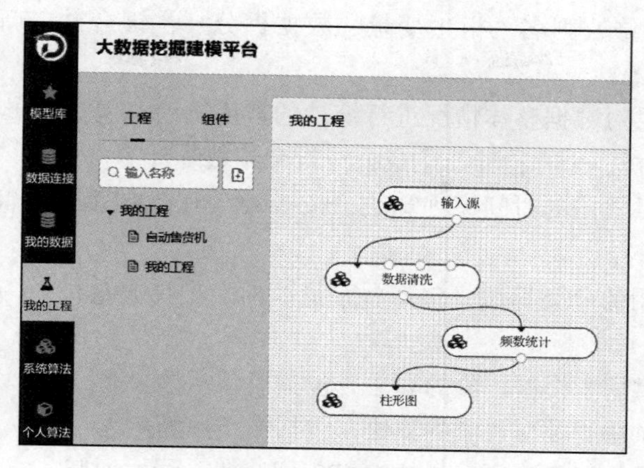

图 14-4　工程示例

14.1.5　系统算法

系统算法模块主要用于内置常用算法的管理，平台目前提供了 Python、R 语言和 Spark 三种算法包，如图 14-5 所示。

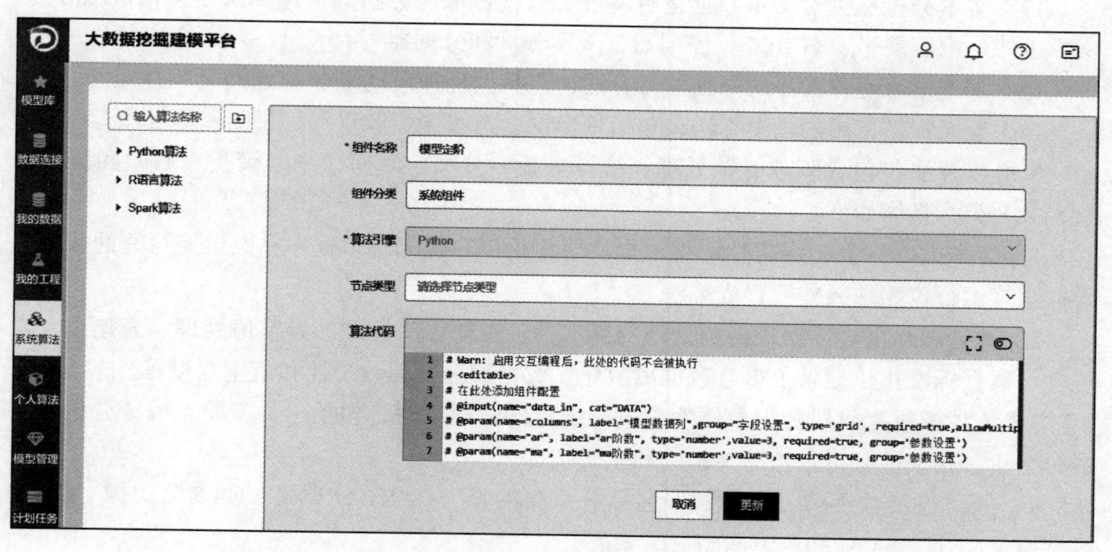

图 14-5　平台提供的系统算法

Python 算法包包含脚本、预处理、统计分析、时间序列、分类、模型评估、模型预测、回归、聚类、关联规则、文本分析、深度学习和绘图，共 13 类，具体如下。

1）脚本提供一个 Python 代码编辑框。用户可以在代码编辑框中粘贴已经写好的程序代码并直接运行，无须额外配置成算法。

2）预处理提供对数据进行预处理的算法，包括数据标准化、缺失值处理、表堆叠、数据筛选、行列转置、修改列名、衍生变量、数据拆分、主键合并、新增序列、数据排序、记录去重和分组聚合等。

3）统计分析提供对数据整体情况进行统计的常用算法，包括因子分析、全表统计、正态性检验、相关性分析、卡方检验、主成分分析和频数统计等。

4）时间序列提供常用的时间序列算法，包括 ARCH、AR 模型、MA 模型、灰色预测、模型定阶和 ARIMA 等。

5）分类提供常用的分类算法，包括朴素贝叶斯、支持向量机、CART 分类树、逻辑回归、神经网络和 K 最近邻等。

6）模型评估提供用于模型评价的算法，包括模型评估。

7）模型预测提供用于模型预测的算法，包括模型预测。

8）回归提供常用的回归算法，包括 CART 回归树、线性回归、支持向量回归和 K 最近邻回归等。

9）聚类提供常用的聚类算法，包括层次聚类、DBSCAN 密度聚类和 K-Means 聚类等。

10）关联规则提供常用的关联规则算法，包括 FP-Max、Apriori、HotSpot 和 FP-Growth。

11）文本分析提供对文本数据进行清洗、特征提取与分析的常用算法，包括情感分析、文本过滤、内容展平、TF-IDF、停词器、文本分词和分词器等。

12）深度学习提供常用的深度学习算法，包括循环神经网络、ALS 和卷积神经网络。

13）绘图提供常用的画图算法，包括柱形图、折线图、散点图、饼图和词云图等。

R 语言算法包包含脚本、预处理、统计分析、分类、时间序列、聚类、回归和关联分析，共 8 类，具体如下。

1）脚本提供一个 R 语言代码编辑框。用户可以在代码编辑框中粘贴已经写好的程序代码并直接运行，无须额外配置成算法。

2）预处理提供对数据进行预处理的算法，包括缺失值处理、异常值处理、表连接、表堆叠、数据标准化、记录去重、数据离散化、数据拆分、频数统计和衍生变量等。

3）统计分析提供对数据整体情况进行统计的常用算法，包括卡方检验、因子分析、主成分分析、相关性分析、正态性检验和全表统计。

4）分类提供常用的分类算法，包括朴素贝叶斯、CART 分类树、C4.5 分类树、BP 神经网络、KNN、SVM 和逻辑回归。

5）时间序列提供常用的时间序列算法，包括时间序列分解、ARIMA 和指数平滑等。

6）聚类提供常用的聚类算法，包括 K-Means 聚类、DBSCAN 和系统聚类。

7）回归类提供常用的回归算法，包括 CART 回归树、C4.5 回归树、线性回归、岭回归和 KNN 回归。

8）关联分析提供常用的关联规则算法，包括 Apriori。

Spark 算法包包含预处理、统计分析、分类、聚类、回归、降维、协同过滤和频繁模式挖掘，共 8 类，具体如下。

1）预处理提供对数据进行预处理的算法，包括数据去重、数据过滤、数据映射、数据反映射、数据拆分、数据排序、缺失值处理、数据标准化、衍生变量、表连接、表堆叠和数据离散化等。

2）统计分析提供对数据整体情况进行统计的常用算法，包括行列统计、全表统计、相关性分析和重复值缺失值探索。

3）分类提供常用的分类算法，包括逻辑回归、决策树、梯度提升树、朴素贝叶斯、随机森林、线性支持向量机和多层感知神经网络等。

4）聚类提供常用的聚类算法，包括 K-Means 聚类、二分 *K*-Means 聚类和混合高斯模型等。

5）回归提供常用的回归算法，包括线性回归、广义线性回归、决策树回归、梯度提升树回归、随机森林回归和保序回归等。

6）降维提供常用的数据降维算法，包括 PCA 降维。

7）协同过滤提供常用的智能推荐算法，包括 ALS 算法、ALS 推荐和 ALS 模型预测。

8）频繁模式挖掘提供常用的频繁项集挖掘算法，包括 FP-Growth。

14.1.6 个人算法

个人算法模块主要是为了满足用户的个性化需求，用户在使用过程中，可根据自己的需求定制算法，方便使用。目前个人算法支持通过 Python 和 R 语言进行个人算法的定制，如图 14-6 所示。

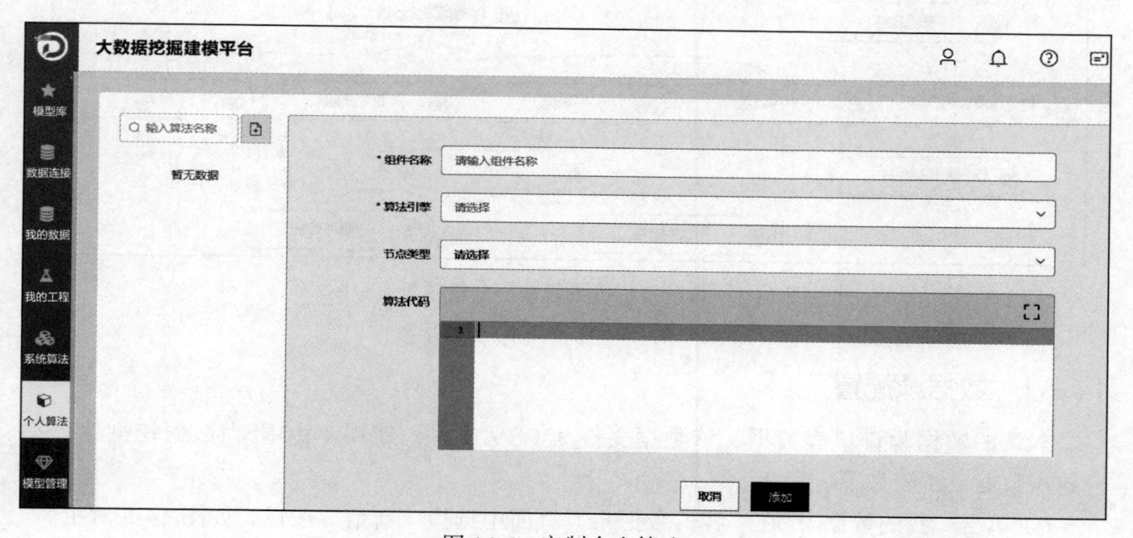

图 14-6 定制个人算法

14.2 实现自动售货机销售数据分析项目

本节以自动售货机销售数据分析项目为例，在 TipDM 大数据挖掘建模平台上配置对应工程，重点展示几个主要流程的配置过程。

在 TipDM 大数据挖掘建模平台上配置自动售货机销售数据分析项目，主要包括以下 4 个步骤。

1）导入数据。在 TipDM 大数据挖掘建模平台上导入订单表数据。

2）数据探索与预处理。对原始数据进行探索性分析和预处理。

3）数据可视化分析。对预处理后的数据进行可视化分析。

4）数据预测。对预处理后的数据进行销售额预测。

在平台上配置得到的自动售货机销售数据分析项目流程图如图 14-7 所示。

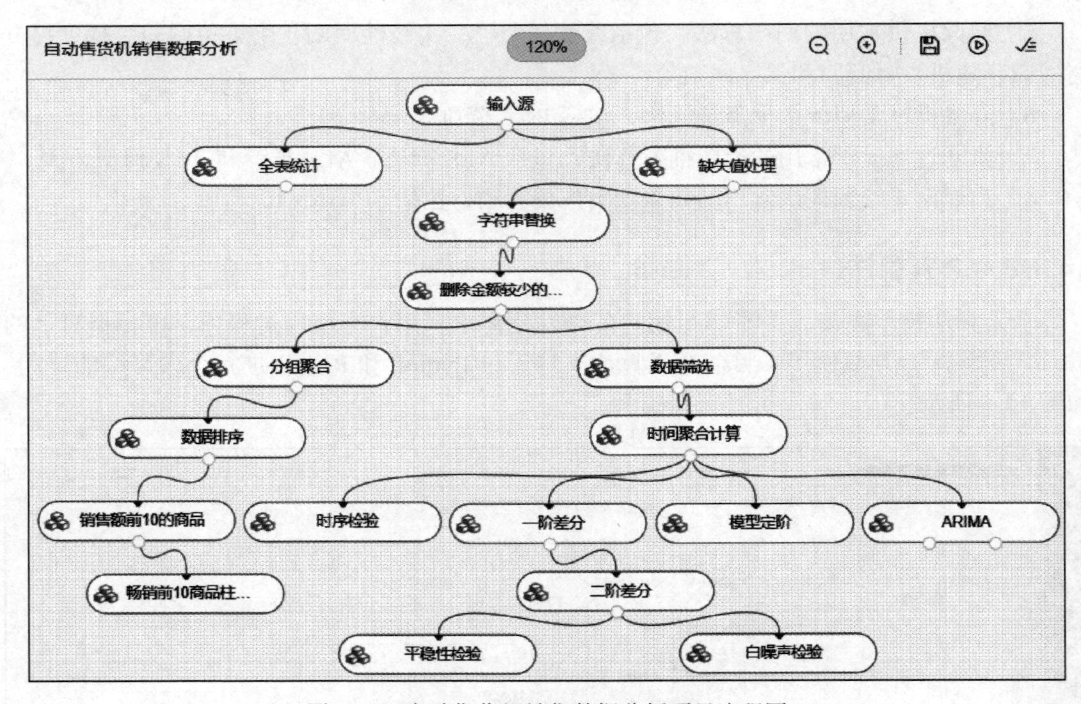

图 14-7 自动售货机销售数据分析项目流程图

14.2.1 数据源配置

本章的数据为订单表数据，该数据文件为 CSV 文件，使用 TipDM 大数据挖掘建模平台导入数据，步骤如下。

1）单击“我的数据”，在“我的数据集”页面中选择“新增”按钮，如图 14-8 所示。

2）设置新增数据集参数。任意选择一张封面图片，在“名称”中填入“自动售货机销售数据”，“有效期（天）”项选择“永久”，“描述”中填入“自动售货机销售数据，该数据存储在订单表.csv文件中”，单击“点击上传”按钮选择“订单表.csv”数据，如图14-9所示。等到数据载入成功后，单击“确定”按钮，即可上传数据。

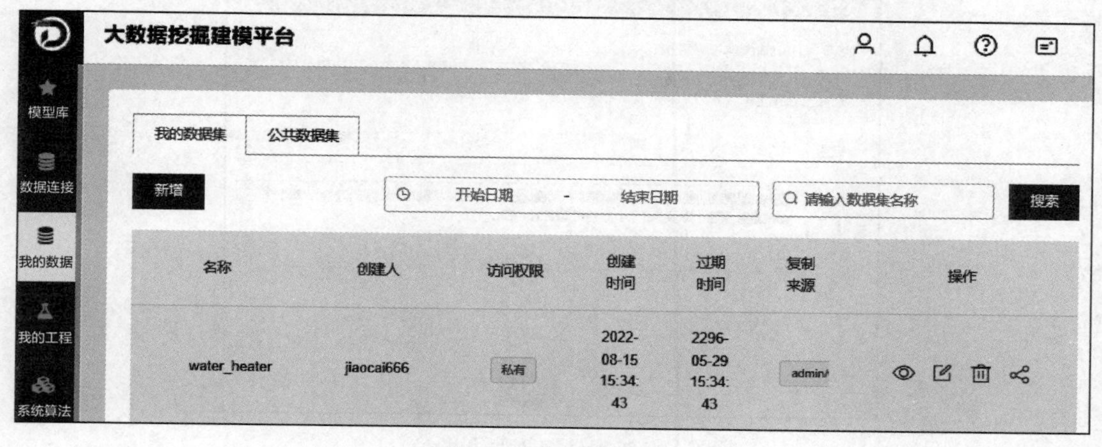

图14-8 新增数据集

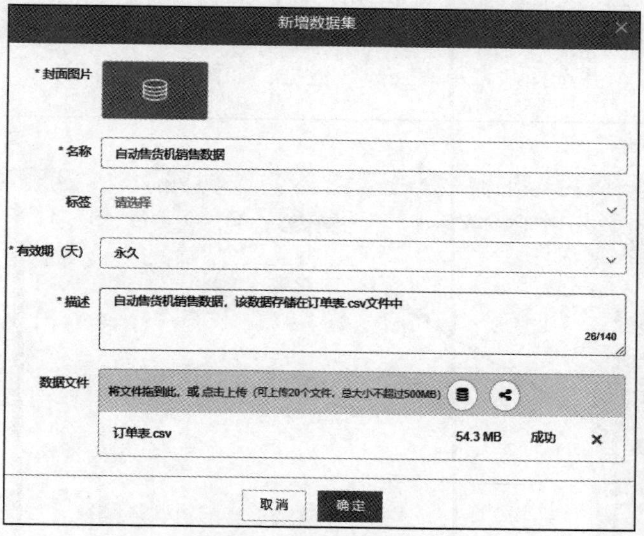

新增数据集
*封面图片
*名称 自动售货机销售数据
标签 请选择
*有效期（天） 永久
*描述 自动售货机销售数据，该数据存储在订单表.csv文件中 26/140
数据文件 将文件拖到此，或点击上传（可上传20个文件，总大小不超过500MB）
订单表.csv 54.3 MB 成功
取消 确定

图14-9 新增数据集参数设置

当数据上传完成后，新建一个命名为“自动售货机销售数据分析”的空白工程，步骤如下。

1）新建空白工程。单击“我的工程”，单击 按钮，新建一个空白工程。

2）在新建工程页面填写工程的相关信息，包括名称和描述，如图14-10所示。

在“自动售货机销售数据分析”工程中配置一个“输入源”算法，步骤如下。

1）在“工程”栏旁边的“组件”栏中，找到“内置组件”下的“输入/输出”类。拖曳“输入/输出”类中的“输入源”算法至工程画布中。

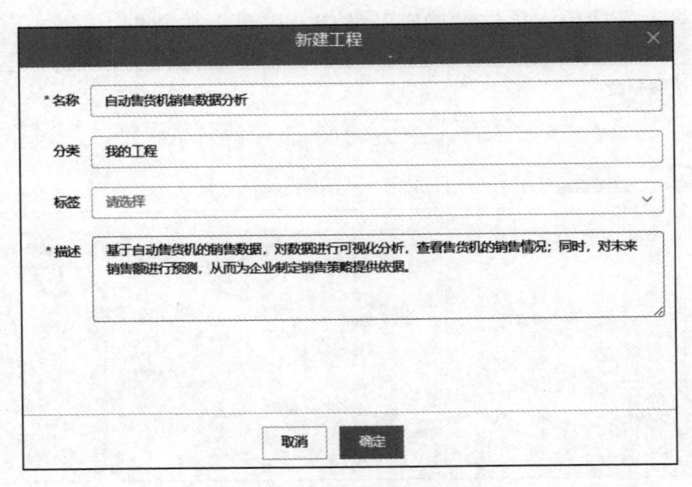

图 14-10　填写工程的相关信息

2）配置“输入源”算法。单击画布中的“输入源”算法，然后单击工程画布右侧“参数配置”栏中的“数据集”框，输入“自动售货机销售数据”；在弹出的下拉框中选择“自动售货机销售数据”，并选择“订单表.csv”数据，如图 14-11 所示。

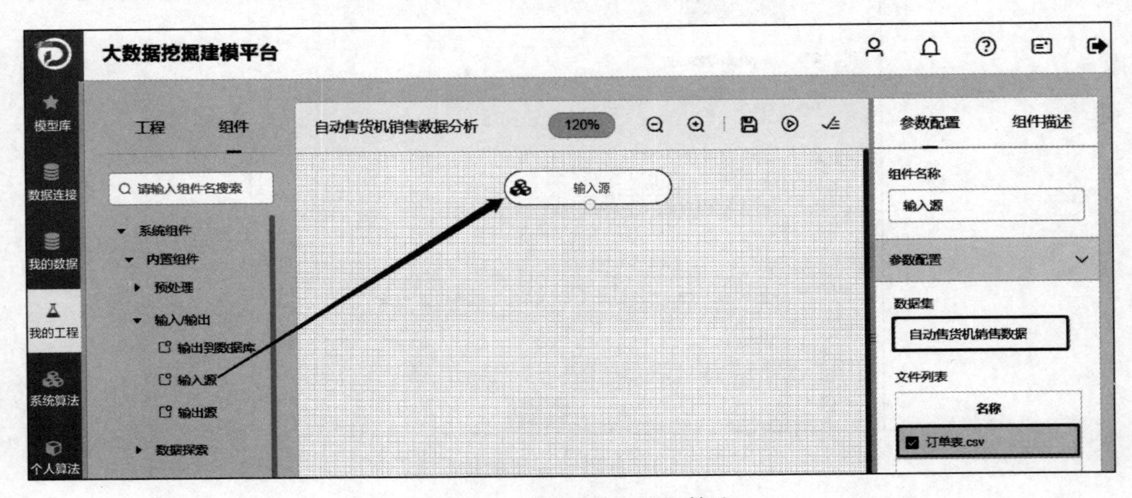

图 14-11　配置“输入源”算法

3）加载数据。右键“输入源”算法，选择“运行该节点”，运行完成后，可看到“输入源”算法变为绿色，如图 14-12 所示。

4）右键运行完成后的“输入源”算法，选择“查看日志”，可看到“数据载入成功”的信息，如图 14-13 所示，说明已成功将订单表数据加载到平台上。

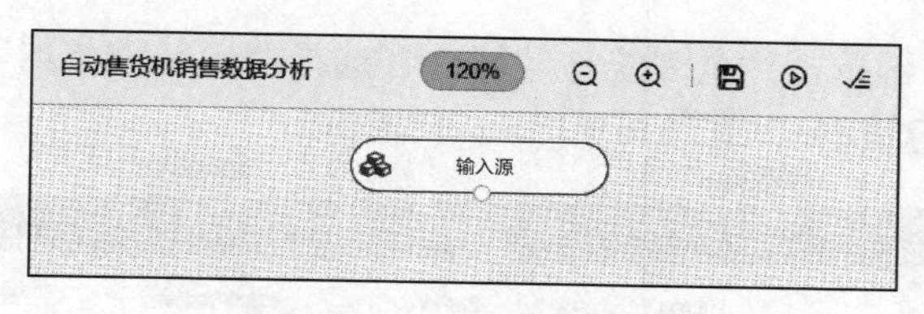

图 14-12　加载数据

图 14-13　数据载入成功

14.2.2　数据探索与预处理

本节的数据探索与预处理主要是对数据进行探索性分析、缺失值处理、商品详情处理、数据筛选等操作。

1. 数据探索

通常情况下，在进行数据预处理之前，需要对数据进行探索性分析，其目的是及时发现数据中一些简单的规律与特征，查看数据的缺失值或异常情况，为后续数据分析做准备。对加载后的订单表数据进行探索性分析，步骤如下。

1）拖曳一个“全表统计”算法至工程画布中，连接“输入源”算法和“全表统计”算法。

2）配置“全表统计”算法。单击画布中的“全表统计”算法，在“字段设置”中，单击“特征”旁的 按钮，然后勾选全部字段，如图 14-14 所示。在“参数设置”中，保持默认选择。

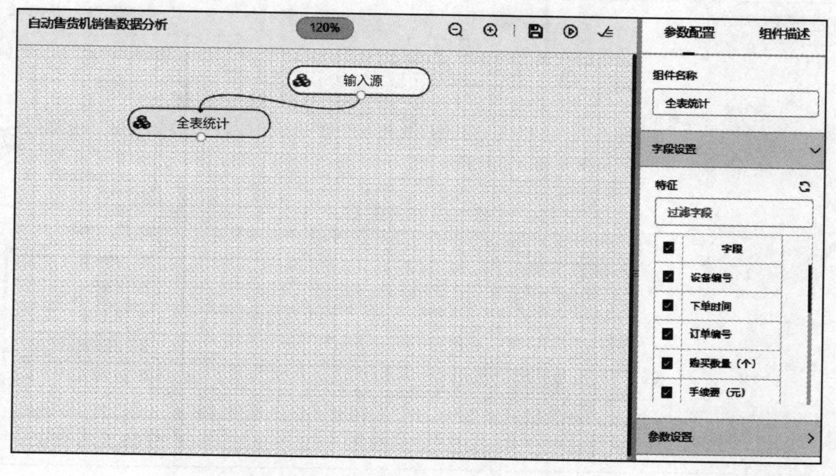

图 14-14　配置“全表统计”算法

3）预览数据。右键单击“全表统计”算法，选择“运行该节点”。运行完成后，右单击该算法，选择“查看数据”，其结果如图 14-15 所示。

预览数据

col	记录数	值的种类	出现频率最高的值	出现频率
设备编号	350896.0			
下单时间	350896	137703	2018/8/24 17:25	21
订单编号	350896	298157	113544qr15345072913564	8
购买数量（个）	350896.0			
手续费（元）	350896.0			
总金额（元）	350896.0			
支付状态	350896	4	微信	312224

图 14-15 预览“全表统计”的数据

由图 14-15 可以看到各属性的记录数、值的种类、出现频率最高的值、出现频率等信息。

2. 缺失值处理

在对订单表数据进行数据探索性分析后发现，“出货状态”和“收款方”属性存在缺失值，其缺失值个数分别为 3、276。为避免因缺失值的存在导致分析结果产生误差，需要对缺失值进行删除操作，步骤如下。

1）拖曳一个“缺失值处理”算法至工程画布中，连接“输入源”算法和“缺失值处理”算法。

2）配置“缺失值处理”算法。在“缺失值处理”算法的“参数设置”中，单击“特征”旁的 按钮后，勾选全部字段。其中，“处理缺失值方式”选择“存在缺失删除行”，如图 14-16 所示。

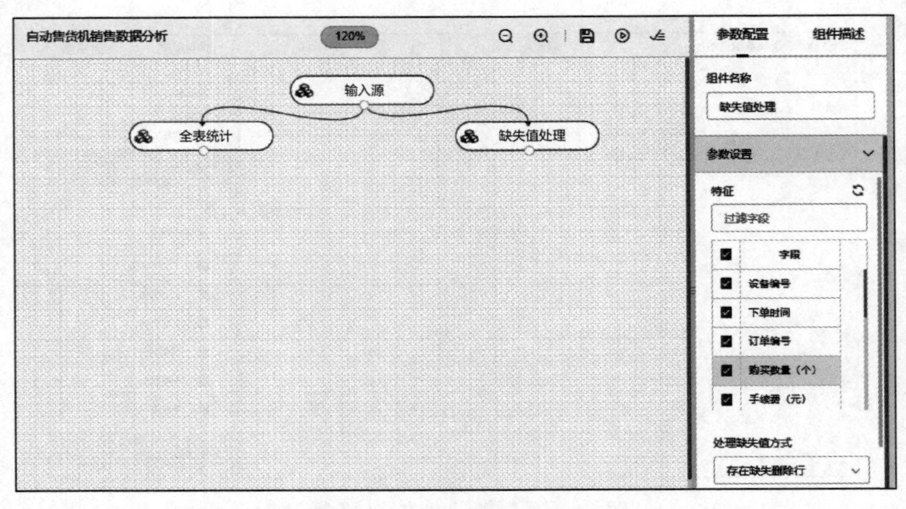

图 14-16 配置“缺失值处理”算法

3）预览日志。右键单击“缺失值处理”算法，选择“运行该节点”。运行完成后，右键单击该算法，选择“查看日志”，其结果如图 14-17 所示。

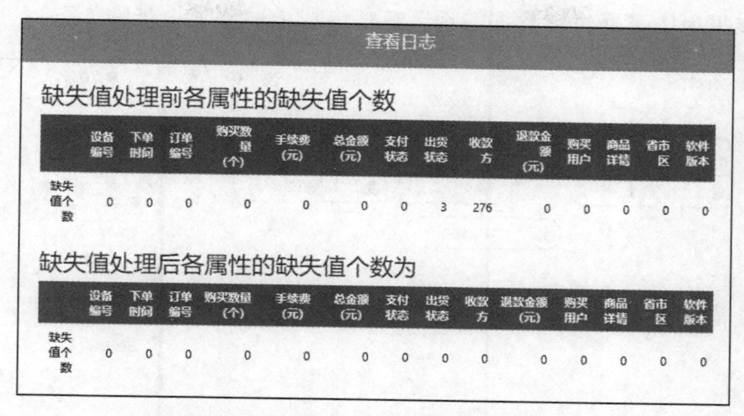
查看日志

缺失值处理前各属性的缺失值个数

	设备编号	下单时间	订单编号	购买数量（个）	手续费（元）	总金额（元）	支付状态	出货状态	收款方	退款金额（元）	购买用户	商品详情	省市区	软件版本
缺失值个数	0	0	0	0	0	0	0	3	276	0	0	0	0	0

缺失值处理后各属性的缺失值个数为

	设备编号	下单时间	订单编号	购买数量（个）	手续费（元）	总金额（元）	支付状态	出货状态	收款方	退款金额（元）	购买用户	商品详情	省市区	软件版本
缺失值个数	0	0	0	0	0	0	0	0	0	0	0	0	0	0

图 14-17　预览“缺失值处理”的日志

由图 14-17 可知，完成缺失值处理后，出货状态和收款方的缺失值个数为 0。

3. 商品详情处理

当浏览订单表数据时发现，“商品详情”属性中存在异名同义的情况，即两个名称不同的值所代表的实际意义是一致的，如“脉动青柠 X1;”“脉动青柠 x1;”等。因为此情况会对后面的可视化分析结果造成一定的影响，所以需要对订单表中的“商品详情”属性进行处理，剔除不必要的字符。

在平台中可通过“字符串替换”算法对不必要的字符进行删除操作，步骤如下。

1）拖曳一个“字符串替换”算法至工程画布中，连接“缺失值处理”算法和“字符串替换”算法。

2）配置“字符串替换”算法。单击画布中的“字符串替换”算法，在“参数设置”中，单击“目标列”旁的 ⟳ 按钮，然后勾选“商品详情”字段。在“替换目标”下输入“[' ', '(', ')', '（', '）', '0', '1', '2', '3', '4', '5', '6','7', '8', '9', 'g', 'l', 'm', 'M', 'L', '听', '特', '饮', '罐','瓶', '只', '装', '欧', '式', '&', '%', 'X', 'x', ';']”，并将“生成新列”设置为“是”，如图 14-18 所示。注意：由于平台限制了各框架的大小，所以可能会导致一些输入内容显示不全，如图 14-18 中的“替换目标”。

3）预览数据。右键单击“字符串替换”算法，选择“运行该节点”。运行完成后，右键单击该算法，选择“查看数据”，其结果如图 14-19 所示。

由图 14-19 可知，在替换字符串后，数据末尾新增了一列“ new_ 商品详情”，且听、特、饮、罐等字符均被删除。

4. 数据筛选

此外，订单表数据的“总金额（元）”属性存在极少订单的金额很小的情况，如 0、0.01

等。同时，“手续费（元）”“收款方”“软件版本”“省市区”“商品详情”“退款金额（元）”等属性对本案例的分析没有意义。为此，需要删除订单金额小于 0.5 的数据，并选择合适的属性进行分析。在平台中可通过“数据筛选”算法完成上述要求，步骤如下。

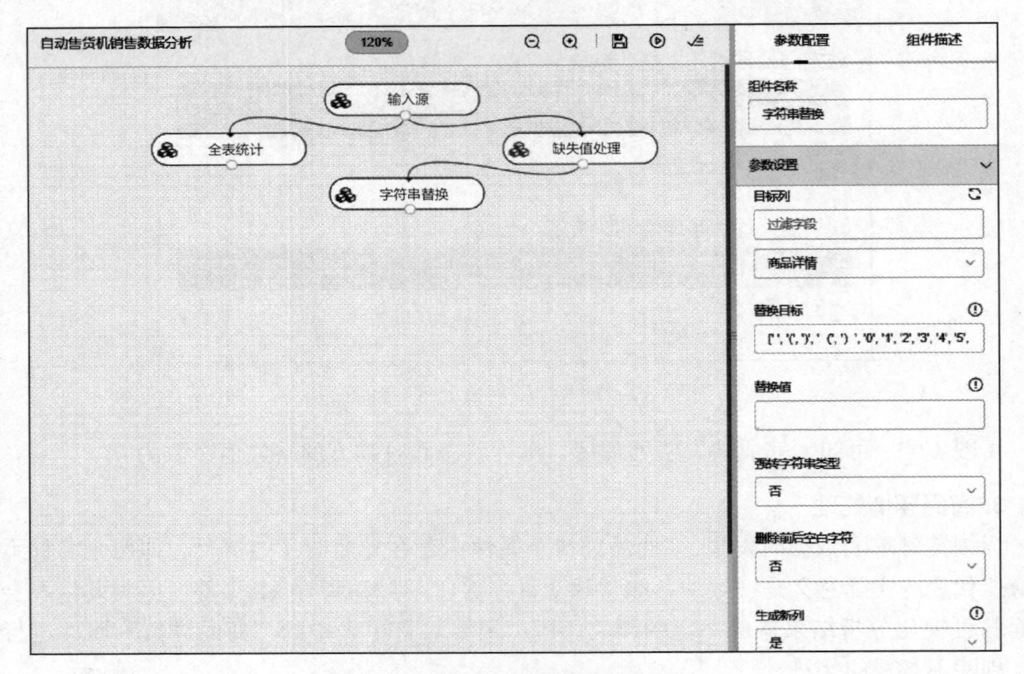

图 14-18 配置“字符串替换”算法

预览数据

购买用户	商品详情	省市区	软件版本	new_商品详情
os-xL0q3NG6YFG7PJrF2x7QaS23E	可口可乐X1;	广东省中山市	V2.1.55/1.2;rk3288	可口可乐
ooCjVwAX4b9Mj-Fa569zuID-BZas	旺仔牛奶X1;	广东省佛山市南海区	V3.0.37;rk3288;(900x1440)	旺仔牛奶
os-xL0sMR9v0hm349m56wzMxVacU	雪碧330MLX1;	广东省广州市增城区	V2.1.55/1.2;rk3288	雪碧
os-xL0IF3FKQU_ejpHt39CJCsmfc	阿萨姆奶茶X1;	广东省广州市增城区	V2.1.55/1.2;rk3288	阿萨姆奶茶
os-xL0h0eKDIjcN88h9OFsBI	王老吉X1;	广东省广州市增城区	V2.1.55/1.2;rk3288	王老吉

图 14-19 预览“字符串替换”的数据

1）拖曳一个“数据筛选”算法至工程画布中，右键单击该算法，选择“重命名”选项，将其重命名为“删除金额较少的数据并选择属性”，连接“字符串替换”算法和“删除金额较少的数据并选择属性”算法。

2）配置“删除金额较少的数据并选择属性”算法。单击画布中的“删除金额较少的数据并选择属性”算法，在“参数设置”中单击“特征”旁的 按钮，然后勾选除“手续费（元）”“收款方”“软件版本”“省市区”“商品详情”“退款金额（元）”以外的字段。单击“筛选条件”旁的 按钮，增加筛选条件，其中第一个框默认选择“与”，第二个框选择“总金额（元）”，第3个框选择“大于等于”，第4个框输入“0.5”，如图14-20所示。

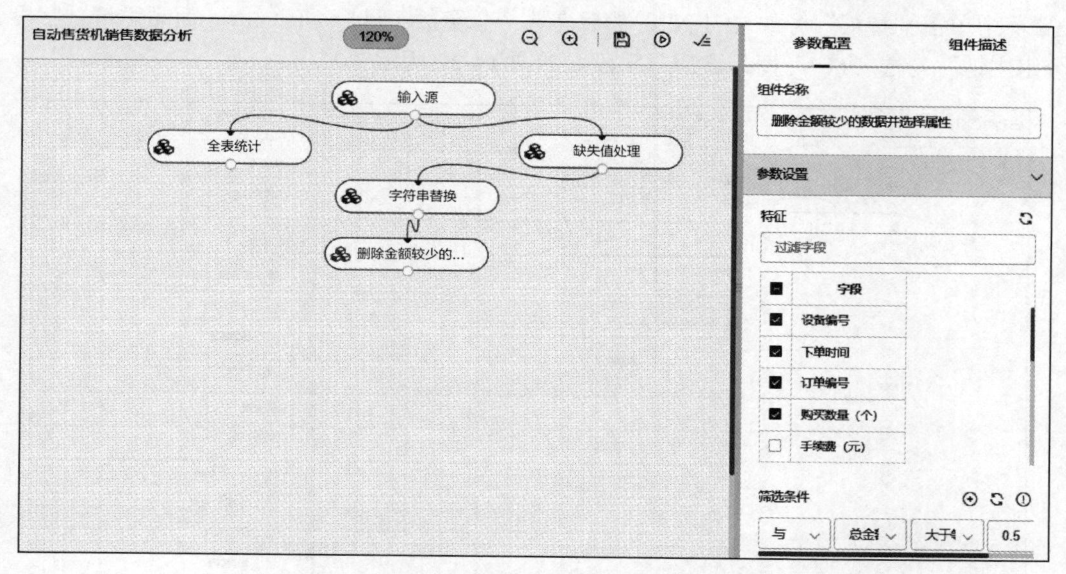

图14-20　配置“删除金额较少的数据并选择属性”算法

3）预览日志。右键单击“删除金额较少的数据并选择属性”算法，选择“运行该节点”。运行完成后，右键单击该算法，选择“查看日志”，其结果如图14-21所示。

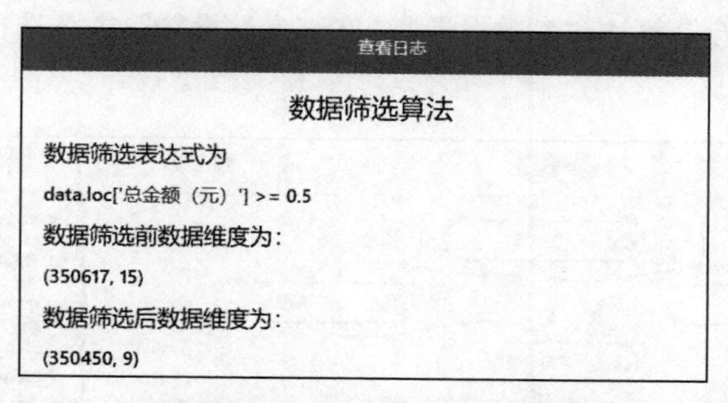

图14-21　预览“删除金额较少的数据并选择属性”的日志

14.2.3　数据可视化分析

通过绘制销量排名前10的商品的柱形图，可以使商家清楚地了解在6个月内销售较好的商品名称，从而有针对性地投放受欢迎的商品，增加自动售货机的销量，提高经营收益。

在绘制销量排名前 10 的商品的柱形图前，需要统计出各商品的销售总金额，可以通过平台上的“分组聚合”算法进行统计，步骤如下。

1）拖曳一个“分组聚合”算法至工程画布中，连接“删除金额较少的数据并选择属性”算法和“分组聚合”算法。

2）配置“分组聚合”算法“字段设置”。单击画布中的“分组聚合”算法，在“字段设置”中单击“特征”旁的 🔄 按钮，然后勾选“总金额（元）”和“new_ 商品详情”字段，“分组主键”勾选“new_ 商品详情”字段，如图 14-22 所示。

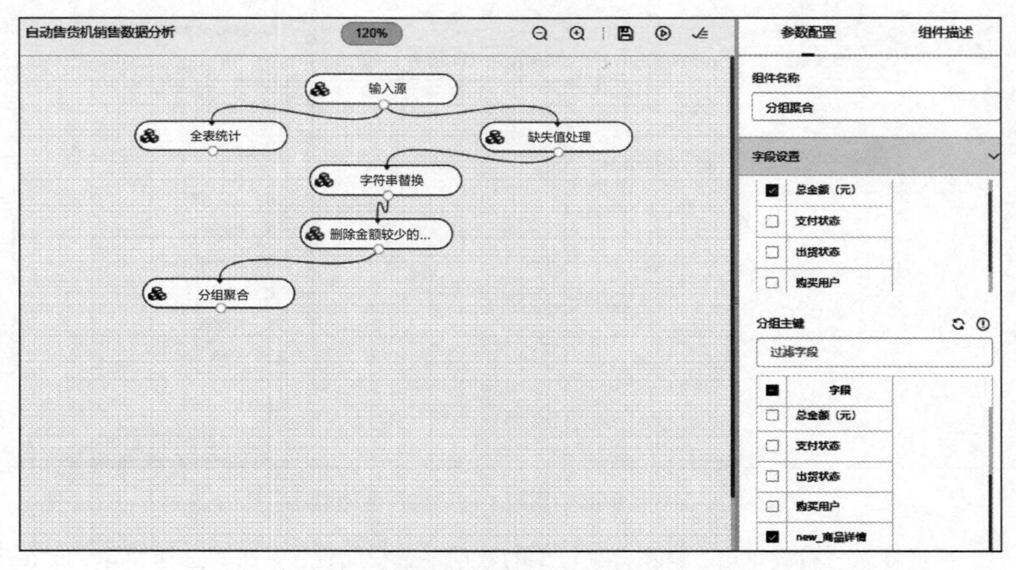

图 14-22 配置“分组聚合”算法“字段设置”

3）配置“分组聚合”算法“参数设置”。在“参数设置”中，选择“聚合函数”为“求和”，如图 14-23 所示。

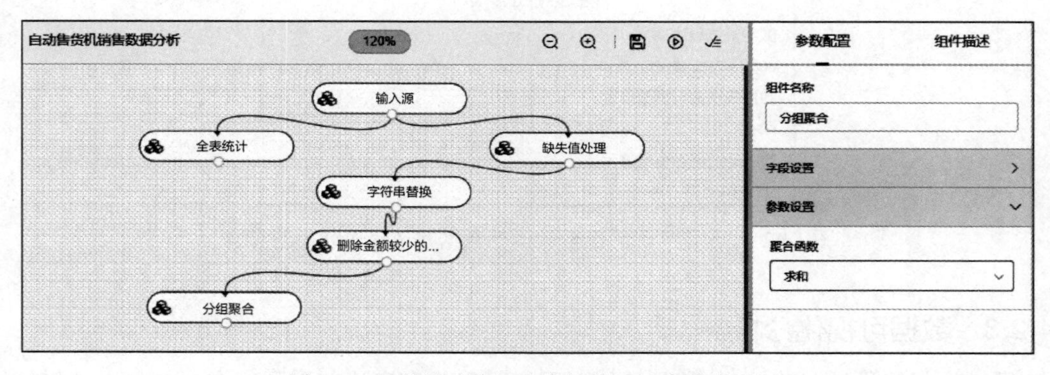

图 14-23 配置“分组聚合”算法“参数设置”

4）预览数据。右键单击“分组聚合”算法，选择“运行该节点”。运行完成后，右键单击该算法，选择“查看数据”，其结果如图 14-24 所示。

预览数据

总金额（元）	new_商品详情
384.0	ESSE薄荷
51.6	QQ鱼
54.0	koka叻沙风味
48.0	koka咖喱味
36.0	koka泰酸辣
36.0	koka鸡汤味
88.0	ybc薯片红

图 14-24　预览“分组聚合”的数据

通过使用平台上的“数据排序”算法，可以根据金额对商品进行降序操作，步骤如下。

1）拖曳一个“数据排序”算法至工程画布中，连接“分组聚合”算法和“数据排序”算法。

2）配置“数据排序”算法“字段设置”。单击画布中的“数据排序”算法，在“字段设置”中单击“特征”旁的 按钮，然后勾选全部字段，“按字段排序”勾选“总金额（元）”，如图 14-25 所示。

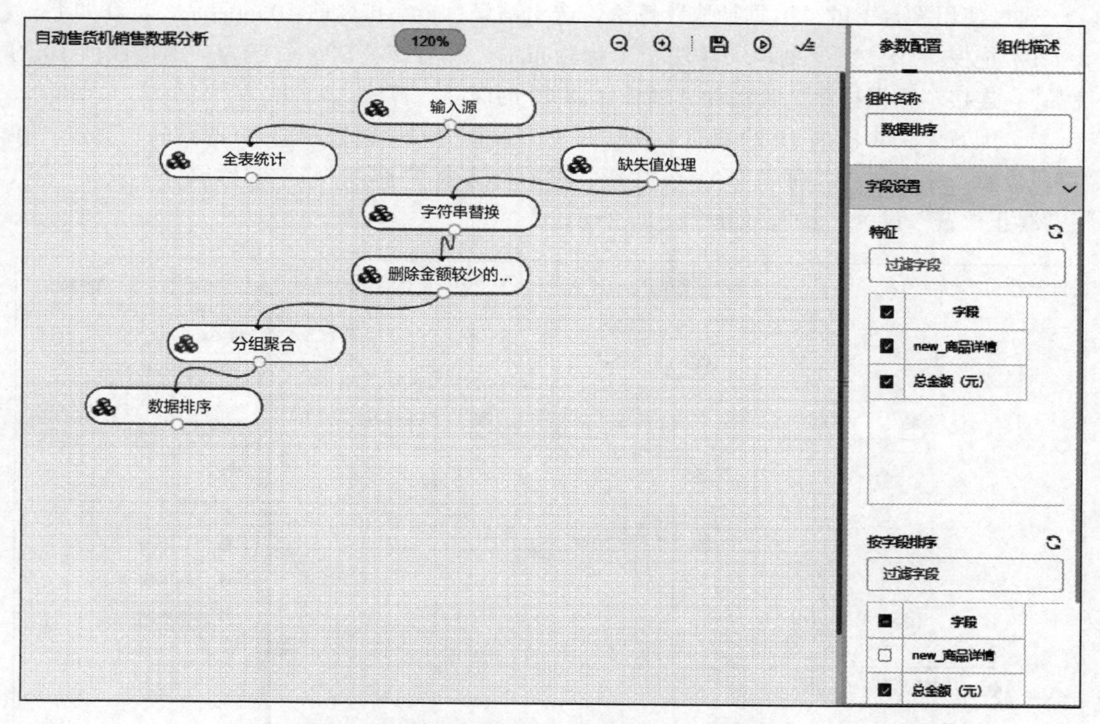

图 14-25　配置“数据排序”算法“字段设置”

3）配置“数据排序”算法“参数设置”。在“参数设置”中，将“排序方式”设置为“降序”，如图 14-26 所示。

4）运行节点。右键单击“数据排序”算法，选择“运行该节点”选项，对数据进行降序排序。

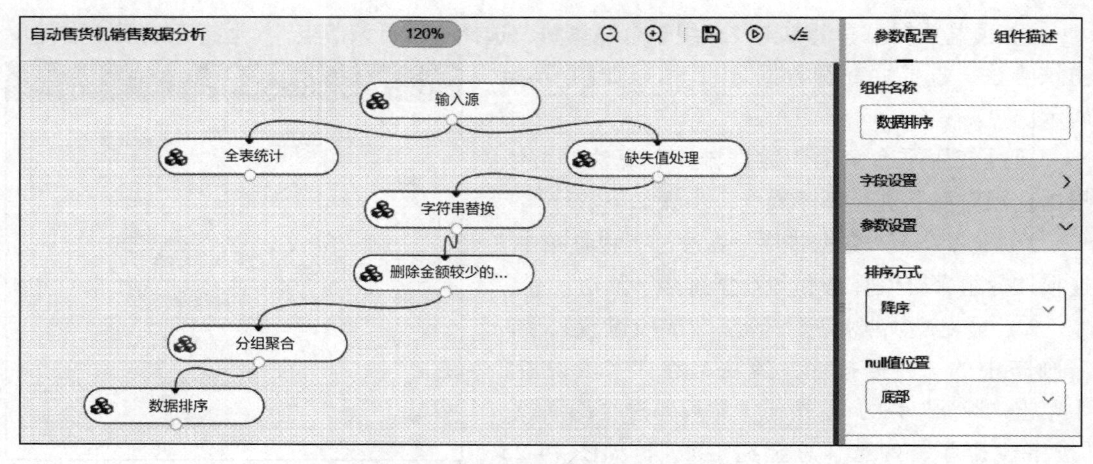

图 14-26 配置“数据排序”算法“参数设置”

通过使用平台上的“数据抽取”算法，选出销售总金额排名前 10 的商品，步骤如下。

1）拖曳一个“数据抽取”算法至工程画布中，并将该算法重命名为“销售额前 10 的商品”，连接“数据排序”算法和“销售额前 10 的商品”算法。

2）配置“销售额前 10 的商品”算法。单击画布中的“销售额前 10 的商品”算法，在“字段设置”中单击“特征”旁的 按钮，然后勾选全部字段，将“起始位置”设为“0”，将“终止位置”设为“10”，如图 14-27 所示。

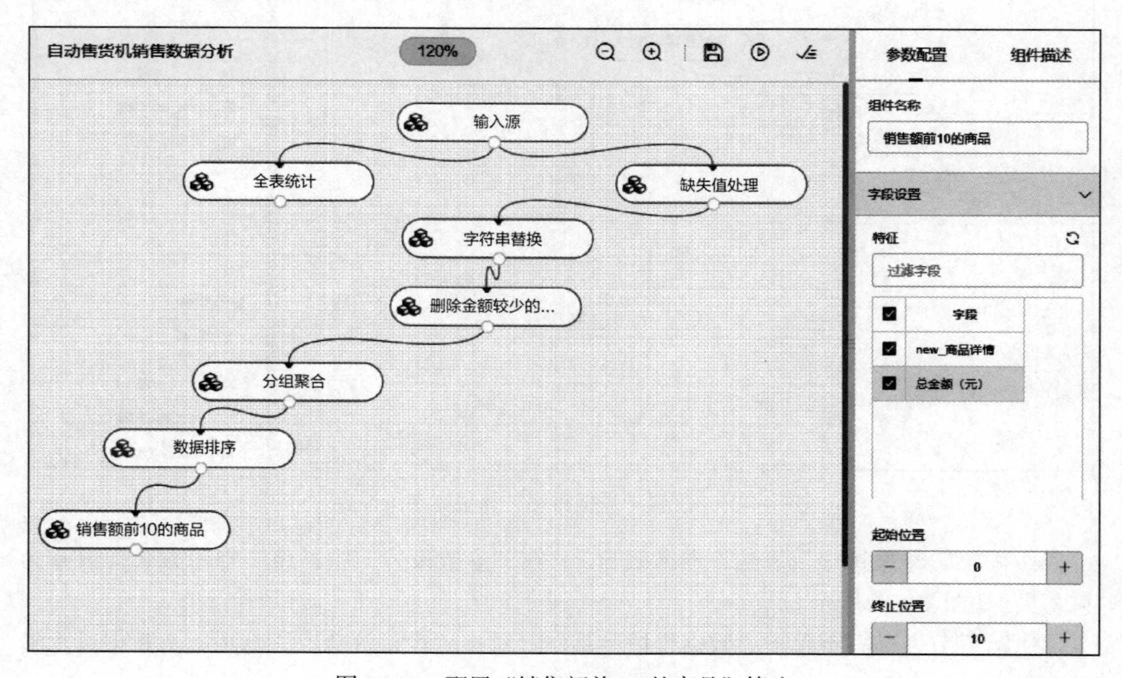

图 14-27 配置“销售额前 10 的商品”算法

3）运行节点。右键单击“销售额前10的商品”算法，选择“运行该节点”选项，选出总金额排名前10的商品。

通过使用平台上的“柱形图”算法，绘制销量排名前10的商品的柱形图，步骤如下。

1）拖曳一个“柱形图”算法至工程画布中，并将该算法重命名为“畅销前10商品柱形图”，连接“销售额前10的商品”算法和“畅销前10商品柱形图”算法。

2）配置“畅销前10商品柱形图”算法“参数配置”。单击画布中的“畅销前10商品柱形图”算法，在“参数配置”中，“*X*轴”选择“new_商品详情”，“*Y*轴”勾选“总金额（元）”，如图14-28所示。

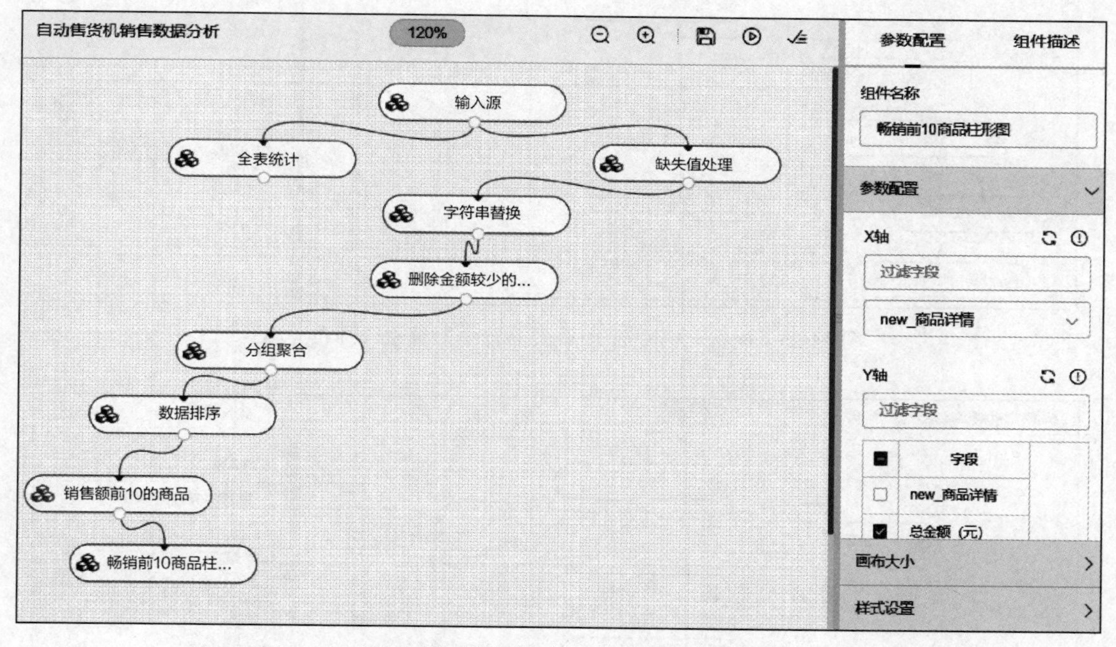

图14-28　配置“畅销前10商品柱形图”算法“参数配置”

3）配置“畅销前10商品柱形图”算法“画布大小”。在“画布大小”中，将“宽度”设为“600”，“高度”设为“500”，如图14-29所示。

4）配置“畅销前10商品柱形图”算法“样式设置”。在“样式设置”中，将“标题”设为“畅销前10的商品”，将“显示数值标签”设为“是”，将区域缩放设为“开启”，如图14-30所示。

5）预览图形。右键单击“畅销前10商品柱形图”算法，选择“运行该节点”，运行完成后，右键单击该算法，选择“查看日志”，其结果如图14-31所示。

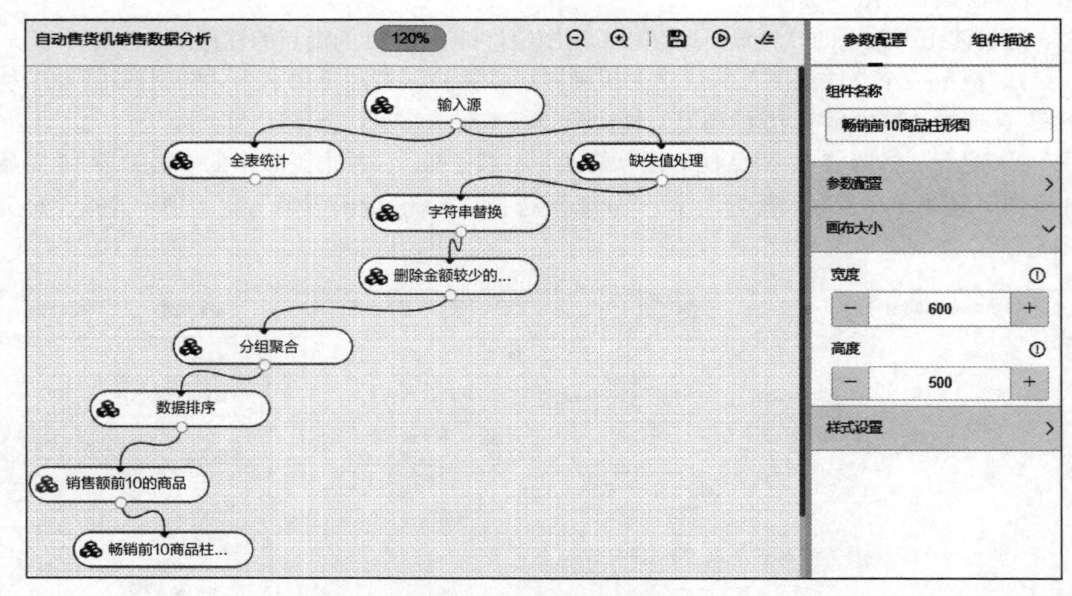

图 14-29 配置“畅销前 10 商品柱形图”算法“画布大小”

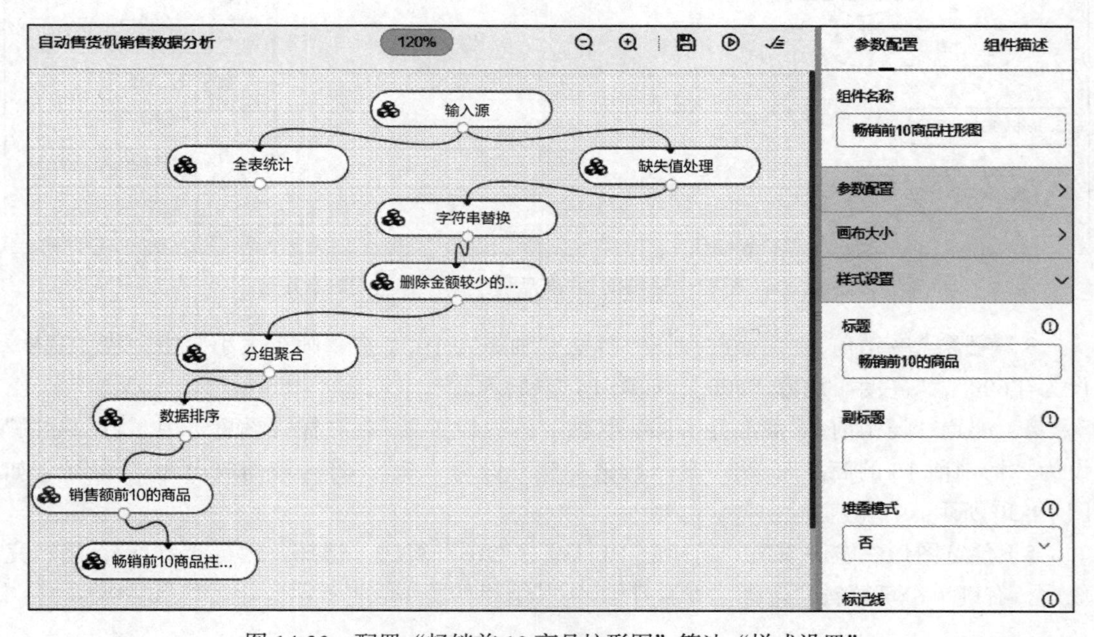

图 14-30 配置“畅销前 10 商品柱形图”算法“样式设置”

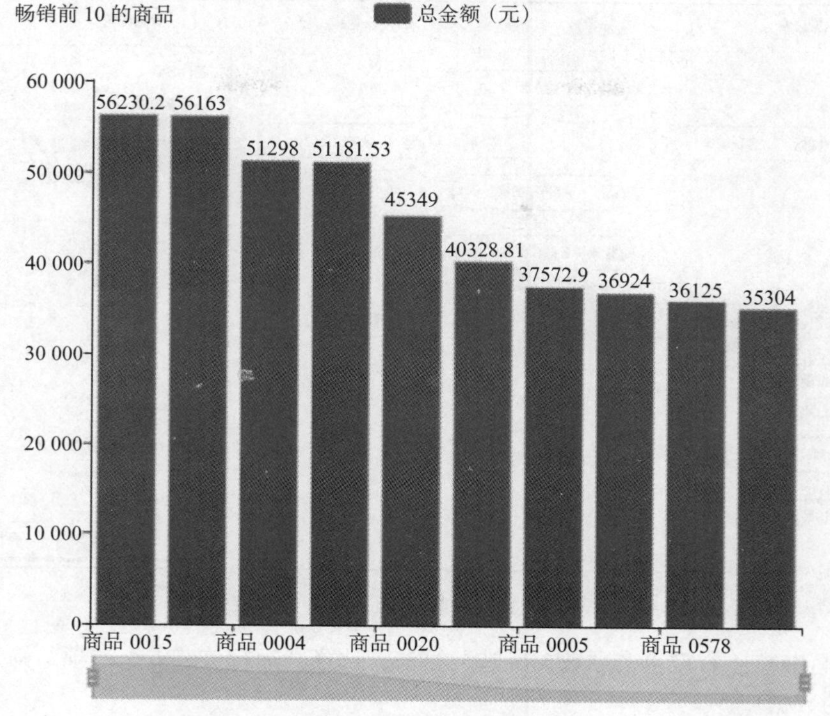

图 14-31　预览“畅销前 10 商品柱形图”的日志

由图 14-31 可知，在排名前 10 的商品中，总金额均在 35000 元以上，且销售金额排名第一的商品为商品 0015，达到了 56230.2 元。

14.2.4　销售额预测

使用 ARIMA 模型对自动售货机未来 4 周内商品的销售额进行预测，可以总结商品销售额的变化规律，从而为企业制定有效、合适、合理的方案提供一定的参考依据。

1. 统计周销售额

由于订单记录中的出货状态有出货成功、出货失败、未出货等多种情况。然而，在实际应用中，出货成功的样本数据才能真实体现企业收入，因此，需要筛选出状态为出货成功的数据。通过使用平台上的“数据筛选”算法，筛选出货成功数据，步骤如下。

1）拖曳一个“数据筛选”算法至工程画布中，连接“删除金额较少的数据并选择属性”算法和“数据筛选”算法。

2）配置“数据筛选”算法“参数配置”。单击画布中的“数据筛选”算法，在“参数设置”中单击“特征”旁的 按钮，然后勾选“下单时间”和“总金额（元）”字段。单击“筛选条件”旁的 按钮，增加筛选条件，其中第 1 个框默认选择“与”，第 2 个框选择“出货状态”，第 3 个框选择“等于”，第 4 个框输入“出货成功”，如图 14-32 所示。

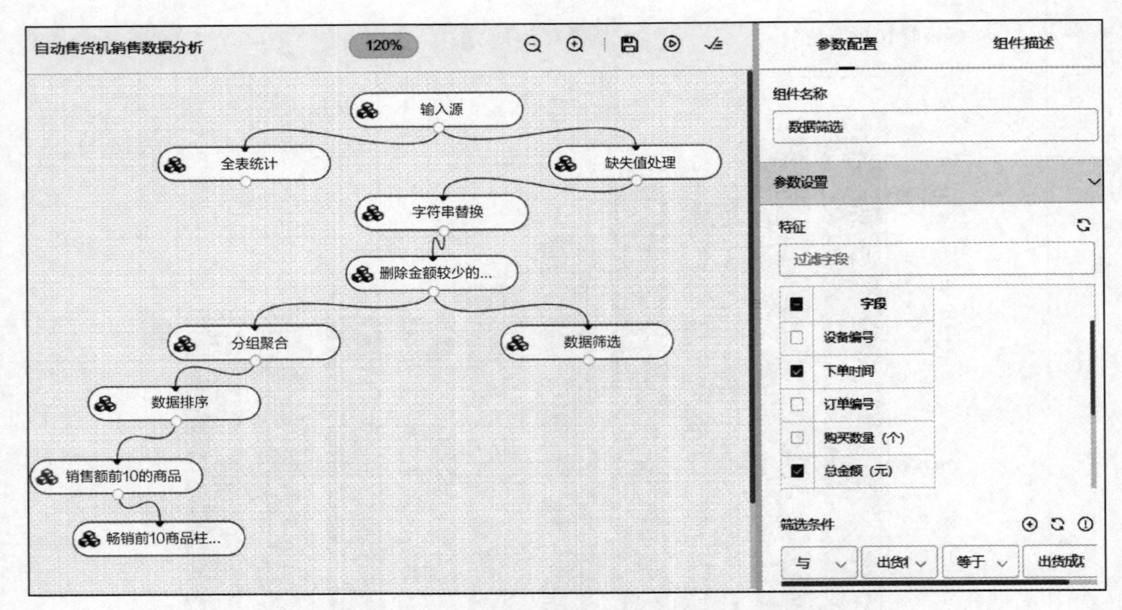

图 14-32 配置“数据筛选”算法“参数配置”

3）运行节点。右键单击“数据筛选”算法，选择“运行该节点”选项，筛选出状态为出货成功的数据。

通过使用平台上的“时间聚合计算”算法，统计各周的商品销售额，步骤如下。

1）拖曳一个“时间聚合计算”算法至工程画布中，连接“数据筛选”算法和“时间聚合计算”算法。

2）配置“时间聚合计算”算法。单击画布中的“时间聚合计算”算法，在“时间聚合计算”中，“选择时间列”选择“下单时间”，“选择数值列”选择“总金额（元）”，“计算方式”选择“求和”，“时间频率单位”选择“周（末）”，“结果保留小数位”选择“2”，如图 14-33 所示。

3）预览数据。右键单击“时间聚合计算”算法，选择“运行该节点”，运行完成后，右键单击该算法，选择“查看数据”，其结果如图 14-34 所示。

2. 平稳性检验

在使用 ARIMA 模型进行销售额预测之前，需要查看时间序列数据是否平稳，若数据不平稳，则可能会影响分析结果。通过使用平台上的“时序检验”算法，查看数据的平稳性，步骤如下。

1）拖曳一个“时序检验”算法至工程画布中，连接“时间聚合计算”算法和“时序检验”算法。

2）配置“时序检验”算法。单击画布中的“时序检验”算法，在“字段设置”中“进行检验的列”选择“总金额（元）_求和”，如图 14-35 所示，在“参数设置”中默认“检验类型”为“平稳性检验”。

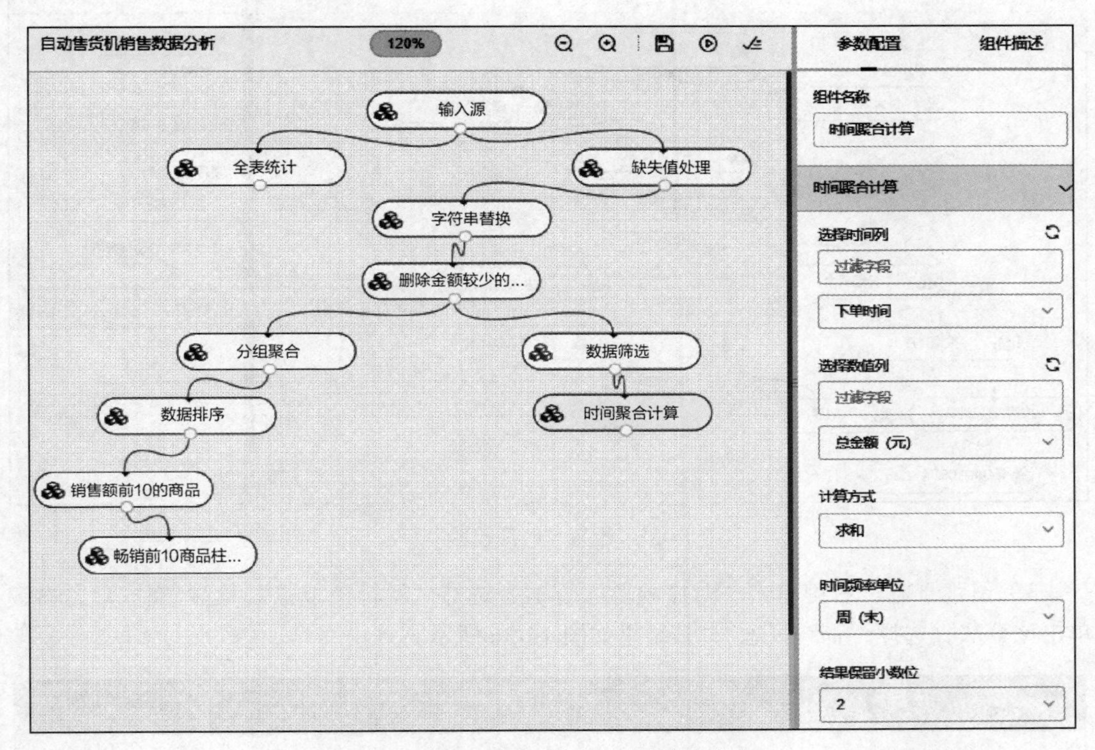

图 14-33　配置“时间聚合计算”算法

预览数据

下单时间	总金额（元）_求和
2018-04-15	169.5
2018-04-22	2549.0
2018-04-29	5322.0
2018-05-06	13205.8
2018-05-13	30372.7
2018-05-20	46859.8
2018-05-27	54050.69

图 14-34　预览“时间聚合计算”的数据

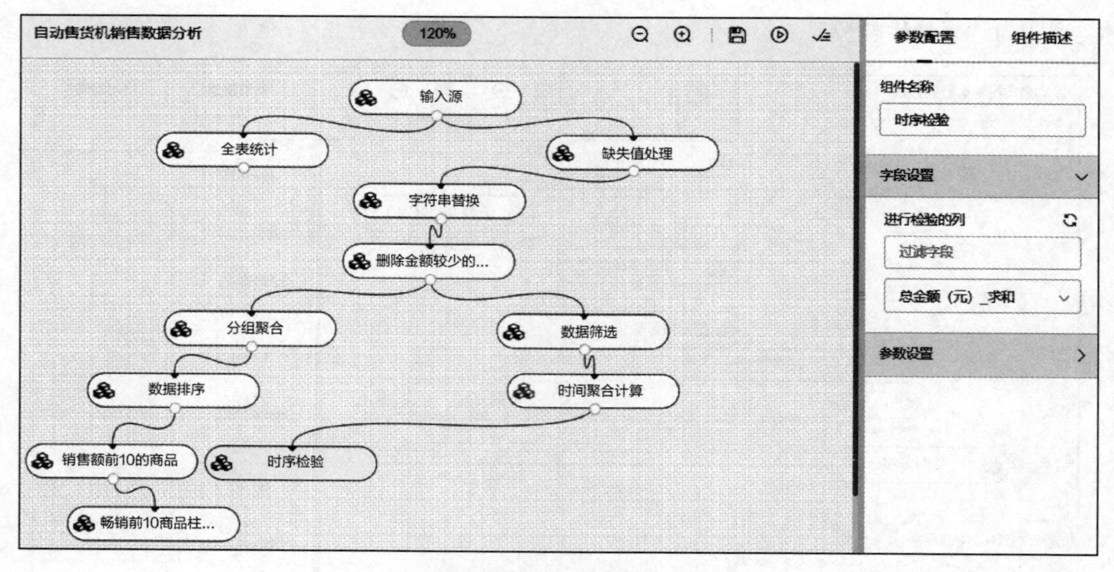

图 14-35 配置“时序检验”算法

3）预览日志。右键单击“时序检验”算法，选择“运行该节点”，运行完成后，右键单击该算法，选择“查看日志”，其结果如图 14-36 所示。

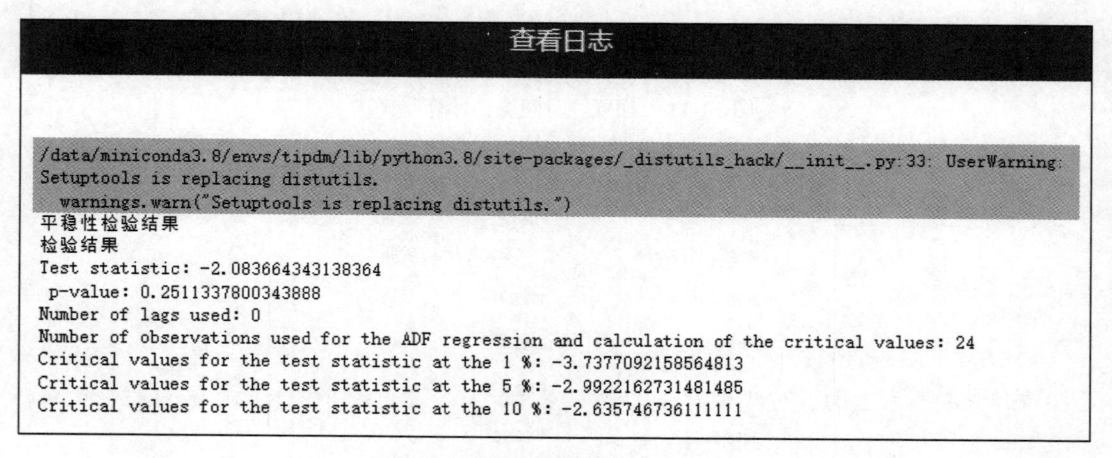
查看日志

```
/data/miniconda3.8/envs/tipdm/lib/python3.8/site-packages/_distutils_hack/__init__.py:33: UserWarning:
Setuptools is replacing distutils.
  warnings.warn("Setuptools is replacing distutils.")
平稳性检验结果
检验结果
Test statistic: -2.083664343138364
 p-value: 0.2511337800343888
Number of lags used: 0
Number of observations used for the ADF regression and calculation of the critical values: 24
Critical values for the test statistic at the 1 %: -3.7377092158564813
Critical values for the test statistic at the 5 %: -2.9922162731481485
Critical values for the test statistic at the 10 %: -2.635746736111111
```

图 14-36 预览“时序检验”的日志

由图 14-36 可知，在时序检验结果中，p 值约为 0.251134，其值明显大于 0.05，可以推断出该序列为非平稳序列。

3. 差分处理

在平稳性检验后，发现原始序列数据属于非平稳序列。为此，需要对序列数据进行二阶差分处理，进而对数据进行平稳化操作，同时查看二阶差分之后序列的平稳性和白噪声。

通过使用平台上的“差分”算法，对数据进行差分处理，步骤如下。

1）拖曳一个“差分”算法至工程画布中，并重命名为“一阶差分”，连接“时间聚合计算”算法和“一阶差分”算法。

2）配置“一阶差分”算法。单击画布中的“一阶差分”算法，在“字段设置”中，“时间列”勾选“下单时间”，“特征”勾选“总金额（元）_求和”，如图14-37所示。

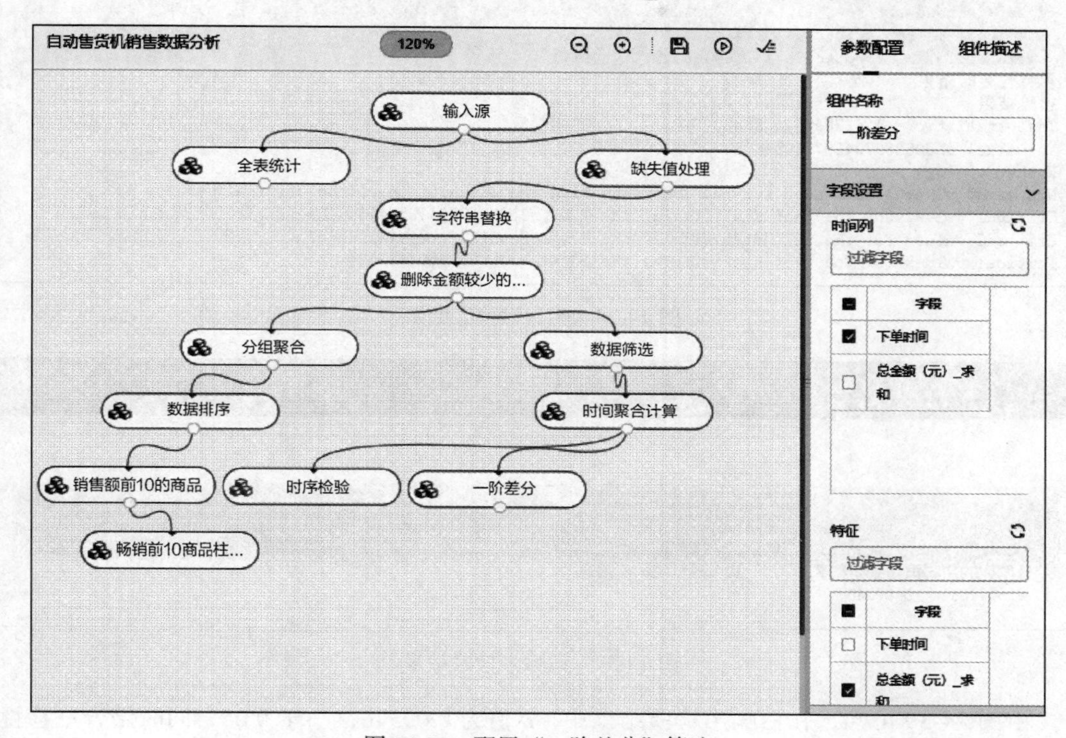

图14-37　配置“一阶差分”算法

3）运行一阶差分节点。右键单击“一阶差分”算法，选择“运行该节点”，运行该节点。

4）对序列数据进行二阶差分处理（读者可参考一阶差分处理的方法，此处不再赘述）。

通过使用平台上的“时序检验”算法，对二阶差分后的序列数据进行平稳性检验和白噪声检验，步骤如下。

1）对二阶差分后的序列数据进行平稳性检验，将算法重命名为“平稳性检验”（读者可参考14.2.4节中的平稳性检验方法，此处不再赘述）。平稳性检验后的结果如图14-38所示。

由图14-38可知，二阶差分后序列的p值远小于0.05，可以判断出差分处理后的序列是平稳序列。

2）对二阶差分后的序列数据进行白噪声检验，其方法与平稳性检验的方法相似，但区别在于：平稳性检验是将“检验类型”设为“平稳性检验”，白噪声检验是将“检验类型”

设为“白噪声检验”。白噪声检验结果如图 14-39 所示。

```
查看日志

/data/miniconda3.8/envs/tipdm/lib/python3.8/site-packages/_distutils_hack/__init__.py:33: UserWarning:
Setuptools is replacing distutils.
  warnings.warn("Setuptools is replacing distutils.")
平稳性检验结果
检验结果
Test statistic: -4.933062526859488
 p-value: 3.0058697048877405e-05
Number of lags used: 3
Number of observations used for the ADF regression and calculation of the critical values: 19
Critical values for the test statistic at the 1 %: -3.8326031418574136
Critical values for the test statistic at the 5 %: -3.0312271701414204
Critical values for the test statistic at the 10 %: -2.655519584487535
```

图 14-38 平稳性检验结果

```
查看日志

/data/miniconda3.8/envs/tipdm/lib/python3.8/site-packages/_distutils_hack/__init__.py:33: UserWarning: Setuptoo
ls is replacing distutils.
  warnings.warn("Setuptools is replacing distutils.")
差分序列的白噪声检验结果为:      lb_stat  lb_pvalue
1  8.547701     0.00346
```

图 14-39 白噪声检验结果

由图 14-39 可知，在白噪声检验结果中，p 值为 0.00346，小于 0.05，同时结合平稳性检验结果可以判断二阶差分之后的序列是平稳非白噪声序列。

4. 模型定阶

通常情况下，在进行模型预测前，需要寻找最优模型，以提高预测结果的准确性。针对 ARIMA 模型，可以通过模型定阶找出模型中最优的 p 值和 q 值，步骤如下。

1）拖曳一个“模型定阶”算法至工程画布中，连接“时间聚合计算”算法和“模型定阶”算法。

2）配置“模型定阶”算法。单击画布中的“模型定阶”算法，在“字段设置”中，“模型数据列”选择“总金额（元）_求和”，如图 14-40 所示。在“参数设置”中，保持默认设置。

3）预览日志。右键单击“模型定阶”算法，选择“运行该节点”，运行完成后，右键单击该算法，选择“查看日志”，其结果如图 14-41 所示。

由图 14-41 可知，定阶后的 p 值为 1，q 值为 0。

5. 模型预测

应用 ARIMA(1, 2, 0) 模型对未来 4 周内商品的销售额进行预测，步骤如下。

1）拖曳一个“ARIMA”算法至工程画布中，连接“时间聚合计算”算法和“ARIMA”算法。

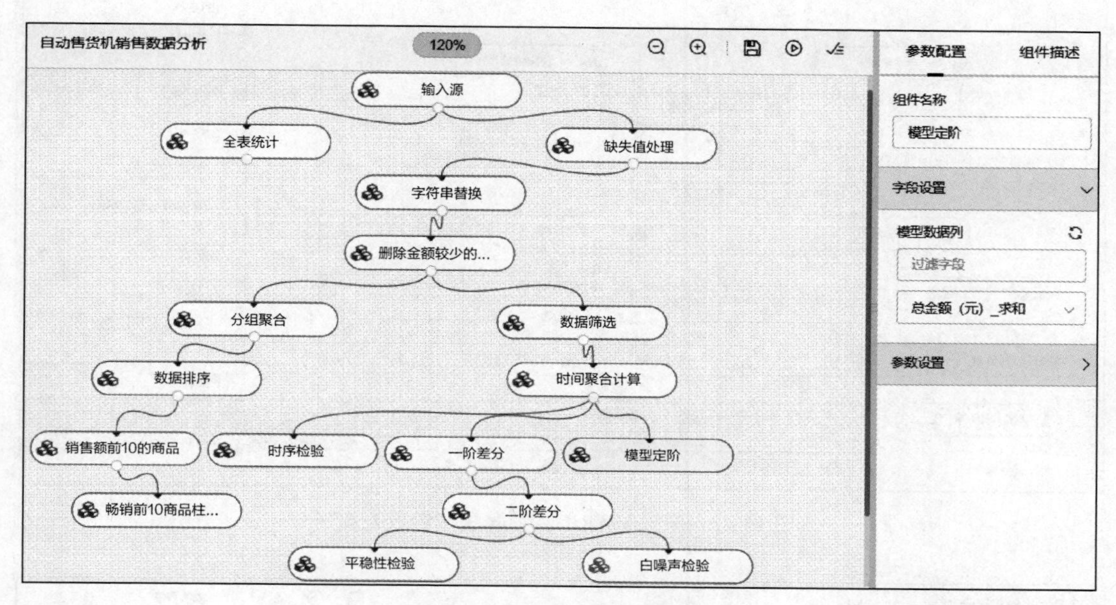

图 14-40　配置“模型定阶”算法

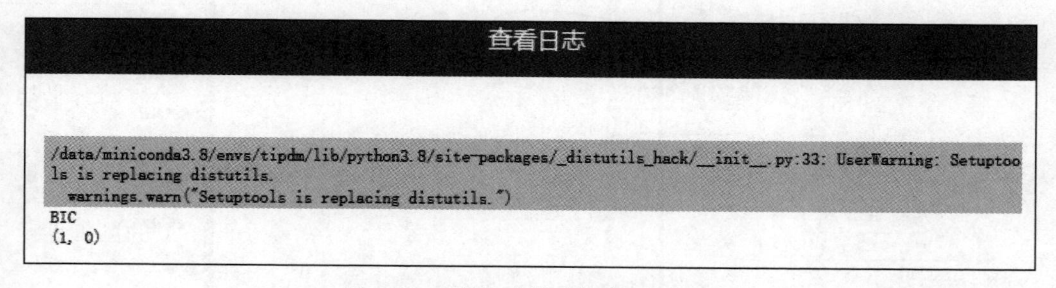

图 14-41　预览“模型定阶”的日志

2）配置“ARIMA”算法“参数配置”。单击画布中的“ARIMA”算法，在“参数配置”中，“时序列”选择“总金额（元）_求和”，“时间列”选择“下单时间”，如图 14-42 所示。

3）配置“ARIMA”算法“参数设置”。在“参数设置”中，将“预测周期数”设为“4”，将“自回归项数 p”设为“1”，将“差分次数 d”设为“2”，其余保持默认选择，如图 14-43 所示。

4）预览数据。右键单击“ARIMA”算法，选择“运行该节点”，运行完成后，右键单击该算法，选择“查看数据”，其结果如图 14-44 所示。

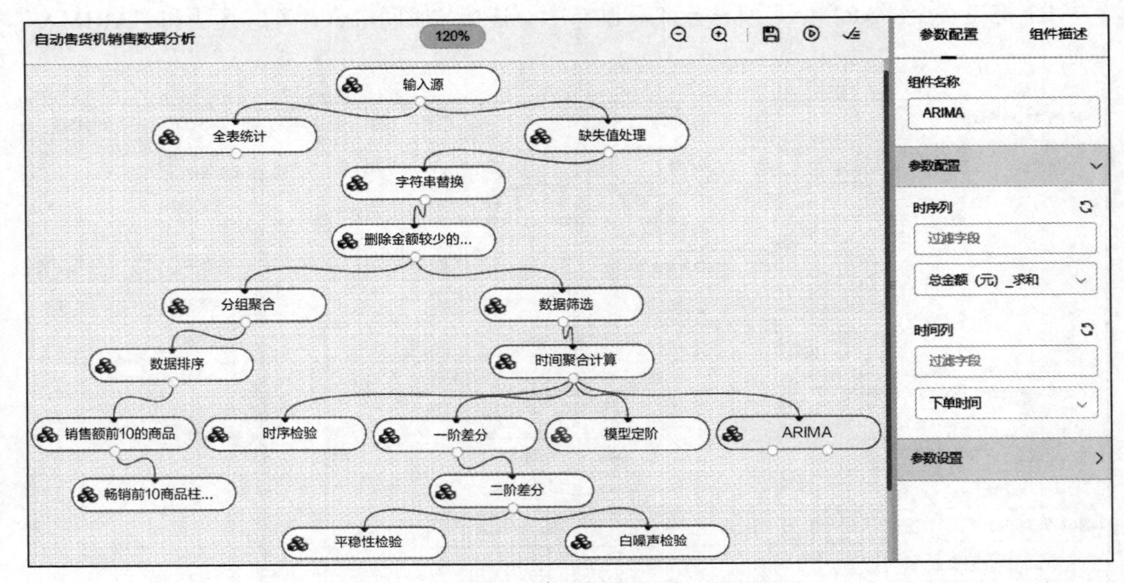

图 14-42 配置“ARIMA”算法“参数配置”

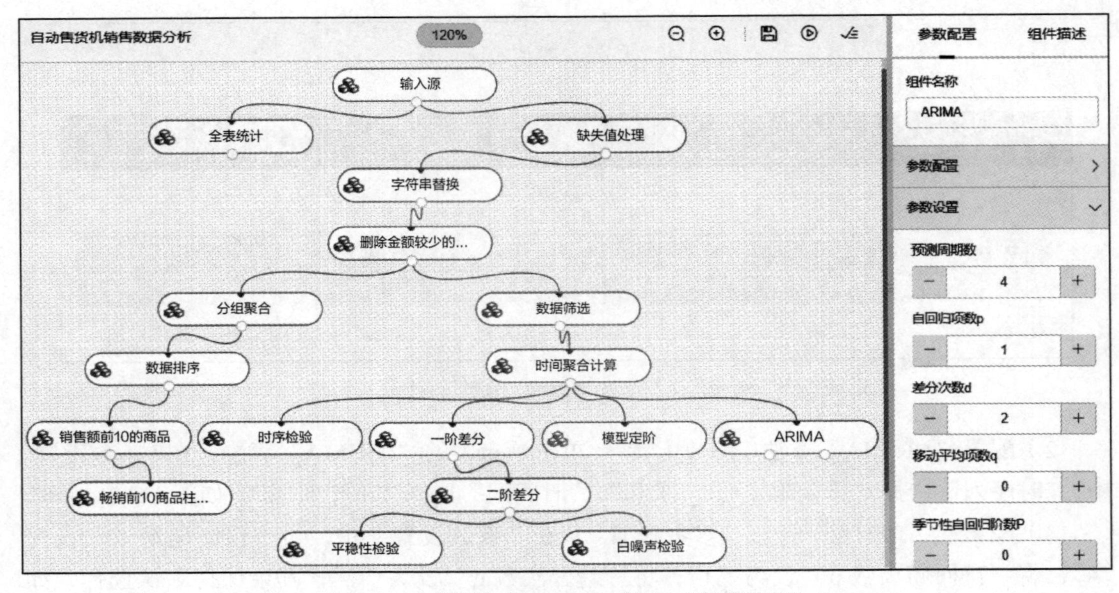

图 14-43 配置“ARIMA”算法“参数设置”

预览数据

总金额（元）_求和_preValue	index
60325.30	1
50875.94	2
43152.18	3
34430.75	4

图 14-44　预览“ARIMA”的数据

14.3　小结

本章的主要目的是通过 TipDM 大数据挖掘建模平台实现自动售货机销售数据分析项目，构建数据可视化流程，加深读者对项目流程的理解。首先，在平台上加载自动售货机销售数据，并进行数据探索与预处理操作，包括探索性分析、缺失值处理、商品详情处理、数据筛选等；其次，对销量排名前 10 的商品绘制柱形图；最后，对未来 4 周的销售额进行预测。

推荐阅读

O'REILLY
利用Python
进行数据分析
Wes McKinney 著

Python Application Basics
Python
应用基础

Python数据分析
与挖掘实战

Python
深度学习
基于PyTorch
第2版
Deep Learning
with Python and PyTorch
Second Edition

Hadoop与大数据挖掘
第2版

R and Data Mining
R语言与数据挖掘